KTM 1290 Super Duke R
ab Modelljahr 2014

KTM 1290 Super Duke SE Special Edition
Modelljahr 2016

KTM 1290 Super Duke RR
Modelljahr 2021

KTM 1290 Super Duke GT
ab Modelljahr 2016

KTM
1290 Super Duke

ab Modelljahr 2014

In diesem Buch werden folgende KTM Modelle der Reihe 1290 Super Duke ab Modelljahr 2014 für die Märkte Deutschland, Österreich und die Schweiz behandelt:*

- *1290 Super Duke R ab Modelljahr 2014*
- *1290 Super Duke SE Special Edition Modelljahr 2016*
- *1290 Super Duke RR Modelljahr 2021*
- *1290 Super Duke GT ab Modelljahr 2016*

Das »Modelljahr«, abgekürzt »Mj.«, beginnt immer nach den Werksferien im August oder September des Vorjahres. Eine Maschine aus dem »Modelljahr 2017« kann demnach schon im Oktober 2016 gebaut worden sein oder auch im Juli 2017.

bucheli verlag

* = Stand der Recherche zum Redaktionsschluss dieses Buchs zum Ende des Jahres 2021

Impressum

ISBN 978-3-7168-2316-3

Motorrad-Reparaturanleitung
Band 5324

Redaktion und Gestaltung: Schermer Verlag GmbH, D-70563 Stuttgart

Mitarbeiter dieser Ausgabe: Bernd Burbulla (Daten- und Technikrecherche), Dieter Hambrecht (Fotos und Texte), Horst Liebermann (Technik), Helmut Mader (technische Beratung), Axel Schermer, Franz Josef Schermer (Fotos und Texte), Dipl. Ing. (FH) Helmut Städele (Elektrik, Elektronik)

Zeichnungen: Daniel Horvat, Wolf Kurz, Tomoko Wakayama

Für diese Motorrad-Reparaturanleitung wurden unter anderem Bilder, Texte und Daten aus den Archiven von KTM, der Bucheli Verlags AG (Schweiz), dem Motorbuch Verlag und dem Schermer Verlag verwendet.

Ein ganz spezieller Dank geht an Peter »Pit« Weber, Thomas Beyer, Robbie Bauer und alle anderen Mitarbeiter von KTM Stuttgart (Ulmer Straße 119 in D-70188 Stuttgart, www.ktm-stuttgart.com) die uns bei Zerlegung und Zusammenbau der Maschinen sehr geholfen und ganz viele Tipps gegeben haben zur Vermeidung kleiner und großer Probleme im täglichen Umgang mit den 1290er-KTMs. Alle diese Tipps geben wir gerne an unsere Leser weiter.

Satz und Layout: Schermer Verlag GmbH, Bernd Burbulla, Franz Josef Schermer
Lektorat: Myrta Baumberger
Druck und Bindung: Graspo CZ, 76302 Zlin
Printed in Czech Republic

Sie finden uns im Internet unter *www.motorbuch.de* und *www.bucheli-verlag.de*

1. Auflage 2022

Wichtige Informationen zum Kauf von Ersatzteilen und Werkzeug

Die Informationen in diesem Buch zu Werkzeugen, Maßen und Fahrzeugteilen, wie z. B. Reifen, Kette, Zündkerzen, Öl, Ölfilter, etc. entsprechen dem Stand der Technik zum Redaktionsschluss dieses Buchs zum Jahreswechsel 2021 auf 22. Bilder 1 und 1a: Wenn Sie Ersatzteile kaufen, beachten Sie bitte Folgendes:

■ Legen Sie dem Ersatzteilverkäufer beim KTM- oder Zubehörhändler die Fahrgestellnummer Ihrer Maschine vor. Diese steht im Kfz-Schein, dem Kfz-Brief und der »Zulassungsbescheinigung«.

■ Bilder 2 und 3: Die Fahrgestellnummer ist rechts auf dem Lenkkopfrohr eingestanzt und ein zweites Mal im Typenschild

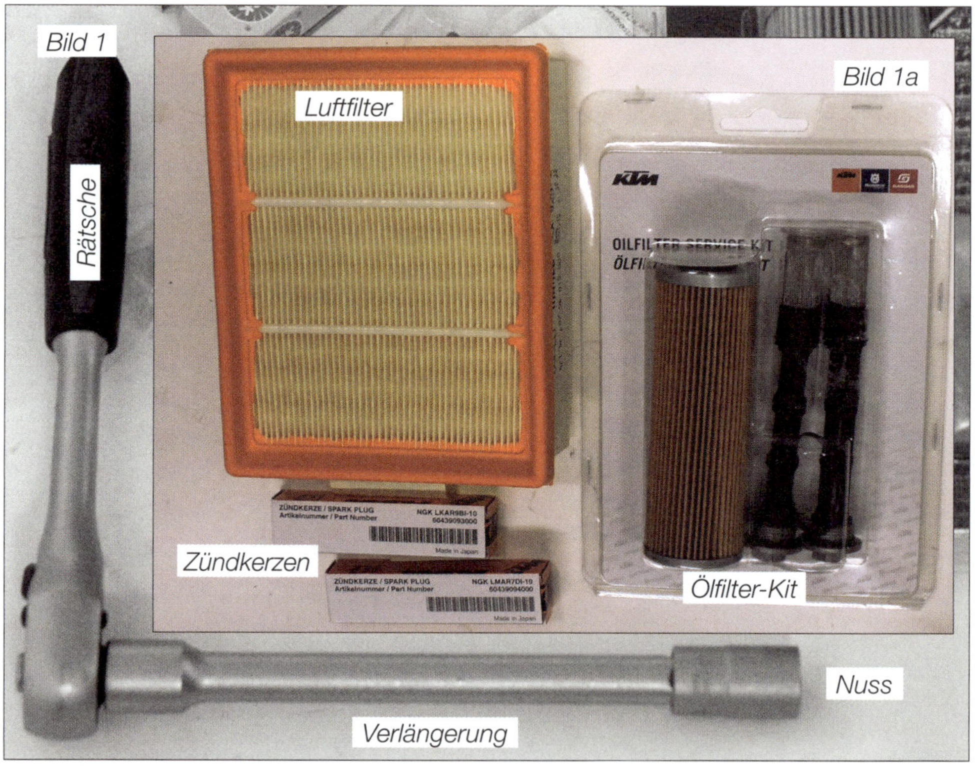

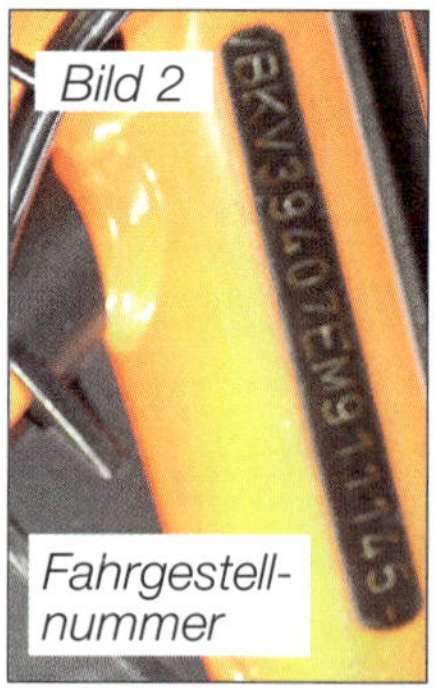

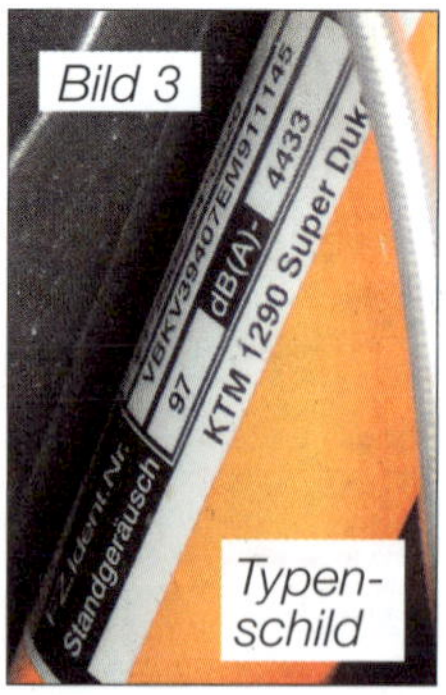

zu finden, das vorne links auf dem Lenkkopf aufgeklebt ist. Beide Nummern müssen gleich sein und mit der Nummer in den Fahrzeugpapieren übereinstimmen.

■ Bevor Sie Werkzeugteile kaufen, messen Sie mit einer Schieblehre die Köpfe der Schrauben und Muttern, welche bearbeitet werden sollen.

■ Bitte beachten Sie dazu besonders das Kapitel »Werkstatt«.

Warum dieses Buch wichtig ist

Europas größter Motorradhersteller ist die österreichische Marke KTM. 1953 kam das erste Motorrad von »Kronreif & Trunkenpolz Mattighofen« auf den Markt, ein 61 kg schweres Leichtmotorrad mit 60 km/h Spitze. Im Laufe der nächsten fünf Jahrzehnte wurden hauptsächlich kleinvolumige Motorräder, Motorroller und auch Fahrräder hergestellt.

Einen besonders guten Namen machte sich KTM im Geländesport und im Moto-Cross; erster KTM-Weltmeister war 1974 der Russe Gennadij Moiseev in der 250er-Klasse. Landsmännisch höchst emotional waren die beiden WM-Titel des Österreichers Heinz Kinigadner 1984 und 85.

1991 musste KTM Konkurs anmelden, aber schon ein Jahr später ging es weiter: Dipl. Ing. Stefan Pierer war Sanierer und ist bis heute Boss von KTM. Er hat seine Marke mit einer klaren Modellpalette, verbunden mit erfolgreichem Motorsport zu dem gemacht, was KTM heute ist: Europas größter Hersteller faszinierender Sportmaschinen für Off Road und On Road.

Die im Buch behandelten 1290er KTM-Modelle sind als exzellente, superstarke Fahrmaschinen bekannt, die grundsätzlich zuverlässig sind. Störungen können auftreten, wenn sie in die Jahre gekommen sind und reichlich Kilometer auf dem Buckel haben. Lösungsansätze für Probleme aller Art bietet diese Motorrad-Reparaturanleitung in Bild und Text ebenso wie viele Tipps, die man kennen sollte, um seine 1290er-KTM zuverlässig am Laufen zu halten.

Doch diese Reparaturanleitung will mehr sein als nur ein Buch, das man nur dann zur Hand nimmt, wenn etwas kaputt ist. Wenn Sie sich dieses Buch gekauft haben, um Ihr Motorrad besser kennenzulernen und zu erfahren, was in ihm steckt, ist das gut so. Dieses Buch kann Ihnen helfen, die komplexe Mechanik dieser Maschinen begreifen zu können und bietet gleichzeitig sinnvollen Lesestoff, der Ihnen hilft, Ihr Motorrad besser zu verstehen. Denn ein Fahrer, der sein Motorrad versteht, geht sorgsamer damit um. Was hilft, Probleme schon im Ansatz zu erkennen oder gar nicht erst auftreten zu lassen. Auf Zerlegung und Zusammenbau des Motors wird in diesem Buch bewusst verzichtet, weil eine Operation am offenen Herzen den Umfang dieses Buches bei Weitem sprengen würde.

Ein toller Blick auf die wichtigsten Motorteile des kräftigen 1290er KTM V2

Deswegen gilt der Ratschlag, dass tiefergreifende Arbeiten an Motor und Getriebe den KTM-Händlern und -Spezialisten vorbehalten bleiben sollten; denn diese wurden in Technik-Lehrgängen im Werk und bei den Landesimporteuren speziell geschult.

Der Spagat zwischen allgemein verständlicher Technik und stimmiger Anleitung zum Selbstschrauben bestimmt also den Inhalt dieses Buches. In diesem Sinne wünschen wir Ihnen, lieber Leser, viel Spaß bei der Lektüre – und hoffen gleichzeitig, dass Sie keinen Ärger mit Ihrer Maschine haben. Sollte dennoch ein Problem auftreten, kann Ihnen dieses Buch bei der Reparatur sehr gut helfen.

Einige Grundsätze zu diesem Buch:

- Die Lektüre dieses Buchs kann weder eine Lehre zum Motorradmechaniker noch eine mehrjährige Praxis im Kfz-Handwerk ersetzen.
- Interessierte Laien sollten sich vor allem die Pflege- und Wartungstipps zu Herzen nehmen, weil gute Pflege den Wert des Motorrads nicht nur erhält, sondern auch dafür sorgt, dass man seine Maschine besser kennenlernt.
- Die Anwendung der im Buch beschriebenen Arbeitsschritte setzt gutes Werkzeug voraus. Wir behandeln dieses Thema ausführlich im Kapitel »Werkstatt« und bearbeiten die beispielhaften Arbeitschritte in den einzelnen Kapiteln auch mit besten Werkzeugteilen.
- Inhalte wie beispielsweise Ventile einstellen, Kupplung reparieren, Radlager erneuern oder Arbeiten an den Bremsen erfordern geballtes Fachwissen, entsprechende Werkzeuge und sehr genaues Arbeiten.
- An sicherheitsrelevanten Baugruppen wie Radaufhängung und Bremse darf nur arbeiten, wer sein Handwerk wirklich beherrscht, was nur für ausgebildete Mechaniker gilt. Für alle anderen heißt es: Geben Sie Ihr Motorrad zum KTM-Händler, dort arbeiten geschulte Zweirad-Fachleute.

In diesem Sinne wünsche ich Ihnen allzeit gute und pannenfreie Fahrt.

Herzlichst, Ihr
F. J. Schermer
(verantwortlicher Redakteur)

Wenn in diesem Buch von »Fahrern« die Rede ist, meinen wir natürlich auch die weiblichen Leser. Der leichteren Lesbarkeit halber beschränken wir uns jedoch auf die allgemeine (männliche) Form.

Inhalt

Folgende Symbole verdienen während der Arbeiten besondere Beachtung:

Sichtprüfung:
Teil genau ansehen, besonders beachten

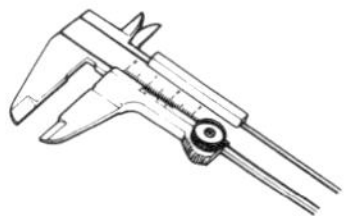

Messen:
Messschieber oder anderes Messwerkzeug nötig

Achtung:
Besondere Vorsicht geboten, Sicherheitshinweise beachten

Tipp:
Wertvoller Hinweis für einfacheres Schrauben

Hörprüfung:
Bei Prüfung genau hinhören

Folgende Symbole verdeutlichen den Schwierigkeitsgrad der Arbeiten:

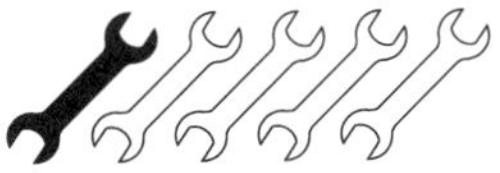

Ein Schlüssel:
Einfache Arbeit, erweitertes Bordwerkzeug reicht aus

Zwei Schlüssel:
Anspruchsvolle Arbeit, extra Werkzeug notwendig

Drei Schlüssel:
Gutes Werkzeug und Spezialkenntnisse erforderlich

Vier Schlüssel:
Spezialwerkzeug und sehr gute handwerkliche Fertigkeit gefragt

Fünf Schlüssel:
Spezialwerkzeug und meisterliche Fertigkeiten notwendig: Fachwerkstatt!

Wartung · Pflege

In diesem Kapitel steht auf der rechten Seite die Tabelle »Wartungs- und Inspektionsintervalle« der KTM-Modelle unseres Buchs. Die einzelnen Teilepositionen und die zugehörigen Arbeitspunkte bilden den Kern dieses Buchs. Schon im Einführungstext auf Seite 3 haben wir das Thema »Fachkenntnis und Werkzeug« angesprochen. Hier gehen einzelne Wartungspunkte durch um zu klären, welche man mit dem richtigen Werkzeug selbst machen kann und wozu mehr nötig ist als unser Buch bieten kann.

Grundsätzlich erklären wir relevante Wartungs- und Inspektionsarbeiten in den zugehörigen Kapiteln in Text und Bild und haben diese so erzählend aufbereitet, dass sie mit ein wenig Geschick nachgearbeitet werden können. Keine Arbeitsanweisungen können wir geben, wenn das Spezialwerkzeug »KTM Werkstattcomputer« zur Erledigung eines Wartungspunktes benötigt wird. Wir nennen es hier »Diagnosetool«.

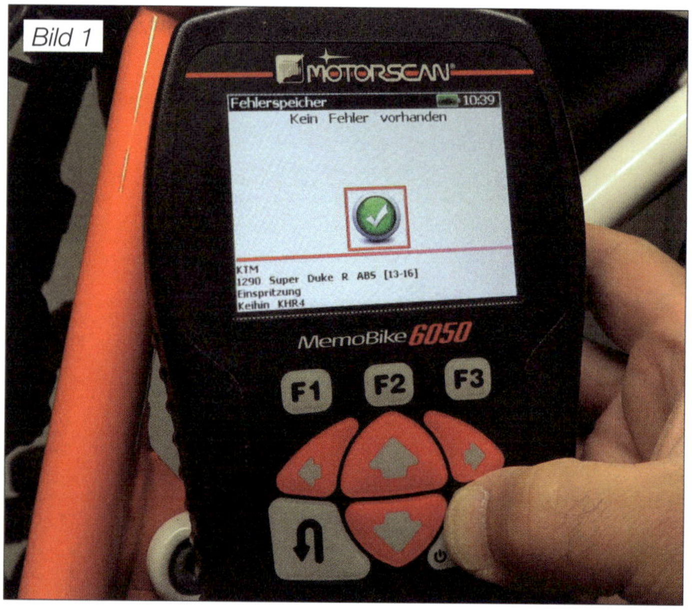

Bild 1

Damit erfolgt die Überprüfung der betreffenden Bauteile und ihre Einstellung auf elektronischem Weg; die Arbeitsanweisungen zeigt das Diagnosetool von Fall zu Fall auf dem Bildschirm an. Dieses elektronische KTM-Spezialwerkzeug ist ausschließlich KTM-Vertragswerkstätten vorbehalten. Technische Updates werden in der Regel von der KTM-Zentrale in Mattighofen aus organisiert.

Es gibt einige preiswerte Geräte, die sich Hobbyschrauber leisten können; wir denken an die oft praktizierte Kostenteilung in gemeinsam betriebenen Hobbywerkstätten. Die Bilder 1, 2 und 3 zeigen ein gutes Werkstattgerät namens »Motorscan«.

Es gibt viele »Diagnosegeräte«, die für KTM 1290 geeignet sind. Bitte informieren Sie sich im Internet und den KTM-Foren über Preise, Anwendungen und den Service, den die vertreibenden Firmen bieten (Achtung: Billig ist meist nicht gut).

Baugruppe 1: Elektronik, Beleuchtung
Bauteil, Arbeitsanweisung, Intervall: Fehlerspeicher Auslesen bei jeder Inspektion, also bei 1000 km und dann alle 15 000 km. **Dazu wird benötigt:** »KTM Diagnosetool« oder ein entsprechendes »Diagnosegerät».

Bild 2

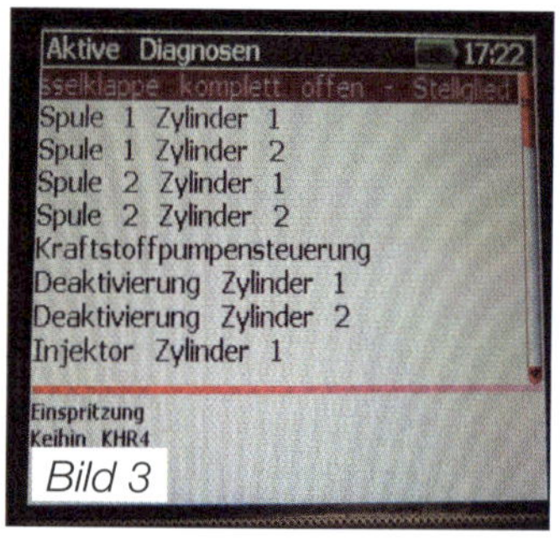

Bild 3

Bilder 1, 2 und 3: Wenn ein elektronisches Diagnosegerät an die Bordelektronik angestöpselt wird, deckt es blitzschnell und schonungslos auf, was am Motorrad nicht stimmt und getan werden muss, damit es wieder in Ordnung kommt.

Wichtige Informationen zur Wartungs- und Inspektionstabelle Part I

Kilometer und Zeitangaben: Wenn 60 000 km erreicht sind, ist der nächste Intervall 75 000 km.

Jahresfahrleistung: Wenn die Kilometerleistung von Wartung zu Wartung nicht innerhalb eines Jahres erreicht wird, sind die Prüfpunkte jährlich abzuarbeiten.

Kurzstreckenbetrieb: Wenn eine Maschine überwiegend im Stadtverkehr und verkehrsreichen Umland bewegt wird, ist das »Kurzstreckenbetrieb«. Dann sollen die Wartungs- und Inspektionsintervalle verkürzt werden; KTM-Spezialisten raten zu einer Halbierung der km-Intervalle.

Staub, Schmutz, Wintereinsatz: Wenn eine Maschine das ganze Jahr gefahren wird, und der Fahrer auch vor Kälte, Schnee und gesalzenen Straßen nicht zurückschreckt, werden alle Bauteile der Maschine extrem belastet. Besonders gilt dies für Reifen, Bremsen, Kette, Telegabel und weitere Fahrwerksteile sowie für Tank, Sitzbank und alle anderen Anbauteile. Für Wartung und Service gilt das beim Kurzstreckenbetrieb Gesagte.

Serviceanzeige, Probefahrt: Nach Abschluss der Wartungsarbeiten und Sichtkontrolle aller verkehrsrelevanten Bauteile ist eine Probefahrt vorgeschrieben, die sich über mindestens 10 km erstrecken soll. Wenn diese mit einem »ok« beendet ist, wird noch der nächste fällige Service mit km-Stand und Zeit in das Kombiinstrument eingespielt. Diese Information wird nach dem Einschalten der Zündung für den Fahrer für zehn Sekunden sichtbar (siehe dazu auch die Informationen im KTM-Fahrzeughandbuch).

Wartungs- und Inspektionsintervalle KTM 1290 Super-Duke-Modelle ab Modelljahr 2014

Bauteil / Intervall	bei 1000 km	bei 15000 km	bei 30000 km	bei 45000 km	bei 60000 km	jedes Jahr	alle 2 Jahre	siehe Kapitel
Baugruppe 1: Elektrik, Beleuchtung								
Fehlerspeicher	Auslesen	Auslesen	Auslesen	Auslesen	Auslesen	Auslesen	Auslesen	1
Auspuffklappensteuerung	–	Prüfen	Prüfen	Prüfen	Prüfen	Prüfen	Prüfen	1
Elektrische Anlage	Prüfen	Prüfen	Prüfen	Prüfen	Prüfen	Prüfen	Prüfen	12, 17, 18, 19, 20, 21
CO-Werte	Prüfen, Einstellen	Prüfen, Einstellen	Prüfen, Einstellen	Prüfen, Einstellen	Prüfen, Einstellen	–	–	1
Scheinwerfereinstellung	Prüfen	Prüfen	Prüfen	Prüfen	Prüfen	–	–	1
Kühlerventilator	Prüfen	Prüfen	Prüfen	Prüfen	Prüfen	Prüfen	Prüfen	10
Serviceintervallanzeige	Zurückstellen	Zurückstellen	Zurückstellen	Zurückstellen	Zurückstellen	Zurückstellen	Zurückstellen	1
Fehlerspeicher nach Probefahrt	Auslesen	Auslesen	Auslesen	Auslesen	Auslesen	Auslesen	Auslesen	1
Baugruppe 2: Motor, Kühlung								
Motoröl, Ölfilter	Erneuern	Erneuern	Erneuern	Erneuern	Erneuern	Erneuern	Erneuern	9
Ölsiebe	Reinigen	Reinigen	Reinigen	Reinigen	Reinigen	Reinigen	Reinigen	9
Ventilspiel	–	–	Prüfen, Einstellen	–	Prüfen, Einstellen	–	–	16
SLS-Membranen	–	–	Erneuern	–	Erneuern	–	–	1
Zündkerzen	–	Prüfen, Reinigen	Erneuern	Prüfen, Reinigen	Erneuern	–	–	12
Luftfilter	–	Erneuern	Erneuern	Erneuern	Erneuern	–	–	11
Luftfilterkasten	–	Reinigen	Reinigen	Reinigen	Reinigen	–	–	11
Kühlmittel, Frostschutz	Prüfen, Ergänzen	Prüfen, Ergänzen	Prüfen, Ergänzen	Prüfen, Ergänzen	Prüfen, Ergänzen	Prüfen, Ergänzen	Prüfen, Ergänzen	10
	Kühlmittel alle 4 Jahre erneuern							
Benzindruck	–	Prüfen	Prüfen	Prüfen	Prüfen	Prüfen	Prüfen	1, 3
Öldüse zur Kupplungsschmierung	Prüfen, Reinigen	Prüfen, Reinigen	Prüfen, Reinigen	Prüfen, Reinigen	Prüfen, Reinigen	–	–	9
Baugruppe 3: Kupplung, Getriebe, Kette								
Kupplungsflüssigkeit	–	Prüfen	Prüfen	Prüfen	Prüfen	Prüfen	Erneuern	13
	–	Stand korrigieren	Stand korrigieren	Stand korrigieren	Stand korrigieren	Stand korrigieren	–	13
Öldüse zur Kupplungsschmierung	Prüfen, Reinigen	Prüfen, Reinigen	Prüfen, Reinigen	Prüfen, Reinigen	Prüfen, Reinigen	–	–	9
Kettenspannung	Prüfen, Einstellen	Prüfen, Einstellen	Prüfen, Einstellen	Prüfen, Einstellen	Prüfen, Einstellen	Prüfen, Einstellen	Prüfen, Einstellen	8
	Kette je nach Bedarf reinigen und schmieren, Kettenspannung prüfen, einstellen							
Kette, Kettenrad, Ritzel, Kettenführung	–	Prüfen, Erneuern	Prüfen, Erneuern	Prüfen, Erneuern	Prüfen, Erneuern	Prüfen, Erneuern	Prüfen, Erneuern	8
Schaltwellensensor	Programmieren	Programmieren	Programmieren	Programmieren	Programmieren	Programmieren	Programmieren	1
Baugruppe 4: Räder, Reifen								
Reifenzustand, Luftdruck	Prüfen	Prüfen	Prüfen	Prüfen	Prüfen	Prüfen	Prüfen	4
Radlager	–	Prüfen	Prüfen	Prüfen	Prüfen	–	–	5
Hinterradnabe, Hinterradachse	–	–	Schmieren	–	Schmieren	–	–	5
Festsitz Hinterradmutter rechts	Prüfen	Prüfen	Prüfen	Prüfen	Prüfen	Prüfen	Prüfen	5
Baugruppe 5: Bremsen								
Bremsbeläge, Bremsscheiben	Prüfen	Prüfen	Prüfen	Prüfen	Prüfen	Prüfen	Prüfen	6
Bremsschläuche, Bremsleitungen	Prüfen	Prüfen	Prüfen	Prüfen	Prüfen	Prüfen	Prüfen	6
Bremsflüssigkeit	Prüfen, Nachfüllen	Prüfen, Nachfüllen	Prüfen, Nachfüllen	Prüfen, Nachfüllen	Prüfen, Nachfüllen	Prüfen, Nachfüllen	Erneuern	6
Baugruppe 6: Federung								
Telegabel und Federbein auf Funktion und Ölaustritt	Prüfen	Prüfen	Prüfen	Prüfen	Prüfen	Prüfen	Prüfen	1
Staubmanschetten der Gabelbeine	–	Reinigen	Reinigen	Reinigen	Reinigen	–	–	1
Lenkung und Lenkkopflager	Prüfen, Einstellen	Prüfen, Einstellen	Prüfen, Einstellen	Prüfen, Einstellen	Prüfen, Einstellen	Prüfen, Einstellen	Prüfen, Einstellen	1, 7
Schwingenlager	–	Prüfen	Prüfen	Prüfen	Prüfen	–	–	1
Untere Federbeinanlenkung	–	Auf Spiel prüfen	Auf Spiel prüfen	Auf Spiel prüfen	Auf Spiel prüfen	–	–	1
Ablaufbohrung untere Federbeinaufnahme	–	Reinigen	Reinigen	Reinigen	Reinigen	Reinigen	Reinigen	1, 22
Baugruppe 7: Rahmen, Seitenständer								
Rahmen und Schwinge	–	–	Prüfen	–	Prüfen	–	–	1
Dreh- und Gleitteile	Schmieren	Schmieren	Schmieren	Schmieren	Schmieren	Schmieren	Schmieren	1
Seitenständer, Seitenständerschalter	Prüfen	Prüfen	Prüfen	Prüfen	Prüfen	Prüfen	Prüfen	1, 22
Fahrgestellschrauben und Muttern	Prüfen, Anziehen	Prüfen, Anziehen	Prüfen, Anziehen	Prüfen, Anziehen	Prüfen, Anziehen	Prüfen, Anziehen	Prüfen, Anziehen	1, 23
Baugruppe 8: Schläuche und Kabel								
Kabel der Motor- und Bordelektrik	–	Prüfen	Prüfen	Prüfen	Prüfen	Prüfen	Prüfen	12, 17, 18, 20
Benzinleitungen, Tankentlüftung, Kühlerschläuche	–	Prüfen	Prüfen	Prüfen	Prüfen	Prüfen	Prüfen	3, 10

Im Fehlerspeicher werden alle Fehler, die an der Maschine seit dem letzten Auslesen aufgetreten sind, so lange abgespeichert, bis sie erkannt, behoben und gelöscht werden. Man kann also z. B. ablesen »Zündaussetzer«, wenn sich ein Zündkerzenstecker gelockert und die betreffende Zündkerze deswegen nicht gefunkt hat, oder »Benzindruck war zu niedrig«, wenn Schmutz ins Benzin gekommen war und kurzzeitig die Einspritzung blockiert hat. Beim direkten Auslesen des Fehlerspeichers bei einer Inspektion wird z. B. auch gemeldet »Batterie zu niedriger Ladestand«.

Baugruppe 1: Elektronik, Beleuchtung
Bauteil, Arbeitsanweisung, Intervall: Auspuffklappensteuerung prüfen bei jeder Inspektion alle 15 000 km
Dazu wird benötigt: »KTM Diagnosetool« oder ein freies »Diagnosegerät«.

Bild 4: Eine Auspuffklappe ist eingebaut bei den Modellen Super Duke R ab Modelljahr 2017, Super Duke RR im Mj. 2021 und Super Duke GT ab Mj. 2016. Diese Auspuffklappe sitzt zwischen Vorschalldämpfer und Auspufftopf. Sie besteht aus einer runden Scheibe, die im Auspuffrohr auf einer Welle sitzt und sich um 90 Grad hin und her bewegt:

- In Position »zu« ist sie quer im Auspuffrohr, verringert den Durchlass und hindert die Auspuffgase am freien Durchgang.
- in Position »auf« ist sie in Längsrichtung des Auspuffrohres auf »Durchgang« gestellt.

Bild 4: Links im Bild ein »normaler« Auspufftopf ohne Klappe, rechts einer mit. Er sorgt vor allem für mehr Drehmoment.

Außen auf der Welle ist eine Nutscheibe eingebaut, in die zwei Bowdenzüge eingehängt sind, die wiederum mit einem Stellmotor verbunden sind. Dieser Stellmotor erhält von der Motorelektronik seine Signale (»Steuerungsbefehl«) die Auspuffklappe in eine bestimmte Richtung einzustellen zwischen »zu» und »auf«. Die Abhängigkeiten dieser Steuerungsbefehle sind folgende Parameter: Momentane Fahrgeschwindigkeit, momentane Motordrehzahl, eingelegter Gang und momentane Gasgriffstellung. Es gibt keine festgelegten Werte, nach denen die Auspuffklappe einzustellen ist, wann sie aufmacht oder zu. Ihre korrekte Funktion kann man nur prüfen bei angeschlossenem KTM Diagnosetool oder Diagnosegerät.

Anmerkungen und Ergänzungen zum Wartungsplan

Zur Baugruppe 1: »Auspuffklappensteuerung kontrollieren« gilt für Super Duke R ab Modelljahr 2017, Super Duke RR im Mj. 2021 und Super Duke GT ab Mj. 2016. Die anderen Modelle habe keine Auspuffklappe (eine Nachrüstung ist nicht möglich).

Zur Baugruppe 1: »CO-Werte prüfen und einstellen« ist Vorschrift bei Super Duke R bis Mj. 2018, Super Duke R Special Edition im Mj. 2016 und Super Duke GT von Mj. 2016 bis Mj. 2018.

Zur Baugruppe 2: »Zündkerzen prüfen, reinigen« alle 15 000 km ist keine KTM-Vorschrift, sondern eine Empfehlung von KTM-Spezialisten.

Zur Baugruppe 2: »Ventilspiel prüfen, einstellen« bei 15 000 km ist Vorschrift bei Super Duke R im Mj. 2014. Für alle anderen Modelle und Modelljahre gilt 30 000 km.

Zur Baugruppe 3: »Kupplungsflüssigkeit wechseln« ist bei Super Duke R ab Mj. 2017, Super Duke RR im Mj. 2021 und Super Duke GT

Wichtige Informationen zur Wartungs- und Inspektionstabelle Part II

Internes KTM-Händler-Informationsnetz: Das weltweite »KTM Dealer.net« dient der Service-Information, bei welcher Maschine an welchem Datum welche Arbeiten ausgeführt wurden. Zugang zu diesem Netz haben ausschließlich KTM-Händler.

Radlager und Räder: Der bei jedem Intervall alle 15 000 km aufgeführte Servicepunkt »Radlager prüfen« wurde ab dem Modelljahr 2015 erweitert auf »Radlagerspiel messen, Radlager und Hinterradnabe fetten«. Dies bedeutet eine hohe Schrauberqualifikation und teure Messgeräte. Im Kapitel »Räder« zeigen wir, wie es geht.

Rahmen und Schwinge kontrollieren: Ab dem Modelljahr 2015 schreibt KTM den Servicepunkt »Rahmen und Schwinge kontrollieren« vor. In diesem Kapitel finden Sie im Abschnitt »Waschen und Polieren« Hinweise auf die Stellen an Rahmen und Schwinge, denen man ein besonderes Augenmerk schenken sollte.

Auslassklappen: Bei der Super Duke GT ist ab dem Modelljahr 2016 eine Auspuffanlage mit Auslassklappen angebaut; beim R-Modell ab Modelljahr 2017. Bei jedem Service ist vorgeschrieben, die Steuerung zu kontrollieren, wozu das KTM-Diagnosetool nötig ist.

CO-Werte: Bis zum Modelljahr 2018 steht in der Zeile »CO-Werte« in allen km-Kästchen »Prüfen, ggf. Einstellen«. Ab Modelljahr 2019 entfällt dieser Punkt, weil Einspritzanlage und Motorsteuergerät so modifiziert wurden, dass die CO-Werte

Ohne Geräte kann man nur das Spiel in den Seilzügen kontrollieren (Motor muss kalt sein!): Diese anfassen, sie müssen sich leicht bewegen lassen, also etwas »Luft« in sich haben. Falls die Züge zu fest oder auch zu lose sind: Die Spannung kann nur am oberen Zug eingestellt werden. Der Zug muss spielfrei eingestellt sein. Kontermutter mit 5 Nm festziehen.

Baugruppe 1: Elektronik, Beleuchtung
Bauteil, Arbeitsanweisung, Intervall: CO-Werte prüfen und ggf. einstellen, Serviceintervallanzeige zurückstellen bei jeder Inspektion alle 15.000 km. Fehlerspeicher nach Probefahrt auslesen. **Dazu wird benötigt:** »KTM Diagnosetool« oder ein entsprechendes »Diagnosegerät«.

Korrekte Abgaswerte schonen nicht nur unsere Umwelt, sondern auch den Benzinverbrauch, sichern die vom Hersteller zugesagten Leistungswerte sowie den technischen Zustand des Motors und seiner Anbauteile.

Eine Prüfung der CO-Werte erfolgt zu Anfang einer Inspektion wenn das Diagnosegerät angeschlossen wird, dann wird der Ist-Wert geprüft und angezeigt. Nach der Feststellung des Ist-Wertes werden die vorgeschriebenen mechanischen Arbeiten am Motor erledigt wie Erneuern der Zündkerzen und des Luftfilters, Prüfen und Einstellen des Ventilspiels, Ölwechsel. Nachdem die komplette mechanische Inspektion erledigt ist und der Motor zur Probefahrt warmläuft, wird die CO-Prüfung durchgeführt, indem das Diagnosetool angeschlossen wird.

Wenn die CO-Werte nicht in Ordnung sind, muss man den Anweisungen auf dem Bildschirm des Diagnosegeräts folgen. Sollten sich wider Erwarten die Werte nicht zufriedenstellend einstellen lassen, machen Sie eine lange Probefahrt, stöpseln danach das Diagnosegerät noch einmal an und erledigen die Prüf- und Einstellschritte. Es kann durchaus sein, dass die CO-Werte jetzt im vorgeschriebenen Rahmen sind.

Wenn alles in Ordnung ist, die Prüfung mit OK abschließen, die Serviceintervallanzeige neu einstellen, den Fehlerspeicher bei »nach Probefahrt« löschen und neu einstellen und dann das Diagnosegerät abstöpseln.

Baugruppe 1: Elektronik, Beleuchtung
Bauteil, Arbeitsanweisung, Intervall: Scheinwerfereinstellung überprüfen. **Dazu wird benötigt:** Eine graue Wand in einem schlecht beleuchteten Parkhaus, Schraubenzieher oder Schraubenschlüssel für die Einstellschraube.

Kontrolle und Einstellung des Scheinwerfers bei korrektem Reifenluftdruck vornehmen. Volle Zuladung mit zwei Personen und Gepäck hat Einfluss auf die Leuchtweite, weil die Maschine hinten tiefer in die Federung sinkt als vorne. Deswegen vor einer großen Fahrt (Urlaub mit Zelt und allem Gedöns) die Leuchtweite an die Beladung anpassen, um eine Blendung des Gegenverkehrs zu vermeiden. Aber auch die Federbein-

ab Mj. 2016 alle vier Jahre Vorschrift. Für die Modelle Super Duke R von Mj. 2014 bis 2016 und Super Duke R Special Edition im Mj. 2016 gilt alle zwei Jahre.

Zur Baugruppe 4: »Hinterradnabe und Hinterradachse« schmieren alle 30 000 km ist Vorschrift bei Super Duke R ab Mj. 2015, Super Duke R Special Edition im Mj. 2016, Super Duke RR im Mj. 2021 und Super Duke GT ab Mj. 2016.

Zur Baugruppe 6: »Untere Federbeinanlenkung auf Spiel prüfen« ist Vorschrift bei Super Duke R ab Mj. 2020 und Super Duke RR im Mj. 2021.

Zur Baugruppe 6: »Ablaufbohrung untere Federbeinaufnahme reinigen« ist Vorschrift bei Super Duke R im Mj. 2019 und Super Duke GT ab Mj. 2019. Für die anderen Modelle ist es zu empfehlen.

Zur Baugruppe 7: »Rahmen und Schwinge prüfen« ist Vorschrift bei Super Duke R ab Mj. 2017, Super Duke RR im Mj. 2021 und Super Duke GT ab Mj. 2016. Für die anderen Modelle ist es zu empfehlen.

Wichtige Informationen zur Wartungs- und Inspektionstabelle Part III

automatisch korrigieren werden und manuell nicht mehr eingegriffen werden kann.

Federbeinaufnahme an der Schwinge: Bei den Modellen mit direkt an der Hinterradschwinge angelenktem Federbeinkopf (gemeint ist die untere Befestigung des hinteren Federbeins an der Hinterradschwinge) ist eine Durchgangsbohrung zum Ablauf von Schmutz- und Waschwasser, das von oben eindringt. Diese Bohrung soll regelmäßig gereinigt werden, dazu genügt sanft dosierte Druckluft, die von unten eingeblasen wird.

Untere Federbeinanlenkung: Bei den Modellen Super Duke R ab Modelljahr 2020 und Super Duke RR im Mj. 2021 wurde das Federbein unten zur Hinterradschwinge und zum Rahmen hin mit einem Zwischenhebel verbunden. Bei jeder Inspektion müssen die Lager dieses Zwischenhebels sorgfältig auf mögliches Spiel überprüft werden.

Schrauben und Muttern am Fahrgestell: Die Kontrolle auf Festsitz der Schrauben und Muttern am Fahrgestell beschränkt sich hauptsächlich auf die gut sichtbaren und zugänglichen Schraubverbindungen.

Auspuffanlage: Zusammen mit dem Servicepunkt »Schrauben und Muttern am Fahrgestell« ist es zweckmäßig, auch die Befestigung der Auspuffanlage genau zu kontrollieren: An den Auslasskanälen der Zylinderköpfe, die Verschraubungen der Auspuffschellen an den Übergängen von Auspufftopf zu Auspuffkrümmer und auch die Befestigungen zum Rahmen hin.

einstellung beeinflusst die Höhe des Hecks und damit die Leuchtweite, was aber meistens im Rahmen der Toleranz ist.

Leuchtweite prüfen

- Bild 5: Maschine vor einer grauen Wand abstellen, Boden eben, Fahrer sitzt auf dem Motorrad und stützt sich nur ganz leicht mit beiden Füßen so auf dem Boden ab, dass das meiste Gewicht im Sattel liegt.
- Abstand Scheinwerfer zur Wand muss 5 Meter betragen.
- Abstand vom Boden bis zur Oberkante des Scheinwerfers messen.
- Dieses Maß mit Kreidestrich auf die Wand übertragen.
- Nun im Abstand von 5 cm unterhalb dieser Markierung einen weiteren Kreidestrich anbringen.
- Wie schon gesagt, der Fahrer sitzt im Sattel und hält die Maschine senkrecht: Motor starten, Abblendlicht anschalten.
- Die Hell-Dunkel-Grenze muss genau auf der unteren Markierung liegen.
- Wenn dies nicht der Fall ist, muss man die Leuchtweite des Scheinwerfers einstellen, indem man die Schraube vorne oben im Scheinwerfer dreht:
- links herum drehen reduziert die Leuchtweite
- rechts herum drehen erhöht die Leuchtweite

Baugruppe 2: Motor, Kühlung
Bauteil, Arbeitsanweisung, Intervall: Benzindruck prüfen
Dazu wird benötigt: »KTM Diagnosetool» oder ein anderes »Diagnosegerät», Benzindruck-Prüfmanometer.

Der korrekte Wert des Benzindrucks liegt je nach Modell zwischen 2,8 und 3,2 bar. Wenn der Ist-Wert nicht den Vorgaben entspricht, wird er im Motorsteuergerät festgehalten und kommt beim Auslesen des Fehlerspeichers ans Licht.

Im Tank ist eine Benzinpumpe mit Benzinfilter eingebaut; beide Teile sind wartungsfrei. Wenn schmutziges Benzin getankt wird, kann der Benzinfilter verstopfen. An sich ist er selbstreinigend – wenn allerdings der Schmutz klebrig ist, muss ein neuer Benzinfilter eingebaut werden. Dazu den Tank abbauen (siehe Kapitel »Verkleidung Tank Spiegel»), an die Benzinpumpe gelangt man vom Tanktunnel her durch Abschrauben und Ausziehen derselben.

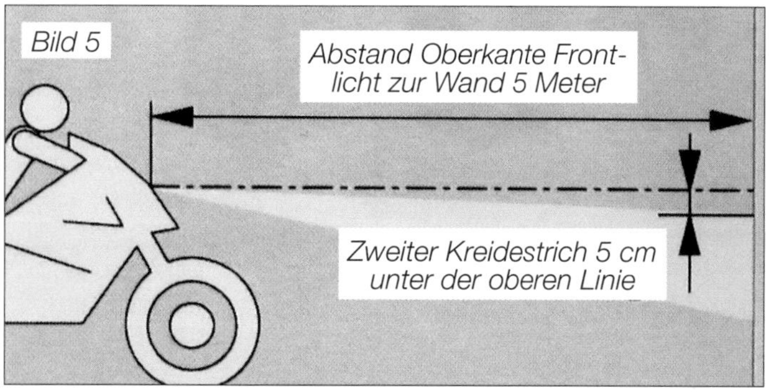

Bild 5: Je nach Beladung sollte man regelmäßig die Leuchtweite und das Fern-Abblendlicht überprüfen.

Benzindruck überprüfen: Es genügt ein handelsüblicher Benzindruckmanometer, der in jeder besseren Werkstatt zuhause ist. Bei zu geringem Benzindruck den Benzinfilter reinigen; weiche Druckluft und kleine Bürsten helfen dabei.

Baugruppe 3: Kupplung, Getriebe, Kette
Bauteil, Arbeitsanweisung, Intervall: Schaltwellensensor und Ganganzeige programmieren. **Dazu wird benötigt:** »KTM Diagnosetool» oder anderes »Diagnosegerät».

Für viele Entscheidungen, die das Motorsteuergerät beim Betrieb des Motors fällen muss, wenn es darum geht, dem Motor den passenden Zündzeitpunkt, die Einspritzmenge und den Drosselklappen ihren Öffnungswinkel zuzuweisen, werden Aktivdaten benötigt wie momentane Kurbelwellendrehzahl, Motortemperatur, Gasgriffstellung und über den eingelegten Gang. Diese Daten werden vom Schaltwellensensor und der Ganganzeige geliefert. Weiterhin ist es für das Startverhalten wichtig, dass das Motorsteuergerät weiß, wann der Leerlauf eingelegt ist und dabei das grüne Licht (»Leerlaufkontrollleuchte») im Cockpit brennt.

Einige der Modelle unseres Buchs sind mit Schaltautomaten lieferbar, »Quickshifter» genannt, mit dem man ohne die Kupplung zu ziehen und das Gas wegzunehmen durch Betätigen des Fußschalthebels den Gang wechseln kann. Auch hierfür liefern Schaltwellensensor und Ganganzeige die Momentanwerte an die Motorelektronik. Eigentlich verstellen sich Schaltwellensensor und Ganganzeige nicht; eine Überprüfung sollte dennoch im Rahmen einer Inspektionen erfolgen.

Baugruppe 6: Federung
Bauteil, Arbeitsanweisung, Intervall: Telegabel und Federbein auf Funktion und Ölaustritt prüfen. **Dazu wird benötigt:** »KTM Diagnosetool» oder »Diagnosegerät».

Beschäftigen wir uns zuerst mit der Einstellung von Federung und Dämpfung: In die Maschinen unseres Buchs sind präzise gefertigte, extrem hochwertige Feder- und Dämpferelemente eingebaut, betreffs Telegabel vorne und Federbein hinten. Ihre Funktion in Federvorspannung, Dämpfer-Zugstufe und Dämpfer-Druckstufe kann vielfach eingestellt werden entsprechend dem Gewicht des Fahrers, der Zuladung, der Straßenoberfläche und Straßenführung und auch noch auf spezielle Eigenheiten der montierten Bereifung. KTM-Händler sind darin bestens geschult. Die Basiseinstellungen von Telegabel und Federbein sind in den Fahrzeughandbüchern erklärt.

Funktion: Bei einigen Modellen richten sich Federvorspannung und Dämpferwirkung entsprechend der aktuellen Zuladung selbstständig ein. Im Bereich der Hinterradschwinge sind Sensoren angebracht, die messen, wie weit die Hinterhand

»eintaucht» bzw. wie weit sich das Maschinenheck absenkt: Je höher die Zuladung, desto tiefer wird es. Der Sensor misst nun die Eintauchtiefe der Hinterradschwinge und meldet diesen Wert an die Fahrwerkselektronik, die wiederum der Federvorspannungs-Einrichtung am Federbein signalisiert, wieviel nun die Federvorspannung verändert werden muss. Dies geschieht über einen kleinen Elektromotor, der am Federbein angebracht ist und die Einstellmutter so lange dreht, bis die korrekte Heckhöhe erreicht ist. Gleichzeitig wird auch die Dämpfung innen im Federbein auf die veränderte Federvorspannung eingestellt.

Um die korrekte Funktion der Bauteile zu überprüfen wird ein KTM Diagnosetool oder Diagnosegerät benötigt.

Die Anweisung »Telegabel und Federbein Ölaustritt prüfen» verlangt ein gutes Auge: Gabelbeine und Federbein müssen überall dicht sein, es darf nirgends Öl auslaufen. Wenn doch Ölspuren zu sehen sind an der Unterseite der Gabelbeine oder am Federbein: Zuerst sauber abwischen, weiterfahren und beobachten, ob sich neue Ölspuren zeigen. Wenn »ja», müssen die Bauteile teilzerlegt und mit neuen Simmerringen bestückt werden. Bei dieser Gelegenheit sollte man einen Komplettservice der Federelemente in Auftrag geben – das ist keine Arbeit für einen Hobbymechaniker, sondern ein deutlicher Fall für eine Spezialwerkstatt, weil Gabel und Federbein mit sehr feinen Bauteilen bestückt und außerdem mit Gas befüllt sind.

Regelmäßige Kontrollen

Beleuchtung: Werfen Sie vor jeder Fahrt einen Blick auf die Beleuchtung und betätigen Sie dabei auch beide Bremsen: Leuchtet das Bremslicht auf, brennen alle Kontrolllampen, hupt die Hupe (»Signalhorn«)? Eine funktionierende Fahrzeugbeleuchtung ist ein sehr wichtiges Sicherheitsfeature!

Lenkung, Federung: Geht die Lenkung nach beiden Seiten bis zum Anschlag gleichmäßig leicht, federn Vorder- und Hinterrad leicht ein und gedämpft aus? Bei einem gut gepflegten Motorrad sind diese Dinge meistens in Ordnung; bei einem schlecht gewarteten quietscht möglicherweise etwas – gehen Sie dem Quietschen umgehend auf den Grund, bevor sich daraus möglicherweise ein größerer Schaden entwickelt!

Bremsen: Den Vorratsbehältern für die Bremsflüssigkeit (Bilder 8 und 10) täglich einen Blick schenken: Sinkt der Pegelstand im Behälter unter die Mitte zur unteren Markierung ab, wird es höchste Zeit, nach der Dicke und dem Verschleißzustand der Bremsbeläge zu sehen (Bilder 9b und 11).

Wichtig: Wenn die Bremsflüssigkeit in den Behältern dunkel ist, dann ist sie alt und muss erneuert werden. Mehr zum Thema Bremsflüssigkeit und Bremsbelagverschleiß im Kapitel »Bremsen«.

Motorölstand: Ölstand nicht vor dem Start des Motors bei kaltem Motor kontrollieren, sondern erst dann, wenn der Motor mindestens 10 Minuten gelaufen und warm ist.
■ Zum korrekten Prüfen des Ölstands den Motor abschalten, das Motorrad in die Senkrechte bringen, eine bis zwei Minuten warten, bis sich das Öl im Öltank gesammelt hat.
■ Motorölstand kontrollieren: Der Ölstand sollte sich etwas oberhalb der Mitte des Schauglases befinden. Öl wird aufgefüllt über die Bohrung im Ölbehälter. Mehr zum Motoröl im Kapitel »Ölwechsel«.

Reifen: Einmal die Woche, mindestens aber alle 500 Kilometer, einen Blick auf die Reifen werfen: Ist das Profil ok? Klemmt ein Stein im Profil? Ist eine Ventilkappe vorhanden, sitzt sie fest?

Reifenluftdruck: Bei kalten Reifen prüfen. Die Pneus dürfen von der Kurzstreckenfahrt zur Tankstelle nur handwarm (30 °C) sein. Die Standardwerte für die Reifen sind:
■ **Reifenluftdruck vorne:** 2,5 bar
■ **Reifenluftdruck hinten:** 2,9 bar

Kühlflüssigkeit: Der Ausgleichsbehälter des Kühlsystems ist modellabhängig im Bereich des Lenkkopfs und des Tanks angebracht. Der Pegelstand der Kühlflüssigkeit ist mit ein wenig

Bild 6

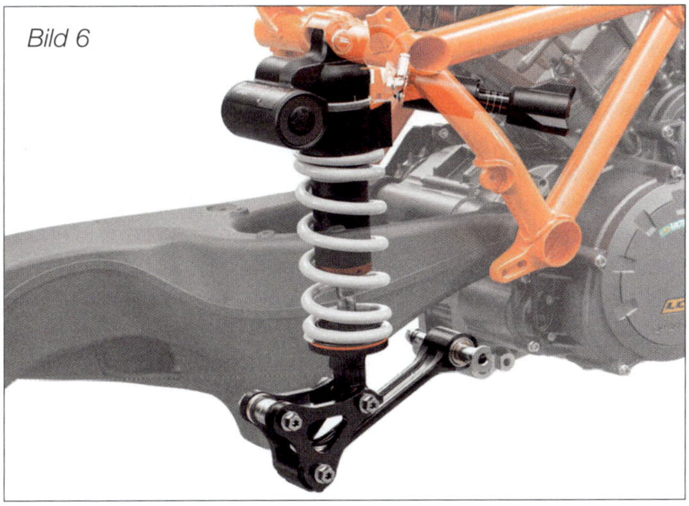

Bild 7

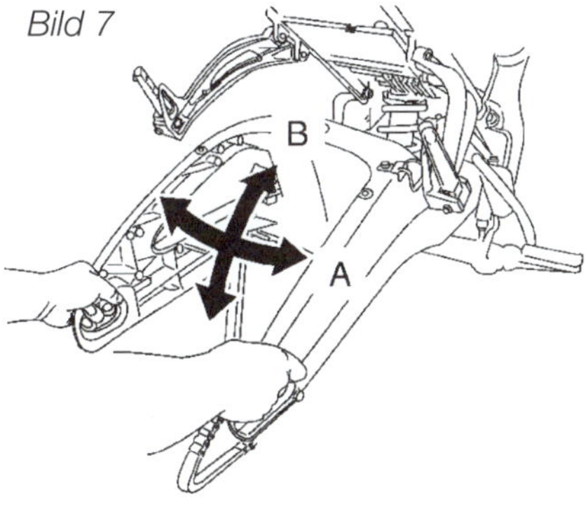

Bilder 6 und 7: Die neue Hinterradfederung mit Zwischenhebel und Umlenkung. Zu einer Prüfung der Lager in verschiedene Richtungen muss das Motorrad aufgebockt, das Heck frei sein.

Verrenkung der Augen gut zu sehen.
Beachten: Der Stand der Kühlflüssigkeit im Ausleichsbehälter ist bei heißem Motor etwas höher als bei kaltem. Er soll jedoch auch bei kaltem Motor nicht unter der Markierung »MIN« sein.

Wenn der Pegelstand der Kühlflüssigkeit weit unter der MIN-Markierung ist oder überhaupt keine Kühlflüssigkeit mehr zu sehen ist, stimmt etwas nicht: Entweder ist die Kühlflüssigkeit schon zu lange drin und ein großer Teil davon ist verdunstet oder das Kühlsystem hat ein Leck. Bevor aber der komplette Kühlkreislauf umgekrempelt wird, zuerst den Ausgleichsbehälter mit Kühlflüssigkeit bis zur Mitte zwischen MIN- und MAX-Markierungslinie auffüllen, weiterfahren und beobachten, wo das Zeug bleibt.

Zum Einfüllen von Kühlmittel den schwarzen Deckel am Stutzen des Behälters abschrauben und frische Kühlflüssigkeit einfüllen – Trichter benutzen, damit nichts danebenschwappt, denn Kühlflüssigkeit hinterlässt hässliche Flecken.

Achtung: Deckel des Kühlmittel-Ausgleichsbehälters nicht bei heißem Motor öffnen. Heißes Kühlmittel kann plötzlich herausschießen. Verbrühungen sind die Folge.

Falls Sie unterwegs Kühlmittelverlust feststellen und deswegen Kühlmittel kaufen und auffüllen müssen, achten Sie darauf, dass dieses für Aluminiummotoren und -kühler geeignet ist.

Tipp: Sollte nur eine kleine Menge Kühlmittel fehlen, können Sie auch mit destilliertem Wasser auffüllen. Füllen

Bilder 8 bis 11: Man kann es nicht oft genug sagen und schreiben, dass Bremsen zum A und O der Verkehrssicherheit gehören. Ein jederzeit optimaler Füllstand der Bremsflüssigkeit, gute Bremsbeläge und einwandfreie Bremsscheiben gehören wie selbstverständlich zu einem verkehrssicheren Motorrad.

Hinterradbremse

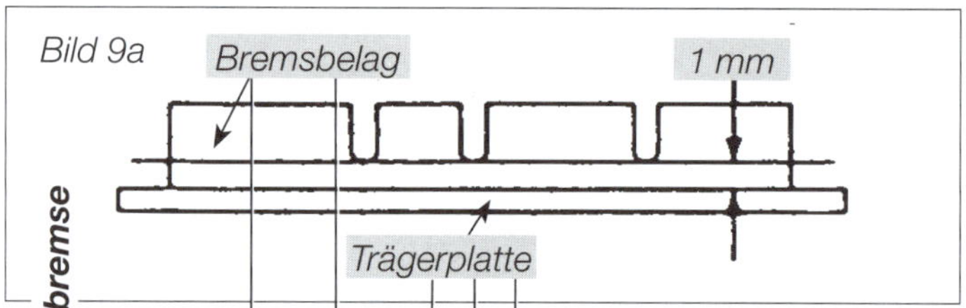

Vorderradbremse

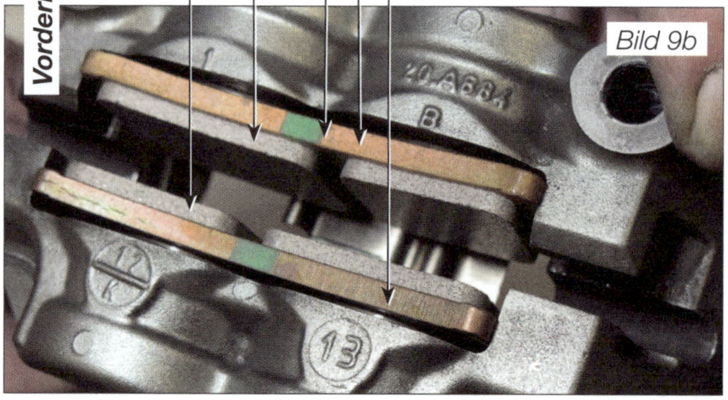

Sie niemals Leitungswasser ein, denn das ist kalkhaltig, sondern immer nur destilliertes Wasser.

Mehr zum Thema »Kühlkreislauf und Kühlmittel« erfahren Sie in Kapitel »Kühlsystem«.

Seitenständerschalter prüfen

Der Seitenständerschalter hat einen »Seitenständer-Sensor« (auch »Magnetfeldsensor« genannt), der misst, ob der am Seitenständer angebrachte »Magnethalter« ihm gegenüber steht:

- Wenn JA, ist der Seitenständer hochgeklappt und der Motor kann gestartet werden.
- Wenn NEIN, hat der »Magnetfeldsensor« kein Gegenüber, der Seitenständer ist ausgeklappt, Motor kann nicht gestartet werden.

Seitenständerschalter auf Funktion prüfen

- Motor starten mit ***aus****geklapptem* Seitenständer und eingelegtem Leerlauf.
- Kupplung ziehen, Gang einlegen:
Motor muss ausgehen.

Umkehrprobe

- Motor mit ***ein****geklapptem* Seitenständer und eingelegtem Leerlauf starten.
- Kupplung ziehen, Gang einlegen.
- Kupplung gezogen halten, Seitenständer ausklappen: Motor muss ausgehen.

Hat der Seitenständerschalter diese Tests bestanden, ist er technisch und elektrisch in Ordnung. Ansonsten, wenn sich also z. B. mit ausgeklapptem Seitenständer losfahren lässt, müssen entweder der »Magnetfeldsensor« oder der Magnethalter erneuert werden.

Seitenständerlagerung, Federn

Der Seitenständer muss alleine durch die Kraft der Feder in der Waagerechten gehalten werden. Tut er dies nicht, sind entweder die Federn erlahmt oder gebrochen und müssen erneuert werden, oder die Lagerung ist trocken, verdreckt oder korrodiert.

Wir empfehlen, dem Gelenk des Seitenständers in regelmäßigen Abständen (z. B. nach dem Waschen) einen Schuss Fett- oder Ölspray zu geben (Bild 14). KTM empfiehlt zur Schmierung dieser Lagerstelle das Langzeitschmierfett Motorex Bike Grease 2000. Weil kein Schmiernippel am Seitenständergelenk angebracht ist, muss das Gelenk zerlegt werden, was allerdings nur bei einem alten und/oder sehr schlecht gepflegten Motorrad nötig ist oder auch dann, wenn das Seitenständergelenk sichtbar trocken und auch schwergängig (»festgefressen«) ist.

Wichtig: Motorrad in kaltem Zustand an einem schattigen Platz waschen. Bei warmem Motor oder in direkter Sonneneinstrahlung verdunstet das Waschwasser schnell, und die rückständigen Waschmittelzusätze brennen sich in die heißen Oberflächen von Motor, Auspuffkrümmer und Auspufftopf regelrecht ein.

Die KTM 1290 nur mit milden Waschmitteln und weichen Schwämmen oder Lappen waschen. Wenn aggressive Reinigungsmittel und harte Bürsten verwendet werden, zerkratzen Lack-, Alu- und Kunststoffteile, sie werden dann matt und damit hässlich.

Zwei große Eimer lauwarmes Wasser, Reinigungsmittel und ein großer, weicher Schwamm genügen für die Wäsche. Die in Motorrad- und Zubehör-Fachgeschäften angebotenen speziellen Motorradreiniger sind sehr zu empfehlen, sie lösen Dreck und Fettrückstände gut ab. **Nicht zu viel Reiniger**

Bild 12

Bild 13

Bild 12: Alle 30 000 km müssen neue SLS-Membranen eingebaut werdem; sie sitzen rechts und links in den Zylinderköpfen.

Bild 13: Die Staubmanschetten unten in den Gabelbeinen mit einem schmalen Schraubenzieher vorsichtig aus dem Standrohr aushebeln, mit Ölspray reinigen und wieder einschieben.

verwenden! In der Not kann man auch Mutters Geschirrspülmittel verwenden.

Wichtig: Den schmutzigen Waschschwamm immer nur im zweiten Wassereimer ausdrücken! Alle Dreckpartikel müssen zuverlässig aus dem Schwamm rausgedrückt werden, sonst geraten sie ins warme Waschwasser, werden dort vom Waschschwamm wieder aufgenommen und produzieren Kratzer auf dem Lack! Nach der warmen Wäsche mit reichlich klarem, kaltem Wasser nachspülen. Danach sofort alle Verkleidungs- und Lackteile mit Waschleder oder weichem Tuch abtrocknen.

■ Angetrocknete Insektenreste auf Verkleidung, Lampen- und Blinkergläser, Rückspiegel, Gabelbeinen sowie vorderem Schutzblech mit reichlich Wasser einweichen (z. B. nasses Tuch auflegen) und abwaschen. Nicht mit harten Gegenständen versuchen, den Schmodder abzukratzen!

■ Wenn mit heißem Wasser, Reiniger und Putzlappen nichts mehr geht, hilft nur noch Insektenentferner. Glasreiniger ist die preisgünstigere Lösung! Betroffene Stellen triefend nass einsprühen und mit einem Massagewaschlappen (Handschuh mit unterschiedlich rauen Seiten, zu finden in gut sortierten Drogerien) feste rubbeln, so wird auch die hartnäckigste Fliegenleiche im Nu verschwinden.

Schmierstellen

Abschmieren beweglicher Teile dient in erster Linie dazu, Schmutz und Wasser von ihren Gelenkstellen fern zu halten und Rost vorzubeugen, damit Leichtgängigkeit und lange Lebensdauer gewährleistet werden. Auch die zueinander beweglichen Aluminiumteile korrodieren, wie z. B. die Gelenke von Kupplungs- und Bremshebel.

Natürlich ist eine KTM 1290 Super Duke sehr gut verarbeitet und mit besten Materialien ausgestattet, viel Edelstahl und gut gearbeiteten Verkleidungteilen. Aber der Zahn der Zeit nagt auch am besten Motorrad, denn es wird ja hauptsächlich im Freien bewegt und steht in der Standzeit oft über Jahre in Laternengaragen. Wenn nun die Gelenk- und Kontaktstellen der Ausstattung nicht regelmäßig gepflegt werden, gibt es im Laufe der Zeit Schwergängigkeit. Denn wenn das Motorrad im Freien abgestellt ist, lagert sich Umgebungsdreck aus der Luft darauf ab und kriecht in die Gelenkstellen hinein; nicht ohne daran zu denken, wenn es regnet.

Brems- und Kupplungshebel: In diese Gelenke kriecht gerne Schmutz und Staub hinein. Nach jeder Wäsche hier einen Schuss Ölspray setzen schafft den Schmutz heraus und

Bild 14: Schmier- und Pflegestellen.

* = Bei »Glasreiniger« bitte nur sehr milde Reinigungsmittel verwenden.

garantiert, dass die Hebel sich so leicht und gefühlvoll bewegen lassen wie es der Konstrukteur gedacht und der Fahrer gerne hat.

Überwintern

Mit einem Saisonkennzeichen braucht man die Maschine über Winter nicht abzumelden, darf aber in bestimmten Monaten nicht am öffentlichen Straßenverkehr teilnehmen.

Wichtig: Eine Maschine mit Saisonkennzeichen darf ebenso wenig wie ein abgemeldetes Motorrad während der Stilllegemonate auf der Straße im öffentlichen Verkehrsraum abgestellt werden. Deswegen: Ab mit der Maschine in eine gut gelüftete Garage oder in einen trockenen Hofraum, wo sie abgedeckt überwintern kann.

Zum Einmotten in die Winterpause Vorbereitungen treffen:
1. Maschine ordentlich heiß fahren.
2. Tank randvoll machen, einen Schuss Motorex »Fuel Stabilizer« dazugeben.
3. An der Tankstelle gleich die Reifen auf vorne 3 bar und hinten 3,5 bar aufpumpen.
4. Zügig und vorsichtig (wegen des zu hohen Luftdrucks in den Reifen!) zum Winterabstellplatz fahren, Motor abstellen.
5. Batterie ausbauen (Kapitel »Batterie · Ladesystem«).
6. Gelenkstellen von Brems- und Kupplungshebel, Fußrasten und Seitenständer mit Schmierspray einsprühen.
7. Blanke und verchromte Teile dünn mit Vaseline einreiben.

Inbetriebnahme nach der Winterpause
1. Fettschicht von verchromten Teilen mit weichem Lappen abwischen, kein Benzin oder Lösungsmittel verwenden!
2. Geladene Batterie einbauen, Polanschlüsse mit säurefreiem Fett (»Polfett«) dick einschmieren (Kapitel »Batterie«).
3. Reifenluftdruck prüfen, korrigieren.
4. Lichter, Rücklicht, Bremslicht, Blinker und Hupe prüfen.
5. Motor starten: Wenn die Batterie abgeklemmt war, muss sich das Motorsteuergerät erst wieder einjustieren. Deswegen läuft der Motor nach dem Anspringen nicht rund und braucht einige Sekunden, bis er seinen Rhythmus gefunden hat.
6. Nach spätestens drei Minuten losfahren.
7. Motor sanft warm fahren. Sind alle Funktionen in Ordnung? Öldruck, Bremsleistung, Federung und Dämpfung.
■ Gute Fahrt in die neue Saison!

Bild 15: Heißes Wasser, weiche Bürsten und spezielle Pflege- und Poliermittel gehören zur regelmäßigen Fahrzeugpflege.

Sicherheitshinweise Achtung und Tipps für diesen Kapitelabsatz

Achtung: Das Waschen von Kraftfahrzeugen im »öffentlichen Verkehrsraum« (Straßen, Wege, Plätze) ist grundsätzlich dann nicht erlaubt, wenn zusätzliche Waschmittel benutzt werden – nur mit klarem Wasser darf gewaschen werden. Waschen mit Waschmitteln ist nur auf speziellen Waschplätzen erlaubt.

Achtung: Motorrad nur bei extremer Verschmutzung mit dem Dampfstrahler reinigen! Auf Folgendes achten: Das unter Druck stehende heiße Waschwasser (bzw. der Wasserdampf) enthält aggressive Reinigungsmittel, es darf weder an die Dichtungen in der Bremsanlage kommen noch an Hebelgelenke, Gaszug, Steckkontakte und Schalter der Elektrik, Radlager, Gabelbeine und Federbein; an diesen Stellen kann es Schäden anrichten!

Tipp: Motorrad immer von oben nach unten waschen, die weniger verschmutzten Teile zuerst. Waschwasser fern halten von elektrischen Anschlüssen, Schaltern, Steckern und der Drosselklappe.

Achtung: Nach dem Waschen besonders Reifen und Bremsscheiben mit reichlich klarem Wasser abspülen, damit alle glitschigen Rückstände abgespült werden – denn rutschige Reifen können in der ersten Kurve für Überraschungen sorgen und die Bremsen mit einem Schmierfilm überzogen sein, was der Bremsleistung nicht förderlich ist.

Achtung: Schmieren Sie keinesfalls die Gelenkstellen der Drosselklappe mit Fett, Öl oder Kettenspray, denn das Schmiermittel kann durch die Hitze festbacken und die Beweglichkeit der Drosselklappe beeinträchtigen, was bis zum Festgehen führt!

Tipp: Wenn Sie eine Abdeckhaube kaufen, um die Maschine darunter überwintern zu lassen, dann nehmen Sie eine, die unten Ösen hat, in welche die Haken von Gepäckgummis eingehängt werden können, damit die Plane gesichert ist und nicht beim ersten Windstoß abhebt.

Tipp: »Richtig überwintern« heißt vor allem, dass die Maschine über die Wintermonate so abgestellt werden soll, dass beide Räder keinen Bodenkontakt haben, denn wenn eine KTM 1290 monatelang auf dem Seitenständer steht und die Reifen in dieser Zeit schleichend Luft verlieren, bekommen sie »schräge Standplatten«, also abgeflachte Stellen. Maschine am besten auf Front- und Heckmontageständer überwintern.

Bild 1 ganz rechts: Beispielhaftes Werkzeugsortiment für die Hobbywerkstatt. Teilebezeichnungen siehe nächste Seite unten.

Bild 2 unten: Digitaler Messschieber (A), Mikrometer oder Bügelmessschraube (B), Fühlerlehren (C).

Bild 3: Besteckkasten als Kleinteileablage.

Werkstatt

In diesem Kapitel: Werkzeug · Bordwerkzeug · Werkzeug für die Hobby-Werkstatt · Werkzeugwagen und Hebebühne · Aufbockhilfen · Ölen, Fetten, Kleben · Anziehdrehmomente.

Werkzeug

Für jedes Teil im selbst zusammengestellten Bordwerkzeug und das Werkzeug in der Hobbywerkstatt gilt: Nur mit gutem Werkzeug kann man gute Arbeit machen! Vermurkste Schrauben und Muttern und hässliche Kratzer im Umfeld von Schraubverbindungen, die im Gebrauch von schlechtem Werkzeug ihre Ursache haben, sind schlimm anzusehen. Ganz zu schweigen von Verletzungen, die man sich zuziehen kann, wenn man mit schlechtem Werkzeug arbeitet.

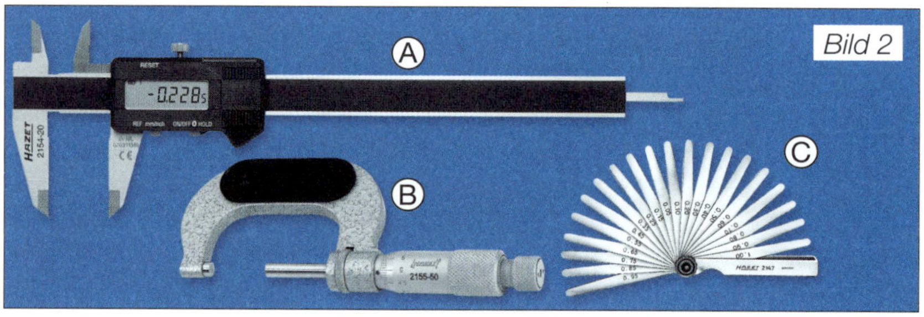

Bild 2

Sicherheitshinweise ⚠ Achtung und ☞ Tipps

⚠ Werkzeug nicht im Baumarkt kaufen, auch wenn dessen Sonderangebot noch so verlockend ist! Baumarkt-Werkzeug ist meist nicht sehr gut und in vielen Fällen sogar gefährlich, wenn es aus minderwertigem Material besteht und deswegen bruchgefährdet ist.

☞ Ein Blick ins Internet rentiert sich bei der Werkzeugrecherche. Echtes Qualitätswerkzeug ist im Internet unter *www.hazet.de* zu sehen. Hazet ist einer der bekanntesten deutschen Hersteller von Kraftfahrzeug-Qualitätswerkzeugen.

☞ Im Haushaltswarengeschäft (z. B. bei IKEA) gibt es für kleines Geld Besteckablagen für Schubladenkästen in verschiedenen Unterteilungen. Diese eignen sich ganz hervorragend als Schrauben- und Kleinteileablage (Bild 3).

☞ Wenn teure Spezialwerkzeuge benötigt werden, bei der Werkstatt um die Ecke nachfragen, ob man gegen ein hinterlegtes Pfand und einen Obolus in die Trinkgeldkasse das Werkzeug geliehen bekommt.

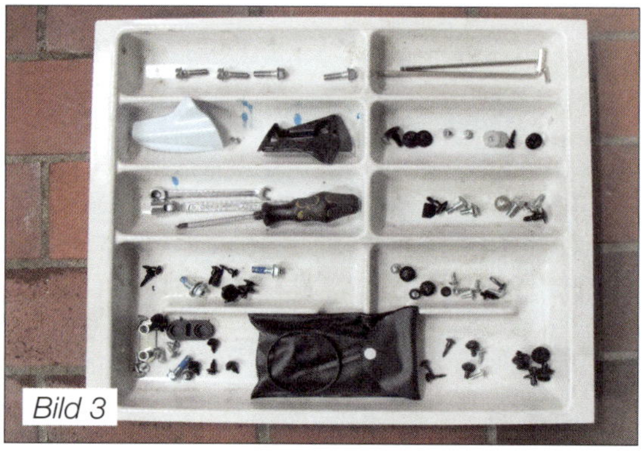
Bild 3

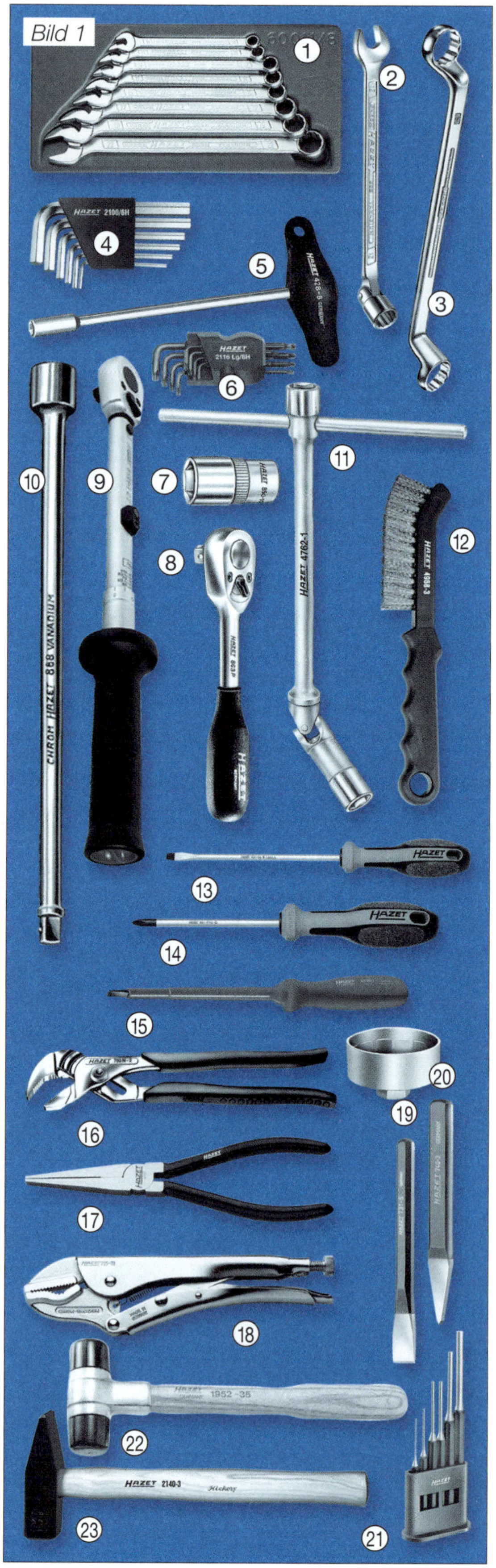

Bild 1

Torxschrauben brauchen Torxwerkzeug
An den Super Dukes unseres Buchs sind sehr viele Schrauben mit Torx-Köpfen verbaut, man braucht also Torx-Schlüssel bzw. Torx-Nüsse in gängigen Größen. Kaufen Sie am besten einen kompletten Kasten Torxwerkzeug (Bilder 7, 7a und 7b). Für Sechskant-Muttern empfehlen wir Sechskantnüsse, die eng am Schraubenkopf anliegen. Auch Gabel- und Ringschlüssel werden gebraucht, denn nicht an alle Schrauben und Muttern kommt man mit Nüssen ran. In den Kapiteln dieses Buchs gehen wir in Bild und Text auf die jeweils benötigten Werkzeuge ein.

Schlüsselweite, Schraubenzieher: Die Abkürzung für »Schlüsselweite« ist der Begriff »SW«. SW 12 bedeutet also, dass dieser Schlüssel für einen Schraubenkopf oder eine Mutter mit 12 mm bestimmt ist, gemessen über die Mitte des Schraubenkopfs bzw. der Mutter an zwei zueinander parallelen Flächen. M8-Schrauben und Muttern brauchen einen 12er- oder 13er-Schlüssel; M6 einen 8er- oder 10er-Schlüssel. Zu dem normgerecht als »Schraubendreher« bezeichneten Werkzeug sagen wir hier in dieser Reparaturanleitung »Schraubenzieher«. Das ist nach DIN- oder ISO-Norm fachlich nicht korrekt, aber unter Motorradfahrern üblich.

Bordwerkzeug

Bild 6: Das serienmäßige Bordwerkzeug umfasst viele Teile. Wenn man allerdings auf eine längere Tour geht, sollte man weiteres Werkzeug dabei haben, damit man bei einem Plattfuß nicht hilflos dasteht. Am besten verstaut man zusätzliches Werkzeug im untersten Fach eines Tankrucksacks (sofern man einen solchen montiert hat, ist sehr praktisch!).

Zusätzliches Bordwerkzeug
Zum serienmäßigen Bordwerkzeug sollte man auch einen 12er-Inbusschlüssel für die Vorderachse und eine 60er-Sechskantnuss für die Hinterradmutter sowie einen passenden Knebel (Querknauf) dabei haben, damit man bei einem Plattfuß unterwegs die Räder aus- und einbauen kann (siehe dazu Kapitel »Räder«).

Reifendruckprüfer, Flickzeug: Bitte verwenden Sie KEIN Plastikteil aus dem Baumarkt, sondern ein Präzisionsmessgerät (Bild 5). Das beste Gerät stammt vom deutschen Hersteller Flaig, es hat ein stabiles Alu-Gehäuse. Bild 4: Immer dabei haben sollte man das Reifen-Flickzeug »REP & AIR« für

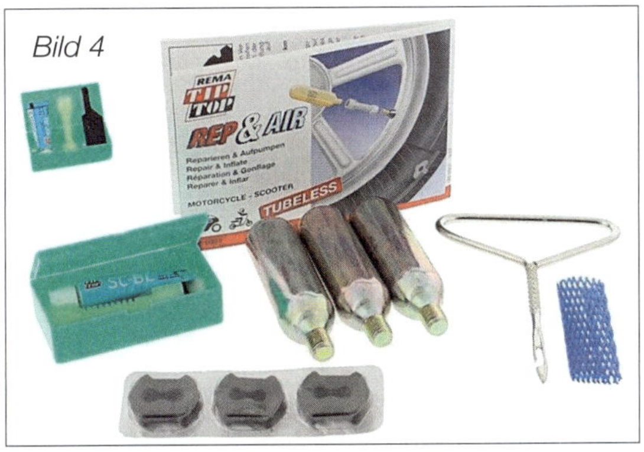

Bild 4

Bild 5

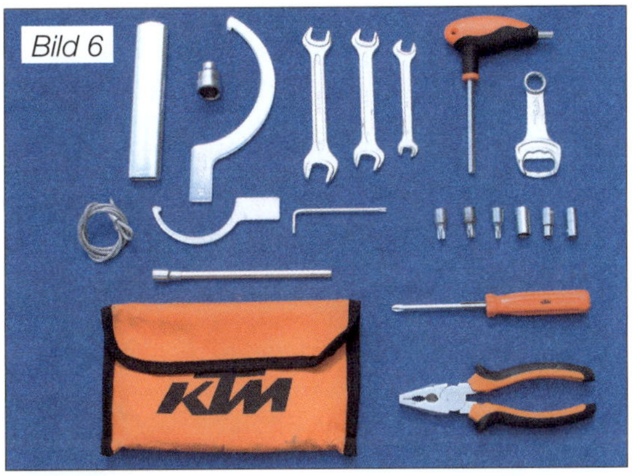

Bild 6

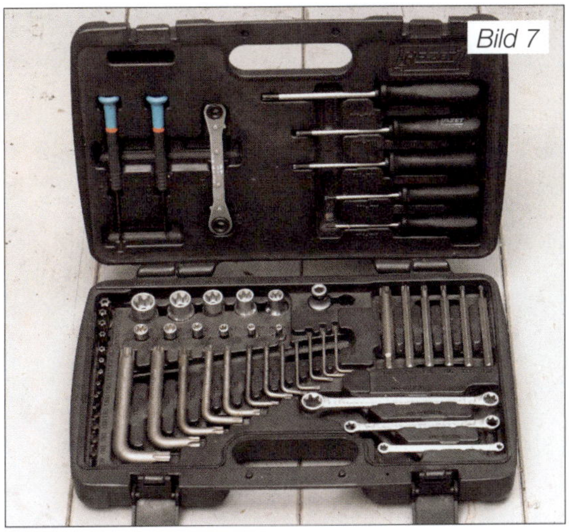
Bild 7

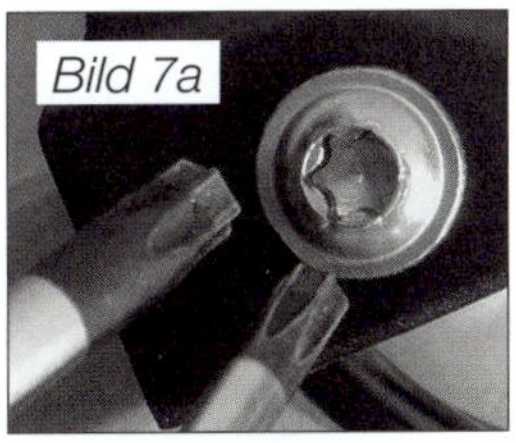
Bild 7a

Bild 7b

Teilebezeichnungen in Bild 1 links: Satz Ring-Maulschlüssel (1), Maul-Steckschlüssel (2), Doppelringschlüssel (3), Satz Inbusschlüssel (4), Sechskant-Steckschlüssel mit Querknauf (5), Satz Torx-Schlüssel (6), Steckschlüsselnuss mit Innensechskant (7), Umschaltknarre (8), Drehmomentschlüssel (9), Verlängerung (10), Zündkerzenschlüssel (11), Bremssattelbürste mit Messingborsten (12), Schlitz-Schraubenzieher (13), Kreuzschlitz-Schraubenzieher (14), Elektriker-Schraubenzieher (15), Universalzange (16), Flachzange (17), Gripzange (18), Flachmeißel (19), Kreuzmeißel (20), Satz Splinttreiber (21), Kunststoffhammer (22), Schlosserhammer (23).

Die Bilder 4 bis 7b rechts auf dieser Seite sind im Text besprochen.

Schlauchlosreifen vom Hersteller »TIP TOP«. Ein unterwegs eingefangenes Loch im Reifen kann damit zur Not repariert werden. Im Reparaturset sind auch zwei CO_2-Kartuschen und ein Adapterstück, womit der Reifen mit Druckluft befüllt werden kann. Natürlich muss umgehend danach der vorgeschriebene Reifenluftdruck wieder eingestellt werden – man muss also sofort die nächstbeste Tankstelle ansteuern und korrekten Luftdruck auf den geflickten Reifen geben.

Wo zusätzliches Bordwerkzeug kaufen?
Erste Wahl sind KTM-Händler, weil sie oft ehemalige Wüsten- oder Geländefahrer sind und genau wissen, was unterwegs gebraucht wird im Fall des Falles. **Merke:** Auch hier gilt »Nix im Baumarkt kaufen, weil's doch sooo billig ist!«

Werkzeug für die Hobbywerkstatt

- Drehmomentschlüssel: Einer mit Einstellbereich 40 bis mindestens 250 Nm (für die hintere Radmutter) und ein zweiter mit 5 bis 40 Nm.
- Flachspitzzange klein und Seitenschneider
- Messing- und Stahldrahtbürste
- Ölauffangwanne mit Öltank für den Ölwechsel
- Fächer-Fühlerlehre von 0,05 bis 1,0 mm
- Schlosserhammer mit 250 Gramm sowie ein Kunststoffhammer
- Satz Durchschläge (»Splint-Austreiber«)
- Messschieber mit einem Messbereich von 0 bis 250 oder 0 bis 300 mm
- Batterieladegerät 12 Volt
- Isolierter Seitenschneider (»Elektro-Knipser«)
- Digitales Multimeter und Prüflampe
- Kupferpaste für Auspuffverbindungen
- Silikondichtpaste für Gehäusedichtflächen
- Druckluft-Kompressor, Druck bis 8 bar, mit Druckluftpistole, Reifenfüllmanometer.
- HeliCoil-Gewindereparatur M5, M6, M8, M10.
- Für ganz harte Fälle gibt es HeliCoil auch für die Reparatur von Zündkerzengewinden in den Maßen M10x1 und M12x1,25.
- Elektrische Heizplatte mit 25 cm Durchmesser oder einen starken Werkstatt-Heißluftföhn.
- Schleifbock: Er ist in jedem Falle nützlich, und wenn man daran nur ab und zu seine Bohrer schleift und sich am Funkenflug freut.

Bild 8: Der fahr- und faltbare Werkstattwagen »Assistent« ist seit vielen Jahren ein Klassiker in den Werkstätten von Hobby- und Profischraubern.

Bild 8

Werkzeugwagen, Hebebühne

Als Ablage beim Schrauben direkt am Motorrad benutzen wir einen Besteckkasten (Bild 3). Darin lassen sich die momentan benötigten Werkzeuge sowie die abgebauten Kleinteile wunderbar ablegen. Besteckkästen gibt es für kleines Geld in jedem Haushaltswarenladen (bei Ikea sind sie besonders billig!). Man kann auch ausgespülte Joghurt-Becher sammeln, um darin Muttern, Schrauben und Kleinteile nach Baugruppen geordnet abzulegen.

Werkzeug muss nicht nur vorhanden, sondern auch auffindbar sein. Und weil es mit der Ordnung immer so eine Sache ist, empfehlen wir, das meist benötigte Werkzeug im falt- und fahrbaren Hazet-Werkzeugwagen »Assistent« aufzubewahren. Dieser ist innen größer, als er von außen aussieht. Das Grundmaß des »Assistent« beträgt 725 mm x 398 mm, aufgezogen ist er etwas mehr als einen Meter hoch, zusammengeschoben kaum noch die Hälfte (Bild 8).

Perfekt ist eine Hebebühne. Sie erleichtert alle Schraubarbeiten am Motorrad, denn man kann die Maschine in die gewünschte Arbeitshöhe bringen, muss sich also nicht bücken. Preiswerte Hebebühnen gibt es in den Shops der Motorrad-Zubehörketten (siehe auch *www.kern-stabi.de*).

Aufbockhilfen

Zum Aus- und Einbau der Räder oder auch »nur« zum Schmieren und Spannen der Kette muss man die Maschine ordentlich aufbocken, sie kann nicht auf dem Seitenständer abgestellt werden. Im Kapitel »Räder« zeigen wir supergute Montageständer für Front und Heck.

Ölen, Fetten, Kleben

Wenn Schrauben und Muttern verarbeitet werden, immer einen Tropfen Öl auf/in ihre Gewinde und Anlageflächen geben. Wenn blanke Bauteile miteinander verschraubt werden, sollte man vorher die Kontaktflächen beider Teile mit etwas Fett einschmieren. So rosten sie nicht fest, das Fett zwischen den Passflächen verhindert das Eindringen von Feuchtigkeit.

Fett: Schmierfett ist neben Öl ein weiteres wichtiges Grundhilfsmittel in der Motorradwerkstatt. Motorrad-Schmierfett muss Salzwasser-resistent sein. Wir brauchen in unserer kleinen Motorradwerkstatt zwei Fettarten:

- »Schweres Fett« ist für langsam drehende Bauteile wie Lenkkopf- und Schwingenlager, Gelenkbolzen von Fußrasten, Schalt- und Bremshebel. Man spürt beim Reiben zwischen den Fingern, dass das schwere Fett steifer ist als leichtes Wälzlagerfett, weswegen es nicht für Schnelldrehbauteile wie Radlager geeignet ist.
- »Leichtes Wälzlagerfett« ist für schnell drehende Bauteile, wie Radlager oder Radlager-Simmerringe beim Radeinbau. Wie die Bezeichnung »leicht« schon sagt, ist das Fett »leicht« und damit besonders geschmeidig. Wenn man es zwischen den Fingern verreibt, wird es extrem glitschig. Man spürt während des Reibens quasi den Schmierfilm, und danach lässt sich das Fett kaum von der Haut abwaschen.

Zu den nötigen Werkstatthilfsmitteln gehören vor allem flüssige Schraubensicherungen »Loctite« und Dichtmittel. Im Internet unter *www.loctite.de* findet man Produktbeschreibungen und kann sich über ihre Anwendungen informieren.

Am meisten gebraucht wird »Loctite mittelfest«, es hält Schraubverbindungen zuverlässig zusammen. Bei extrem belasteten Schraubverbindungen, wie z. B. den Befestigungsschrauben der Bremsscheiben, ist Loctite »hochfest« vorgeschrieben. Bei Schrauben gibt man einen Tropfen auf (Bild 9a) und bei Muttern in das Gewinde (Bild 9b).

Anziehdrehmomente

Um eine notwendige Verbindungs-Haltekraft ausüben zu können, muss eine Schraube (Mutter) in dem ihr zugeordneten Innengewinde (Außengewinde) mit einem bestimmten Anziehdrehmoment festgezogen werden. Nur damit ist garantiert, dass die durch die Schraube (Mutter) zueinander verspannten Bauteile ausreichend fest sind und sich die Schraubverbindung nicht von alleine löst, wie das z. B. durch Vibrationen passieren kann.

- Werden Schrauben/Muttern zu leicht angezogen, besteht die Gefahr, dass sich die Schraubverbindung lockert.
- Werden Schrauben/Muttern zu fest angezogen, werden ihre Gegengewinde »weich«; gefühlt ist die Schraubverbindung »fest«. Spätestens im Betrieb lockert sie sich und fällt ab.
- Werden Schrauben/Muttern bei der Montage zu fest angezogen, reißen oder brechen dabei aber (noch) nicht, sondern spätestens im Betrieb.
- Im Kapitel »Anziehdrehmomente« gibt es mehr Informationen zu diesem Thema
- Weiterhin nennen wir den Kapiteln die Anziehdrehmomente der Schraubverbindungen.

Bilder 9a und 9b: Flüssige Gewindesicherung sparsam auf das Gewinde der Schraube bzw. in die Mutter geben.

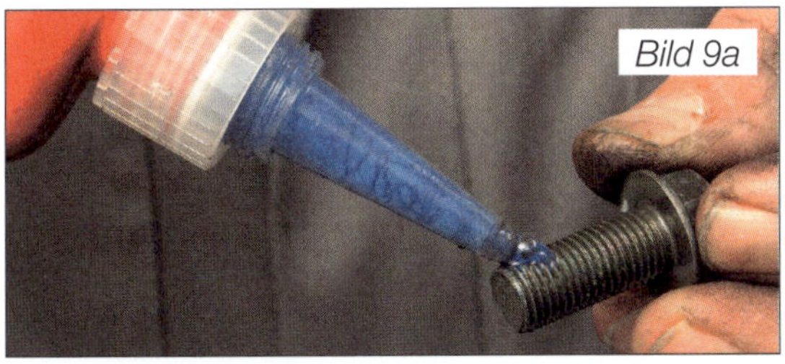

Bild 9a

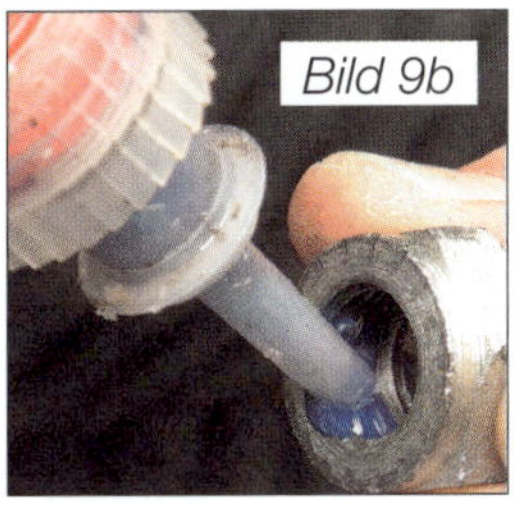

Bild 9b

Bild 10

Bild 10: Werkstatthilfsmittel wie Bremsenreiniger (1), Kältespray zum Einbau von Lagern (2), Kontaktspray für Elektrostecker (3), Fett für Lager und Simmerringe (4), Loctite-Schraubensicherung »mittelfest« (5) und »hochfest« (6), Chrompolitur (7), Dichtmasse (8), Molykotefett (9).

Verkleidung · Tank · Spiegel

In diesem Kapitel: Montagetipps zum Ab- und Anbau von Verkleidungsteilen · Spreizniet aus- und einbauen · Tank ab- und aufbauen · Rückspiegel einstellen und festziehen, ab- und anbauen · Lenker befestigen, ab- und anbauen.

Zu diesem Kapitel

Die Explosionszeichnung in Bild 1 zeigt die Verkleidungsteile der 1290 Super Duke R der Modelljahre 2014 bis 2016. Diese Zeichnung ist als Beispielzeichnung für alle Verkleidungsteile an den weiteren Modellen unseres Buchs gedacht.

Die Teile der späteren Modelljahre der 1290 Super Duke R, die der Super Duke R Limited Edition von 2016 und der Super Duke RR von 2021 sind mit den Teilen in Bild 1 nahezu identisch. Bei der 1290 Super Dukle GT ab Mj. 2016 ist die Vorderfront in Kleinigkeiten anders.

Die in Bild 2 gezeigte Explosionszeichnung des Tanks ist über die Modelle und Modelljahre quasi identisch. Den Ab- und Aufbau des Tanks zeigen wir weiter hinten in diesem Kapitel in Bildern und Abeitsschritten im Detail.

Bitte beachten Sie bei Ab- und Anbau großer und kleiner Verkleidungsteile Folgendes:

- Kein Verkleidungsteil mit Gewalt abziehen oder einstecken, mit dem Alter spröde gewordener Kunststoff bricht leicht.
- Merken Sie sich gut, wie Sie die Verkleidungsteile abgebaut haben. Die Explosionszeichnungen helfen die Befestigungslogik zu verstehen.
- Abgebaute Verkleidungsteile auf sauberen Lappen ablegen.
- Platzieren Sie abgeschraubte Verkleidungsteile außerhalb jeglicher Fußreichweite, denn man tritt während des Schraubens an der Maschine rasch auf ein am Boden liegendes Teil. Im Extremfall bricht es, garantiert zerkratzt es.
- Schrauben Sie immer mit exakt passenden Werkzeugen – wenn Sie nicht passende oder billige Werkzeuge nehmen, können die Schraubenköpfe beschädigt werden, sie sehen dann vermurkst und somit wüst aus.
- Bei der Montage im KTM-Werk werden die Verkleidungsschrauben »trocken« eingeschraubt, also ohne Öl. Gönnen Sie den Verkleidungsschrauben beim Einschrauben etwas Öl.
- Die Gummibuchsen, in die die kleinen Zapfen einiger Verkleidungsteile eingesteckt werden, vor der Montage leicht mit Silikonpaste einstreichen, so bleiben sie flexibel und weich.
- Achten Sie beim An- und Zusammenbau der Verkleidungsteile ganz penibel darauf, dass keine Kabel, Stecker oder Bowdenzüge eingeklemmt werden. Wenn es doch passiert, nehmen Sie das Verkleidungsteil wieder ab und verlegen Kabel, Stecker oder Bowdenzüge sauber und klemmfrei.
- Wenn Verkleidungs-Einzelteile mit Schrauben verbunden sind, behandeln Sie die Schraubverbindungen mit besonders viel Gefühl, damit nix gequetscht wird oder abbricht.

Spreizniete: An einigen Stellen sind Spreizniete aus Plastik verbaut. Wenn man wild daran herumdrückt, geht leicht etwas kaputt. Aus- und Einbau siehe Bilder 2 und 3.

Teileliste zu Bild 1: KTM 1290 Super Duke R Mj. 2014 bis 2016

Position 1: Heckverkleidung links
Position 2: Heckverkleidung rechts
Position 3: Heckunterteil
Position 4: Heckverkleidung unten
Position 5: 2 Stück Schrauben EJOT PT 50x14 WN 1451
Position 6: 6 Stück Klemmmuttern M5
Position 7: Scheinwerfer-Abdeckung hinten
Position 8: Scheinwerfer-Abdeckung Mittelteil
Position 9: Abdeckung Spoiler links
Position 10: Abdeckung Spoiler rechts
Position 11: 4 Stück Sechskant-Bundschraube M6x25 Torx 30
Position 12: 4 Stück Gummitülle 7x10,8x16
Position 13: 4 Stück Bundbuchse 6,2x7,5x13x12
Position 14: 6 Stück Sonderschraube M5x12
Position 15: 2 Stück Bolzen 8x12x16
Position 16: 30 Stück Schrauben EJOT PT K50x12 Torx 20
Position 17: 2 Stück Sicherungsclip 8 mm 03
Position 19: 10 Stück Sonderschraube M5x17
Position 20: Kotflügel vorne Vorderteil
Position 21: Kotflügel vorne Hinterteil
Position 22: 2 Stück Blindsteckmutter M5 WN16A
Position 23: Spritzschutz
Position 24: 2 Stück PVC-Schelle Heyco 13,9 3379
Position 32: 2 Stück Unterlegscheibe A5,3 DIN 0125
Position 33: 2 Stück selbstsichernde Mutter M5 DIN 985
Position 34: 2 Stück Fasonscheibe 6 mm
Position 35: 2 Stück LI Senkschraube M5x16 DIN 0966
Position 36: 2 Stück Seitenstrahler rot hinten
Position 37: Spritzschutz
Position 38: 2 Stück Schrauben EJOT PT K50x18 Torx 20
Position 39: 4 Stück Sechskant-Bundschraube M6x15Torx 30
Position 40: Kennzeichenhalter Oberteil
Position 41: Kennzeichenhalter Unterteil
Position 42: Halteblech Seitenstrahler 06
Position 43: Kennzeichenhalterung 06
Position 44: Halterung für Rückstrahler
Position 45: Rückstrahler rot ECIE91
Position 46: 2 Stück Bundmutter M10x1,25 SW 13
Position 47: 2 Stück Zahnscheibe J 10,5 DIN 6797
Position 48: 2 Stück Unterlegscheibe M10 DIN 0433
Position 49: 4 Stück Sechskant-Mutter M6 A2 DIN 985
Position 50: 4 Stück Scheibe 6,4x18x1,6 Geomet
Position 51: 4 Stück Sonderschraube M6x15x5,5

Bild 1

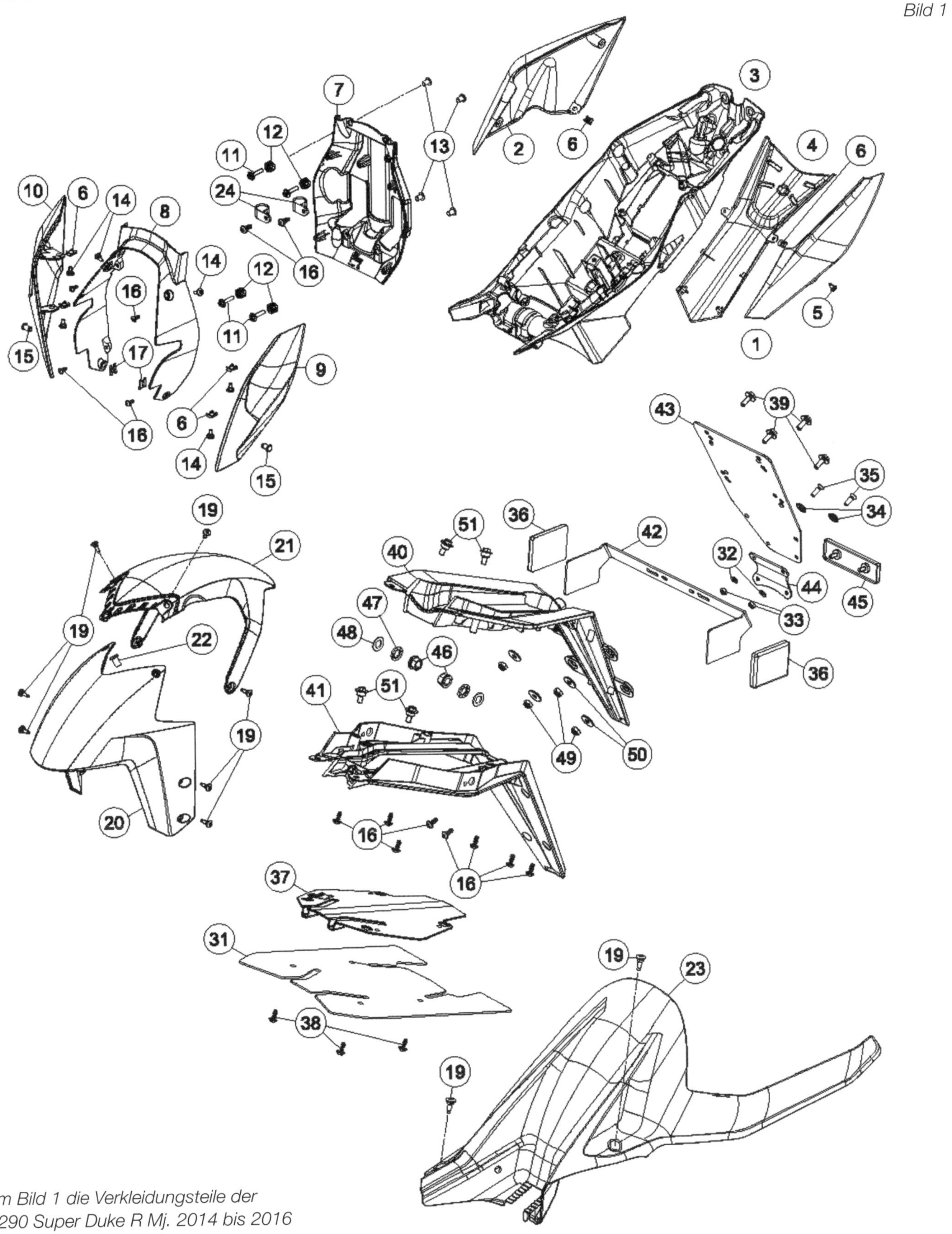

Im Bild 1 die Verkleidungsteile der 1290 Super Duke R Mj. 2014 bis 2016

Tank ab- und aufbauen

In der Explosionszeichnung in Bild 4 sind viele Teile zu sehen, die zum Tank gehören. Doch keine Angst, der Tank wird quasi am Stück abgebaut; das ist keine schwierige Arbeit. Abgenommen werden muss der Tank, wenn man an den Motor möchte zu Kontrolle und Wechsel der Zündkerzen, zur Kontrolle und eventuellem Einstellen des Ventilspiels, zum Wechsel des Luftfilters sowie zur Behebung von Problemen an der Einspritzanlage.

In den Tank eingebaut sind eine Benzinpumpe, zu ihr gehören zwei Benzinfilter; einer sitzt vor der Pumpe und ein zweiter ist in die Benzinpumpe eingebaut. Beide sind wartungsfrei. Man kann sie wechseln, wenn man schmutziges Benzin getankt hat (Afrika ist berühmt-berüchtigt dafür!) oder gar Dieselsprit (nicht lachen, das passiert selbst Profis gelegentlich!).

Tank abbauen

Dazu die Maschine sicher aufbocken, am besten auf den Heckmontageständer. Zündung AUSschalten, Zündschlüssel am besten abziehen.

Bild 2

Spreizniet Ausbau: Mittelzapfen leicht eindrücken, Spreizniet am Bund packen und herausziehen

Bild 3

Spreizniet Einbau: Mittelzapfen nach oben ausziehen bzw. von unten nach oben schieben, Spreizniet einsetzen und den Mittelzapfen eindrücken, bis er einrastet

1. Fahrer- und Soziussitz abnehmen.
2. Bild 4: Beide Tankspoiler abbauen; siehe dazu die beiden Positionen 30 und 31; die Befestigungsschrauben sind Position 18.
3: Die obere Tankabdeckung abnehmen, indem man diese mit spitzen Fingern vorne etwas anhebt und dann die beiden mittig sitzenden Zapfen aus den Klammern herauslöst.
■ Wenn Ihre Maschine 2017 oder später gebaut wurde, sind

Teileliste zu Bild 4: KTM 1290 Super Duke R Mj. 2014 bis 2016

Position 1: Benzintank
Position 2: Tankdeckel komplett
Position 3: Sitzbank Fahrer komplett
Position 4: Sitzbank Sozius komplett
Position 5: Benzinstandgeber
Position 6: 8 Stück Distanzgummi Airbox
Position 7: 6 Stück ISK Schraube M5x25 DIN 912
Position 8: Abdeckung Zündschloss
Position 9: Tankabdeckung
Position 10: 2 Stück Gummitülle 5x7,6x13 mm
Position 11: 2 Stück Senkschraube M6x12 DIN 7991
Position 12: 2 Stück Buchse 13x20x18,5 mm
Position 13: Kraftstoffschlauch Pumpe
Position 14: 2 Stück ISK Schraube M8x40 DIN 0912
Position 15: 2 Stück Lagerhülse außen 05
Position 16: 4 Stück Tankbefestigungsgummi vorne 05
Position 17: 2 Stück Tankbefestigung vorne links und rechts
Position 18: 4 Stück Sonderschraube M5x12
Position 19: 2 Stück Sechskant-Bundschraube M6x13 Torx 30
Position 20: Schlauch 5,4x9,4 NBR Meterware
Position 21: 2 Stück Anschluss für Überlauf M7 03
Position 22: 2 Stück Dichtung für Anschluss 03
Position 23: 2 Stück ISK Schraube M5x16 DIN 912
Position 24: 4 Stück Schraube M6x11,5/8 Sitzbankbefestigung
Position 25: 2 Stück Scheibe 6,4x18x1,6
Position 26: Dichtung Benzinstandsensor
Position 27: 2 Stück Stufenlose Einohrklemme 15,7 mm
Position 28: Stecker CPC abgewinkelt 11
Position 29: 2 Stück Schnellverschluss-Nippel 03 (»Spreizniet«)
Position 30: Tankspoiler links
Position 31: Tankspoiler rechts
Position 35: Tankdeckeldichtung
Position 36: Rahmenabdeckung links
Position 37: Rahmenabdeckung rechts
Position 38 und 39: Kniepad links und rechts
Position 40: Dämmmatte Mitte
Position 42: Dämmmatte links
Position 43: Dämmmatte rechts
Position 50: Sitzbanküberzug Fahrersitz
Position 51: Sitzbanküberzug Beifahrersitz

Bild 4

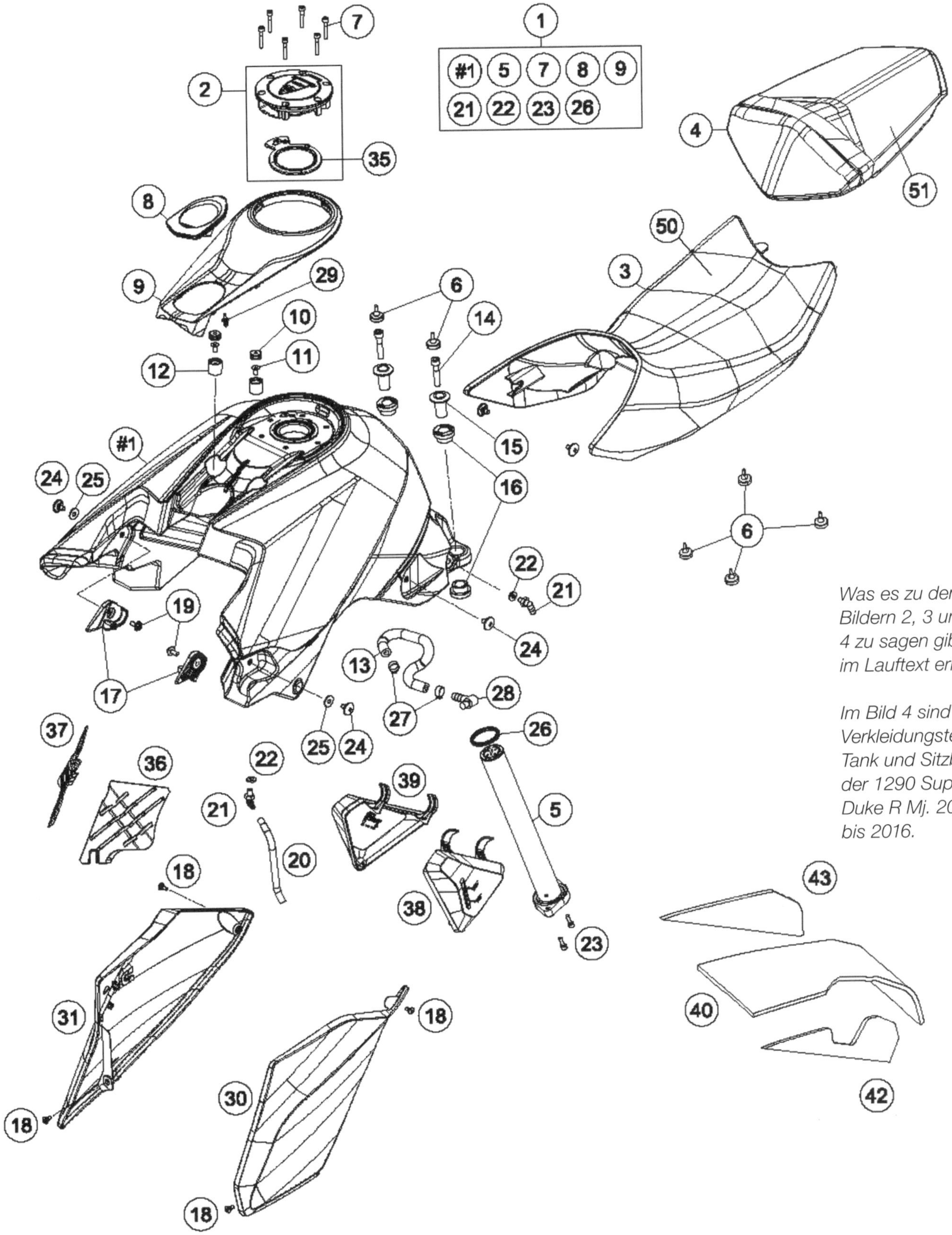

Was es zu den Bildern 2, 3 und 4 zu sagen gibt ist im Lauftext erklärt.

Im Bild 4 sind die Verkleidungsteile, Tank und Sitzbank der 1290 Super Duke R Mj. 2014 bis 2016.

jetzt Elektrokabel zu sehen: deren Stecker trennen.

4. Die beiden Schrauben am hinteren Ende des Tanks lösen, ausdrehen.

■ Bild 5: Bis Mj. 2016 ist hinten links am Tank der Entlüftungsschlauch: diesen abziehen.

5. Tank hinten mindestens eine Handbreit anheben und ein dickes Holz unterlegen.

6. Unter den Tank schauen, es sind ein Stecker und eine Kabel-Steckverbindung zu sehen: Stecker aus seiner Steckdose ziehen, Kabel-Steckverbindung trennen.

6.1. Die Super Duke GT hat heruntergezogene Tankhälften. Unten vorne rechts und links sind zwei Schraub-Absperrhähne angebracht: deren Rändelmuttern zudrehen (aber bloß nicht zu fest!).

7. Zwei Handbreit hinten unterm Tank ist die Benzinschlauchkupplung zu sehen: diese vor dem Trennen sauber putzen, damit bei der nun folgenden Montage kein Schmutz in die Kupplung kommt.

7.1. Die Kupplung mit einer Hand festhalten und mit dem Daumen der anderen Hand auf das Metallplättchen drücken, die Kupplung floppt nun auseinander.

■ Wenn die Kupplung nicht auseinander will, durch Ziehen an beiden Teilen etwas nachhelfen, dabei das Metallplättchen gedrückt halten.

■ Aus dem Schlauch kommt jetzt ein Rest Benzin, diesen auffangen und entsorgen!

8. Bei Maschinen ab Mj. 2017 führt vom Tankboden ein Entlüftungsschlauch nach links zum Kühler, diesen abziehen.

9. Tank hinten anheben, nach hinten aus den vorderen U-förmigen Halterungen herausziehen und abnehmen.

Wichtig: Tank sicher lagern, am besten auf einem großen Ballen Lappen.

Tank montieren

Tank in umgekehrter Reihenfolge des Abbaus aufbauen. Dabei beachten:

■ Entfültungsschlauch ordentlich verlegen, er darf weder geknickt noch eingeklemmt sein.

■ Die Benzinschlauchkupplung zusammenstecken und drücken, es muss fühlbar klicken, das Metallplättchen muss leicht einschnappen.

■ Elektrische Stecker ein- und zusammenstecken, es muss deutich klicken.

■ Bild 4, Position 14: hintere Tankbefestigungsschrauben eindrehen, mit 25 Nm festziehen.

■ Obere Tankabdeckung und seitliche Tankspoiler montieren.

Rückspiegel

Die Spiegelarme haben ein LINKSgewinde, die Sechskant-Zwischenstücke haben unten RECHTSgewinde, das in die lenkerfesten Spiegelschellen eingeschraubt ist. Die Kontermuttern am Spiegelarm haben also LINKSgewinde.

Lenker

In den Bildern 9 bis 12 sind Explosionszeichnungen der Lenkerbefestigung mit Teilebezeichnungen und den Schraub-

Bild 5
Entlüftungsschlauch und Anschluss am Tank

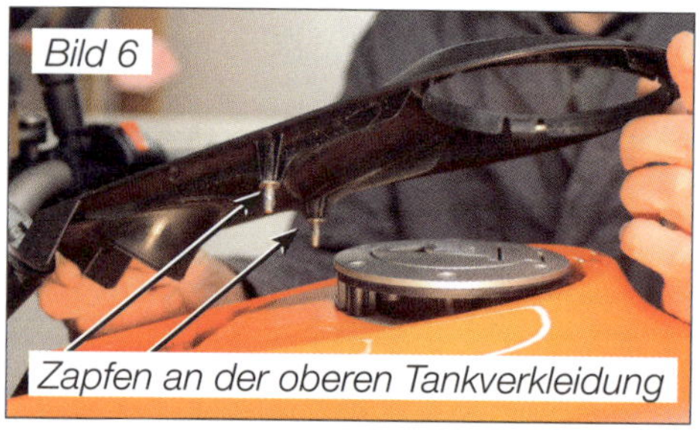
Bild 6
Zapfen an der oberen Tankverkleidung

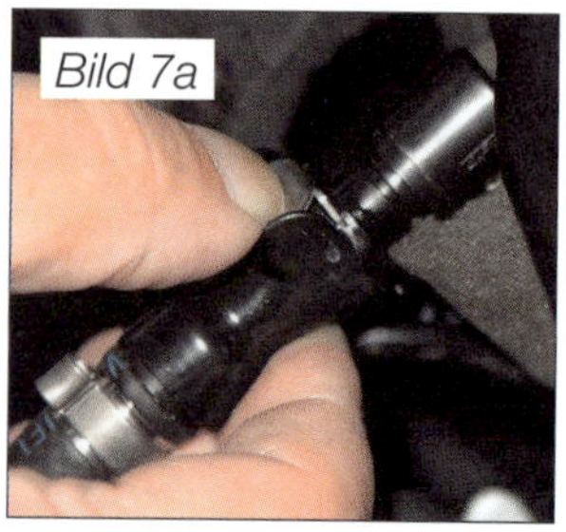
Bild 7a

Bild 7b

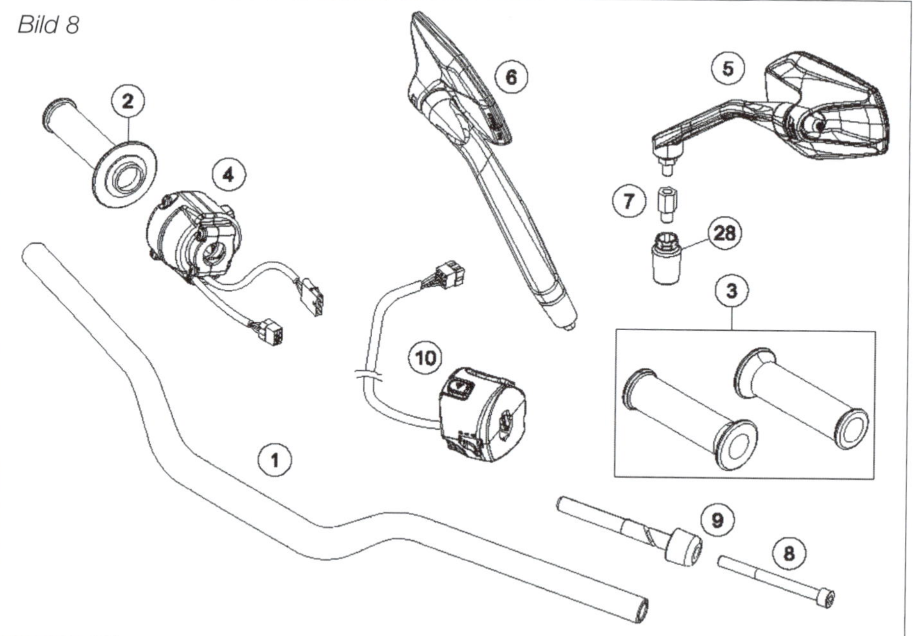

Bild 8

Teileliste zu Bild 8: Lenker, Spiegel, Armaturen

Position 1: Lenker Ø 28,5 mm
Position 2: Gasdrehgriff
Position 3: Griffset gelocht
Position 4: Start-Notaus, E-Gas
Position 5 und 6: Rückspiegel
Position 7: Adapter (Zwischenstück)
Position 28: 2 Stück Gummitülle
Position 22: Klemmschelle mit Schrauben
Position 8: 2 Stück Schraube M6x65 Inbus
Position 9: Vibrationsdämpfer
Position 10: Lenkerschalter links

angaben. Man kann die Position des Lenkers auf der oberen Gabelbrücke näher oder weiter weg vom Körper einstellen, das trägt zum Wohlsein des Fahrers enorm viel bei.

Bild 9

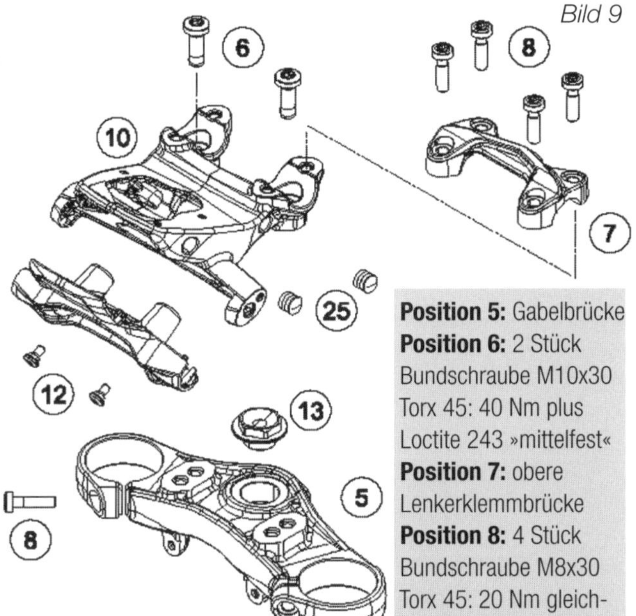

Position 5: Gabelbrücke
Position 6: 2 Stück Bundschraube M10x30 Torx 45: 40 Nm plus Loctite 243 »mittelfest«
Position 7: obere Lenkerklemmbrücke
Position 8: 4 Stück Bundschraube M8x30 Torx 45: 20 Nm gleichmäßig festziehen
Position 10: untere Lenkeraufnahme mit Instrumententräger

Gabelbrücke und Lenkerbefestigung 1290 Super Duke R Mj. 2014 bis 2016

Bild 10

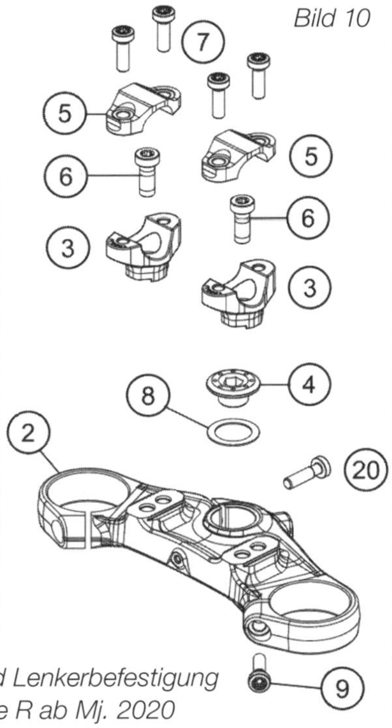

Position 2: Gabelbrücke
Position 3: 2 Stück untere Lenkeraufnahme
Position 5: 2 Stück obere Lenkerklemm-Halbschalen
Position 6: 2 Stück Bundschraube M10x25 Torx 45: 40 Nm plus Loctite 243 »mittelfest«
Position 7: 4 Stück Bundschraube M8x25 Torx 45: 20 Nm gleichmäßig festziehen

Gabelbrücke und Lenkerbefestigung 1290 Super Duke R ab Mj. 2020

Bild 11

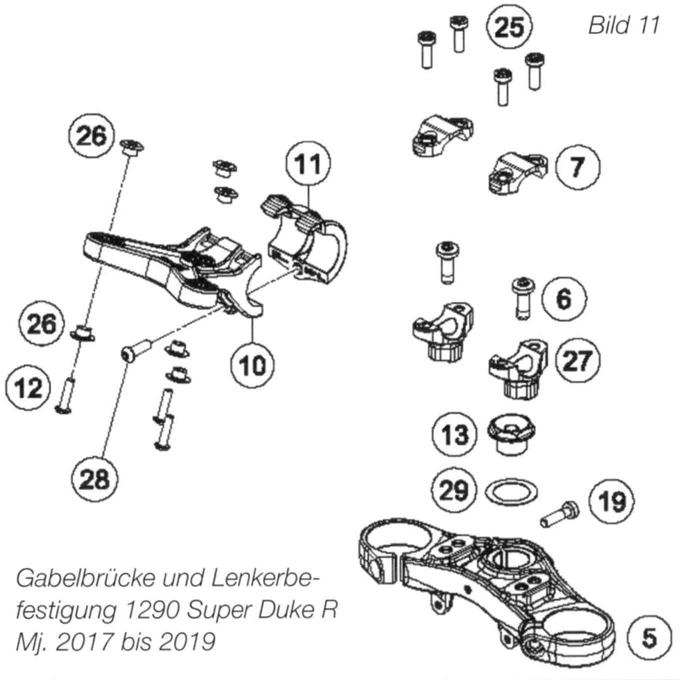

Gabelbrücke und Lenkerbefestigung 1290 Super Duke R Mj. 2017 bis 2019

Position 5: Gabelbrücke · **Position 6:** 2 Stück Bundschraube M10x30 Torx 45: 40 Nm plus Loctite 243 »mittelfest« · **Position 7:** 2 Stück obere Lenkerklemm-Halbschalen · **Position 10 und 11:** Instrumententräger Vorderteil und Hinterteil · **Position 25:** 4 Stück Bundschraube M8x25 Torx 45: 20 Nm gleichmäßig festziehen · **Position 27:** 2 Stück untere Lenkeraufnahme · **Position 28:** Linsen-Inbusschraube M6x18: 2 Nm

Bild 12

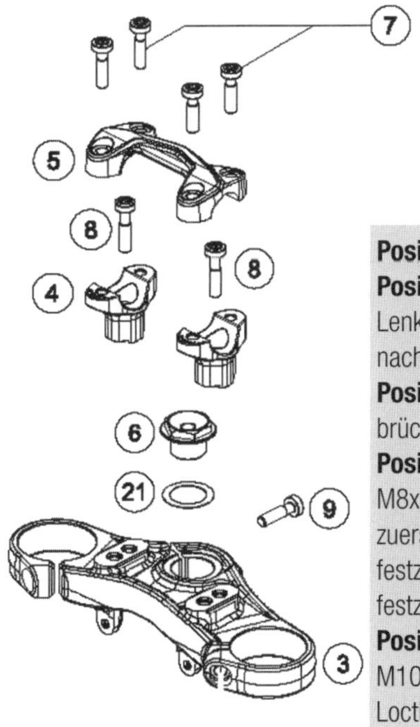

Position 3: Gabelbrücke
Position 4: 2 Stück untere Lenkeraufnahme, hohe Fläche nach vorne positionieren
Position 5: obere Lenkerklemmbrücke
Position 7: 4 Stück Bundschraube M8x30 Torx 45: 20 Nm, Schrauben zuerst auf hohe Flächen auf Block festziehen, dann hintere Schrauben festziehen,
Position 8: 2 Stück Bundschraube M10x35 Torx 45: 40 Nm plus Loctite 243 »mittelfest«

Gabelbrücke und Lenkerbefestigung 1290 Super Duke GT

> **Achtung:** Wenn Sie Reifen anderer Hersteller, mit anderen Profilen oder anderen Dimensionen als den serienmäßigen montieren wollen, klären Sie beim KTM-Händler unbedingt *vor* Kauf und Montage der Reifen, ob diese montiert und gefahren werden dürfen.

Reifen

In diesem Kapitel: Räder, Reifengrößen, Luftdruck · Reifenverschleiß · Profiltiefe · Was auf dem Reifen steht · Nachrüstreifen · Produktionsdatum · Reifen länger als fünf Jahre fahren? · Reifenschäden · Gebrauchte Reifen · Reifenmontage, Auswuchten · Adressen Reifenhersteller und Reifenimporteure in D, A, CH · Bereifungsempfehlungen am Beispiel von Continental.

Räder, Reifengrößen, Luftdruck

Räder: Leichtmetallgussräder
vorne 17 x 3.50, hinten 17 x 6.00

Reifengrößen (Schlauchlose Reifen)
Bei **Super Duke R** der Mj. 2014 bis 2019 und **Super Duke R Special Edition** im Mj. 2016 und **Super Duke GT** ab Mj. 2016

- vorne 120/70 ZR 17 M/C 58W TL
- hinten 190/55 ZR17 M/C 75W TL

Bei **Super Duke R** ab Modelljahr 2020 und **Super Duke RR** im Mj. 2021

- vorne 120/70 ZR 17 M/C 58W TL
- hinten 200/55 ZR17 M/C 75W TL.

Reifenluftdruck

Achten Sie immer auf korrekten Reifenluftdruck, dieser wird bei kalten Reifen gemessen. »Kalt« bedeutet, dass die Reifen maximal »handwarm« (30 °C) sein dürfen. Die nun genannten Luftdrücke sind Generalempfehlungen bei Solofahrt, mit Gepäck und/oder Sozius:

- Vorderradreifen 2,5 bar
- Hinterradreifen 2,9 bar

Bei den Modellen **Super Duke R** ab Modelljahr 2017 und **Super Duke RR** des Modelljahres 2021 erlaubt KTM bei Solobetrieb auch einen Luftdruck im Hinterradreifen von 2,5 bar.

Luftdruckkontrolle

Bilder 2 und 3: Der Reifenluftdruck sollte alle zwei

Bild 1

Bild 1: Auf diesem Fahrbild ist sehr gut zu sehen, wie klein die Aufstandsflächen der Reifen sind, nämlich gerade mal so groß wie eine Hand. Und genau deswegen ist es so wichtig, dass die Verbindung zwischen Maschine und Straße immer perfekt in Ordnung sein muss.

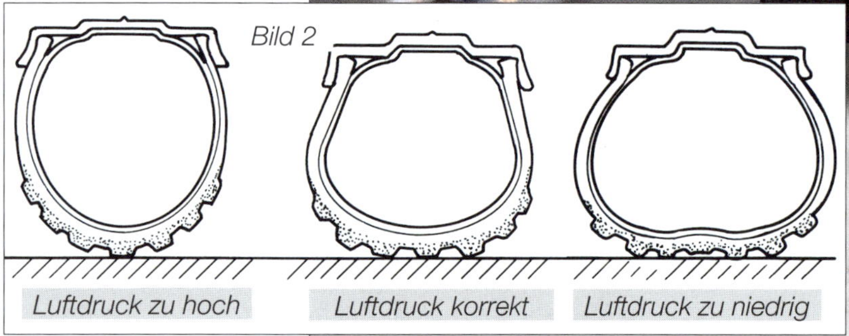

Bild 2

Bild 2: So wirken sich verschiedene Luftdrücke auf die Form des Reifens aus.

Wochen geprüft und ggf. korrigiert werden.
Bild 4: Immer gut schließende Ventilkappen mit einwandfreier Gummidichtung verwenden. Wenn keine Kappe aufgeschraubt ist, kann Schmutz in das Ventil hinein kommen. Auch kann sich der Ventileinsatz bei hohen Geschwindigkeiten öffnen, Luft entweicht – das ist lebensgefährlich! Übrigens sollte man keine Plastikkappen verwenden, sondern nur Metallkappen.

Reifendruckprüfer: Verlassen Sie sich bei der Kontrolle des Luftdrucks nicht unbedingt auf die Angabe auf der Skala des Tankstellengeräts, sondern besorgen Sie sich einen ordentlichen Reifendruckprüfer und führen diesen im Motorrad mit.

Achtung: Kaufen Sie KEIN billiges Plastikteil im Baumarkt, sondern ein Präzisionsmessgerät. Sehr gut ist das Druckmessgerät vom deutschen Hersteller Flaig (Bild 3), es hat ein stabiles Alugehäuse. Erhältlich ist es in gut sortierten Motorrad- und Zubehörläden.

Neue Ventileinsätze: Neue Ventileinsätze werden grundsätzlich nötig bei Montage neuer Reifen. Der Mechaniker in der KTM- oder Reifenwerkstatt baut diese ein, weil ja eine Selbst-Reifenmontage der Schlauchlosreifen für die Maschinen unseres Buchs mit handbetriebenen Reifenmontagewerkzeugen grundsätzlich nicht möglich ist. Siehe dazu den Abschnitt »Reifenmontage, Auswuchten« weiter hinten in diesem Kapitel.

Sollten außer der Reihe neue Ventileinsätze nötig und eingebaut werden, etwa weil die alten Ventileinsätze den Reifendruck nicht mehr zuverlässig halten, dann achten Sie darauf, dass der Prüfdruck der neuen Ventileinsätze mit mindestens 4 bar (oder mehr) ausgewiesen ist. Diese Angaben finden Sie im Kleingedruckten auf der Verpackung des Ventils oder dem Beipackzettel.

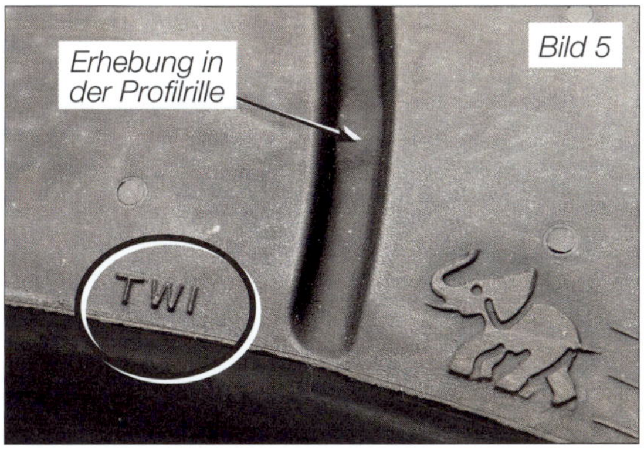

Reifenverschleiß

Reifen sind Verschleißteile: Die Oberfläche (»Lauffläche«) des Reifens wird mit fortschreitender km-Leistung immer dünner und damit die Rillen (»Profilrillen«) immer niedriger.

Mindestprofiltiefe: Der europäische Gesetzgeber schreibt eine Profiltiefe von 1,6 mm beim Vorder- und Hinterradreifen vor. KTM empfiehlt eine Profiltiefe von mindestens 2 mm.

Profiltiefe: In die Profilrillen sind Verschleißanzeiger eingearbeitet; ihre Lage ist außen am Profilrand mit »TWI« bezeichnet (Bild 5). »TWI« ist die Abkürzung von »Tread Wear Indicator«. Manche Hersteller haben auch nur ein kleines Dreieck angebracht; bei Metzeler ist es ein Elefant (Bild 5). Ein TWI markiert an der

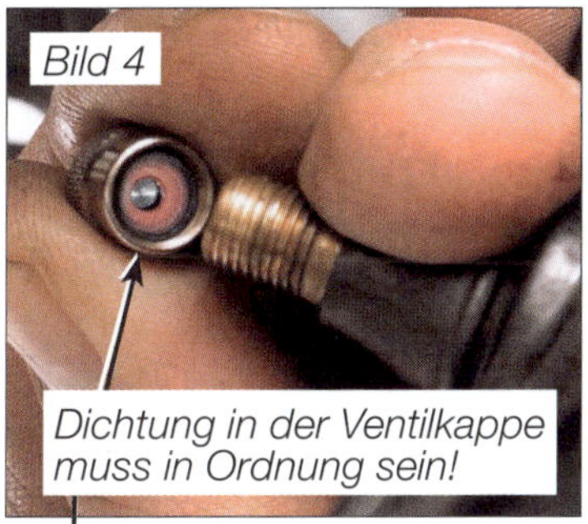

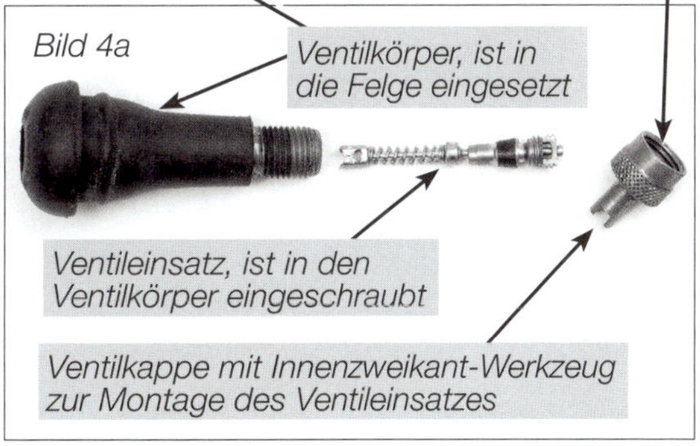

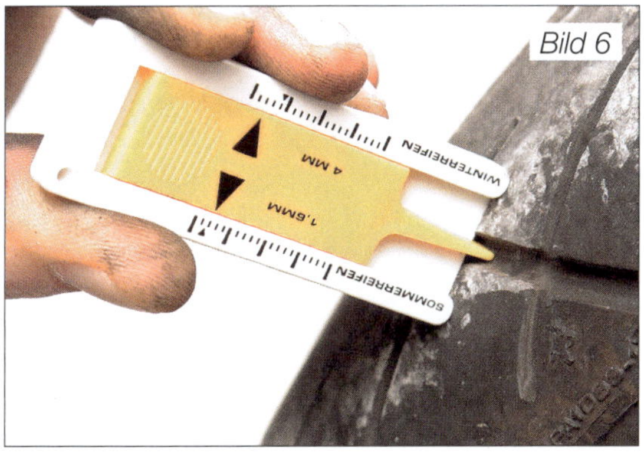

Bild 3: Luftdruck bei kaltem Reifen prüfen, vorgeschriebene Werte beachten!

Bild 4: Auf das Reifenventil gehört eine Schraubkappe aus Metall mit einer einwandfreien Dichtung.

Bild 4a: Reifenventil im Detail. Ventilkappe mit angebrachtem Werkzeug zur Montage des Ventileinsatzes.

Bild 5: Verschleißanzeiger in der Profilrille, TWI-Kennzeichnung am Rand des Profils. ■ *Die tatsächliche Profilhöhe wird neben dieser Erhebung gemessen.*

Bild 6: Dieses Handmessteil ist zwar kein Präzisionsmessgerät, aber es ist besser als zu schätzen: Dieser Reifen hat noch 2 mm Profil und sollte möglichst bald erneuert werden.

Sichtprüfung Messen

Seitenwand eine Hauptprofilrille, in der diese Erhebungen eingearbeitet sind.

Wichtig: Die TWI-Erhebungen (Bild 5) sind entweder 0,8 mm oder 1,6 mm hoch:
- 0,8 mm entspricht der in Amerika vorgeschriebenen Mindestprofiltiefe.
- 1,6 mm ist die europaweit gesetzlich vorgeschriebene Mindestprofiltiefe.

Gemessen wird die tatsächliche Profiltiefe _neben_ einer TWI-Erhebung (Bild 6). Noch einmal: Europaweit gesetzlich vorgeschrieben ist eine Mindestprofiltiefe von 1,6 mm.

Wichtig 1: Wenn bei einer Polizeikontrolle die Profiltiefe gemessen wird und sie beträgt an einer Stelle des Reifens weniger als 1,6 mm (wobei die anderen Messstellen mehr Profiltiefe haben können!), wird es ungemütlich, denn neben 60 Euro Bußgeld gibt es für den Fahrer auch einen Punkt in Flensburg auf's Konto. Im Zweifelsfall kann das Motorrad sogar am Kontrollort stillgelegt werden!
Wichtig 2: Weiterhin informiert die Polizei das zuständige Landratsamt und dieses verlangt eine Beseitigung der Mängel innerhalb von zwei Wochen. Wird der Nachweis der »Mängelbeseitigung« nicht erbracht, wird das Motorrad von der Behörde zwangsweise stillgelegt.

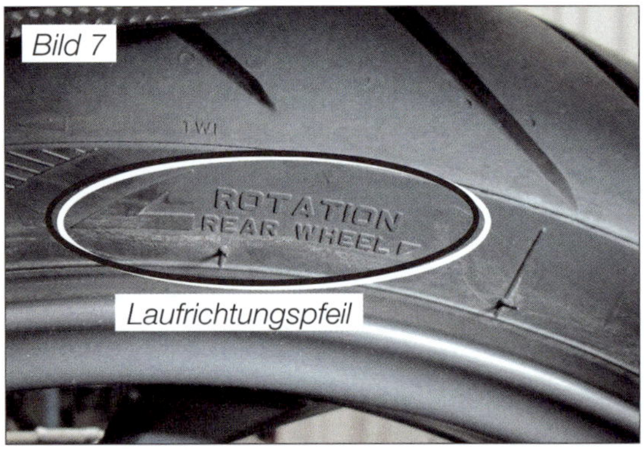

Bild 7: Der Laufrichtungspfeil auf dem Reifen weist auf die Drehrichtung des Reifens hin, und genau so muss er auch auf die Felge aufgezogen sein.

Bild 8: Dieser Reifen wurde in der 8. Kalenderwoche des Jahres 2015 hergestellt.

Was auf dem Reifen steht

Laufrichtungspfeil
Bild 7: Auf einer Seitenwand des Reifens ist entweder einer oder sind mehrere Laufrichtungspfeile aufgeprägt. Diese weisen auf die Drehrichtung des Reifens hin: Der Reifen muss grundsätzlich in der auf dem Reifen angegebenen Drehrichtung montiert werden, sonst verschlechtern sich Abrieb- und Fahrverhalten.

Beim Laufrichtungspfeil steht noch die Bemerkung »Rear Wheel« (Bild 7) oder »Front Wheel«. Der Reifen muss unbedingt entweder auf dem Hinterrad (»Rear Wheel«) oder Vorderrad (»Front Wheel«) montiert werden.

Ein entweder nicht in Laufrichtung oder auf dem falschen Rad montierter Reifen kann unter extremen Einsatzbedingungen wie z. B. »Dauervollgas« beschädigt werden, die Lauffläche kann am »Stoß« aufgehen und sich dann sogar von der Karkasse abschälen.

Zahlen und Buchstaben bedeuten:
Beispiel Vorderreifen 120/70 ZR17 M/C 58W TL
Beispiel Hinterreifen 190/55 ZR17 M/C 75W TL
oder auch 200/55 ZR17 M/C 75W TL

- **120** bzw. **190** ist die Reifenbreite in mm.
- **/70** bzw. **/55** bezeichnet das Querschnittsverhältnis von Höhe zu Breite. Beim Vorderradreifen ist das 70:120, beim Hinterradreifen 55:190 oder auch 55:200.
Der **120/70er Vorderreifen** ist 84 mm hoch, dieses Maß entspricht 70% von 120 mm.
Der **190/55er Hinterreifen** ist 104,5 mm hoch, dieses Maß entspricht 55% von 190 mm.
Der **200/55er Hinterreifen** ist 110 mm hoch, dieses Maß entspricht 55% von 200 mm.
- **ZR** splittet sich auf in **Z** und **R: Z** bezeichnet den Reifen als geeignet für eine Geschwindigkeit von mehr als 240 km/h (siehe dazu auch »W«), während das **R** für die Radialbauweise steht. Ob der Buchstabe **R** oder die beiden als **ZR** in der Reifengröße stehen ist im Prinzig egal: Ein **R** alleinstehend ist die neuere Reifenbezeichnung und **ZR** die frühere. Es kann also auch nur ein **R** auf dem Reifen stehen anstatt eines **ZR**.
- **17** ist der Felgendurchmesser in Zoll. 1 Zoll entspricht 25,4 mm; 17 Zoll sind dann 431,8 mm.
- **M/C** steht für »Motorcycle Tire«, übersetzt also Motorradreifen.
- **58** bzw. **75** bezeichnet den Tragfähigkeitsindex, auch »Loadindex« genannt: Der 58er-

Vorderreifen darf maximal mit 236 kg belastet werden und der 75er-Hinterreifen mit 387 kg.

■ **W** ist das Buchstabensymbol für die zugelassene Höchstgeschwindigkeit, auch »Speed-Index« genannt. Das »W« steht für »bis 270 km/h«. Der Speed-Index muss in jedem Fall höher sein als das Motorrad schnell ist – und damit ist gemeint: »Was an Höchstgeschwindigkeit im Kraftfahrzeugbrief eingetragen ist«.

■ **TL** steht für »tubeless« und bezeichnet einen schlauchlosen Reifen

Nachrüstreifen

Zum Redaktionsschluss dieses Buchs sind nur Reifen in den serienmäßigen Größen und Tragfähigkeiten für die Nachrüstung zugelassen; siehe dazu die Texte am Kapitelanfang unter »Räder- und Reifengrößen« und den grauen Textkasten »Reifenfreigaben von KTM« auf dieser Seite rechts außen. Von den bekannten Motorrad-Reifenmarken werden zahlreiche Reifen für die Modelle unseres Buchs angeboten. Die Marken und Adressen der Reifenhersteller sind im Textkasten hier unten.

Wenn Sie für Ihre Maschine neue Reifen auswählen, schauen Sie auf den Internetseiten der Reifenhersteller nach, welche Reifen im aktuellen Angebot sind. Noch einmal: Die KTM-Motorradhändler sind immer gut über Bereifungsmöglichkeiten informiert. Verfolgen Sie zum Thema »neue Reifen« auch die aktuelle Motorrad-Fachpresse.

Bei Nachrüstreifen unbedingt beachten:

■ Vorder- und Hinterradreifen müssen von einem Hersteller sein und vom Profil her zusammenpassen.

■ Vorder- und Hinterradreifen müssen die entsprechenden Größen haben.

■ Die Zahlen und Buchstaben für Tragkraft und Geschwindigkeitsklasse müssen passen.

Tipp: Die Reifentechnik entwickelt sich schnell weiter und damit auch die gesetzlichen Bestimmungen und Verordnungen. Wenn Sie für Ihre Maschine neue Reifen benötigen, fragen Sie bitte rechtzeitig vor Kauf und Montage neuer Reifen beim KTM-Händler nach den aktuellen Bestimmungen und welche Reifen auf Ihre Maschine montiert werden dürfen.

Produktionsdatum

Auf einer Seitenwand ist die DOT-Buchstabenkombination einvulkanisiert, danach eine vierstellige Zahl ohne Punkt und Komma (Oval in Bild 8), diese steht für die Produktionswoche und das Produktionsjahr. In unserem Beispiel bedeutet »0815« die 8. Kalenderwoche des Jahres 2015.

Herstellergarantie

Für neue Reifen garantiert jeder Reifenhersteller die von ihm zugesagten Qualitätseigenschaften für den Zeitraum von mindestens fünf Jahren. Ein neuer Reifen, der laut Produktionscode vor drei Jahren produziert wurde, gilt als »frisch«. Dazu gibt es die folgende, offizielle und gemeinsame

Reifenfreigaben von KTM: Auf der Internetseite von KTM finden Sie aktuelle Reifenfreigaben: *www.ktm.com/de/service/tire*

Reifenhersteller und Reifenimporteure in D, A, CH

Avon
■ **Cooper Tire & Rubber Company Deutschland GmbH**
Otto-Hahn-Straße 46, D-63303 Dreieich
www.avonreifen.com
■ **Autoplus GmbH**
Erdbergstr. 189 – 193, A-1030 Wien
www.avon.at
■ **Cooper Avon (Suisse SA)** Urs Gohl
Ribistrasse 26, CH-4466 Ormalingen
www.avontyres.com

Bridgestone
■ **Bridgestone Deutschland GmbH**
Justus-von-Liebig-Straße 1
D-61352 Bad Homburg v.d.H.
www.bridgestone-mc.de
■ **Bridgestone Austria GmbH**
Maria-Jakobi-Gasse 1, A-1030 Wien
www.bridgestone.at
■ **Bridgestone Schweiz AG**
Bodenäckerstrasse 1
CH-8957 Spreitenbach
www.bridgestone.ch

Continental
■ **Continental Reifen Deutschland GmbH**
Business Unit Motorcycle Tyres
Continentalstraße 3 – 5
D-34497 Korbach
www.conti-moto.de
■ **Semperit Reifen Ges.m.b.H.**
Triester Straße 14
A-2351 WienerNeudorf
www.conti-moto.de
■ **Continental Suisse SA**
Lerzenstrasse 19, CH-8953 Dietikon
www.continental-reifen.ch

Dunlop
■ **Goodyear Dunlop Tires Germany GmbH**
Dunlopstraße 2, D-63450 Hanau
www.dunlop.eu
■ **Goodyear Dunlop Tires Austria GmbH**
Lehrbachgasse 13, A-1120 Wien
www.dunlop.eu
■ **Goodyear Dunlop Tires Suisse SA**
Industriestrasse 22, CH-8604 Hegnau
www.dunlop.eu

Heidenau
■ **Reifenwerk Heidenau GmbH & Co. KG**
Hauptstraße 44, D-01809 Heidenau
www.reifenwerk-heidenau.de
■ **RBT Reifen und Kfz GmbH**
Goethegasse 61, A-2340 Mödling
www.rbt-reifen.at

Maxxis
■ **D und A: Maxxis International GmbH**
Kaddenbusch 31, D-25578 Dägeling
www.maxxis.de
■ **Profi Pneu AG**
Gewerbestrasse 6, CH-4553 Subingen
www.profipneu.ch

Metzeler
■ **Pirelli Deutschland AG Metzeler Motorradreifen**
Brabanter Straße 4, D-80805 München
www.metzeler.de
■ **Metzeler Motorradreifen**
Salzburger Straße 196, A-4600 Wels
www.metzelermoto.at

■ **Hostettler AG Pneuservice**
Haldenmattstrasse 3, CH-6210 Sursee
www.pneu-service.ch

Michelin
■ **Michelin Reifenwerke AG & Co. KGaA**
Michelinstraße 4, D-76185 Karlsruhe
www.motorrad.michelin.de
■ **Michelin Verkaufsgesellschaft**
Römerweg 8, A-4844 Regan
www.michelin.at
■ **Michelin Suisse S.A.**
Route de Jo Siffert 36, CH-1762 Givisiez
www.michelin.ch

Pirelli
■ **Pirelli Deutschland AG Pirelli Motorradreifen**
Brabanter Straße 4, D-80805 München
www.pirellimoto.de
■ **Pirelli GmbH**
Lemböckgasse 47a, A-1230 Wien
www.pirelli.at
■ **Pirelli Tyre (Suisse) SA**
St. Jakobs-Strasse 54, CH-4052 Basel
www.pirelli.ch

Bild 9: Die leichteste Stelle des Reifens wurde im Werk mit einem Farbpunkt markiert. Der Reifen muss so montiert sein, dass dieser Farbpunkt möglichst nahe am Ventil ist.

Erklärung aller namhaften Hersteller von Motorradreifen: *»Ein bis zu maximal 5 Jahren sachgemäß gelagerter Reifen entspricht der Spezifikation eines Neureifens und ist in seiner Verwendungstauglichkeit und Qualität nicht beeinträchtigt und damit neuwertig. Daraus ergibt sich jedoch nicht zwangsläufig, dass Reifen, welche älter als 5 Jahre sind und immer sachgemäß gelagert wurden, nicht mehr verkehrssicher sind oder irgendwelchen qualitativen Einschränkungen unterliegen«.*

Reifen länger als fünf Jahre fahren?
Wenn ein neuer Reifen, der vor vier Jahren und elf Monaten produziert wurde, gekauft und dann montiert wird, ist er in einem Monat fünf Jahre alt (logisch!). Wenn dieser Reifen regelmäßig gefahren wird, bleibt er »frisch«, denn durch die Walkarbeit des Reifens während des Fahrens laufen in seinem Inneren chemische Prozesse ab, die dem Reifen seine zugesicherten Eigenschaften erhalten.

Reifenschäden: Es kann selbst auf gut ausgebauten Straßen zu Reifenschäden (»Plattfuß«) kommen. Im Kapitel »Werkstatt« zeigen wir ein »Reifen-Reparaturset« von Tip-Top, das man immer dabei haben sollte.

Beachten: Mit dem »geflickten« Reifen maximal 80 km/h fahren, das Flicken ist nur ein Notbehelf, der Reifen muss umgehend erneuert werden.

⚠ **Achtung: Mit einem geflickten Reifen äußerst vorsichtig fahren, kein Vollgas geben, weder Sozius noch Gepäck zuladen.**

Gebrauchte Reifen
Wenn ein Reifen auf einer Maschine, die regelmäßig gefahren wird, zwar noch genügend Profil hat, aber langsam »blank« wird und älter als fünf Jahre ist, sollte er baldmöglichst erneuert werden. Das ist besonders wichtig beim Kauf einer gebrauchten Maschine. **Fazit:** Weil Reifen so ziemlich die wichtigsten Fahrwerksbauteile sind, empfehlen wir, sehr auf sie zu achten – und im Zweifelsfall lieber neue Reifen aufzuziehen, als mit alten zu fahren!

Reifenmontage, Auswuchten

Reifenmontage: Die Montage neuer Reifen sollte beim KTM-, Motorrad- oder Reifenhändler erfolgen, denn Schlauchlosreifen lassen sich mit den üblichen Reifenmontiereisen weder ab- noch aufziehen. Weiterhin hat eine Fachwerkstatt auch elektronische Auswuchtmaschinen, und man kann sich als Kunde darauf verlassen, dass die Auswuchtung fachgerecht durchgeführt wird.

Unwucht, Auswuchtgewichte
Ein Rad mit einem neu montierten Reifen muss ausgewuchtet werden, damit das Rad auch wirklich »rund« läuft. Wenn es nicht (oder nicht gut) ausgewuchtet ist, beginnt es ab 60 bis 80 km/h zu »hüpfen«. Ein unwuchtiges Rad stört das Fahrverhalten, Telegabel und Stoßdämpfer verschleißen rasch. Schlechte Wuchtung führt sogar dazu, dass das Rad während der Fahrt den Bodenkontakt verliert!

■ Bild 9: Die leichteste Stelle des Reifens wurde im Werk mit einem Farbpunkt markiert, dieser muss nahe beim Ventil stehen. Beim Auswuchten werden gegenüber der schwersten Stelle des Rads entsprechende Gewichte auf der Felge aufgeklebt. **Wichtig: 80 Gramm Auswuchtgewicht pro Rad nicht überschreiten!** Jeweils die Hälfte des Klebegewichts auf beiden Seiten der Felge gleichmäßig anbringen.

Rad selbst auswuchten? Zum statischen Auswuchten muss das Rad ausgebaut und in einen Zentrierständer eingehängt werden. Dann bringt man es in eine leichte Drehung und lässt es so lange laufen, bis es »auspendelt« – die schwerste Stelle bleibt unten stehen. Auf der gegenüberliegenden Seite der Felge klebt man entsprechende Auswuchtgewichte auf. Diese Gewichte kann man beim KTM- oder Reifenhändler kaufen. Doch wie schon vorne im Text gesagt: Es ist das Beste, das Rad beim Händler auf einer elektronischen Auswuchtmaschine dynamisch wuchten zu lassen. Montage und Wuchtung machen KTM- und Reifenhändler zu moderaten Preisen.

Continental-Reifen

In den letzten Jahren haben die deutsche Reifenmarke Continental und der österreichische Hersteller KTM ihre Zusammenarbeit enorm verstärkt. Auch deckt sich das hohe Qualitätsbewusstsein von Continental genau mit dem von KTM. Viele KTM-Modelle rollen auf Conti-Reifen aus den Fabrikhallen.

Die heutige Conti-Reifenpalette ist sehr breit aufgestellt und bietet für die Maschinen unseres Buchs Reifen an, die alle Wünsche der Kunden abdecken. In diesem Kapitelabschnitt zeigen wir vier ausgewählte Conti-Reifen für die Maschinen unseres Buchs. Bitte klären Sie vor Reifenkauf und Montage, ob die Reifen für Ihre Maschine zugelassen sind – auf *www.reifen-freigaben.de* finden Sie alle Service-Informationen.

Ganz vorne bei den Kundenwünschen stehen drei Eigenschaften: »Haftung (»Grip«) bei kalten und warmen Reifen«, »möglichst hohe Kilometerleistung« und »guter Preis«. Dazu kommen noch so Feinheiten wie »gute Nasshaftung«, »leichtes Handling« und »sichere Spurhaltung«. In der Summe aller Eigenschaften konnten die heutigen Conti-Reifen KTM überzeugen, weswegen es zu dem engen Schulterschluss gekommen ist.

Bild 10: Der ContiRoadAttack 4 ist besonders bei sportlichen Landstraßenfahrern extrem beliebt.

Bild 11: Der ContiTrailAttack 3 erfüllt die Wünsche von Fahrern, die viel Touren fahren und auf Reiserouten zuhause sind. An den ausgeprägten Profilrillen sieht man, dass diesem Reifen ein gutes Aquaplaningverhalten zu eigen ist.

Bild 12: Der ContiSportAttack 4 ist ein echter Highspeed-Socken und bietet überdies ein top Handling, was besonders Sportfahrer zu schätzen wissen.

Bild 13: Der ContiRaceAttack 2 Street ist ein nahezu waschechter Rennreifen mit Straßenzulassung.

Er kann auf der Straße und der Rennstrecke (vor allem bei Renntrainings) eingesetzt werden und zwar mit oder ohne Reifenwärmer. Wobei der Gebrauch von Reifenwärmern bei jeder Art von Rennstreckeneinsatz immer sehr zu empfehlen ist, weil »Grip auf dem ersten Meter« ein sicheres Fahrgefühl mit sich bringt.

Continental-Reifen: Auf *www.reifen-freigaben.de* finden Sie alle nötigen Serviceinformationen wie Profile, Größen und Freigaben zu Reifen von Continental für die KTM-Modelle unseres Buchs.

Bild 10: ContiRoadAttack 4

Bild 11: ContiTrailAttack 3

Bild 12: ContiSportAttack 4

Bild 13: ContiRaceAttack 2 Street

Bilder 1a bis 3c: Zur Radmontage muss die Maschine ordentlich aufgebockt werden.

Bilder 4 bis 8: Zur Radmontage benötigte Werkzeuge und Hilfsmittel.

Räder

In diesem Kapitel: Räder aus- und einbauen · Werkzeug und Anziehdrehmomente · Vorderrad aus- und einbauen · Hinterrad aus- und einbauen · Hinterachslagerspiel prüfen · Hinterachslager schmieren · Radlager prüfen und erneuern · Bremsscheiben montieren · Achse und Rad prüfen.

Räder aus- und einbauen

Zum Ausbau der Räder muss das jeweilige Rad mindestens eine Handbreit vom Boden frei kommen. Dazu werden benötigt:

- Hinterrad- oder Zentralmontageständer (Bilder 3a, 3b und 3c) zum Hinterradausbau.
- Bilder 1a, 1b, 2a, 2b: Frontmontageständer zum Vorderradausbau. Dieser wird zusätzlich (!) zu einem Hinterrad- oder Zentralmontageständer (Bilder 3a bis 3c) benötigt, weil man den Frontmontageständer alleine nicht verwenden kann: Das Motorrad steht darauf sehr kippelig. Die Bilder 1a/1b und 2a/2b zeigen zwei verschiedene Frontständer: Bei dem in 1a/1b greift ein am oberen Bügelausleger angebrachter Zapfen unten in das Lenkschaftrohr ein (Bild 1a). Mit diesem Ständer kann man nicht nur das Vorderrad, sondern auch die Gabelbeine ausbauen.
- Bilder 2a und 2b: Dieser einfache Frontständer greift unter den Gabelfäusten an und genügt zur Radmontage. Achten Sie darauf, dass die an den beiden Ständerfüßen angebrachten Zapfen, welche in die Bohrungen unten an den Achsfäusten eingreifen, nicht zu lang sind, sonst drücken die Zapfen auf die Achse. Wenn doch, legen Sie Scheiben unter (Pfeil in Bild 2b).

Bild 1a

Bild 1b

Bild 2a
Bild 2b

Bild 3a

Bild 3b

Bild 3c

Sicherheitshinweise ⚠ Achtung und ☞ Tipps für dieses Kapitel

⚠ Handbremshebel nicht betätigen, wenn das Vorderrad ausgebaut und die Bremssättel abgebaut sind! Sonst rutschen die Klötze in die Sättel und man kann sie nicht mehr montieren.

⚠ Wenn die Vorderradachse wegen Korrosion fest sitzt, NICHT mit einem Eisenhammer oder einem Rohrstück auf das Achsgewinde klopfen, um die Achse auszutreiben! Falls die Achse festsitzen sollte, was bei einem älteren Motorrad schon mal vorkommen kann, Kriechöl (»Rostlöser«) satt auf die Stellen sprühen, wo die Achse durch die Aufnahmebohrungen der Gabelfäuste und Radlager führt. Einige Minuten einwirken lassen und erneut versuchen. Nur einen Gummi- oder Kunststoffhammer verwenden.

⚠ Nach jeder Radmontage alle Schrauben und Muttern nochmals auf Festsitz kontrollieren! Ganz penible Menschen machen sich Farbmarkierungen an die Schraubenköpfe und Muttern, die mit dem richtigen Drehmomentwert angezogen sind.

⚠ Nur originale Schrauben und Muttern verwenden! Nie Schrauben/Muttern undefinierbarer Herkunft aus einer typischen Schraubenkiste verwenden!

⚠ Nie krumme Räder oder krumme Achsen gerade richten, immer Neuteile verwenden. Gerichtete Räder und Radachsen sind bruchgefährdet!

⚠ Nach der Radmontage alles überschüssige Fett von der Vorderachse auf beiden Seiten und auch von den Radlagersimmerringen sauber abwischen.

⚠ Bremsklötze durch Pumpen am Bremshebel in Position bringen und sicherstellen, dass das Rad frei läuft, wenn der Bremshebel gelöst ist.

Werkzeug, Anziehdrehmomente

Bilder 4, 5 und 6 zeigen die zur Radmontage benötigten Werkzeugteile. Das Fett in Bild 7 ist zum Einfetten der Achsen; der Sicherungslack in Bild 8 zur Sicherung der Drahtsplinte, welche in die beiden Kronenmuttern der Hinterachse eingesetzt werden. Das zur Schraubensicherung benötigte Loctite 243 »mittelfest« ist in Bild 18 und die Gepäckgummis zum Hochziehen der abgebauten Bremssättel in Bild 13.

Werkzeug zur Vorderradmontage

Schraube ABS-Sensor .... Nuss SW8
Bremssattelschrauben .... Torxnuss 45
Schraube Kotflügelstrebe .... Torxnuss 30
Achsklemmschrauben .... Torxnuss 40
Schraube in Steckachse........... Inbusnuss SW12

Werkzeug zur Hinterradmontage

Mutter auf Radachse rechts.............. Nuss SW60
Schraube in Schelle Auspufftopf an Vorschalldämpfer................ Nuss SW8 oder Tornuss 30
Schraube Auspufftopf an Soziusrastenhalter................. Nuss Sw10 oder Torxnuss 40

Weiterhin werden ein kleiner und ein großer Drehmomentschlüssel benötigt (Bild 5):

- Beim Vorderrad genügt ein kleiner oder mittlerer Drehmomentschlüssel bis 50 oder 100 Nm.
- Für die Hinterachsmutter braucht es einen großen Drehmomentschlüssel bis 250 Nm oder mehr, weil die Radmutter mit 250 Nm festgezogen werden muss.

Anziehdrehmomente Vorderrad

Schraube M25x1,5 in Steckachse links .... 45 Nm
- Gewinde einfetten

Schraube M6 ABS-Sensor .... 4 Nm
Bremssattelschrauben M10 .... 45 Nm
- plus Loctite 243 »mittelfest«

Achsklemmschrauben M8 in den Gabelfäusten unten .... 15 Nm

Anziehdrehmomente Hinterrad

Schraube M6 in Schelle Auspufftopf an Vorschalldämpfer .... 8 Nm
Schraube M8 Auspufftopf an Soziusrastenhalter................................ 25 Nm
Mutter M50x1,5 auf Radachse rechts ..... 250 Nm
- Gewinde einfetten ab Modelljahr 2017 (wird auch für die anderen Modelljahre empfohlen)
- Sicherungsdrähte (Bild 22) einsetzen und mit Sicherungslack (Bild 8) versiegeln

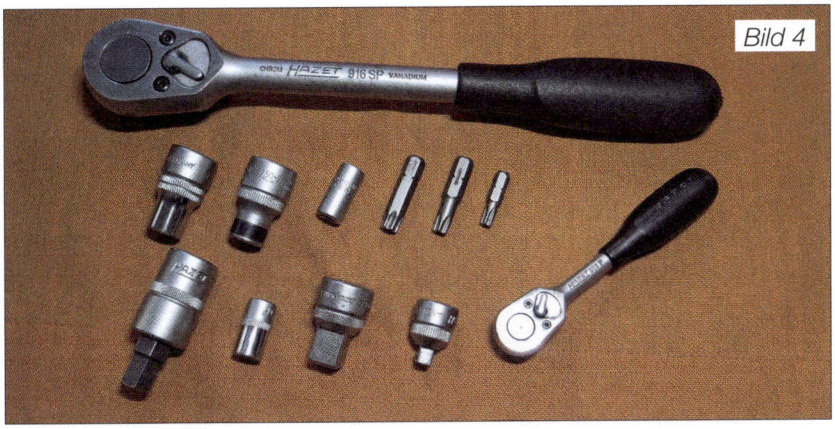
Bild 4

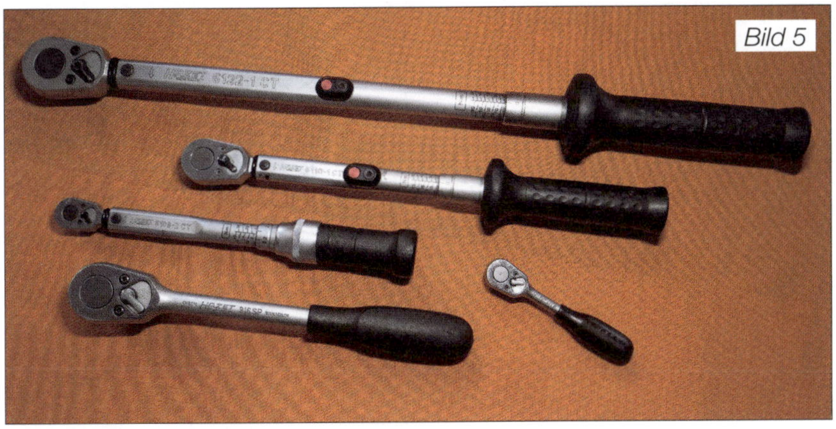
Bild 5

Bild 6

Bild 7

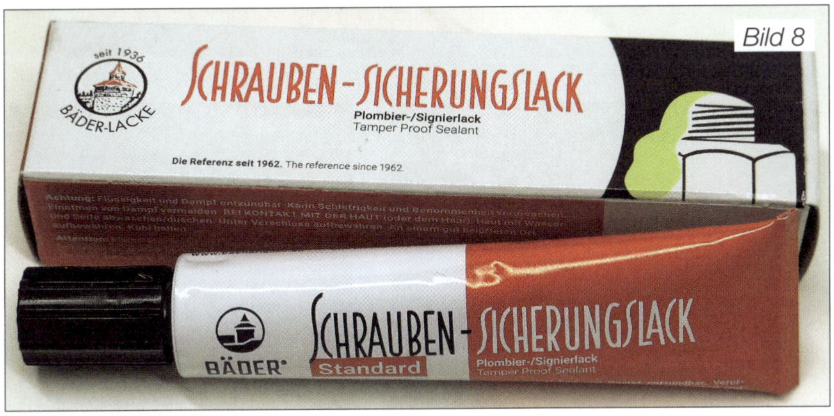

Bild 8

Sichtprüfung Messen

Bilder 9 bis 16 siehe Lauftext.

Vorderrad aus- und einbauen

Maschine so aufbocken wie in den Bildern 1a bis 3c gezeigt. Die Zündung ist AUSgeschaltet, der Leerlauf eingelegt. Bild 9: Unter das Vorderrad einige Bretter schichten, die die Luft zwischen Boden und Reifen ausfüllen.

Bild 9

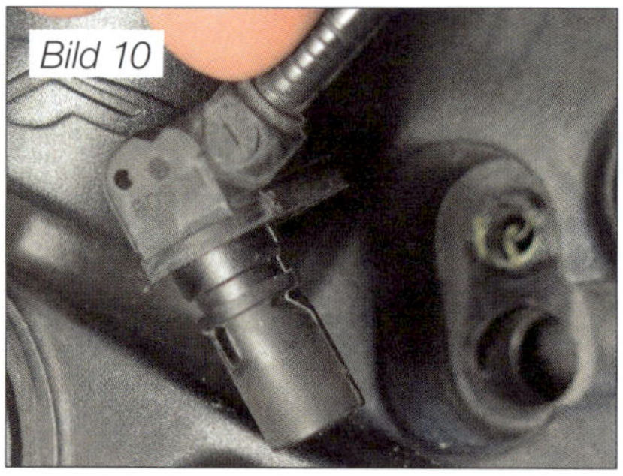
Bild 10

Bild 11

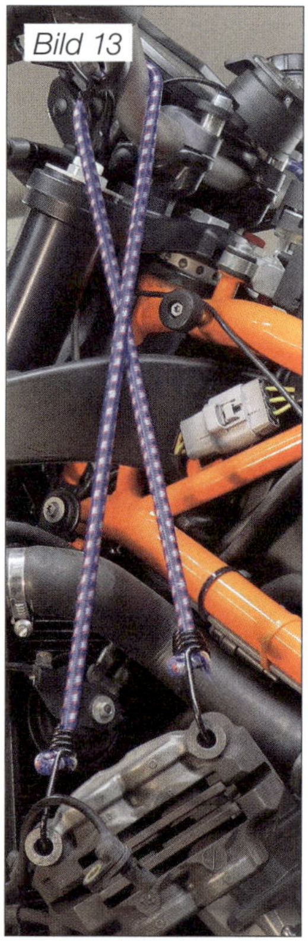
Bild 13

Bild 12

Vorderrad ausbauen

1. Bild 10: Befestigungsschraube des ABS-Sensors ausschrauben und den Sensor unter leichtem Drehen ausziehen.

2. Bild 11: Befestigungsschrauben der Bremssättel lösen und ausschrauben.

3. Bild 12: Die kleinen Schrauben, mit denen die unteren Kotflügelstreben an der Achsfaust befestigt sind, ausschrauben.

4. Die nun losgeschraubte Kotflügelstrebe etwas nach außen ziehen und festhalten.

4.1. Den Bremssattel jeder Seite von der Bremsscheibe abziehen und zwischen Gabelfaust und der eben gelösten Kotflügelstrebe herausnehmen:

- Links zusammen mit dem Kabel des schon abgeschraubten ABS-Sensors.

4.2. Bild 13: Bremssättel mit Gepäckgummis außerhalb des Rades so weghängen, dass sie beim Montieren nicht im Weg sind.

- Bremsschläuche dabei so wenig wie möglich verdrehen und nicht knicken!

5. Die Achsklemmschrauben in der linken Gabelfaust unten lösen und zwei bis drei Umdrehungen öffnen.

6. Die große Inbusschraube in der Vorderradachse links lösen und zwei bis drei Umdrehungen öffnen.

7. Jetzt die Achsklemmschrauben in der rechten Gabelfaust unten lösen und zwei bis drei Umdrehungen öffnen.

8. Bild 14: Mit einem Gummihammer leicht auf die noch in die Achse eingeschraubte große Inbusschraube klopfen und so die Achse ein Stück nach rechts austreiben.

8.1. Große Inbusschraube ganz ausdrehen.

8.2. Bild 15: Achse rechts an ihrem Achskopf packen und ausziehen. Dabei das Rad mit einer Hand hochhalten, hin und her wackeln, so kann die Achse leichter ausgezogen werden.

9. Bild 16: Rad ablassen, nach vorne ausrollen.

10. Bild 19: Distanzbuchsen links/rechts herausnehmen: Breite Distanzbuchse in Fahrtrichtung links, schmale in Fahrtrichtung rechts.

Bild 14

Bild 15

Bild 16

Vorderrad einbauen

1. Finger in den Innenring eines jeden Radlagers stecken, mit Gefühl drehen: Knarzt ein Lager? Wenn »JA«, muss man die Radlager erneuern; siehe dazu weiter hinten in diesem Kapitel.

2. Wenn die Lager in Ordnung sind: Radlager-Simmerringe mit Ölspray und Lappen reinigen.

2.1. Bild 17: Einen kleinen Finger voll Lagerfett in und hinter die Simmerringe schmieren.

2.2. Auch die Vorderachse, beide Distanzbuchsen (Bild 19) und die dicke Inbusschraube putzen und leicht einfetten.

2.3. Bild 18: Bremssattelschrauben reinigen, ihre Gewinde mit Loctite »mittelfest« bestreichen und die jetzt montagefertig vorbereiteten Schrauben außerhalb des Montagebereichs ablegen, sie werden gleich gebraucht.

3. Bremsscheiben und Bremssättel mit Bremsenreiniger und fusselfreiem Lappen säubern.

3.1. Bei dieser Gelegenheit auch die Dicke der Bremsbeläge kontrollieren; siehe dazu Kapitel »Bremsen«.

4. Bild 16: Rad von vorne zwischen die Gabelholme einschieben.

■ Drehrichtung beachten: Der ABS-Sensorring ist in Fahrtrichtung links.

5. Bild 19: Distanzbuchsen einsetzen: Die breite Distanzbuchse kommt in Fahrtrichtung links und die schmale in Fahrtrichtung rechts.

6. Rad etwas anheben, Holzbretter unterschieben (Bild 9), Rad in Montageposition bringen, Vorderachse von rechts einführen, ganz durchschieben.

6.1. Die große Inbusschraube in die Achse eindrehen, aber noch nicht festziehen.

7. Die untere Kotflügelstrebe etwas nach außen ziehen, Bremssattel zwischen Gabelfaust und Kotflügelstrebe durchführen, beim linken Bremssattel zusammen mit dem Kabel des ABS-Sensors.

8. Bremssättel auf die Bremsscheiben schieben, Befestigungsschrauben eindrehen, aber noch nicht festziehen.

8.1. Schrauben der unteren Kotflügelstreben einschrauben und festziehen mit 5 Nm.

9. Nun den Handbremshebel mehrmals anziehen, dadurch legen sich die Bremsbeläge an den Bremsscheiben an und die Bremssättel richten sich an den Befestigungsauflagen genau aus.

9.1. Bremshebel in gezogener Position mit einem Gepäckgummi fixieren.

10. Bild 20: Nun die Bremssattelschrauben festziehen mit 45 Nm.

11. Die beiden Achsklemmschrauben unten in der rechten Achsfaust festziehen mit 15 Nm.

12. Bild 21: Die große Inbusschraube in der Vorderradachse links festziehen mit 45 Nm.

13. Bild 14: Beide Achsklemmschrauben in der rechten Achsfaust wieder lösen,...

13.1.....den Vorderradständer wegnehmen, das Vorderrad auf dem Boden abstellen...

13.2....und die Telegabel einige Male kräftig einfedern.

■ Dadurch »setzt« sich das rechte Gabelbein passgenau auf die Vorderachse und die Gabelbeine sind danach zueinander parallel (und nicht etwa zueinander verspannt).

13.3. Vorderrad mit dem Ständer wieder aufbocken. Rad durchdrehen, die Vorderradbremse einige Male betätigen und prüfen, ob das Rad frei läuft.

14. Jetzt die Achsklemmschrauben in der rechten und linken Achsfaust mit 15 Nm festziehen.

Wichtig: Überschüssiges Fett von Simmerringen, Distanzbuchsen und Achse gut abwischen.

15. Bild 10: ABS-Sensor unter leichtem Drehen in seine Sitzbohrung einführen, Schraube eindrehen, mit 4 Nm festziehen.

Bilder 17 bis 21 siehe Lauftext.

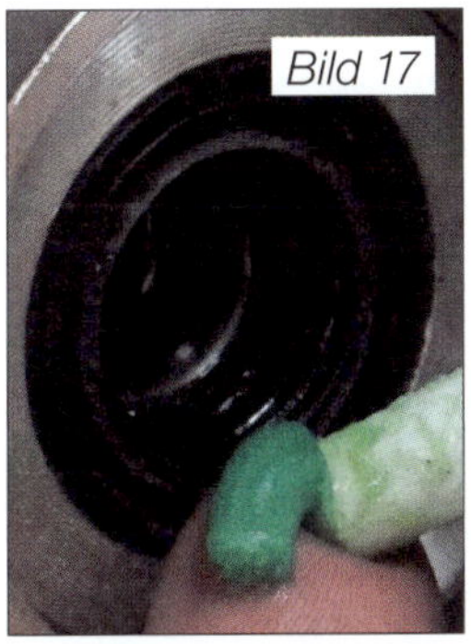
Bild 17

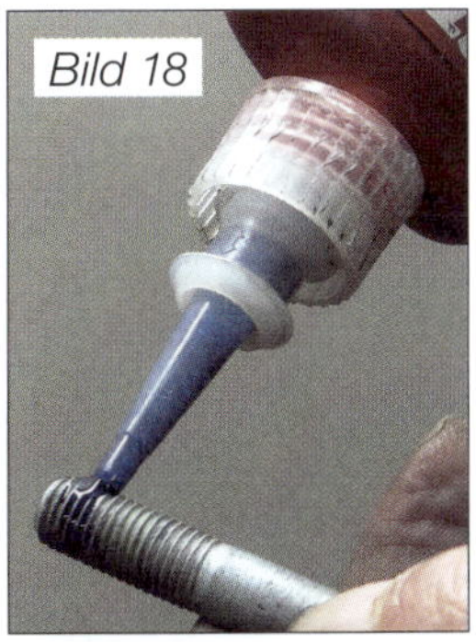
Bild 18

Bild 19

Bild 20

Bild 21

Sichtprüfung Messen

Bilder 22 bis 26 sind im Lauftext erklärt.

Hinterrad aus- und einbauen

Zur Hinterradmontage muss der Auspufftopf abgebaut werden: Schraube in der Rohrverbindung Auspufftopf zu Auspuffrohr ausdrehen, Schelle abnehmen, Schraube von Auspufftopf an Fußrastenausleger lösen und ausbauen, Auspufftopf unter leichtem Drehen vom Auspuffrohr nach hinten abziehen.

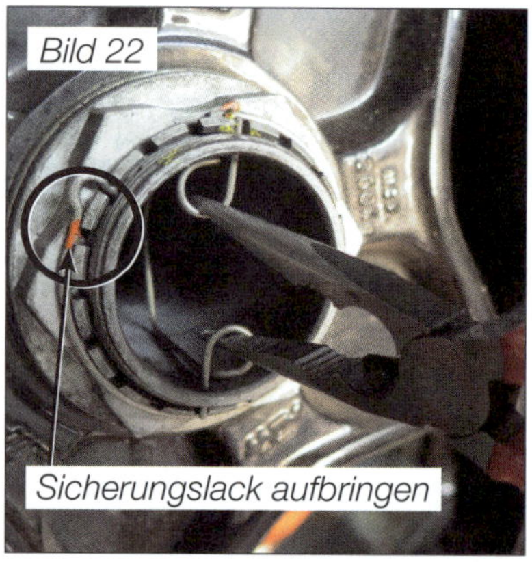
Bild 22
Sicherungslack aufbringen

Bild 23

Hinterrad ausbauen

1. Bild 22: In der Radachse rechts den inneren Sicherungsdraht ausbauen.
2. Von der Radmutter rechts den äußeren Sicherungsdraht abbauen.
3. Ersten Gang einlegen.
3.1. Bild 23: Nun ein langes und stabiles Etwas (wie z. B. einen Hammerstiel wie im Bild 23) zwischen Fahrerfußraste und Fußbremshebel einklemmen und nach unten mit einem Gepäckgummi auf Stellung »Bremse betätigen« so verspannen, dass das Hinterrad blockiert ist.
4. Bild 24: Radmutter öffnen. Dazu unbedingt eine neuwertige, exakt passende 60er-Sechskantnuss, eine kurze Verlängerung und ein Rohr zur Verlängerung des Knebels benutzen.
5. Bild 25: Mutter ganz abdrehen, Konusscheibe abnehmen, das Rad rechts und links fest am Reifen anpacken und unter leichtem Hin- und Herwackeln von der Achse abziehen.
6. Anlageflächen des Rads an der Achse sowie Achse und Scheibe penibel reinigen. Alle entsprechenden Stellen auf Abnutzung kontrollieren. Dazu gehören auch die Gewinde von Achse und Hinterradmutter.
7. Nun die Bremspedalblockade (Bild 23) lösen.
8. Bilder 33 und 34: Jetzt die Hinterachse richtig fest am Achsstumpf packen, sie hin und her drehen und daran wackeln: So werden die Hinterradlager kontrolliert.
■ Rechts ist ein Nadellager verbaut, links zwei Rillenkugellager. Spürt man ein Knarzen, hat die Achse Luft? Wenn »JA«, müssen alle drei Lager erneuert werden

Hinweis: Das Lagerspiel lässt sich schon bei noch eingebautem Rad kontrollieren: Mit beiden Händen das Rad außen am Reifen anpacken und hin und her wackeln, es darf kein Spiel fühlbar sein. Maximal 0,3 mm sind erlaubt. Mehr dazu gleich auf der nächsten Seite.

Hinterrad einbauen

1. Achse, Achsgewinde, Anlageflächen des Rades, Radmutter und Konusscheibe reinigen und leicht mit Fett einschmieren.
2. Hinterrad auf die Achse schieben, auf die Mitnehmerstifte ausrichten, an die Anlagefläche drücken und mit einer Hand achszentriert festhalten.
3. Bild 25: Konusscheibe auf die Achse schieben.
4. Radmutter aufdrehen und handfest anziehen.
5. Bild 26: Die Hinterradmutter wird festgezogen mit 250 Nm. Dazu muss man das Hinterrad wieder durch Betätigen der Hinterradbremse blockieren (wie in Bild 23).
5.1. Nach dem Festziehen der Radmutter die Blockade wieder lösen.
6. Bild 22: Äußeren Sicherungsdraht montieren.
6.1. Bild 22: Inneren Sicherungsdraht montieren.
■ Dabei streng darauf achten, dass die Stifte der Sicherungsdrähte durch eine Nut des Kronenrandes in eine der Bohrungen in der Hinterachse eingreifen.
6.2. Kreise in Bild 22: Sicherungsdraht der Hinterachsmutter mit einem dicken Tropfen Sicherungslack (dem in Bild 8) versiegeln.

Bild 24
Unbedingt eine exakt passende, neuwertige 60er-Nuss mit kurzer Verlängerung verwenden und ein langes Rohr auf den Knebel stecken.

Bild 25

Bild 26

Hinterachslager

Im ersten Kapitelabsatz behandeln wir die Prüfung der Hinterachslager auf Spiel und Verschleiß. Das soll man immer machen, wenn ein neuer Hinterradreifen montiert wird, weil ja dazu das Hinterrad ausgebaut werden muss. Im zweiten Absatz bauen wir die Hinterachse aus und dann den Hinterachslager-Exzenter, um diesen zu reinigen und neu einzufetten. Laut Anweisung von KTM muss das alle 30 000 km gemacht werden. Das Hinterrad haben wir bereits abgebaut.

Benötigtes Werkzeug
Bild 27: **41er-Nuss** für die Kronenmutter auf der Kettenseite (Bilder 36 und 37), **17er-Nuss** für die Klemmmutter des Hinterachslager-Exzenters (Bild 48). **13er-Nuss** für die Muttern des Kettenrads (Bild 30), **Torx T40** für die Schrauben des hinteren Bremssattels (Bilder 28a und 28b). Dazu passende **Knebel, Rätsche, Drehmomentschlüssel**. **Kleine Zange** zur Montage der Sicherungsdrähte (Bilder 35, 62 bis 66), **Seegerringzange** (Bild 51), **Hakenschlüssel** aus dem Bordwerkzeug zum Drehen des Hinterachslager-Exzenters (Bilder 49 und 50), stumpfen **kleinen Schraubenzieher** zur Montage der O-Ringe (Bild 56). **Stahlhammer** 500 Gramm mit dickem Stiel, **Alu-** oder **Gummihammer** (Bilder 58, 59, 60). Dazu fusselfreie Lappen, **Fett** (Bild 7) und **Sicherungslack** (Bild 8).

Vorbereitende Arbeiten
1. Zuerst den Kettenschutz abbauen, Schrauben uind Werkzeug siehe Bild 29. Bremsleitung und ABS-Kabel aus der Führungsnut im inneren Teil des Kettenschutzes herausnehmen, alle Teile gleich sauber putzen.
2. Bilder 28a und 28b: Bremssattel abbauen und so zur Seite hängen, dass er nicht stört.
3. Bilder 30, 31 und 32: Kettenrad abschrauben und vom Adapter abnehmen. Lappen auf die Schwinge legen, Kette darauf ablegen.

Lager prüfen
In den Bildern 33 und 34 sieht man, wie die Hände des Mechanikers die Achse rechts und links packen, vorwärts und rückwärts drehen und gleichzeitig hin und her ruckeln. Dabei spürt der Mechaniker in seinen Händen, ob die Lager weich laufen oder schwergängig und ruckelnd laufen und damit ein ungleichmässiges Dreh- und Bewegungsgefühl abgeben. Zur Beurteilung der gefühlten Lagerlaufqualität gehört eine

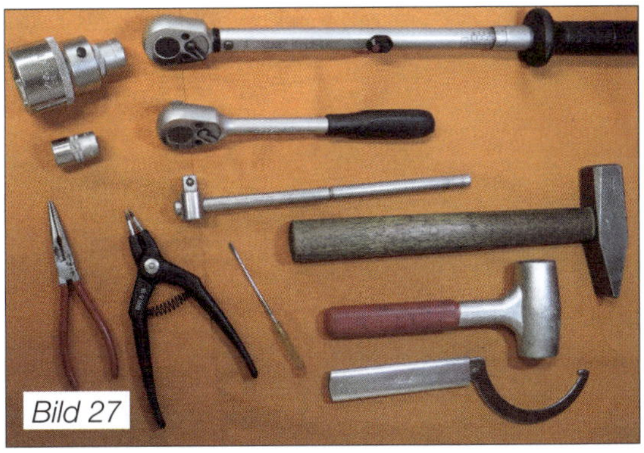
Bild 27

Bild 28a

Bild 28b

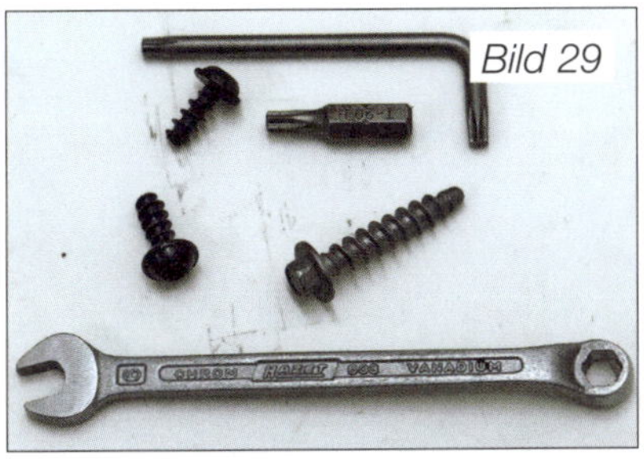
Bild 29

Bild 30

Bild 31

Bild 32

Bild 33

Bild 34

Sichtprüfung Messen

gute Portion Erfahrung. Ein Seitenblick zum Bild 45 und der ausgebauten Achse zeigt uns, dass die hartverchromte Lauffläche der Achse im Bereich des Nadellagers zwar etwas matt ist, aber voll im guten Bereich – das Laufbild der Achse ist somit gut.

Hinterachse, Hinterachsgehäuse

Hinterachse ausbauen

Bilder 27 bis 34 auf der vorherigen Seite siehe Lauftext.

1. Bilder 28a und 28b: Nun wird der Hinterradbremssattel provisorisch montiert, seine Befestigungsschrauben «handfest« anziehen.

2. Bild 23: Wie weiter vorne beim Radausbau schon praktiziert, blockieren wir nun mit der Hinterradbremse die Hinterradachse. Dazu wieder ein langes und stabiles Etwas (wie z. B. einen Hammerstiel) zwischen Fahrerfußraste und Fußbremshebel einklemmen und mit einem Gepäckgummi auf Stellung »Bremse betätigen« so nach unten verspannen, dass das Hinterrad blockiert ist.

Bilder 35 bis 39: Montagearbeiten auf der linken Seite der Hinterachse.

3. Bild 35: Den Sicherungsdraht von der Achsmutter abbauen.

4. Bild 36: Achsmutter öffnen. Dazu unbedingt eine neuwertige, exakt passende 41er-Sechskantnuss und ein Rohr zur Verlängerung des Knebels benutzen.

5. Bild 37: Mutter ganz abdrehen und die Scheibe abnehmen.

6. Bilder 38 und 39: Die Kettenradaufnahme von der Achse abziehen. Das kann zuerst etwas schwer gehen, weil die Passung auf der Vielkeilwelle praktisch keine »Luft« hat.

6.1. Wie in Bild 38 gezeigt mit den Daumen beider Hände auf die Hinterradachse drücken und dabei fest an der Kettenradaufnahme ziehen, dann kommt sie einem Stück für Stück entgegen.

Tipp: Wenn sich die Kettenradaufnahme partout nicht von der Stelle bewegen will, sprühen Sie Kriechöl von vorne in den Spalt zwischen Kettenradaufnahme und der Vielkeilwelle ein und lassen es ein paar Minuten einziehen.

Achtung: Bitte keinen Hammer benutzen um damit die Achse austreiben oder die Kettenradaufnahme abtreiben zu wollen!

7. Bild 40: Nun den Bundring herausziehen und sauber reinigen.

8. Bilder 23, 28a und 28b: Jetzt die Bremshebel-

Bild 35

Bild 36

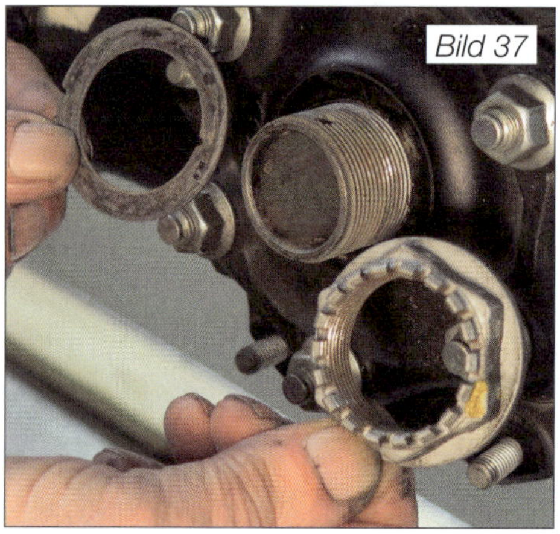
Bild 37

Bild 38

Bild 39

Blockade entfernen. Den provisorisch montierten Hinterradbremssattel abbauen und so zur Seite hängen, dass er die weitere Montage nicht stört.

9. Bilder 41 bis 44: Unser Mechaniker packt die Achse auf der rechten Seite sehr fest an und zieht daran. Zur Unterstützung drückt er mit der linken Hand auf das herausstehende Ende der Achse.

9.1. Man kann mit dem Handballen der linken Hand auch gegen das Achsende klopfen (soweit es der Schmerz zulässt ...) , aber bitte nicht mit einem Stahlhammer! Gummi- oder Plastikhammer ist erlaubt.

10. Wenn die Achse ganz ausgezogen ist, wie in Bild 44, sie gleich reinigen und den alten Fettschmutz entfernen. Dazu Kettenreiniger (oder einen anderen flüssigen Schmutzreiniger) sparsam verwenden mit weichen Lappen.

11. Bild 45: Nun die Lagerlauffläche des Nadellagers (das ist gut zu sehen in Bild 46) begutachten. Wie vorhin schon erwähnt, darf sie etwas matt sein, aber nicht riefig oder blau fleckig. Ringsum muss sie glatt sein (»Kinderpopo«), darf keine Vertiefungen oder Ausbrüche haben.

12. Das gilt auch für den vorderen Teil der Achse, dieser ist ja in die beiden Kugellager eingesteckt.

Hinterachsgehäuse

Zum Reinigen und neu Einfetten muss das Hinterachsgehäuse (Bild 46, auch »Exzenter« genannt) ausgebaut werden.

Vorbereitende Arbeiten

1. Bild 47: Zunächst mit einem weißen Fettstift eine Markierung auf Gehäuse und Nutteil zeichnen, das macht später beim Einbau das Finden der korrekten Kettenspannung einfacher.

2. Bild 48: Dann wird die Klemmschraube gelöst und ganz ausgedreht.

Bild 46

3. Bilder 49 und 50: Nun den Exzenter mit dem großen Hakenschlüssel aus dem Bordwerkzeug etwas hin und her drehen, damit sich der Exzenter in der Klemmung löst. Denn vor allem das

Bilder 40 bis 45: Ausbau der Hinterachse.

Bilder 46 bis 48: Vorbereitung zum Ausbau des Hinterradlagergehäuses; auch Exzenter genannt.

Bild 40

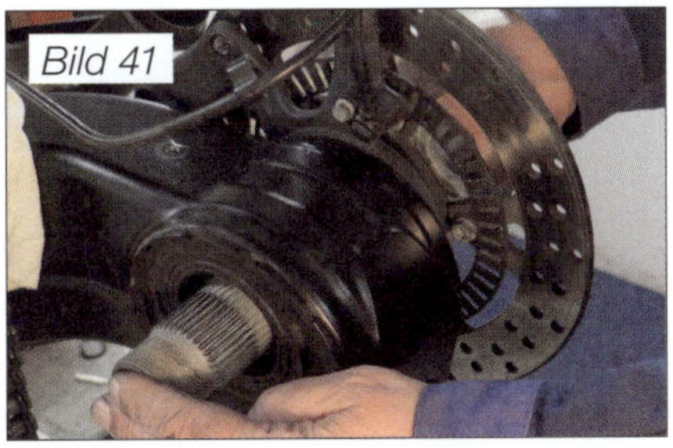
Bild 41

Bild 42

Bild 43

Bild 44

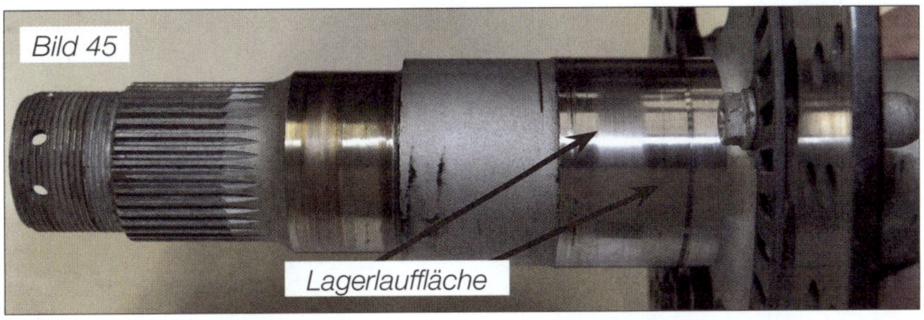

Bild 45

Bild 47

Bild 48

Bilder 49 und 50: Den Exzenter etwas hin- und herdrehen löst verklebtes Fett.

Bilder 51 bis 56 und 61 auf der nächsten Seite: Vorbereitung und Ausbau des Exzenters.

Fett in der Klemmstelle wird mit der Zeit hart und hemmt dadurch jeden Versuch der Bewegung. Dieses Lösen ist auch wichtig für das spätere Ausbauen des Exzenters.

4. Bilder 51 und 52: Den Seegerring mit einer Außenseegerring-Zange abbauen.

4.1. Bild 53: Scheibe abnehmen.

4.2. Bilder 54 und 55: Bremssattel-Halter und Scheibe abnehmen.

5. Bilder 56 und 57: Im Bremssattel-Halter sind beidseitig O-Ringe eingelegt. Diese können durch altes Fett regelrecht eingeklebt sein, weswegen man sie vorsichtig ausbaut mit einem kleinen stupfen Schraubenzieher. O-Ringe reinigen und fettfrei machen.

O-Ringe anschauen und durch Daumen und Zeigefinger gleiten lassen: Irgendwo eine Macke oder ein Riss im Gummi? Wenn defekt, unbedingt neue O-Ringe einbauen.

Hinterachsgehäuse ausbauen

Werkzeuge: In den Bildern 58, 59 und 60 sind unsere Schlagwerkzeuge im Einsatz; es sind ein Aluhammer (Bilder 58 und 59) und ein großer Stahlhammer (Bild 60). Nun aber nicht denken, dass man mit dem Stahlhammer einfach drauf-

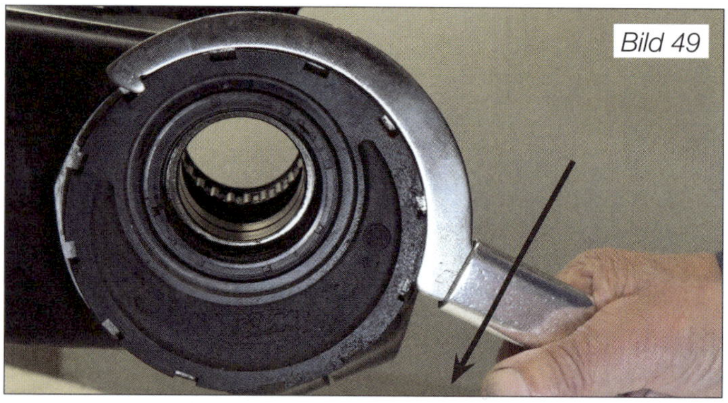
Bild 49

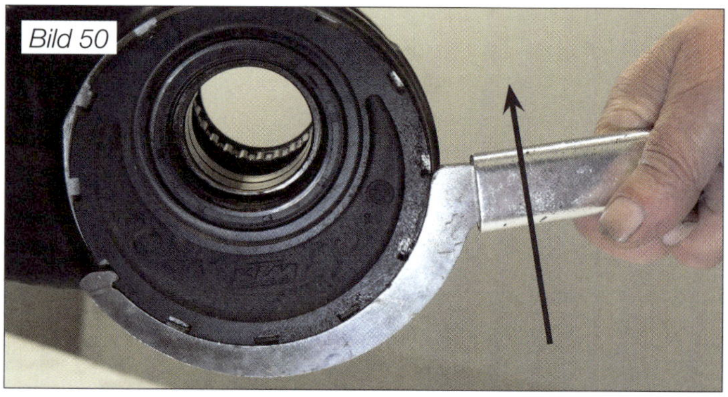
Bild 50

Bild 51

Bild 52

Bild 53

Bild 54

Bild 55

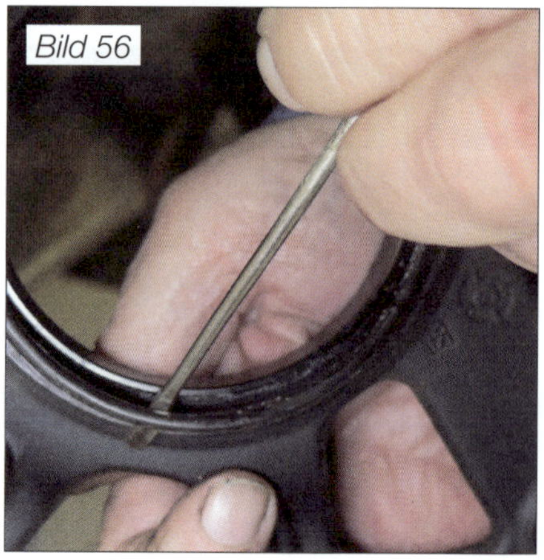
Bild 56

haut und der Exzenter kommt raus, sondern nur den Hammerstiel benutzen; der eigentliche Stahlteil ist quasi das »Schlagewicht«.

Achtung: Mit dem Aluhammer ganz sanft auf das Innenteil des Lagerkörpers klöpfeln (Bild 59) und dabei beachten, dass man die Kante nicht zerdeppert, sonst besteht die Gefahr, dass man die Nut für den Seegerring zusammenklopft!

Während des Klöpfelns mit dem Aluhammer packt die linke Hand des Mechanikers ganz fest am Nutteil an und versucht hier gleichzeitig zu drehen und zu ziehen. Man spürt auch in der Hand ob überhaupt und wie sich der Exzenter nach außen bewegt, normalerweise »kommt« er langsam aber stetig.

Nun, wenn man in der rechten Hand, die den Aluhammer regiert und der linken Hand, die sich um den Exzenter spannt, spürt, dass sich der Exzenter nicht bewegt, erhöhen Sie weder die Schlagzahl noch die Hau-drauf-Kraft, sondern machen Sie Folgendes:

- Klemmung einsprühen mit Allzwecköl und ein paar Minuten einziehen lassen. Das löst das alte Fett in der Klemmstelle.
- Die untere Klemmschraube ausdrehen (sofern das nicht schon zu Anfang geschehen ist).
- Einen kurzen dicken Schraubenzieher (Bild 60a) in der Klemmstelle ansetzen und ganz sanft in den Schlitz eindrücken. Dadurch öffnet sich die Klemmung etwas, wird größer und gibt den Exzenter frei.

Bild 61: Irgendwann hat der Exzenter verloren und kommt raus. Bis es so weit ist, halten Sie den Exzenter während des Ausklopfens möglichst zentrisch, damit er sich nicht verkantet, vor allem gegen Ende.

Fazit: Sie haben sicher gespürt, dass zum Ausbau des Exzenters mit den vielen Arbeitsschritten eine gute Portion Geduld und viel Fingerspitzengefühl gehört.

Bild 57

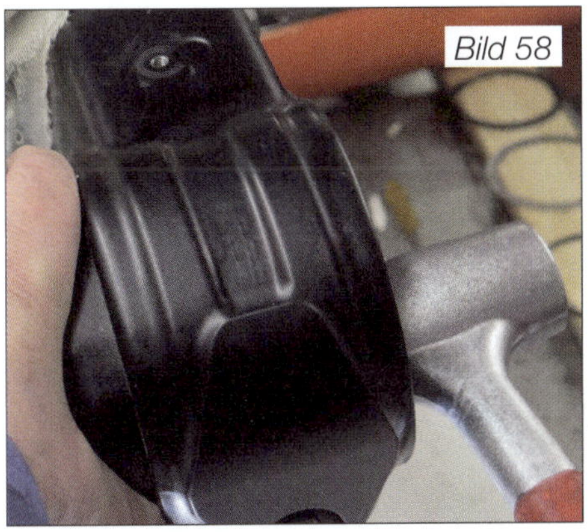
Bild 58

Bild 59

Bild 60a

Bild 60

Das ist die Klemmstelle, in die man einen kleinen Schraubenzieher einsteckt und damit die Klemmung vorsichtig aufweitet.

Bild 61

Bild 57 bis 61 auf der vorherigen Seite siehe Lauftext.

Bilder 62 und 68: Reinigen und Einfetten gehört zur Vorbereitung für den Einbau des Exzenters.

Hinterachsgehäuse reinigen, einfetten und einbauen

1. Bild 62: Das Hinterachsgehäuse in einen Schraubstock einspannen, Alubacken benutzen.
1.1. Nun den Seegerring durch seine Nut rollen und damit prüfen, ob diese überall breit genug ist, sodass der Seegerring später beim Einbau auch sicher in seiner Nut sitzen wird.
2. Bild 63: Mit einem fusselfreien (!) Lappen, der mit Allzweckspray angefeuchtet wird, das Nadellager putzen. Das alte Fett muss weg.
2.1. Auch das Gehäuse außen reinigen.
3. Nach der Feuchtreinigung die beiden Kugellager und das Nadellager mit dem Finger drehen: Laufen sie leise, gleichmäßig und ruckfrei? Wenn der geringste Zweifel besteht, dass eines, zwei oder alle drei Lager defekt sind, müssen alle Lager erneuert werden. Weil dazu eine Presse und das Einhalten bestimmter Maße nötig sind, lassen Sie den Lagertausch am besten beim KTM-Händler machen.
4. Bild 65: Nun die Innenseite der Exzenterklemmung gleichmäßig und leicht mit Fett bestreichen.
■ Nehmen Sie unbedingt das am Anfang dieses Kapitels in Bild 7 und links unten in Bild 64 gezeigte Fett von Motorex »Bike Grease«, das hält lange Zeit seine flutschige Konsistenz, dickt nicht ein und verklebt deswegen nicht.
5. Bilder 60a und 64: Jetzt den kurzen dicken Schraubenzieher unten in der Klemmstelle mit Gefühl eindrücken, sodass der Durchmesser der Klemmung etwas größer wird. Schraubenzieher festhalten (von einem geduldigen Helfer).
6. Bild 66: Das Hinterachsgehäuse mit zwei Händen anpacken, an die Klemmstelle anführen und ohne zu verkanten zentrisch ansetzen. Langsam! Zentrisch! Ohne zu verkanten!
7. Das Hinterachsgehäuse etwa 12 bis 16 mm in seinen Sitz einführen, dabei leicht hin und her drehen. Jetzt hält es von alleine. Außenrum hat sich ein Fettrand gebildet.
7.1. Bild 67: Nun wird die Außenseite des Exzenters dünn mit Fett eingeschmiert und der Exzenter ganz in seine Bohrung eingeschoben.
7.2. Bild 68: Den Exzenter so positionieren, dass die aufgebrachten Markierungen sich decken.
7.3. Dem Exzenter von links ein paar Schläge mit dem Handballen geben, damit man sicher ist, dass er ganz eingeschoben sitzt.
8. Den »Aufweit-Schraubenzieher« aus dem Klemmschlitz ziehen. Die Klemmschraube eindrehen und handfest anziehen.

Jetzt wenden wir uns der rechten Seite des Exzenters zu.
1. Bild 69: Die Scheibe auf den Bund setzen.
2. Bilder 70 und 71: Bremsanker montieren:

Bild 62

Bild 63

Bild 64

Bild 65

Bild 66

Bild 67

Bild 68

Gefetteten O-Ring in seine Nut einsetzen (Bild 70). Bremsanker in Montageposition bringen, Langloch muss am Stift sein (Oval in Bild 71) und auf den Bund schieben.

2.1. Bild 72: Mit einem Gummihammer sanft aufklopfen.

3. Bild 73: Gefetten O-Ring in seine Nut einsetzen, Scheibe aufschieben.

4. Bild 74: Den Seegerring durch seine Nut rollen und so prüfen, ob die Nut um den ganzen Umfang frei ist.

4.1. Bild 51: Seegerring montieren.

4.2. Bild 75: Danach mit einem kleinen Durchschlag prüfen, ob er ringsum in seiner Nut sitzt.

5. Jetzt wird die Achse montiert: Lagerlauffläche (Bild 45) gut einfetten, Achse von rechts einschieben (Bilder 44, 43, 42, 41), Bundbuchse aufschieben (Bild 76).

5.1. Bild 39: Kettenblattträger auf den Vielkeil schieben, Scheibe aufschieben, Hinterachsmutter aufdrehen und handfest anziehen, Bremssattel auf Bremsscheibe schieben, Gewinde der Schrauben mit Loctite 243 »mittelfest« bestreichen, eindrehen und mit 36 Nm festziehen.

6. Damit man die linke Hinterachsmutter festziehen kann, muss man die Hinterachse durch Betätigen der Hinterradbremse blockieren (siehe dazu Bild 23).

7. Kettenblatt in die hängende Kette einlegen, auf ihre Schrauben schieben, etwas Loctite 243 »mittelfest« an ihre Gewinde geben, Muttern aufdrehen und mit 36 Nm festziehen (Bild 30).

8. Kettenschutz montieren, Bremsleitungen und ABS-Kabel sorgfältig einsetzen. Hinterrad montieren wie vorne in diesem Kapitel beschrieben.

9. Bilder 79 und 80: Sicherungsdrähte einsetzen, mit Sicherungslack (dem in Bild 8) versiegeln.

Bilder 69 bis 80: Einbau des Exzenters, der Hinterachse und das Einsetzen der Sicherungsdrähte.

Bild 69

Bild 70

Bild 71

Bild 72

Bild 73

Bild 74

Bild 75

Bild 76

Bild 77

Bild 78

Bild 79

Bild 80

Radlager prüfen, wechseln

Bild 81: Aushebeln des Simmerrings.

Bild 82: Explosionszeichnung des Vorderrads.

Bild 83: Austreiben des Radlagers.

Immer wenn das Vorderrad ausgebaut ist, muss man die Radlager prüfen: Zeigefinger in den Innenring des Lagers stecken und drehen. Man spürt im Finger, wie das Lager läuft, deshalb auch »Fingerprobe« genannt. Wenn die Lager spielfrei und ohne fühlbares Knacken und Rubbeln laufen, sind sie in Ordnung. Wenn die Lager beschädigt sind, also Luft haben oder laut und knackend laufen, müssen sie durch Neuteile ersetzt werden.

Der Aus- und Einbau von Radlagern mit Heizplatte, Hammer und Dorn erfordert ein gewisses Maß an fachlichem Können und Fingerspitzengefühl. Man kann dazu allerdings auch den von KTM als Spezialwerkzeug angebotenen Lagerausbausatz oder einen handelsüblichen Lager-Montagesatz verwenden. Dann ist die Gefahr, dass sich die Lagersitze durch falschen Lagerausbau aufweiten, nicht so groß.
Wichtig: Wenn möglich, kaufen Sie serienmäßige Lager, diese sind beidseitig abgedeckt und werden mit der Aufschrift nach außen eingebaut.

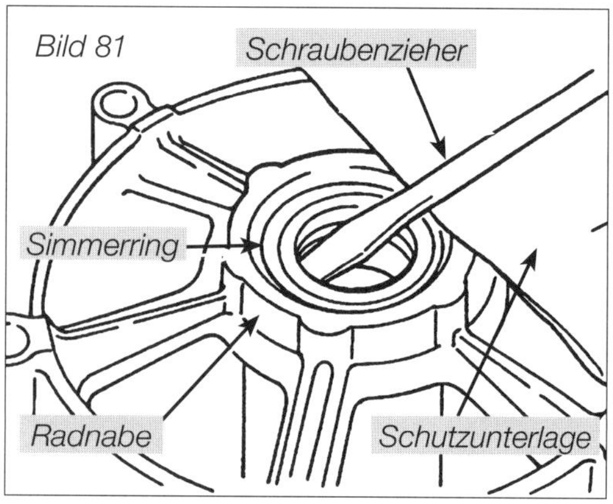

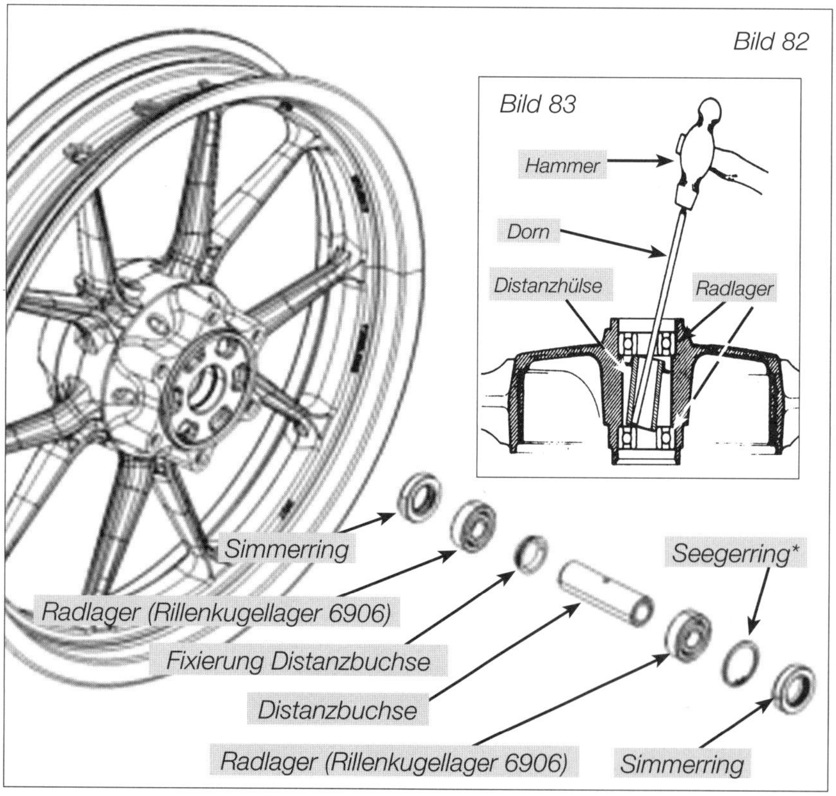

■ Wenn neue Lager mit nur einer Abdeckscheibe verwendet werden, müssen diese vor dem Einbau von der offenen Seite her gut mit frischem Wälzlagerfett gefüllt werden.

■ Beim Einbau einseitig geschlossener Lager muss die offene Lagerseite nach innen weisen.

Radlager ausbauen

1. Bremsscheiben abmontieren: Die Bremsscheibenschrauben sind eingeklebt und lassen sich deswegen nur schwer lösen und ausdrehen. Das Rad im Bereich der Schraubverbindungen mit einem Heißluftföhn etwas anwärmen, das löst die Verklebung.

1.1. Schrauben über Kreuz in mehreren Schritten lösen und ausdrehen. Exakt passenden Schlüssel verwenden, sonst werden die Schraubenköpfe vermurkst!

2. Bild 81: Simmerringe mit Reifenmontierhebel oder breitem Schraubenzieher aushebeln.

2.1. Bild 81: Seegerring ausbauen.

3. Rad auf eine feste Unterlage legen, die unten so weit offen ist, dass das auszutreibende Lager Platz hat und beim Herausschlagen nach unten herausfallen kann.

■ Am besten die Backen eines Schraubstocks weit genug öffnen und das Rad unter Zwischenlegen von Hölzern darauf ablegen.

4. Bild 83: Radlager mit einem mindestens 1 cm dicken und 20 cm langen Dorn schrittweise mit »trockenen«, bedachten Hammerschlägen am Innenring über Kreuz austreiben.

■ Schrittweise und über Kreuz deswegen, weil dadurch das Lager immer ein kleines Stück weiter ausgetrieben und ein Aufweiten des Lagersitzes vermieden wird.

5. Nach dem Austreiben der Lager die Lagersitzbohrungen gut reinigen. Wenn beim Austreiben Grate entstanden sind, diese mit sehr feinem Schmirgelleinen (»Läpppapier« oder »Polierleinen«) vorsichtig und punktgenau entfernen. Grate NICHT mit einer Feile, Dreikantschaber oder einem Maschinenschleifstein entfernen!

Radlager einbauen

1. Lagersitze des Rades mit einem Heißluftföhn kurz und heftig erwärmen.

1.1. Oder das Rad zentral mit der Nabe auf eine Heizplatte legen und langsam aufheizen.

■ Auf maximal 120 °C erwärmen!

2. Zuerst das Lager auf der Seegerring-Seite einbauen: Lager in erwärmten Lagersitz einschieben und mit einer Nuss, deren Außendurchmes-

ser etwas kleiner ist als der Durchmesser des Lagers, einklopfen, bis das Lager im Grund der Passbohrung aufsitzt (Bild 84).
■ Man kann das Lager auch vorsichtig mit einem Dorn und einem 100-Gramm-Hammer am Lageraußenring Schritt für Schritt sanft nachklopfen.
3. Seegerring einbauen.
4. Rad umdrehen. Distanzhülse einsetzen. Lager einschieben und mit einer Nuss sanft einklopfen.
4.1. Jetzt mit dem Finger die Distanzbuchse zwischen den Lagerinnenringen prüfen: Sie muss satt zwischen den Lagerinnenringen sitzen und darf sich nur ganz leicht seitlich bewegen!
5. Neuen Simmerring mit festem Daumendruck eindrücken oder mit einer Nuss einschlagen.
■ Simmerring nur so tief in die Passbohrung einschlagen, bis seine Oberseite bündig ist mit der Bundoberfläche der Radnabe.

Bremsscheiben montieren
1. Anlageflächen der Bremsscheiben und Bremsscheibenschrauben mit Messingbürste reinigen.
1.1. Bremsscheiben mit der Schrift nach außen auf dem Bund der Nabe ansetzen.
2. Flüssige Schraubensicherung Loctite »hochfest« auf die Gewinde der Bremsscheibenschrauben auftragen.
3. Bremsscheibenschrauben eindrehen und über Kreuz Schritt für Schritt bis auf das vorgeschriebene Drehmoment festziehen.
3.1. Anziehdrehmomente der Bremsscheibenschrauben M8 vorne an Radnabe:
■ Bei Super Duke R und GT bis Mj. 2019 und SE: 30 Nm
Bei Super Duke R und GT ab Mj. 2020 und RR: 28 Nm
■ *plus Loctite 2701 »hochfest«*
4. Vor dem Radeinbau die Bremsscheiben mit Bremsenreiniger gut reinigen.

Rad und Achse prüfen

1. Bild 85: Rad ausbauen und in Zentrierständer einhängen.
2. Felgenrand putzen, mit Allzweckspray einsprühen und die Messuhr ansetzen.
2.1. Bild 85: Zum Messen des Höhenschlags die Messuhr innen im Felgenring, möglichst in Flucht zur Radnabe, also rechtwinklig zum Felgenhorn (die Zeichnung in Bild 85 täuscht etwas!).
2.2. Zum Messen des Seitenschlags die Messuhr außen am Felgenhorn, ebenfalls rechtwinklig zu diesem.
3. Sowohl der Höhen- als auch der Seitenschlag sollen nahe null sein, darf aber bis zu 1,8 mm betragen.
3.1. Für den Höhenschlag gilt, dass er etwas größer sein darf als der Seitenschlag, soll aber 1,5 mm nicht überschreiten. Die oben genannten 1,8 mm sind absoluter Grenzwert.
3.2. Für den Seitenschlag muss genau geprüft werden, ob dieser über eine längere Radbewegung gleichmäßig ansteigt und wieder abfällt oder sich nur auf einer kurzen Strecke bemerkbar macht: Eine lange Strecke ist eher zu tolerieren als ein kurzer Schlag.

Radachse auf Schlag prüfen
Bild 86: Radachse in Prismenblöcke legen, langsam drehen und den Achsschlag mit der Messuhr feststellen. KTM gibt keine Verschleißgrenze an. Nach Werkstatterfahrungen können 0,2 mm toleriert werden.

Beachten: Der tatsächliche Schlag ist nur halb so groß wie der auf der Messuhr angezeigte Wert.

Wichtig: Sowohl krumme Räder als auch krumme Radachsen nicht versuchen zu richten, sondern Neuteile einbauen.

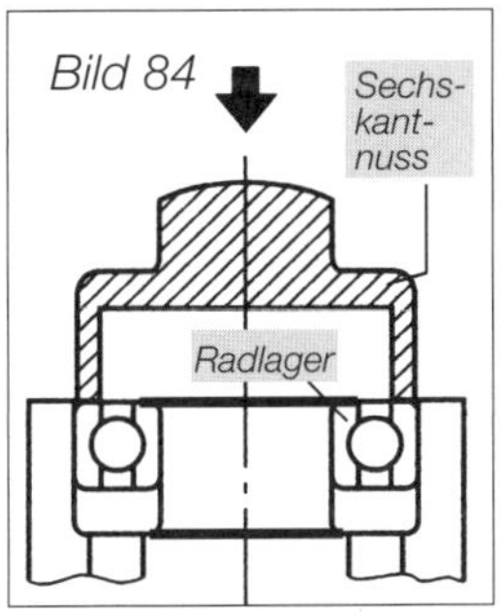

Bild 84: Eintreiben eines Radlagers mithilfe einer Sechskantnuss, die etwas kleiner ist als der Außenring des Lagers.

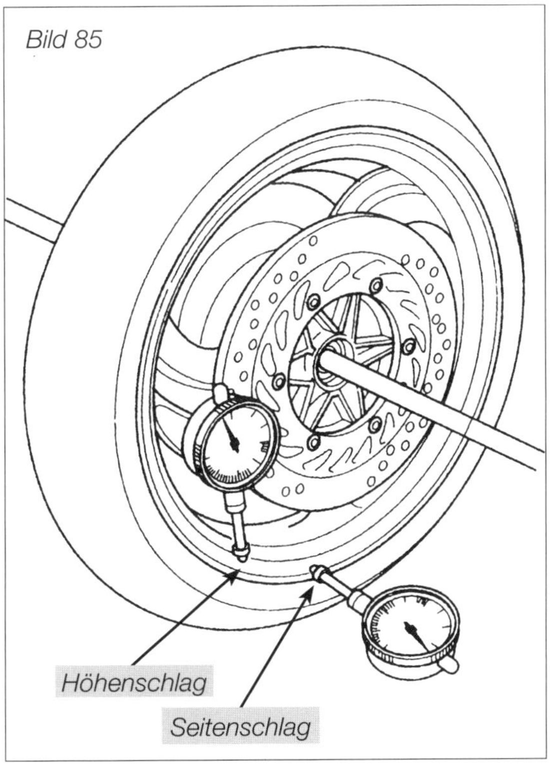

Bild 85: Rad in einem Zentrierständer, die Messuhren sind zum Messen des Höhen- und Seitenschlags innen im Felgenring und außen am Felgenhorn angesetzt.

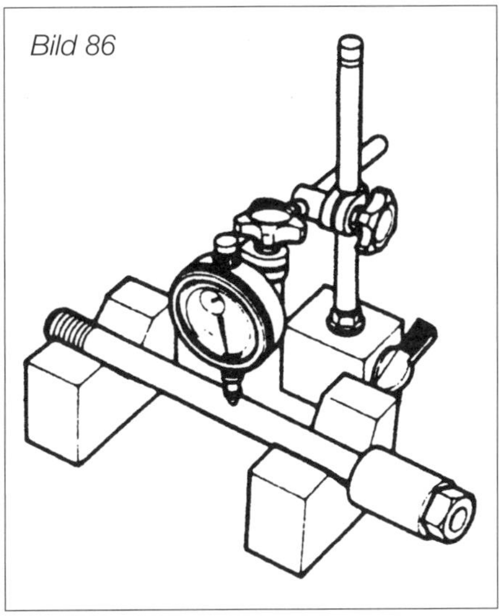

Bild 86: Zum Messen des Achsschlags die Radachse in Prismenböcke legen und langsam drehen.

Bild 1: Farbmarkierung an Schrauben, die mit dem richtigen Drehmomentwert angezogen sind.

Bild 2: Professionelles Bremsflüssigkeitswechsel-/Entlüftungsgerät (TRW Lucas).

Bild 3: Geschliffene Bremsscheibe, darunter eine mit Riefen.

Bremsen

In diesem Kapitel: Technische Daten · Bremsanlage prüfen · Bremsklötze vorne und hinten wechseln · Bremsflüssigkeit wechseln, Bremse entlüften · Bremsscheiben kontrollieren · Einstellung Fußbremshebel · Probleme mit dem ABS.

Technische Daten

Bremsflüssigkeit: DOT 4 oder DOT 5.1

Bremse vorne: Bremsscheiben Ø 320 mm, gelocht, halbschwimmend gelagert. Festsattel, radial verschraubt, vier Kolben mit Ø 30 mm Handbremspumpe, Kolben mit Ø 16 mm, getrennt angebrachter Bremsflüssigkeitsbehälter.

Bremse hinten: Bremsscheibe Ø 240 mm, gelocht; Zweikolben-Festsattel. Fußbremspumpe, Kolben mit Ø 16 mm, getrennt angebrachter Bremsflüssigkeitsbehälter.

Werkzeug, Anziehdrehmomente

Bilder 4 und 5 zeigen die zum Beschrauben der Vorder- und Hinterradbremse benötigten Werkzeugteile. Die zur Schraubensicherung benötigten Loctite 243 »mittelfest« und Loctite 2701 »hochfest« und auch die beiden Drehmomentschlüssel »klein« und »mittel« haben wir nicht abgebildet.

Werkzeug für die Vorderradbremse

Schrauben im Deckel Bremsflüssigkeitsbehälter .... Torx T20

Sicherheitshinweise ⚠ Achtung und ☞ Tipps für dieses Kapitel

⚠ Nach jeder Bremssattelmontage Schrauben und Muttern nochmals auf Festsitz kontrollieren! Ganz penible Mechaniker setzen Farbmarkierungen an die Schraubenköpfe und Muttern (Bild 1), die sie mit dem richtigen Anziehdrehmomentwert angezogen haben.

☞ Gebirgstouren mit Passabfahrten, Reisen in besonders staubige Gebiete oder Rennstreckenfahrten bedeuten extreme Belastungen für die Bremsen. Der Verschleiß der Bremsbeläge ist dabei sehr hoch. Bevor Sie mit der Maschine in den Jahresurlaub, auf Passtour oder die Rennstrecke fahren, rechtzeitig vorher einen umfangreichen Check der Bremsanlage machen (lassen).

⚠ Bremsflüssigkeit ist giftig. Hautkontakt vermeiden. Nicht in die Augen, nicht in die Atemwege, nicht auf die Schleimhäute kommen lassen. Nicht trinken! Immer nur geeignete Gefäße verwenden. Bremsflüssigkeit umweltgerecht beseitigen (bei einer Entsorgungsstelle abgeben).

⚠ Wenn ein Bremsflüssigkeitsbehälter offen ist, unbedingt darauf achten, dass kein Schmutz in den Behälter und in die Bremsflüssigkeit gelangt.

☞ Im Motorrad-Zubehörhandel sowie im Kfz-Werkzeughandel gibt es Bremsentlüftungs-Vakuumpumpen, mit denen man ohne Kontakt zur Bremsflüssigkeit und ohne Gefahr des Verschüttens die Bremsen entlüften bzw. Bremsflüssigkeit wechseln kann (Bild 2).

⚠ Bei abgebautem Bremssattel bzw. entfernten Klötzen den Bremshebel nicht betätigen! Sonst fahren die Kolben ungehindert aus und müssen mühsam wieder in den Sattel gedrückt werden. Wenn sie ganz aus ihren Zylindern im Sattel herausrutschen, verursacht das eine üble Bremsflüssigkeitssauerei!

⚠ Bremsenreiniger ist meist in Spraydosen erhältlich und ziemlich aggressiv. Nur im Freien oder in gut gelüfteten Werkstatträumen verwenden. Nicht rauchen! Nicht auf die Haut, in die Augen oder Atemwege sprühen! Einatmen vermeiden!

■ Zur Reinigung von Bremsenbauteilen nur Bremsenreiniger oder Aceton verwenden, KEIN Benzin, Dieselöl, Motorenöl oder Ölspray!

■ Bremsenreiniger sparsam und ganz gezielt einsetzen, Sprühkopf direkt auf die zu reinigende Stelle richten und nicht länger als zwei Sekunden betätigen.

■ Teile nach Besprühen mit Bremsenreiniger sofort mit weichem, nicht fusselndem Lappen durchputzen.

■ Druckluft bei Reinigung und anderen Arbeiten am Bremssattel nur sehr sparsam und gezielt einsetzen.

⚠ Nicht mit scharfkantigen Gegenständen wie Schraubenzieher oder Schraubenschlüssel im Bremssattel herumwerken, dabei können die Gleitflächen der Bremskolben zerkratzt werden!

⚠ Niemals unterschiedlich dicke Bremsklötze oder solche von verschiedenen Herstellern in einem Bremssattel verwenden! Niemals einen neuen und einen alten Bremsklotz in einen Sattel einsetzen!

☞ Riefige Bremsscheiben, die noch nicht ihre Minimaldicke erreicht haben, können nachgeschliffen werden. Solche Arbeiten erledigen Spezialbetriebe zum Preis von etwa 30 bis 50 Euro pro Bremsscheibe. Eine neue Originalbremsscheibe kostet etwa 120 bis 220 Euro.

Schraube ABS-Sensor 6-kt-Nuss SW8
Bremssattelschrauben .... Torx T45
Schrauben Kotflügelstreben................... Torx T30
Entlüfterventil Bremssattel ....Ringschlüssel SW8
Entlüfterventil Bremspumpe... Ringschlüssel SW11
Schrauben Bremsscheiben.................... Torx T40

Anziehdrehmomente Vorderradbremse

Schrauben M4 im Deckel Bremsflüssigkeitsbehälter .... 1 Nm
Schraube M6 ABS-Sensor .... 4 Nm
Schrauben M10 Bremssattel an Halter der Gabel .... 45 Nm
■ *plus Loctite 243 »mittelfest«*
Schrauben M8 Bremsscheiben an Radnabe:
Bei Super Duke R und GT bis Mj. 2019 und SE .... 30 Nm
Bei Super Duke R und GT ab Mj. 2020 und RR.. 28 Nm
■ *plus Loctite 2701 »hochfest«*
Hohlschrauben M10x1 Bremsleitungen an Bremssättel, Bremspumpe, ABS-Einheit .... 25 Nm

Werkzeug für die Hinterradbremse

Schraube M6 für ABS-Sensor .... Nuss SW8
Bremssattelschrauben .... Torx T40
Entlüfterventil am Bremssattel 6-kt-Ringschlüssel SW11

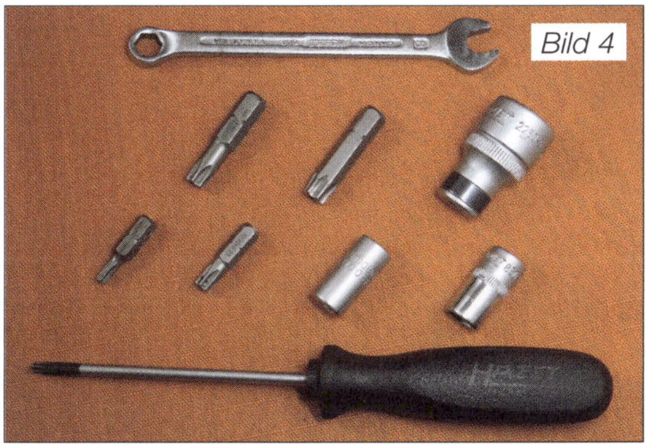

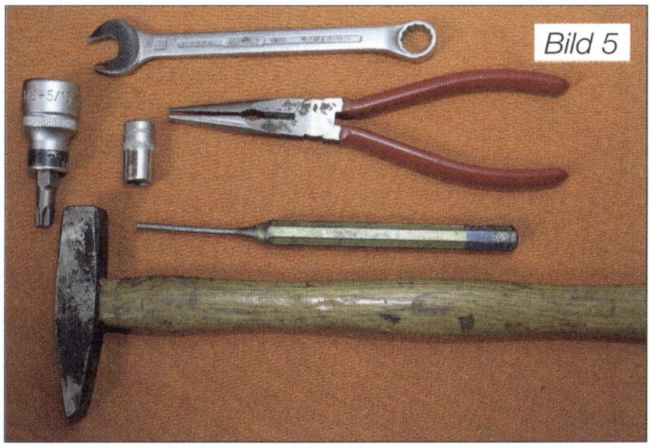

Schrauben Bremsscheibe.................... Torx T40 oder Nuss SW8
Spitzzange für Sicherungsscheibe

Bilder 4 und 5: Werkzeug zum Beschrauben der Vorder- und Hinterradbremse.

Bilder 6 und 7: Linker Bremssattel angebaut und Explosionszeichnung der vorderen Bremsanlage.

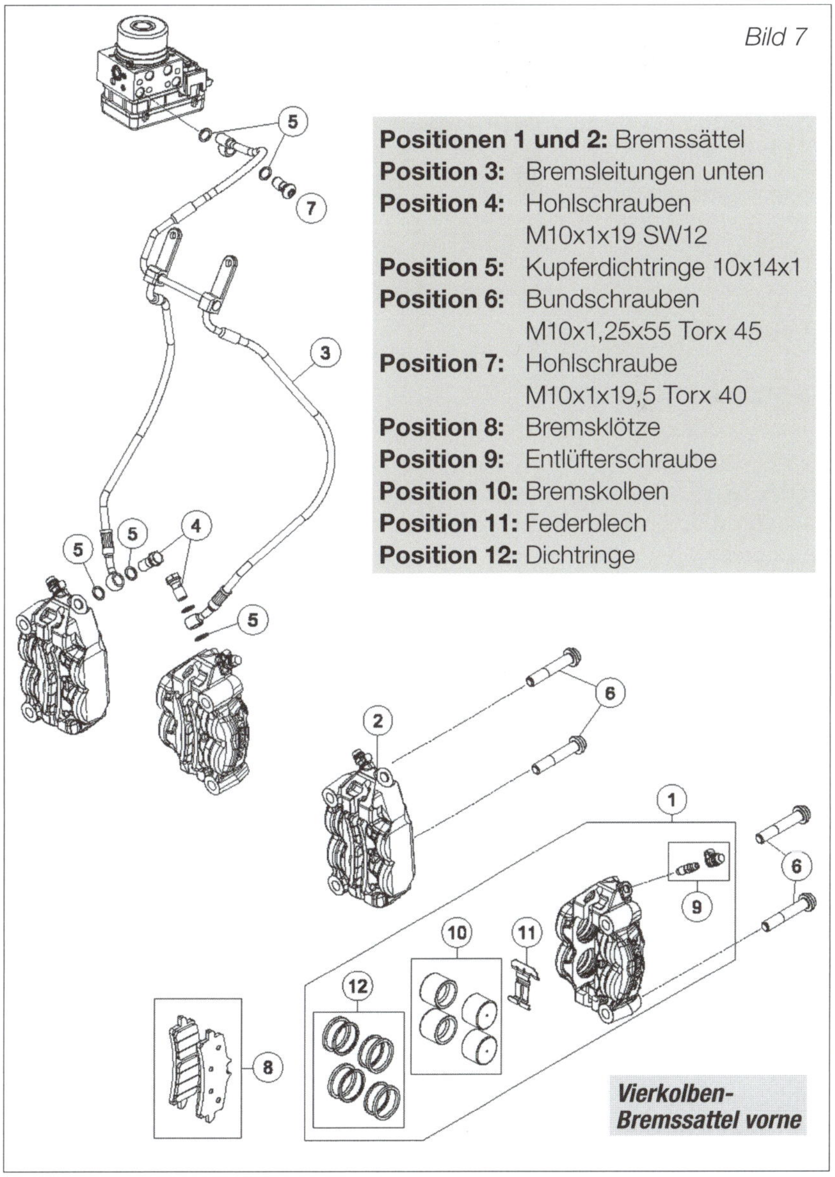

Positionen 1 und 2: Bremssättel
Position 3: Bremsleitungen unten
Position 4: Hohlschrauben M10x1x19 SW12
Position 5: Kupferdichtringe 10x14x1
Position 6: Bundschrauben M10x1,25x55 Torx 45
Position 7: Hohlschraube M10x1x19,5 Torx 40
Position 8: Bremsklötze
Position 9: Entlüfterschraube
Position 10: Bremskolben
Position 11: Federblech
Position 12: Dichtringe

Sichtprüfung Messen

Bild 8

Bild 9

Bilder 8 und 9: Bremsflüssigkeits-Vorratsbehälter vorne und hinten.

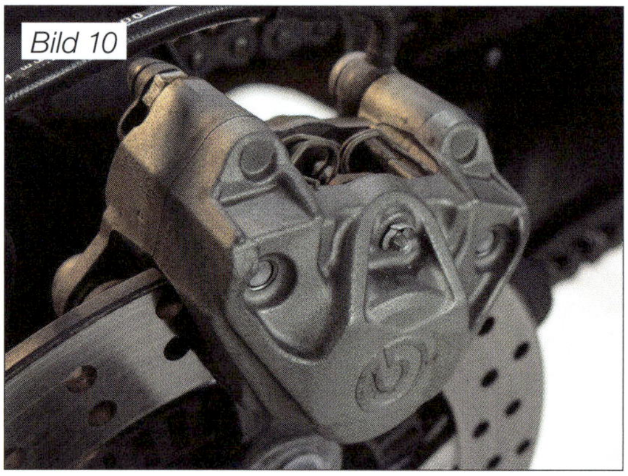
Bild 10

Bilder 10 und 11: Hinterer Bremssattel und Explosionszeichnung.

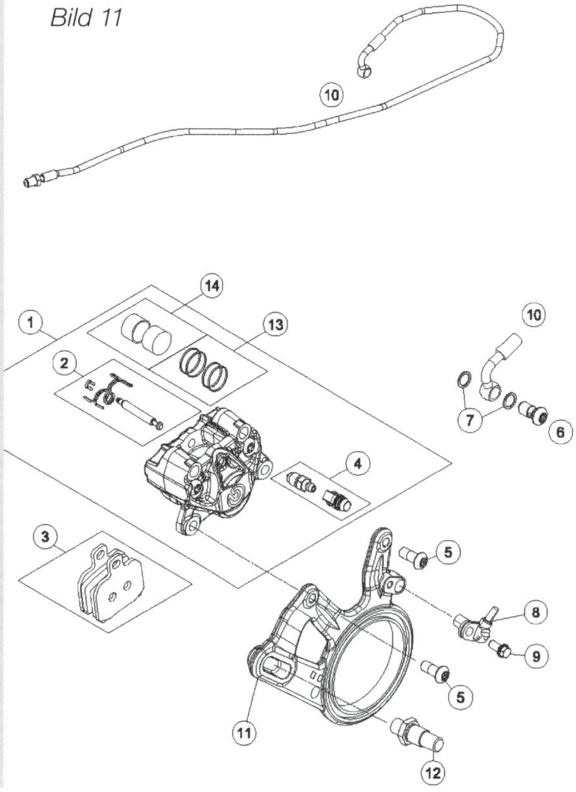

Bild 11

Position 1: Bremssattel
Position 2: Haltestift, Feder
Position 3: Bremsklötze
Position 4: Entlüfterschraube
Position 5: Bundschrauben M8x20 Torx 40
Position 6: Hohlschraube M10x1x19,5 Torx 40
Position 7: Kupferdichtringe 10x14x1
Position 8: ABS-Sensor
Position 9: Schraube M6x13 SW8
Position 11: Bremssattelabstützung
Position 12: Bolzen
Position 13: Dichtringe
Position 14: Bremskolben

Durchschlag für Bremsklotz-Sicherungsstift
100-Gramm-Hammer

Anziehdrehmomente Hinterradbremse

Schraubdeckel auf Bremsflüssigkeitsbehälter ... 3 Nm
Schraube M6 ABS-Sensor ... 4 Nm
Schrauben M8 Bremssattel an Bremssattelabstützung ... 25 Nm
■ *plus Loctite 2701 »hochfest«*
Bei Super Duke R ab Mj. 2021 und RR: Schraube M12 Bremssattelabstützung in Schwinge ... 28 Nm
Schrauben M8 Bremsscheibe hinten an Achsflansch:
Bei Super Duke R und GT bis Mj. 2019 und SE ... 30 Nm
■ *plus Loctite 243 »mittelfest«*
Bei Super Duke R und GT ab Mj. 2020 und RR ... 28 Nm
■ *plus Loctite 243 »mittelfest«*
Schrauben M6 Fußbremszylinder an Fußrastenhalter ... 10 Nm
■ *plus Loctite 243 »mittelfest«*
Schraube/Kontermutter M6 Kugelgelenk an Druckstange am Fußbremszylinder ... 5 Nm
■ *plus Loctite 243 »mittelfest«*
Schraube M8 Fußbremshebel an Fußrastenhalter ... 20 Nm
■ *plus Loctite 243 »mittelfest«*
Schraube M6 Trittstück an Fußbremshebel ... 10 Nm
■ *plus Loctite 243 »mittelfest«*
Hohlschrauben M10x1 Bremsleitungen an Bremssattel, Bremspumpe und ABS-Einheit ... 25 Nm
Hohlschraube M10x1 Bremsleitungen an Verbindungsstück:
Bei Super Duke R und GT bis Mj. 2019 und SE ... 15 Nm
Bei Super Duke R und GT ab Mj. 2020 und RR ... 25 Nm

Bremsanlage prüfen

Beim Thema »Bremsen« gibt es keine Kompromisse: 100 Prozent Leistungsfähigkeit der Bremsanlage muss auf jedem Meter Fahrstrecke zur Verfügung stehen. Deshalb muss die Bremsanlage regelmäßig überprüft werden; während der Saison am besten einmal die Woche.

1. Der Stand der Bremsflüssigkeit in den durchsichtigen Behältern (Bilder 8 und 9) ist leicht zu erkennen. Auffüllen von Bremsflüssigkeit ist in Kapitel »Wartung · Pflege« erklärt.

2. Die Bremsflüssigkeit muss spätestens nach zwei Jahren erneuert werden.
3. Bremsschläuche auf Risse, Knicke und Scheuerstellen überprüfen. Serienmäßig sind bei allen Super Dukes Stahlflexleitungen montiert, die nicht erneuert werden müssen.
■ Erklärung dazu: Bremsschläuche aus Kautschuk (»Gummischläuche«) müssten alle vier Jahre erneuert werden.
4. Alle Hydraulikanschlüsse der Bremsleitungen sowie Dichtmanschetten der Bremspumpen und Bremssättel müssen in einwandfreiem Zustand sein, also staubtrocken.
5. Regelmäßige Sichtkontrolle der vorderen und hinteren Bremsklötze: Entweder direkt auf die Bremsklötze schauen oder an der Bremsscheibe entlang kann man die Dicke der Bremsbeläge optisch erkennen. Taschenlampe zu Hilfe nehmen.
5.1. Die Nuten in den vorderen Bremsbelägen müssen vorhanden sein; wenn diese abgefahren sind, ist es höchste Zeit für neue Bremsklötze. Bremsklötze soll man spätestens ab 1 mm Belagdicke erneuern. Siehe dazu Bild 13, diese Beläge sind verschlissen.
6. Wichtig: Verglaste, verschmutzte oder riefige Bremsbeläge reduzieren die Bremswirkung: Selbst wenn sie noch nicht die Mindestdicke erreicht haben, sollte man sie erneuern.
7. Ältere Bremsscheiben haben Riefen (Bild 3), die man beim Drüberfahren mit dem Fingernagel spürt. Bis zu einer gewissen Tiefe ist das ganz normal. Wenn die Riefen sehr tief sind und der Nagel von Riefe zu Riefe deutlich stolpert, die Bremsscheibe im Übergang zur Fläche, die nicht vom Bremsbelag berührt wird (außen am Rand und innen zu den Befestigungsbohrungen hin), tiefe Riefen oder Absätze aufweist, ist die Bremsscheibe verschlissen und muss nachgeschliffen oder erneuert werden.
8. Wenn neue Reifen aufgezogen und deswegen die Räder aus- und eingebaut werden, sollte man die Bremsbeläge prüfen und die Bremssättel reinigen, bevor das Rad wieder eingebaut wird.
9. Größere Belastungen wie z. B. Gebirgstouren mit langen Passabfahrten erfordern häufigere Kontrollen der Bremsen.
10. Rennstrecke: Zu »großen Belastungen« gehören auch Fahrten auf einer Rennstrecke, egal ob zu maximalen Kurvenfreuden oder bei einem Fahrsicherheitstraining – der Verschleiß der Bremsbeläge ist besonders hoch. Solche Fahrten erfordern eine Kontrolle der Bremsbeläge, des Bremsflüssigkeitsstandes und der Bremsscheiben nach bzw. vor jedem Fahrabschnitt.
11. Verschmierte Bremsscheiben ausschließlich mit Bremsenreiniger reinigen, NICHT mit Allzwecköl oder anderen ölhaltigen Reinigungsmitteln.

Bremsklötze wechseln

Zum Wechseln der Bremsklötze müssen die Bremssättel abgebaut und gereinigt werden. Dazu werden benötigt: Bremsenreiniger, Messingbürste oder eine harte Zahnbürste und fusselfreie Lappen.
Wichtig: Bremsklötze müssen immer paarweise gewechselt werden. Ein Satz Bremsklötze besteht aus zwei Stück pro Scheibe.

Achtung: Bei ausgebautem Bremssattel und entfernten Klötzen die Bremse nicht betätigen! Sonst fahren die Kolben ungehindert aus und müssen mühsam wieder in den Sattel gedrückt werden. Im Ernstfall können sie sogar ganz aus ihren Zylindern im Sattel herausrutschen, was eine üble Bremsflüssigkeitssauerei verursacht!

Bremsklötze vorne wechseln

Bremssattel abbauen

1. Lenker in waagerechte Position bringen.
2. Bild 14: Lappen um den Bremsflüssigkeitsbehälter wickeln, damit wird herausschwappende Bremsflüssigkeit aufgefangen, bevor sie an lackierte Teile kommt.
3. Bilder 14 und 15: Schrauben im Deckel des Bremsflüssigkeitsbehälters ausschrauben, Deckel abnehmen, Membran herausnehmen.
4. Bild 12: ABS-Sensor ausbauen, Sensor unter leichtem Drehen ausziehen.

Bild 12

Bild 12: ABS-Sensor ausbauen.

Bild 13

Bild 13: Verschlissener Bremsbelag, die Mittelnut ist nur noch schwach zu sehen und der Belag ist keinen Millimeter mehr.

Bild 14

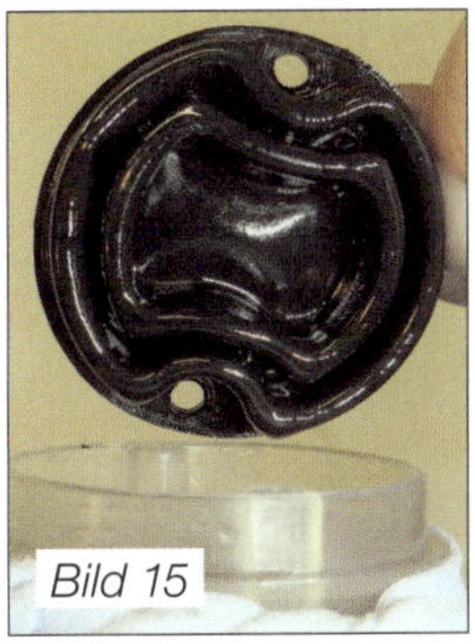
Bild 15

Bilder 14 und 15: Öffnen des vorderen Bremsflüssigkeits-Vorratsbehälters, Membran herausnehmen. Der Lappen um den Behälter saugt eventuell ausschwappende Flüssigkeit auf, bevor diese an lackierte Teile kommt.

Sichtprüfung Messen

Bild 16: Zum Abbau des vorderen Bremssattels die beiden Befestigungsschrauben lösen, ausdrehen und den Sattel von der Scheibe ziehen. Auch die kleine Schraube, mit der die Kotflügelstrebe an der Gabel befestigt ist, lösen, ausdrehen, Strebe etwas zur Seite ziehen und den Bremsschlauch herausnehmen.

Bild 17: Vor dem Ausbau der alten Bremsklötze mit einem dicken Schraubenzieher in diese einfahren und die Bremskolben zurückdrücken.

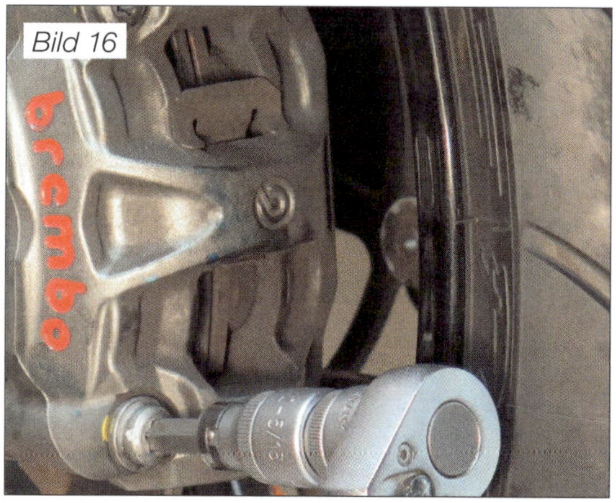

Bild 16

Bild 17

5. Nun die Schrauben, mit denen die unteren Streben des Kotflügels an der Achsfaust befestigt sind, lösen und ausschrauben.
6. Bild 16: Befestigungsschrauben des Bremssattels lösen und ausschrauben, Bremssattel von der Bremsscheibe ziehen.
7. Kotflügelstrebe nach außen ziehen und den Bremssattel herausnehmen, links zuammen mit dem Kabel des ABS-Sensors.
■ Bremsschlauch dabei nur so wenig wie möglich verdrehen und nicht knicken!

Bremsklötze ausbauen

1. Zuerst die Bemskolben zurückdrücken, um Platz zu schaffen für die neuen Klötze.
1.1. Bild 17: Fahren Sie mit einem großen Schraubenzieher zwischen die alten (!) Bremsklötze und drücken damit alle vier Bremskolben gleichzeitig in ihre Bohrungen.
■ Dabei wird die Bremsflüssigkeit nach oben in den Bremsflüssigkeitsbehälter gedrückt; man muss also darauf achten, dass der Behälter nicht überläuft.
2. Bilder 18a und 18b: Zuerst den einen, dann den anderen Bremsklotz in die Mitte des Bremssattels führen und herausnehmen.
3. Bilder 19 und 20: Federblech herausnehmen.
4. Jetzt den Bremssattel außen und innen reini-

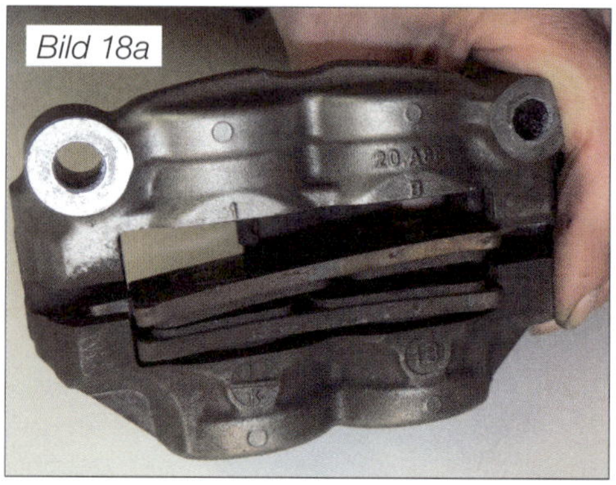
Bild 18a

Bild 18b

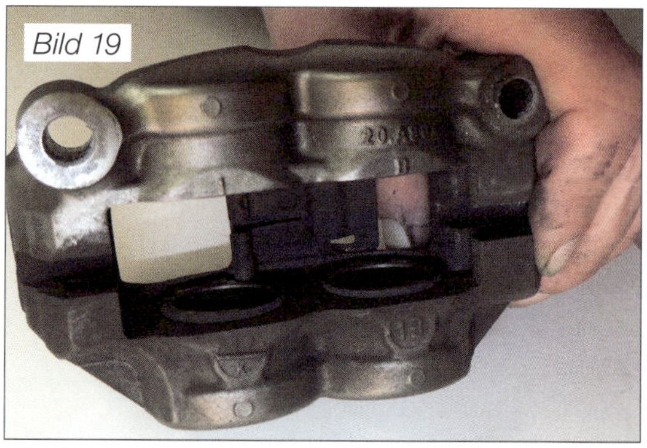
Bild 19

Bilder 18a, 18b, 19: Einen Bremsklotz nach dem anderen und dann das Federblech herausnehmen. Den Bremssattel gut reinigen.

Bild 20

Bild 21

Bilder 20 und 21: Das Federblech mit dem eingravierten Pfeil in Drehrichtung des Rads einsetzen.

gen: Mit Bremsenreiniger einsprühen und gut durchputzen. Festen Dreck mit Messingbürste oder harter Zahnbürste entfernen.

Bremsklötze einbauen

1. Bilder 20 und 21: Federblech in den Bremssattel einsetzen.

■ Der eingravierte Pfeil muss in Drehrichtung der Bremsscheibe zeigen.

2. Bilder 22, 23 und 24: Zuerst den einen, dann den anderen Bremsklotz in den Bremssattel einschieben und zu den Bremskolben drücken.

Bremssattel anbauen

1. Bremssattel auf Bremsscheibe schieben.

■ Dazu die untere Kotflügelstrebe etwas nach außen ziehen, Bremsleitung zwischen Gabelfaust und Kotflügelstrebe durchführen, beim linken Bremssattel mit dem Kabel des ABS-Sensors.

2. Befestigungsbohrungen zur Deckung bringen.

3. Bremssattelschrauben mit Messingbürste reinigen. Bild 25: Eine kleine Menge Loctite »mittelfest« an die Gewinde geben.

4. Bild 16: Schrauben eindrehen und nur ganz leicht anziehen.

5. Durch langsames Pumpen am Bremshebel Druck im System aufbauen. Dadurch legen sich die Bremsbeläge an die Bremsscheiben an und die Bremssättel richten sich aus.

5.1. Handbremshebel in gezogener Position mit einem Gepäckspanngummi fixieren.

5.2. Bild 26: Bremssattelschrauben mit 45 Nm festziehen. Gepäckspanngummi entfernen.

6. Bild 12: ABS-Sensor unter leichtem Drehen in seine Sitzbohrung einführen, Schraube eindrehen und festziehen mit 4 Nm.

7. Schrauben der unteren Kotflügelstreben einschrauben und festziehen mit 5 Nm.

8. Bremsflüssigkeitsstand kontrollieren und ggf. auffüllen oder absaugen!

8.1. Membrane in Bremsflüssigkeitsbehälter einsetzen, Deckel aufsetzen, Schrauben eindrehen und festziehen mit 1 Nm (sehr leicht handfest).

9. Noch einmal einen Bremsentest machen.

■ Erst bei deutlich fühlbarem Druckpunkt ist die Bremse betriebsbereit!

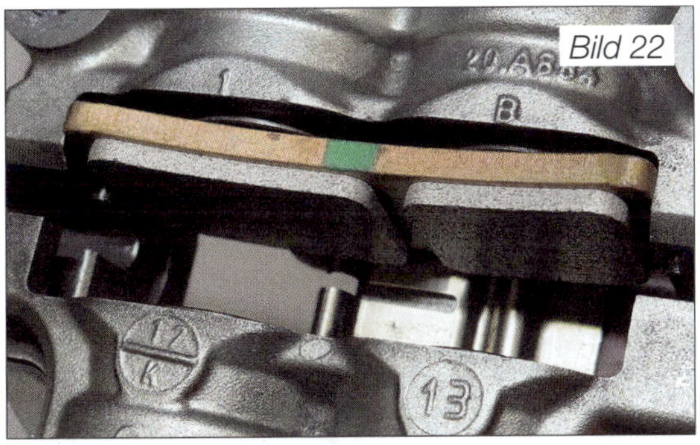
Bild 22

Bild 23

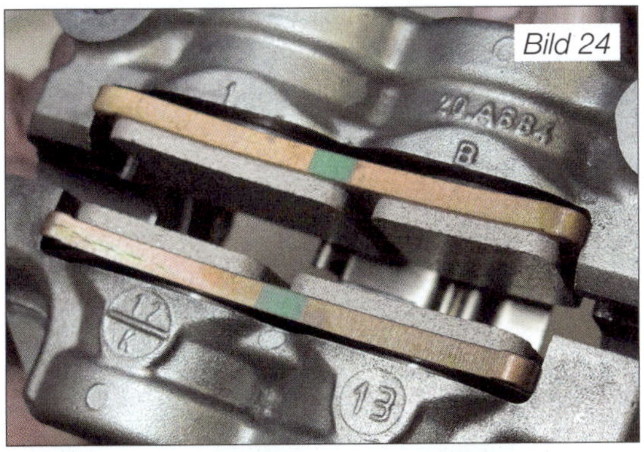
Bild 24

Bilder 22, 23, 24: Einen Bremsklotz nach dem anderen in den gereinigten (!) Bremssattel einsetzen und zu den Kolben hin in Position drücken. Durch den Kontakt zum Federblech bleiben die Bremsklötze in Position und der Bremssattel kann zur Montage leicht auf die Bremsscheibe geschoben werden.

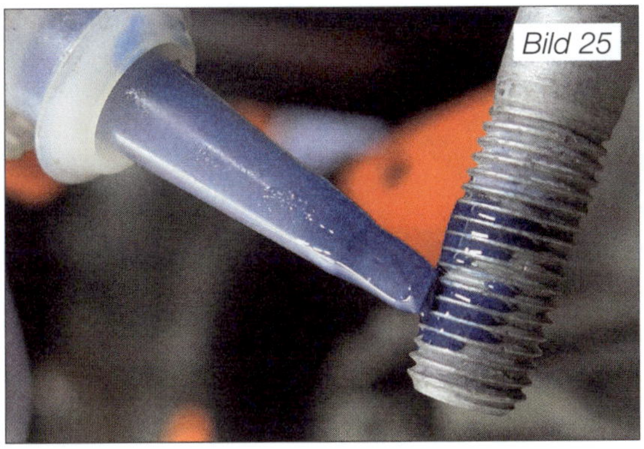
Bild 25

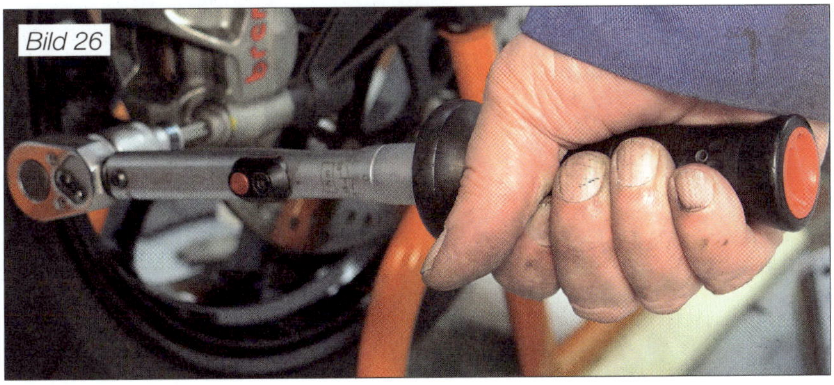
Bild 26

Bilder 25 und 26: Auf das Gewinde der gereinigten (!) Schrauben eine kleine Menge Loctite 243 »mittelfest« geben, eindrehen und mit 45 Nm festziehen.

Bremsklötze hinten wechseln

Hinweis: Bei angebautem Hinterrad und Bremssattel können die Bremsklötze nicht aus- und eingebaut werden. Am einfachsten ist es, wenn das Hinterrad eh abgebaut werden muss, weil z. B. ein neuer Reifen aufgezogen wird. Sollte das Rad angebaut bleiben, empfehlen wir den Kettenschutz abzubauen, weil man dann besser an die Befestigungsschrauben des Bremssattels rankommt als bei angebautem.

Bilder 27, 29, 30 und 31: Ausbau der Sicherungsscheibe und des Bremsklotz-Haltestifts.

Bild 28: Den Stand der Bremsflüssigkeit im Auge behalten, weil dieser durch das Zurückdrücken der Bremskolben ansteigt.

Bild 27

Bild 28

Bild 29

Bremsklötze ausbauen

1. Bild 28: Deckel des Bremsflüssigkeitsbehälters abschrauben, Membran mit Stützring herausnehmen. Damit hat man den Flüssigkeitsstand im Blick, wenn Platz geschaffen muss für die neuen Bremsklötze, weil ja die Bremskolben im Bremssattel zurückgedrückt werden müssen und deswegen der Flüssigkeitsstand ansteigt.

2. Bilder 27 und 29: Sicherungsscheibe mit einer Spitzzange vom Bremsklotz-Haltestift abziehen.

3. Bilder 30 und 31: Den Bremsklotz-Haltestift mit einem dünnen Durchschlag und einem kleinen Hammer langsam ausklöpfen.

3.1. Bilder 30 bis 33: Die Bremsklotzfeder herausnehmen.

4. Bild 34: Nun den Bremssattel vom Halter abschrauben und von der Bremsscheibe ziehen.

4.1. Bilder 35 und 37: Alte Bremsklötze herausnehmen.

5. Jetzt den Bremssattel außen und innen reinigen: Mit Bremsenreiniger einsprühen und gut durchputzen. Festen Dreck mit Messingbürste oder harter Zahnbürste entfernen.

6. Nun die Bremskolben in ihre Bohrungen eindrücken und damit Platz schaffen für die neuen Klötze:

6.1. Entweder: Einen alten Bremsklotz in den Bremssattel einführen und lose auf den Kolben legen, mit kräftigem Fingerdruck den Bremskolben ganz in seine Bohrung drücken. Dann die andere Kolbenseite ebenso bearbeiten.

6.2. Oder: Die alten Bremsklötze provisorisch in den Bremssattel einschieben, auf den Bremskolben positionieren, mit einem großen Schraubenzieher zwischen die Klötze einfahren, hebeln und so beide Bremskolben eindrücken.

■ Dabei wird die Bremsflüssigkeit in den Bremsflüssigkeitsbehälter zurückgedrückt; man muss also darauf achten, dass der Behälter

Bild 30

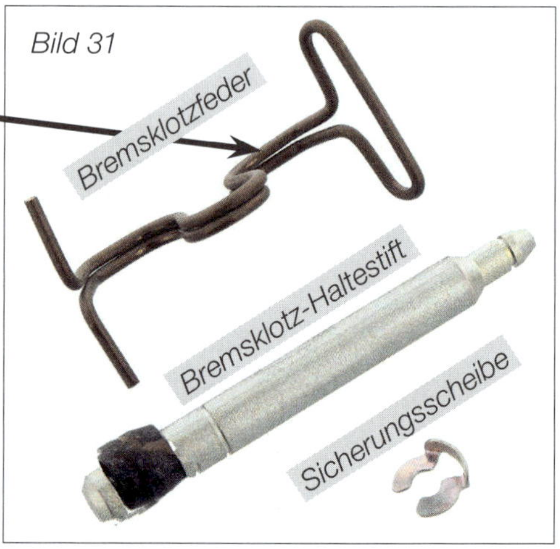

Bild 31

nicht überläuft. Wenn die Bremsflüssigkeit bis zur Oberkante ansteigt, etwas Füssigkeit absaugen.

Neue Bremsklötze einbauen

1. Bild 37: Bremsklötze in den Bremssattel einschieben, die Beläge müssen zueinander weisen. Mit kräftigem Fingerdruck beide Bremsklötze in den Bremssattel drücken. Druck halten.
2. Bilder 32 und 33: Bremsklotzfeder oben in den Bremssattel zwischen die Bremsklötze einsetzen.
3. Bild 36 obere Hälfte: Den dünnen Durchschlag (den wir in Bild 30 benutzen) in die Bohrung einschieben, durch den ersten Bremsklotz, durch die Feder, durch den zweiten Bremsklotz und die letzte Bohrung – und so die Bauteile in Montageposition zueinander bringen.
4. Bild 36 untere Hälfte: Nun mit dem Bremsklotz-Haltestift den Durchschlag ausdrücken und so die Bauteile zueinander fixieren.
5. Bild 38: Den Bremsklotz-Haltestift mit einem kleinen Hammer ganz in seinen Sitz einklöpfeln.
5.1. Die Sicherungsscheibe in die Nut im Bremsklotz-Haltestift einschieben. Darauf achten, dass sie sicher sitzt.
6. Jetzt den Bremssattel auf die Bremsscheibe schieben und die Befestigungsbohrungen zueinander zur Deckung bringen.
7. Schrauben mit einer Messingbürste reinigen, einen Tropfen Loctite 2701 »hochfest« an ihre Gewinde geben und eindrehen.
7.1. Schrauben festziehen mit 25 Nm.
8. Bremspedal mehrmals betätigen, damit sich die Bremsbeläge an die Scheibe anlegen.
Wichtig: Stand der Bremsflüssigkeit im Bremsflüssigkeitsbehälter kontrollieren, ggf. korrigieren.
8.1. Mebran in Form bringen, zusammen mit dem Stützring einsetzen. Deckel aufschrauben
9. In den gereinigten Kettenschutz die Bremsleitung und das ABS-Kabel einlegen. Kettenschutz montieren.

Bilder 32 und 33: So wird die Bremsklotz-Haltefeder herausgenommen.

Bilder 34 bis 38: Die Montage des hinteren Bremssattels und der Wechsel der Bremsklötze ist im Lauftext nummeriert erklärt.

Bild 34

Bild 35

Bild 36

Bild 37

Bild 32

Bild 33

Bild 38

Sicherheits-Hinweise

⚠ Bremsflüssigkeit ist giftig, Hautkontakt vermeiden. Nicht in die Augen, nicht in die Atemwege und nicht auf die Schleimhäute kommen lassen. Nicht trinken! Immer nur geeignete Gefäße verwenden. Bremsflüssigkeit umweltgerecht beseitigen – bei einer Entsorgungsstelle abgeben.

⚠ Wenn ein Bremsflüssigkeitsbehälter offen ist (wie in Bild 40b), unbedingt darauf achten, dass kein Schmutz in den Behälter kommt und in die Bremsflüssigkeit gelangt.

☞ Im Motorrad-Zubehörhandel sowie im Kfz-Werkzeughandel gibt es Bremsentlüftungs-Vakuumpumpen, mit denen man ohne Kontakt zur Bremsflüssigkeit und ohne Gefahr des Verschüttens die Bremsen entlüften bzw. die Bremsflüssigkeit wechseln kann (Bild 39).

Bild 39

Bild 39: Bremsflüssigkeitswechsel- und Entlüftungsgerät von TRW Lucas.

Bilder 40a bis 45 sind im Lauftext erwähnt.

Bremsflüssigkeit

Vorgeschriebene Bremsflüssigkeit

Für das Bremssystem der Super Duke-Modelle schreibt KTM Bremsflüssigkeit vor in der Qualität DOT 4 oder der höherwertigen Qualität DOT 5.1.

■ Bild 41: In der Qualität DOT 4 empfiehlt KTM Bremsflüssigkeit Castrol »React Performance DOT 4«.

■ Bild 42: In der Qualität DOT 5.1 empfiehlt KTM Bremsflüssigkeit Motorex »Brake Fluid DOT 5.1«.

⚠ **Achtung:** »Silikonbremsflüssigkeit« in der Qualität DOT 5.0 nicht verwenden!

Vorderer (Bild 40a) und hinterer (Bild 40b) Bremsflüssigkeits-Vorratsbehälter sind getrennt von den Bremspumpen montiert und mit Schläuchen verbunden.

Wechselintervall

Bremsflüssigkeit soll alle zwei Jahre erneuert werden. Sie verhält sich hygroskopisch, zieht also Wasser aus der Luft an, weswegen ihr Siedepunkt sinkt. Wenn die Bremsflüssigkeit bei großer Belastung (z. B. bei heftigem Einsatz der Bremse bei Fahrten auf der Rennstrecke oder längeren Bergabfahrten) entsprechend heiß wird, wird sie anfällig für »Kochen«: Es bilden sich dann regelrechte Dampfblasen in ihr, weswegen die Bremse beim Bremsen regelrecht »durch fällt« – die Bremswirkung ist dann entweder noch minimal oder gar nicht mehr vorhanden. Schnelle Fahrer wechseln die Bremsflüssigkeit alle 12 Monate, weil die Bremsflüssigkeit durch den ständigen Wechsel von Erhitzen und Abkühlen thermisch sehr stark belastet wird.

Bild 40a

Bild 40b

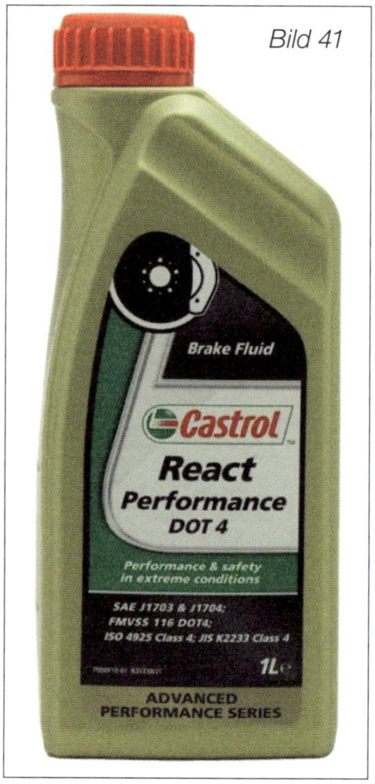

Bild 41

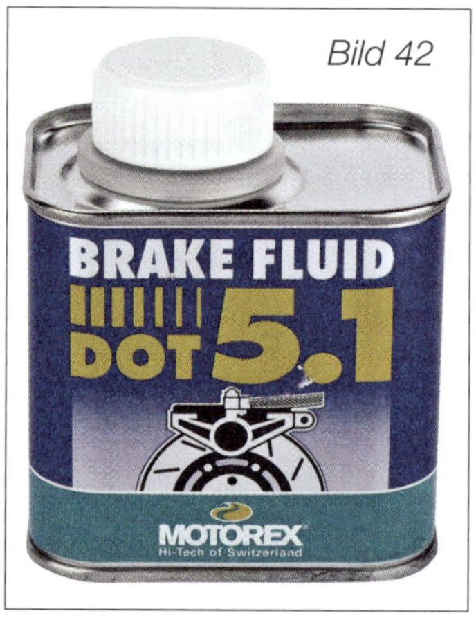

Bild 42

Bild 43

Bild 44

Bild 45

Neue Bremsflüssigkeit kaufen

Bremsflüssigkeit gibt es in großen Gebinden für Profiwerkstätten mit 5 Liter oder mehr und in preiswerten Gebinden für die Hobbywerkstatt mit 250 ccm, 0,5 und 1 Liter. Wenn Bremsflüssigkeit gewechselt werden soll, braucht man etwas mehr als einen halben Liter; der Kauf einer Literflasche Bremsflüssigkeit ist also zu empfehlen.

Werkzeuge (Anziehdrehmomente)

Tipp 1: Die Schlüsselweiten der Entlüfterventile geben wir hier mit SW8 und SW11 an, weil diese Maße zu unserer Mustermaschine KTM Super Duke R Mj. 2015 passen. Es kann aber durchaus sein, dass an Maschinen anderer Modelljahre Entlüfterventile mit anderen Schlüsselweiten angebaut sind; diese können von SW8 über SW9, SW10 bis SW11 reichen.

Schrauben im Deckel des vorderen Bremsflüssigkeitsbehälters.............Nuss T20 (1 Nm)
(1 Nm entspricht »leicht handfest«)
Entlüfterventile in den vorderen Bremssätteln ....Ringschlüssel SW8 (8 Nm)
Entlüfterventil an der Handbremspumpe.................. Ringschlüssel SW11 (8 Nm)
Entlüfterventil am hinteren Bremssattel .... Ringschlüssel SW11 (8 Nm)
Schraubdeckel auf hinterem Bremsflüssigkeitsbehälter .... 3 Nm

Tipp 2: Nehmen Sie zum Beschrauben der Entlüfterventile in jedem Fall einen 6-Kant-Ringschlüssel. Wenn 12-Kant-Ringschlüssel verwendet werden, besteht die Gefahr, dass die Ecken der Sechskante am Entlüfterventil rasch »rund gedreht« werden.

Bremsflüssigkeit wechseln

Vorbereitung: Maschine auf Front- und Heckmontageständer abstellen, damit man gut daran schrauben kann. Weil die Entlüfterventile der vorderen Bremssättel eng hinter den unteren Streben sind, schraubt man den vorderen Spritzschutz (»Kotflügel«) am besten ab, dann kommt man besser ran.

Welches Entlüftergerät nehmen? KTM bietet ein entsprechendes Gerät an, das mit Druckluft betrieben wird und um die 250 Euro kostet. Ein ähnliches, einfacheres Gerät siehe Bild 39 und den Text darüber. Zum Betrieb dieses Geräts wird Druckluft benötigt. Eine sehr einfache und preiswerte Variante zeigen wir in Bild 48.

1. Bilder 43, 44 und 45: Die Gummikappe vom Entlüfterventil des Bremssattels, der bearbeitet werden soll, abziehen.
2: Bild 48: Einen durchsichtigen Schlauch, der vom Durchmesser her auf den Kopf des Entlüfterventils passt (Ø etwa 8 bis 8,5 mm) und etwa 500 mm lang ist, auf das Entlüfterventil stülpen und mit einem dünnen Kabelbinder sichern.
3. Bild 48: Das andere Ende des Schlauchs in einem durchsichtigen Auffanggefäß enden lassen. Dieses Gefäß leicht oberhalb des Bremssattels aufhängen. So viel frische Bremsflüssigkeit in das Gefäß geben, dass das Ende des Schlauchs sicher darin eintaucht.

Frische Bremsflüssigkeit, Bremse entlüften

Mit dem linken vorderen Bremssattel wird begonnen, dann kommt der rechte und dann die Handbremspumpe.
1. Bilder 39, 46, 47: Deckel des Bremsflüssigkeitsbehälters abschrauben. Membran und Stützring (wenn vorhanden) herausnehmen.
2. Alte Bremsflüssigkeit aus dem Behälter absaugen, z. B. mit einer Einwegspritze.

Bilder 46 und 47: Öffnen des vorderen Bremsflüssigkeitsbehälters oben am Lenker. Die Gummimembran (unten in Bild 47) herausnehmen, reinigen, in Form bringen und langsam wieder einsetzen, damit keine Bremsflüssigkeit herausspritzt.

Bild 48: Musterhafter Aufbau einer sehr preiswerten Entlüfteranlage.

Bild 46

Bild 47

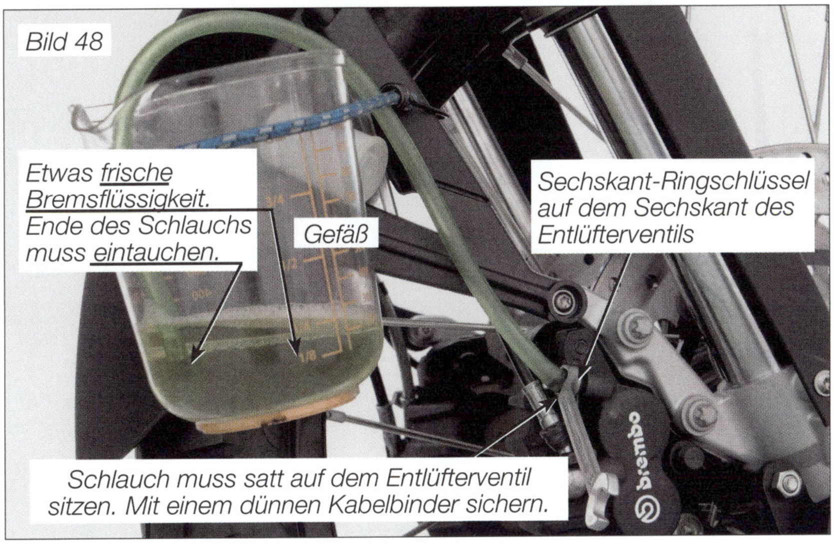

Bild 48

Bild 49: Messen der Dicke der Bremsscheibe mit einem Mikrometer an mindestens sechs verschiedenen Messpunkten der Bremsscheibe.

Neu- und Verschleißmaße der Bremsscheiben vorne und hinten

Bremsscheibe vorn:
- Neumaß 5 mm
- Verschleißmaß 4,5 mm

Abweichende Daten beim Modell Super Duke R Special Edition Mj. 2016:
- Neumaß 5 mm
- Verschleißmaß 4,2 mm

Bremsscheibe hinten:
- Neumaß 5,0 mm
- Verschleißmaß 4,5 mm

Bild 50: Messen einer Bremsscheibe auf Seitenschlag mit einer Messuhr, die bei ausgebautem Rad am Ständer angebracht ist. Bei eingebautem Vorderrad die Messuhr an einem Gabelholm anbringen; beim Hinterrad muss man einen Ausleger basteln. Montage der Bremsscheiben siehe Kapitel »Räder«.

2.1. Behälter innen gut reinigen. Unbedingt fusselfreie Lappen dazu benutzen.
3. Frische Bremsflüssigkeit einfüllen. Lappen darüber legen, damit nichts herausspritzt, wenn nachher mit dem Bremshebel gepumpt wird.
4. Einsteller am Handbremshebel auf maximalen Abstand einstellen.
5. Nun den Handbremshebel ein paar Mal langsam (!) anziehen, bis Widerstand spürbar ist. Schön laaangsam pumpen, den Hebel zwischendurch immer einige Sekunden in Ruhestellung lassen, damit die frische Bremsflüssigkeit luftfrei nachlaufen kann.
6. Wenn man einen Widerstand spürt, den Hebel mit mäßiger Handkraft gezogen halten.
7. Nun das Entlüfterventil 1/4 bis 1/3 Umdrehung öffnen, den Hebel laaangsam ganz durchziehen und rasch das Entlüfterventil wieder schließen (»leicht handfest festziehen« genügt!).
8. Jetzt den Hebel ganz laaangsam loslassen. Und wieder einige Male laaangsam pumpen.
8.1. Dann den Hebel in Druckposition halten, das Entlüfterventil aufdrehen, den Hebel laaangsam ganz durchziehen, gezogen halten und das Entlüfterventil wieder schließen.

Diese Vorgänge einige Male wiederholen, bis aus dem Schlauch nur noch saubere Bremsflüssigkeit kommt. Dazwischen immer wieder nachsehen, ob im Vorratsbehälter genügend Bremsflüssigkeit ist und nachfüllen: Der Pegelstand darf nicht unter die Minimum-Markierung fallen, sonst kann Luft ins System kommen.

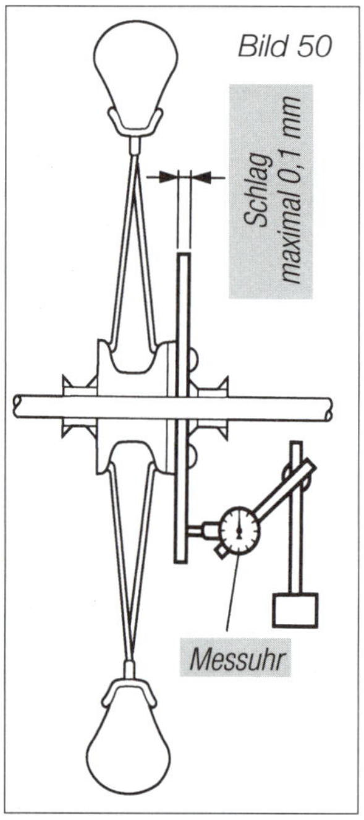

9. Tritt am Entlüftungsschlauch nur noch frische Bremsflüssigkeit ohne Luftbläschen aus, den Bremshebel nochmals in Druckposition bringen und das Entlüfterventil »gut handfest« festziehen.

Wenn nun die linke Bremse fertig bearbeitet ist, wird die rechte Bremse befüllt und entlüftet: Bitte die Arbeitsschritte 3 und dann 4 bis 9 durchführen.

Danach wird in gleicher Vorgehensweise am Entlüfterventil der Handbremspumpe entlüftet.

Die Hinterradbremse wird über das Entlüfterventil im hinteren Bremssattel entlüftet; siehe Kreis in Bild 45.

Abschließend noch einmal den Bremsdruck der vorderen und hinteren Bremse prüfen. Auch den Bremsflüssigkeitsstand in den Vorratsbehältern prüfen und auffüllen, aber nicht über die MAX-Markierungen! Deckel auf die Bremsflüssigkeits-Vorratsbehälter montieren. Eventuell übergelaufene Bremsflüssigkeit mit warmem Wasser, in das ein Schuss Spülmittel gegeben wurde, gut abspüren und trocknen.

Bremsscheiben kontrollieren

1. Die vorderen Bremsscheiben sind »schwimmend« gelagert, was bedeutet: Bremsscheibe und innerer Adapter sind zwei Bauteile, sie sind über Hohlnieten miteinander verbunden. An allen Befestigungspunkten der Hohlnieten soll die Bremsscheibe gleichmäßig fest sein, sie darf keine Luft haben.
2. Die Bremsscheiben vorne und hinten dürfen keinen messbaren Schlag haben, sondern müssen über die gesamte Fläche plan sein.
- Ein Schlag bis zu 0,1 mm ist tolerierbar und wird mit einer Messuhr ermittelt (Bild 50).

3. Wenn die Bremsscheiben stark »eiern«, was sich während des Bremsens am Bremshebel durch Pumpen bemerkbar macht, überprüfen Sie auch die Radlager, vielleicht sind diese defekt.
4. Ein pulsierender Bremshebel deutet auf nicht planparallele Scheiben hin: Solche Bremsscheiben müssen erneuert werden.
5. Bild 49: Dicke der Scheiben mit Mikrometer an mehreren Punkten messen. Auf der Bremsscheibe ist die Verschleißgrenze bei »MIN TH« (Mindestdicke) eingraviert.

Probleme mit dem ABS?

Einstellungen des ABS
Bei den Super-Duke-Modellen unseres Buchs hat das ABS zwei Betriebsarten:
- Die erste Betriebsart heißt »ROAD«. Hier regelt das ABS an beiden Rädern, das ist also quasi der Normalbetrieb des ABS und damit maximale Bremssicherheit im Alltag.
- Die zweite heißt entweder »SUP MOT«, »SMOTO« oder »SUPERMOTO«, je nach Modell. In diesem ABS-Mode regelt das ABS nur am

Vorderrad. Das Hinterrad kann der Fahrer nun blockieren. Um auf diese eingestellte Einstellung hinzuweisen, blinkt die ABS-Kontrollleuchte langsam (Bild 53).
Beim Modell Super Duke R in den Modelljahren 2014 bis 2016 ist das ABS abschaltbar.

Super Duke R ab Modelljahr 2017 und Super Duke GT besitzen ein »MSC« genanntes Kurven-ABS. Dieses verhindert ein Blockieren der Räder und damit ein Wegrutschen in Schräglage und bei Kurvenfahrt, aber auch nur bis zu einer physikalischen Grenze.

Diese hier beschriebenen Einstellungen und ihre Vorgehensweise sind in dem zum jeweiligen Fahrzeug gehörenden Handbuch sehr gut erklärt.

ABS-Sicherungen
Super Duke R Mj. 2014 bis 2016 (Bild 52):
Sicherung Nr. 3 für ABS-Hydraulikeinheit 15 A
Sicherung Nr. 4 für ABS-Rückförderpumpe 25 A
Super Duke R ab Mj. 2017:
Sicherung Nr. 7 für ABS-Hydraulikeinheit 15 A
Sicherung Nr. 6 für ABS-Rückförderpumpe 25 A
Super Duke R Special Edition Mj. 2016:
Sicherung Nr. 3 für ABS-Hydraulikeinheit 15 A
Sicherung Nr. 4 für ABS-Rückförderpumpe 25 A
Super Duke RR Mj. 2021:
Sicherung Nr. 7 für ABS-Hydraulikeinheit 15 A
Sicherung Nr. 6 für ABS-Rückförderpumpe 25 A
Super Duke GT Mj. 2016 bis 2018
Sicherung Nr. 3 für ABS-Hydraulikeinheit 15 A
Sicherung Nr. 4 für ABS-Rückförderpumpe 25 A
Super Duke GT ab Mj. 2019
Sicherung Nr. 8 für ABS-Hydraulikeinheit 15 A
Sicherung Nr. 7 für ABS-Rückförderpumpe 25 A

ABS-Kontrollleuchte
Wenn das ABS aus irgendeinem Grund nicht funktioniert, leuchtet ab einer Geschwindigkeit von 5 km/h die ABS-Kontrollleuchte permanent (Bild 53). Unter 5 km/h leuchtet die ABS-Kontrollleuchte immer, da bei diesen Geschwindigkeiten das ABS-Steuergerät nicht in der Lage ist, die korrekte Funktion zu überprüfen.

Wenn die ABS-Kontrollleuchte jedoch während der Fahrt dauerhaft leuchtet, gehen Sie folgendermaßen vor, um festzustellen, ob die Lampe fehlerhaft arbeitet oder ein echtes Problem mit dem ABS vorliegt:
1. Halten Sie an und schalten den Motor aus, indem die Zündung am Zündschlüssel ausgeschaltet wird.
2. Nach einer Pause von etwas mehr als einer Minute den Motor starten und losfahren.
3. Wenn die ABS-Leuchte weiter leuchtet und nicht ausgeht, funktioniert das ABS nicht.
Anmerkung: Bei einem Ausfall des ABS bleibt die Bremswirkung selbst erhalten; die Bremsen funktionieren dann wie bei abgeschaltetem ABS.
4. Bild 52 zeigt die Sicherungen »ABS-Rückförderpumpe« und »ABS-Hydraulikeinheit« und ihre Einbaulage bei unserem Fotomodell Super Duke R Modelljahr 2015. Die Lage bei anderen Modellen unseres Buchs siehe Kapitel »Sicherungen · Relais · Stecker«. Wenn das ABS nicht funktioniert, zuerst prüfen, ob diese Sicherungen durchgebrannt oder ihre Steckverbindungen korrodiert sind: Defekte Sicherungen erneuern, Korrosion mit feinem Schmirgelpapier und Kontaktspray beseitigen.
5. Checken Sie auch den Luftspalt der ABS-Sensoren zum ABS-Sensorring: Er verstellt sich zwar nicht, aber sicher ist sicher.
■ Das Spaltmaß muss vorne und hinten 0,5 bis 1,8 mm betragen. Zum Ausgleich gibt es Distanzplättchen in verschiedenen Dicken.
6. Alle Sensoren müssen sauber sein, ihre Kabelstecker ebenso.
7. Der Zentralstecker muss sicher in das ABS-Steuergerät eingesteckt sein.
8. Die Batterie muss ok sein, ihre Spannung muss mindestens 12,4 Volt betragen!

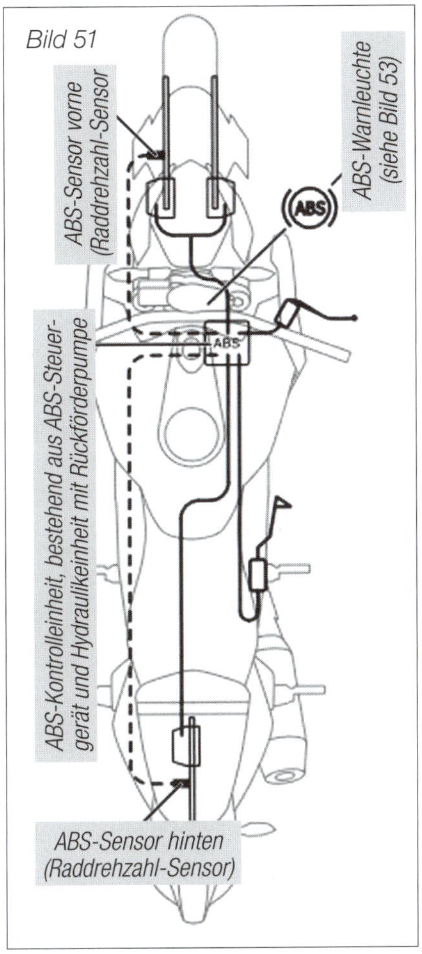

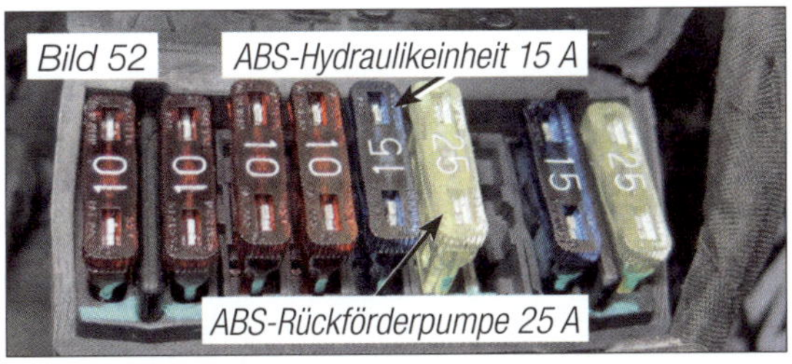

Bilder 51, 52 und 53: Lage der ABS-Bauteile, geöffneter Sicherungskasten und ABS-Kontrolllampe im Instrument.
■ Bild 52: Die beiden Sicherungen links sind Reserve.

Lenkung

In diesem Kapitel: Lenklager prüfen · Anziehdrehmomente · Lenklager einstellen · Lenklager fetten, wechseln · Bauteile der Lenklagerung.

Lenklager prüfen

Die Lenklagerung muss so eingestellt sein, dass leichtes Schwenken und sicheres Fahren gewährleistet sind. Wenn die Maschine in lang gezogenen Kurven nicht mehr die gewohnt saubere Linie halten will (Reifen müssen in Ordnung sein und der Luftdruck muss stimmen!) und es beim Anziehen der Vorderradbremse in der Lenkung knackt, haben meist die Lenklager zu viel Spiel.

■ Eine zu straffe Einstellung der Lenkung verursacht Pendeln und erschwert Lenkbewegungen.

■ Eine zu lockere Einstellung der Lenkung führt bei niedrigen Geschwindigkeiten zu instabilem Fahrverhalten und kann bei höheren Geschwindigkeiten zu Flattern des Vorderrads führen.

Bilder 1, 2 und 3: Prüfung der Lenklagerung.

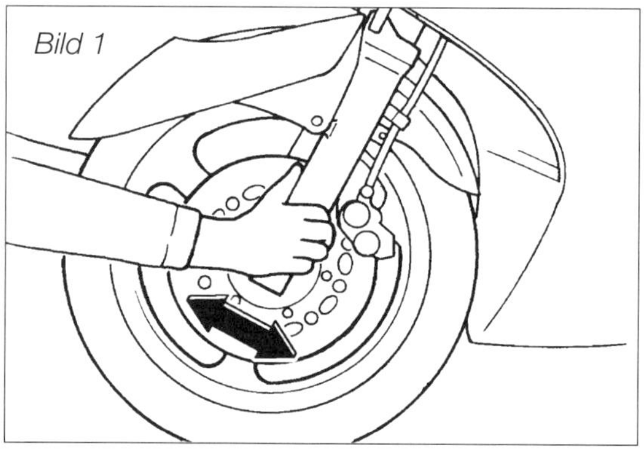

Bild 1

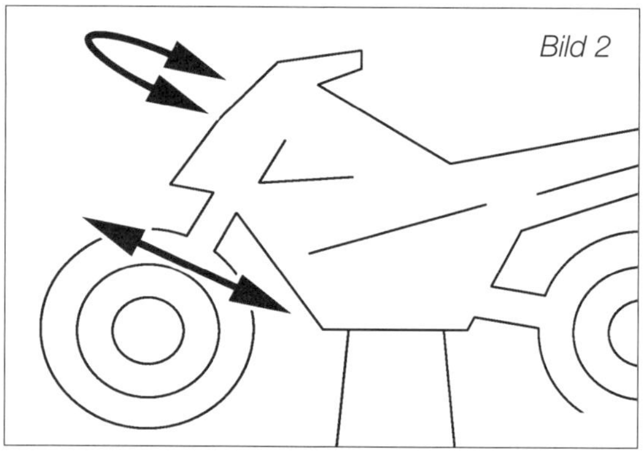

Bild 2

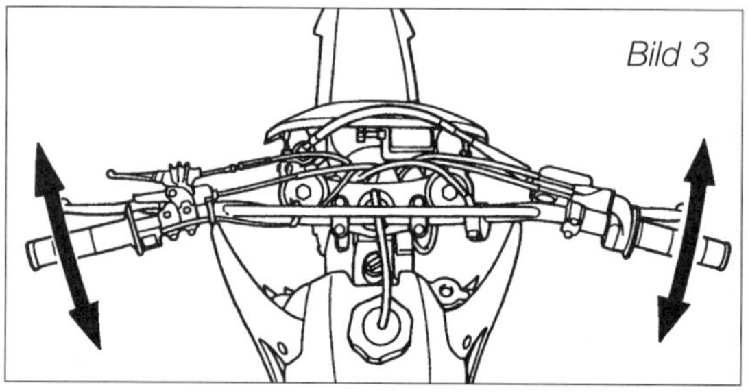

Bild 3

Lenklager prüfen

Zur Überprüfung der Lenklager muss die Lenkung komplett frei sein, das Vorderrad darf keinen Bodenkontakt haben: Maschine auf den Zentralmontageständer stellen und den Vorderbau mit einem unter dem Motor platzierten Wagenheber so weit anheben, dass sich die Lenkung nach rechts und links bis zu den Anschlägen frei bewegen lässt.

1. Bild 1: Mechaniker kniet vor dem Vorderrad, packt bei gerader Radstellung beide Gabelholme unten in Radnähe an und bewegt die ganze Telegabel ruckartig nach vorne und hinten: Wenn die Lenklagerung Luft hat, spürt man dieses ganz deutlich.

2. Bilder 2 und 3: Zur Drehprüfung die Lenkung einige Male langsam von Anschlag zu Anschlag schwenken und dabei auf ungleichmäßige Bewegung, Rastung oder Hakeln achten.

3. Falls die Schwenkbewegungen ungleichmäßig verlaufen und vielleicht sogar noch Schleifgeräusche hörbar sind, laufen die Lager »trocken«: Die Lenklagerung muss dann zu Reinigung und Neueinfettung zerlegt werden.

4. Rastet die Lenkung in Geradeaus-Mittelstellung ein, sind die Lenklager defekt und müssen erneuet werden.

Verschiedene Lenklagerungen

In die Maschinen unseres Buchs sind verschiedene Lenklager und Einsteller eingebaut:

■ Bei Super Duke R der Mj. 2014 bis 2016 und Super Duke Special Edition im Mj. 2016: Kegelrollenlager mit Einstellmutter unter der oberen Gabelbrücke (Pos. 6 in Bild 4).

■ Bei Super Duke R ab Mj. 2017, Super Duke RR im Mj. 2021 und Super Duke GT ab Mj. 2016: Kugellager. Bei Einstellung des Lenklagers wird die Lenkschaft-Kopfschraube (Pos. 5 in Bild 5) mit vorgegebenem Drehmoment angezogen.

Anziehdrehmomente

Bei Super Duke R Mj. 2014 bis 2016 und Super Duke R Special Edition im Mj. 2016

Einstellmutter des Lenklagers unter der oberen Gabelbrücke (Position 6 in Bild 4):

■ in der 1. Stufe mit 10 Nm festziehen

■ in der 2. Stufe um 60 Grad lösen

Klemmschrauben Gabelstandrohre........... 15 Nm

Lenkschaft-Kopfschraube......................... 50 Nm

Bei Super Duke R Mj. 2017 bis 2019 und Super Duke GT ab Mj. 2016

Lenkschaft-Kopfschraube.......................... 18 Nm

Klemmschraube für Lenkschaft-Kopfschraube......................... 20 Nm

■ plus Loctite »mittelfest«

Klemmschrauben Gabelstandrohre............ 18 Nm

Bei Super Duke R ab Mj. 2020 und Super Duke RR im Mj. 2021

Lenkschaft-Kopfschraube.......................... 12 Nm

Klemmschraube für Lenkschaft-Kopfschraube.................... 20 Nm

■ plus Loctite »mittelfest«

Klemmschrauben Gabelstandrohre........... 18 Nm

Technische Anmerkung: Zum Bearbeiten der

Einstellmutter bei Super Duke R Mj. 2014 bis 2016 und Super Duke Special Edition im Mj. 2016 werden die KTM-Spezialwerkzeuge »Drehmomentschlüssel mit verschiedenen Aufsätzen« (Nr. 58429094000) und »Aufsatz für Drehmomentschlüssel« (Nr. 58429094100) benötigt. Wie man ohne diese Spezialwerkzeuge das Lenklager einstellen kann, beschreiben wir anschließend.

Lenklager einstellen

Vorarbeit

1. Bild 2: Maschine aufbocken wie bei »Lenklager prüfen«. Lenkung muss nach rechts und links bis zum Lenkanschlag frei sein.

2. Verkleidungsteile im Bereich der Lenkung so weit abbauen, dass man die Schrauben in der oberen Gabelbrücke mit Werkzeug erreicht.

3. Damit man die obere Lenkschaft-Kopfschraube erreicht, muss der Lenker abgebaut werden. Dies und auch der Anbau sind im Kapitel »Verkleidung · Tank · Spiegel« beschrieben.

4. Die Klemmschrauben der Gabelstandrohre in der oberen Gabelbrücke rechts und links lösen und zwei bis drei Umdrehungen aufdrehen.

4.1. Bei Lenkung mit Kugellager auch die Klemmschraube der Lenkschaft-Kopfschraube hinten in der oberer Gabelbrücke lösen und zwei bis drei Umdrehungen aufdrehen.

5. Etwas Allzwecköl in die Klemmungen sprühen und eine kleine Weile einwirken lassen.

6. Nun die in der Mitte der oberen Gabelbrücke sitzende Lenkschaft-Kopfschraube lösen und zwei bis drei Umdrehungen aufdrehen.

Lenklager einstellen

1. Bei Lenklager-Einstellmutter (Bild 4): Mit einem passenden Dorn in eine der Bohrungen einfahren. Mutter erst langsam etwas hin und her drehen, dann etwas fester anziehen bis kein Spiel mehr spürbar ist. Noch etwas fester – und dann die Mutter um 60 Grad lösen.

2. Mit einem Kunststoff- oder Gummihammer und mit viel Gefühl in der Schlaghand...:

- ...auf die Lenkschaft-Kopfschraube schlagen,
- ...ringsum auf die Gabelbrücke »klöpfeln«.

2.1. Damit werden Verspannungen der Gabelbrücke und der Verschraubungen vermieden.

3. Klemmschrauben der Gabelstandrohre in der oberen Gabelbrücke rechts und links festziehen mit Drehmoment (siehe linke Spalte).

4. Jetzt die Lenkung ganz nach rechts gegen den Anschlag drehen. Kopfschraube aus- und wieder einschrauben, festziehen (mit dem in der linken Spalte angegebenen Drehmoment).

5. Nun die hintere Klemmschraube (wenn vorhanden) festziehen mit Drehmoment.

6. Lenkung einige Male nach rechts und links schwenken und so prüfen, ob sich die Lenklager gleichmäßig leicht bewegen.

7. Eine weitere Spielprüfung des Lenklagers vornehmen wie weiter vorne beschrieben. Alles OK?

Fazit: Die Einstellung muss wiederholt werden...

- .... wenn sich die Lenkung nicht frei bewegt. Dann sind die Lenklager zu stramm angezogen.
- .... wenn die Lenklagerung »Luft« hat. Dann haben die Lenklager noch zu viel Spiel.

Lenklager fetten, wechseln

Wenn sich die Lenkung bei der Hin- und Herprüfung (Bilder 2 und 3) knarzend bewegt und man das Gefühl hat, dass die Lager trocken oder mit hart gewordenem Fett laufen, muss man sie reinigen und neu einfetten. Dazu muss man die Lenkung nicht ganz zerlegen:

1. Maschine vorne etwa 20 cm hochbocken oder an einem Kran aufhängen, Vorderrad frei.

2. Die nötigen Front-Verkleidungsteile so weit abbauen, dass man alle Klemmschrauben erreicht.

3. Obere Gabelbücke abbauen, Lenklager-Einstellmutter abschrauben (Pos. 6 in Bild 4) und die ganze Telegabel ungefähr 10 cm aus dem Lenkrahmenrohr herauslassen. Lager und Lagerschalen unten und oben sind nun gut erreichbar, sie können gereinigt und neu eingefettet werden.

Neue Lager? Wenn neue Lager eingebaut werden sollen, muss die Lenkung komplett zerlegt werden, was viel Arbeit ist.

Bilder 4 und 5: Bauteile der Lenklagerung
1 = Gabelbrücke oben
2 = Gabelbrücke unten mit Lenkschaftrohr
3 = Klemmschrauben in Gabelbrücke oben
4 = Klemmschrauben in Gabelbrücke unten,
5 = Lenkschaft-Kopfschraube
5a = Scheibe
5b = Klemmschraube
6 = Einstellmutter
A = Lagersatz

Bild 4

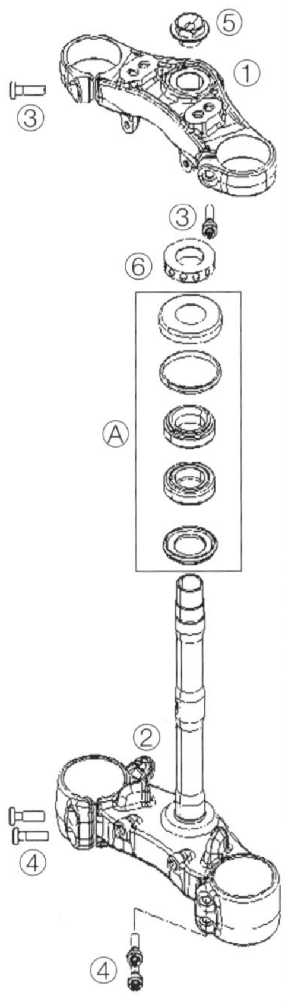

Lenkung mit Kegelrollenlager bei 1290 Super Duke R der Mj. 2014 bis 2016

Bild 5

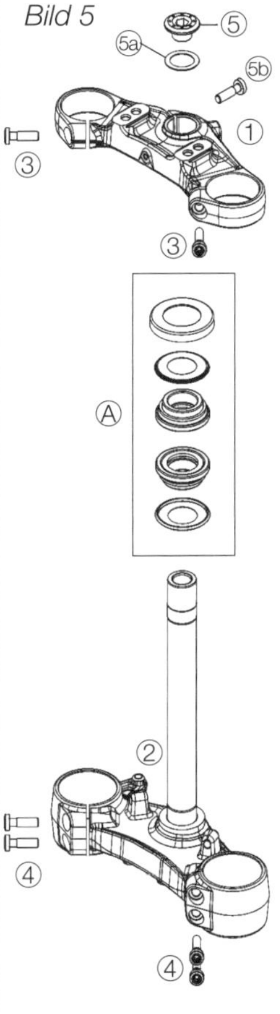

Lenkung mit Kugellager bei 1290 Super Duke R ab Mj. 2017, Super Duke RR im Mj. 2021, Super Duke GT ab Mj. 2016

Kette

In diesem Kapitel: Werkzeug, Anziehdrehmomente · Hinterrad-Antriebskette · Kettenpflege · Kettenspannung messen und einstellen · Kettenverschleiß · Kette und Kettenräder wechseln, Kette vernieten.

Bilder 1 und 2: Aufbau einer hochwertigen Kette (Enuma) mit X-Ringen zwischen den Laschen. Eine X-Ring-Kette ist teurer als eine O-Ring-Kette, hält aber auch länger.

Werkzeug, Anziehdrehmomente

Werkzeug zum Kettenspannen

Exzenterklemmschraube hinten in der Schwinge .... Nuss SW 17
Zum Drehen des Nabengehäuses...... den großen Hakenschlüssel mit Verlängerung, beides aus dem Bordwerkzeug
Drehmomentschlüssel

Anziehdrehmomente bei Kettenspannung

Excenter-Klemmschraube hinten in der Schwinge .... 70 Nm

Werkzeug zum Kettenwechsel

Schrauben der vorderen Ritzelabdeckung .... Torxnuss T30 oder Nuss SW 8
Sicherungsblech der Ritzelmutter .... schmaler Meißel und kleiner Hammer
Ritzelmutter .... Nuss SW 32
Exzenter-Klemmschraube in Schwinge .... Nuss SW 17
Hakenschlüssel zum Drehen des Nabengehäuses mit Verlängerungsgriff: im Bordwerkzeug
Muttern Kettenrad an Radträger ...... Nuss SW 12

Anziehdrehmomente

Schrauben M6 Ritzelabdeckung .... 10 Nm
Mutter M20x1,5 Ritzel Getriebewelle .... 100 Nm
■ *plus Loctite 243 »mittelfest«*
Exzenter-Klemmschraube M16 hinten in der Schwinge .... 70 Nm
Muttern M8 Kettenrad Kettenradträger ..... 36 Nm
■ *plus Loctite 243 »mittelfest«*

Bild 1

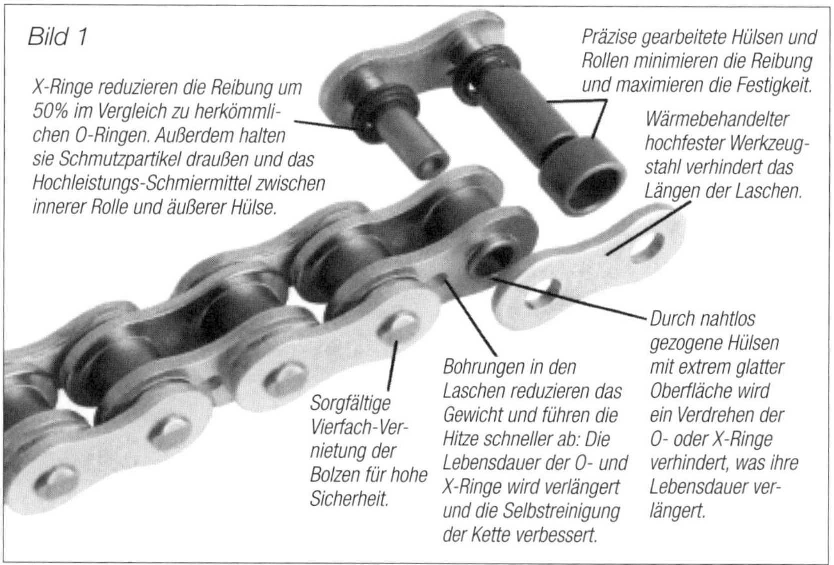

Bild 2

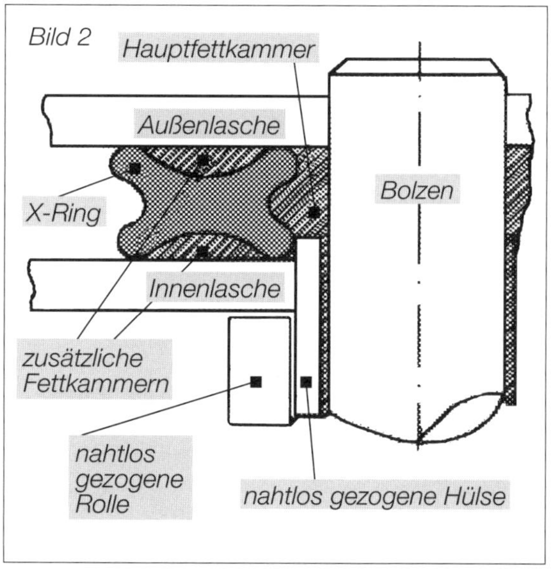

Sicherheitshinweise ⚠ Achtung und ☞ Tipps für dieses Kapitel

Bei allen Arbeiten an der Kette gilt:
■ Motor ist ausgeschaltet, Zündschlüssel am besten abgezogen.
■ Leerlauf einlegen.
■ Maschine auf Hinterrad- oder Zentralmontageständer aufbocken, so lässt sich besser daran arbeiten, als wenn sie schräg nach links geneigt auf dem Seitenständer abgestellt ist.

☞ Im vorderen Bereich der Kette unter der Ritzelabdeckung sammelt sich abgeschleudertes Kettenfett vermischt mit Straßendreck, das zu festen Klumpen zusammenbäckt. Bei jeder größeren Reinigung der Maschine mit anschließender Kettenpflege ist es zu empfehlen, die vordere Kettenritzelabdeckung und den Kettenschutz abzubauen, um den darin sitzenden Dreck herauszuputzen und alles gut reinigen zu können.

⚠ Beim Aufflexen der Kette unbedingt folgende Sicherheitsmaßnahmen beachten:
■ Schutzbrille aufsetzen.
■ Genügend Sicherheitsabstand zu Behältern mit brennbaren Flüssigkeiten (eventuell abgebauten Tank weit weg legen!) oder Materialien einhalten (auch Sägespäne gehören dazu, nicht nur offenes Waschbenzin!).
■ Schild gegen den Funkenflug aufstellen, speziell gegen Lack- und Verkleidungsteile des Motorrads, damit diese durch Funkenflug oder herumfliegende Teile der aufgeflexten Kette nicht beschädigt werden.

Hinterrad-Antriebskette

Bei allen Super Duke-Modellen unseres Buchs ist serienmäßig eine vernietete Rollenkette mit X-Ringen zwischen den Laschen montiert (Bilder 1 und 2). Eine Kette kann bei normaler Belastung und sehr guter Pflege eine Lebensdauer von 40 000 km haben. Entscheidend für eine lange Lebensdauer von Kette, Kettenritzel und Kettenrad ist, dass sie immer gut und richtig gepflegt werden, was nicht nur sorgfältige Reinigung und Schmierung bedeutet, sondern auch, dass die Kette immer korrekt gespannt ist.

Serienmäßige Kette, Kettenrad, Ritzel

- Kette DID 525 VZ mit 112 Rollen
- Ritzel 17 Zähne, Kettenrad 38 Zähne

Kettenspannung (Bilder 4, 15, 16a, 16b): Die »Kettenspannung« wird am oberen Kettentrum kurz vor dem Fersenschutz der Fahrerfußraste geprüft. Bild 4: An dieser Stelle ist am Kettengleitschutz eine Erhebung mit zwei Markierungen. Geprüft wird folgendermaßen: Kette nach oben ziehen oder drücken, ihre Oberkante muss zwischen den zwei Markierungen sein (Bild 16b).

Wenn die Kettenspannung größer oder kleiner ist als vorgeschrieben, muss sie korrigiert werden; dies beschreiben wir weiter hinten in diesem Kapitel bei »Kettenspannung einstellen«.

In der Tabelle »Wartungs- und Inspektionsintervalle« im Kapitel »Wartung · Pflege« empfiehlt KTM, die Spannung der Kette »bei jeder Inspektion« zu kontrollieren. Von »Reinigen und Schmieren« ist in der Tabelle nicht die Rede – was aber dennoch sein muss.

Erfahrungsgemäß muss die Kettenspannung (also der »Kettendurchhang«) wesentlich öfter als nur bei den alle 15 000 km vorgeschriebenen Inspektionen geprüft werden, und auch das Reinigen und Schmieren ist zwischendrin nötig. Wir empfehlen eine Zusammenfassung von »Kette reinigen und schmieren« und »Kettenspannung prüfen« alle 1200 bis 1500 km. Dies kann man aber auch wieder variabel sehen, weil bei schlechtem Wetter oder überwiegenden Fahrten in staubigen und schmutzigen Gegenden das Reinigen und Schmieren der Kette alle 300 bis 500 km nötig ist; während bei reinem Schönwetterbetrieb und sanfter Fahrweise die Kette vielleicht nur alle 2000 bis 2500 km gepflegt werden muss.

Zum Reinigen, Schmieren und Spannen sowie zu weiteren Arbeiten an der Kette empfehlen wir die Maschine auf einen stabilen Montageständer aufzubocken, denn wenn sie auf dem Seitenständer abgestellt ist, werden Wartungsarbeiten an der Kette zur mühseligen Angelegenheit.

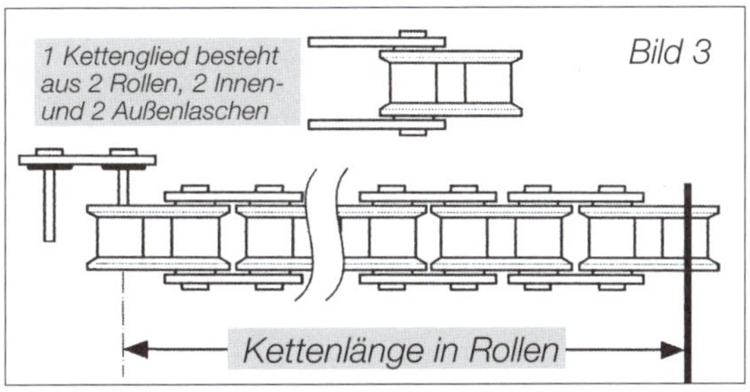

Bild 3: Kettenglieder und Kettenlänge.

Bild 4: Die Kettenspannung wird am oberen Kettentrum zu den Markierungen am Kettengleitschutz hin geprüft: Die Oberseite der Kette muss sich über die untere Markierung heben lassen, aber nicht über die obere.

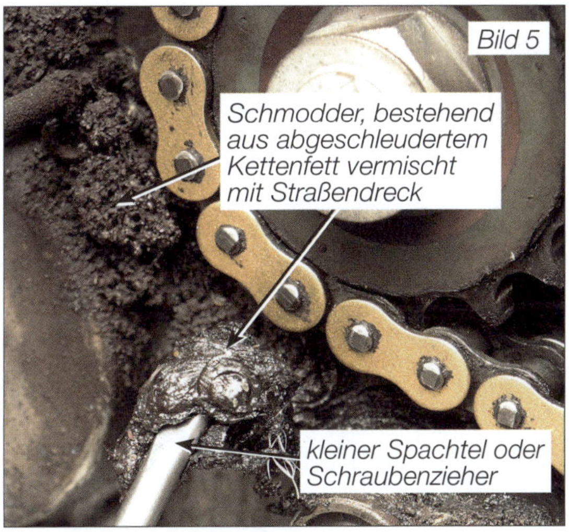

Bilder 5, 6 und 7:

- *Zur intensiven Kettenreinigung sollte man die vordere Ritzelabdeckung abbauen und den Schmodder herausputzen.*
- *Reifen zur Kette hin mit einem Stück Pappe abdecken. Kette reinigen mit speziellem Kettenreiniger, Pinsel und Lappen.*

Kette pflegen

Kette reinigen

Zu einer intensiven Motorrad-Waschaktion gehört auch eine Kettenpflege mit intensiver Reinigung der Kette. Man sollte dazu die vordere Ritzelabdeckung am Motor abschrauben, um den den dort sitzenden Dreck (Bild 5) ordentlich ausputzen zu können.

Bild 8

Bild 8: Rolle für Rolle putzen mit dünnen Lappenstreifen.

Bilder 9 und 10: Sehr empfehlenswert ist das HKS-Schmiermittel.

Bild 10

1. Motorrad ist so aufgebockt, dass sich das Hinterrad frei drehen lässt.

■ Zwischen Kette und Reifen ein Stück feste Pappe einstecken, damit weder Reinigungsmittel, Dreck oder Kettenfett auf den Reifen gerät.

Wichtige Adressen:

■ **H.G. Czech Ing.** (Spezialschmiermittel für Motorräder)
Jungfernweg 2b, D-51564 Kaarst
www.hks-czech.de

■ **Alpha Technik**
(Enuma-Ketten, Kettenzubehör)
Kronstaudener Weg 1
D-83071 Stephanskirchen
www.enuma.de

Bild 11: Kettenschmiermittel und Kettenspray immer von innen sparsam auf die Kette auftragen.

2. Bilder 6 und 7: Kette mit speziellem Kettenreiniger (Dieselöl geht auch) und einem alten Pinsel reinigen, mit einem nicht fusselndem Lappen gut abputzen. Einige Zeit trocknen lassen.

■ Kein zu scharfes Reinigungsmittel verwenden, es kann die X-Ringe in der Kette zerstören.

■ Man kann auch dünnes Öl nehmen zur Reinigung der Kette; WD 40 bewährt sich auch hier.

3. Bild 8: Wenn die Kette stark verdreckt ist, weil sie lange Zeit nicht richtig gepflegt wurde, dann nehmen Sie sich die Zeit und reinigen alle Zähne von Ritzel und Kettenrad sorgfältig sowie die Kettenrollen mit einem Lappenstreifen.

■ Das mag zwar im ersten Moment mühsam erscheinen, aber der festgebackene Dreck in den Zähnen der Kettenräder und auf den Rollen der Kette muss ab, weil er wie Schmirgelpaste wirkt und damit den Verschleiß fördert.

Kette kontrollieren

1. Kette Glied für Glied auf lockere Nieten, beschädigte Rollen, trockene, verrostete, geknickte, verklemmte Glieder (Bild 12), starke Abnutzung und fehlende X-Ringe überprüfen.

2. Kettenräder auf übermäßig abgenutzte, spitz zulaufende, abgebrochene oder beschädigte Zähne kontrollieren (Bild 13).

3. Muttern am hinteren Kettenrad und am vorderen Kettenritzel an der Getriebewelle auf festen Sitz prüfen. Im Normalfall lösen sich diese Schraubverbindungen nicht. »Normalfall« bedeutet: Kettenritzel und Kettenrad sind serienmäßig (Erstausrüstung) oder beim Wechsel von Kette und Kettenrad wurde sorgfältig gearbeitet.

4. Prüfen, ob der vordere Kettenschleifschutz oben und unten und der hintere oben auf der Schwinge genügend dick und an keiner Stelle durchgeschliffen sind.

Wichtig: Wenn ein Kettenschleifschutz beschädigt ist, muss er unbedingt erneuert werden, sonst wird die Schwinge von der Kette angeschliffen, was zusätzlichen Verschleiß bringt.

Kette schmieren

Zur Schmierung der Kette eignet sich dickes Motoren- oder Getriebeöl (SAE 80 oder 90). Besser ist natürlich ein spezielles Kettenschmiermittel (»Kettenspray«, Bild 11) wie man es überall kaufen kann. Noch besser ist Kettenfett in der Dose, das mit einem Pinsel oder aus einer Flasche mit Auslaufpipette (Bild 10) Rolle für Rolle auf die Kette aufgebracht wird. Das dauert allerdings länger als einfaches Aufsprühen des Schmiermittels, ist aber preiswert und effektiv.

Bilder 9 und 10: Beispielhaft zeigen wir die »HKS Hochleistungs-Ketten-Schmiere« von Ing. Czech (*www.hks-czech.de*), das ist ein synthetisches Schmiermittel mit Festschmierstoffen. Auf den Kettenrollen erzeugt es einen nahezu wasserfesten Schmierfilm ähnlich einer Kunststoffversiegelung.

Wichtig ist sowohl beim Schmieren mit Öl, Kettenspray oder Kettenfett, dass die Kette nach dem Reinigen frei von Reinigungsmittelrückständen und absolut trocken ist.

- Bild 11: Schmiermittel immer von innen auf die Kette auftragen.
- Nach dem Schmieren nicht gleich losfahren, sondern gut zehn Minuten warten, denn die im Kettenschmiermittel enthaltenen Lösungsmittel müssen sich erst verflüchtigen.
- Alles Schmiermittel abputzen, das außen auf der Kette hängt – weil auf der Außenseite der Kette aufgebrachtes Schmiermittel nichts nutzt, sondern davonfliegt und die Maschine versaut!

Kettenspannung

- Bilder 16a und 16b: Nun wrd die Kettenspannung am oberen Kettentrum zu den Markierungen am Kettengleitschutz hin auf Sicht geprüft. Wenn man die Oberseite der Kette stark nach oben drückt (wie in Bild 16b), soll die Oberkante der Kette zwischen den beiden Markierungen sein.

Wichtiger Hinweis: Die Kette soll eher etwas zu lose gespannt sein als zu fest, denn bei zu fester Spannung werden die Lager im Getriebeausgang und hinten im Kettenblattträger über Gebühr stark belastet.

Kettenspannung einstellen

1. Bild 17: Die Exzenterklemmschraube an der Schwinge lösen, 2 Umdrehungen öffnen.

2. Bild 18a: Hakenschlüssel in einer Nut des Nabengehäuses ansetzen:

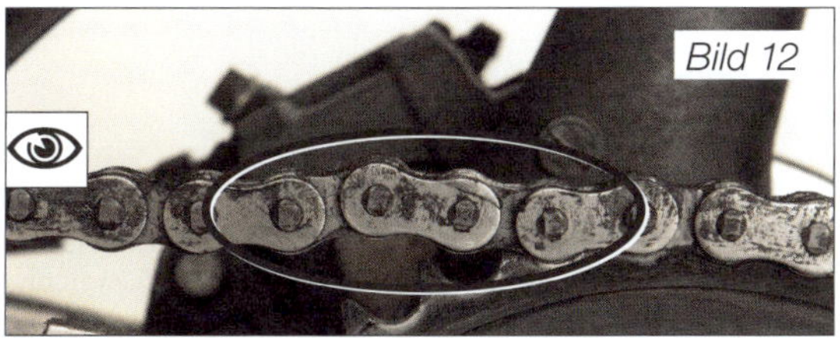
Bild 12

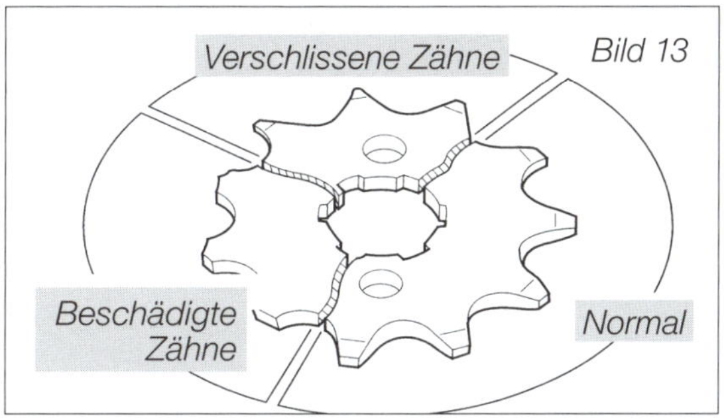

Bild 13

Bilder 12, 13, 14: Verschleißbilder von Kette und Kettenrädern.

Bild 14
Bild 14a

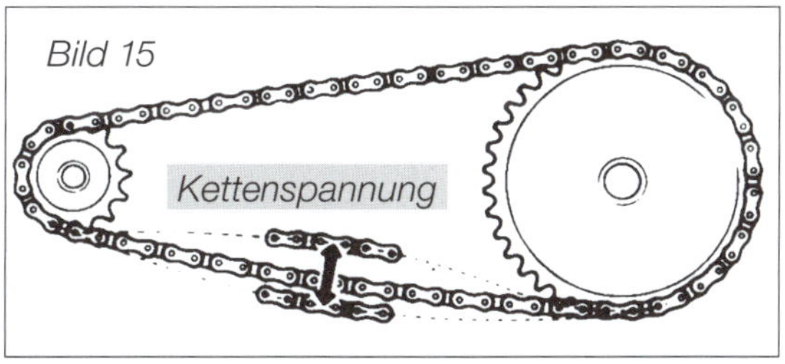

Bild 15

Bilder 15, 16a, 16b: Messen der Kettenspannung: Kette nach oben drücken. Die Oberkante der Kette soll zwischen den zwei Markierungen sein. Die Kette soll eher etwas zu lose gespannt werden als zu fest.

Bild 16a

Bild 16b

Bilder 17, 18a und 18b: Vorarbeit zum Kette spannen.

■ Bild 18a: Ansetzen des Schlüssels *oben* am Nabengehäuse und Verdrehen nach unten spannt die Kette.
■ Bild 18b: Ansetzen des Schlüssels *unten* am Nabengehäuse und Verdrehen nach oben lockert die Kettenspannung.

Bild 17

3. Kettendurchhang messen siehe oben. Nabengehäuse so einstellen, dass die Kette korrekten Durchhang hat.
4. Bild 17: Exzenterklemmschraube mit 70 Nm anziehen.
5. Erneut prüfen.

Bild 18a

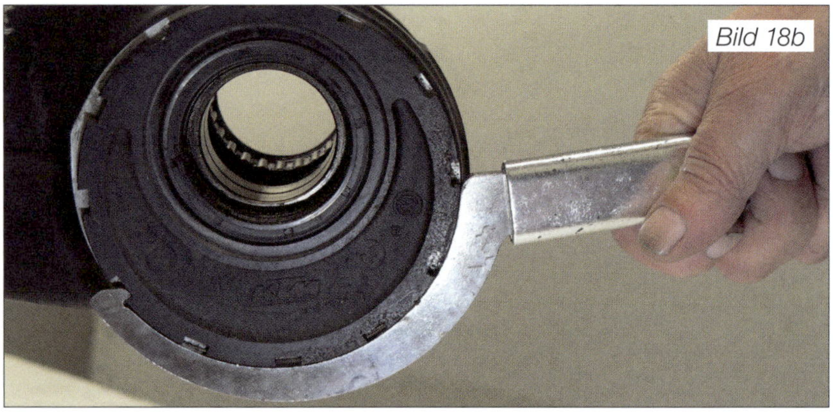
Bild 18b

Zur besseren Sicht auf den Exzenter sind Rad und Achse ausgebaut.

Bild 19: Verscheißmaße der Kette.

Bild 19: Verschleißmaß der Kette wird über 18 Bolzen gemessen.

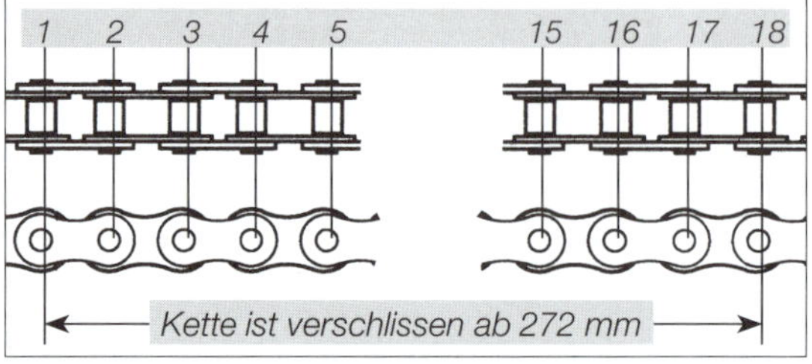

Kettenverschleiß

Bilder 13, 14, 14a: Das Lebensende der Kette deutet sich an, wenn die Zähne der Kettenräder stark verschlissen sind, übermäßig »spitz« werden und sich die Kette hinten am hinteren Kettenrad mit den Fingern mehr als eine halbe Zahnhöhe vom Kettenrad abheben lässt.

Verschleißmaß der Kette

Bild 19: Das »Verschleißmaß der Kette« wird gemessen von der Mitte eines beliebig ausgewählten Bolzens, welcher als der erste bezeichnet wird (»1« in Bild 19), dann von diesem bis zum 18. Bolzen abzählen, in dessen Mitte der zweite Maßpunkt liegt: maximal zulässig sind 272 mm.

Kettenverschleiß messen

1. Am unteren Kettentrum ungefähr in der Mitte zwischen Kettenritzel und Kettenrad ein Gewicht von 15 kg anhängen.
2. Bild 19: Am unteren Kettentrum vor dem Kettenrad 18 Bolzen abzählen und Maß nehmen von Mitte des Bolzens 1 zu Mitte des Bolzens 18.
2.1. Kette weiter drehen und die Messung noch zwei Mal wiederholen.
3. Ergebnis werten: Beträgt das Maß mehr als 272 mm, ist die Kette verschlissen und muss erneuert werden.

Kette wechseln

Werkzeug für den Kettenwechsel

Schrauben Ritzelabdeckung .... Torxnuss T30 oder Nuss SW 8
Sicherungsblech der Ritzelmutter .... schmaler Meißel und kleiner Hammer
Ritzelmutter .... Nuss SW 32
Exzenter-Klemmschraube in Schwinge .... Nuss SW 17
Hakenschlüssel zum Drehen des Nabengehäuses mit Verlängerungsgriff: im Bordwerkzeug
Mutter Kettenrad an Kettenradträger Nuss SW 12

Anziehdrehmomente beim Kettenwechsel

Schrauben M6 Ritzelabdeckung .... 10 Nm
Mutter M20x1,5 Ritzel auf Getriebewelle.................................... 100 Nm
■ *plus Loctite 243 »mittelfest«*
Excenter-Klemmschraube M16 in Schwinge.. 70 Nm
Muttern M8 Kettenrad an Kettenradträger .... 36 Nm
■ *plus Loctite 243 »mittelfest«*

Verschleiß Kettenräder und Kette

Bei normalem Verschleiß sind Kettenräder und Kette zugleich verschlissen und müssen gemeinsam erneuert werden. Neu- und Altteile sollen nicht kombiniert werden, denn eine solche Kombination nutzt sich extrem schnell ab.

Neue Kette kaufen

Üblich ist eine **offene Kette mit Nietschloss**, die mit einer Standardlänge von 120 Rollen geliefert und bei der Montage auf die richtige Länge abgetrennt wird. Ein neues Nietschloss ist bei einer neuen Kette dabei. Zum Vernieten ist ein Spezialwerkzeug erforderlich (Bild 20).

■ **Kaufen Sie in keinem Fall eine Billigkette mit Federclipschloss!**

Sowohl zum Trennen der alten Kette als auch zum fachgerechten Zusammenbau und Vernieten der neuen zeigen wir in diesem Kapitel beispielhaft das kombinierte Kettentrenn-Vernietwerkzeug von Enuma (Bild 20). Sollte ein solches Spezialwerkzeug nicht zur Hand sein, kann man die alte Kette zum Abnehmen auch an den Laschen oder den Nietköpfen mit einer Flex durch- bzw. aufschleifen (»aufflexen«).

Allerdings verlangt das nach dem Aufziehen der neuen Kette »freihändige« Vernieten der Nietüberstände der Kettengliedbolzen eine geübte Hand, die den Hammer zielsicher führen kann, was nicht jedermanns Sache ist. Deswegen ist die Benutzung eines Kettentrenn-Vernietwerkzeugs die beste Wahl.

Alte Kette und Kettenräder abnehmen

1. Motorrad aufbocken, auf einen Zentralmontageständer (siehe Kapitel »Räder«). Die Hinterradbremse blockieren wie im Kapitel »Räder« im Kapitelabsatz »Hinterrad ausbauen« beschrieben.

2. Ritzelabdeckung am Motor abschrauben.

3. Bilder 21 und 22: Sicherungsblech mit kleinem Meißel von der Mutter wegklöpfeln.

4. Das nun schräg wegstehende Blechteil mit einem Dorn flach klöpfeln.

5. Bild 23: Mutter mit exakt passender Sechskantnuss lösen, aber noch nicht abschrauben.

■ Weil die Mutter ziemlich fest sitzt, Bild 24: Verlängerung zur Nuss benutzen, auf den Knebel ein langes Rohrstück aufstecken, Hinterradbremse treten und feste hebeln.

■ Bild 25: Es gibt Montageständer, bei denen das Hinterrad mit einem quer in den Ständer eingesetzten Rohrstück blockiert werden kann, diese sind sehr zu empfehlen!

■ **NICHT** versuchen, die Ritzelmutter mit einem Gabelschlüssel zu öffnen, das geht schief und ist sehr gefährlich, weil man mit Sicherheit abrutscht und sich die Hände verletzt!

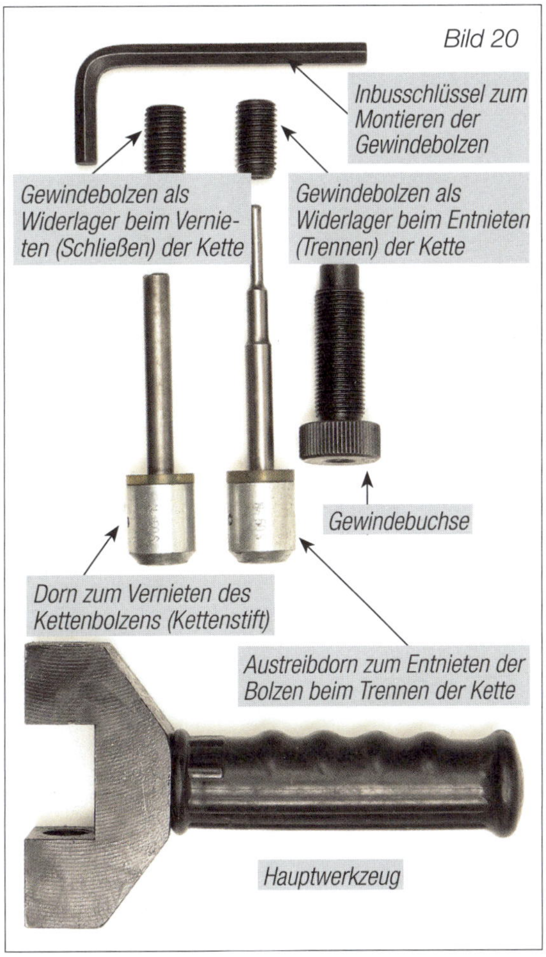

Bild 20: Werkzeug zum korrekten Trennen der Kette durch Entnieten und fachgerechtes Vernieten des neuen Kettenschlosses.

Bilder 21, 22 und 23 betreffen den Abbau des Kettenritzels bzw. der Mutter.

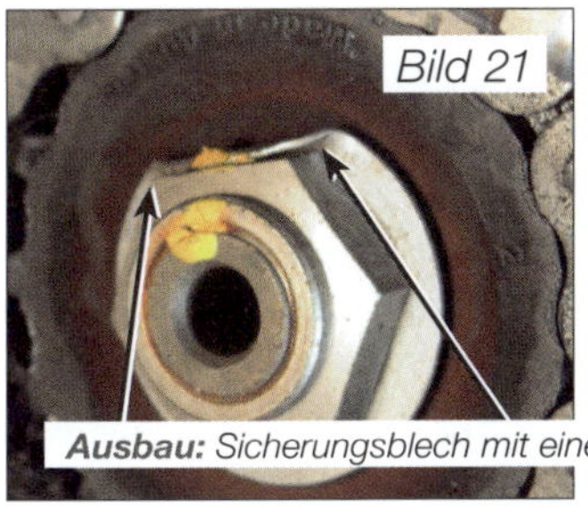

***Ausbau:** Sicherungsblech mit einem kleinen Meißel von der Mutter wegbiegen, dann mit Dorn gerade klopfen, Mutter mit Nuss lösen und abschrauben*

Bild 24: Öffnen der Ritzelmutter mithilfe eines langen Rohres.

6. Bild 34: Die sechs Muttern der hinteren Kettenradbefestigung am Kettenblattträger abschrauben.
7. Bild 33: Altes Kettenrad mit Kette abnehmen: Bei älteren Motorrädern ist das Kettenrad durch altes Fett auf dem Träger verklebt. Durch leichte Schläge mit einem Gummihammer löst sich das Kettenrad.
7.1. Kettenrad aus der Kette nehmen.
8. Kette mit Kettentrennwerkzeug trennen:
8.1. Bild 26: Nietglied suchen.
8.2. Bild 27: Kettentrenner ansetzen, Gewindebuchse mit Zange festziehen, Durchschlag einschieben, Kettentrenner mit einer Hand festhalten und mit dem Hammer in der anderen Hand kräftig auf den Durchschlag klopfen: Der Bolzen wird entnietet (Bild 28).
9. Bilder 28 und 29: Kette trennen und vom Kettenritzel abziehen.
10. Ritzelmutter abschrauben, Ritzel vom Vielkeilprofil der Getriebeausgangswelle abziehen.

Bilder 25 bis 29: Im Lauftext sind die zu den Bildern gehörenden Arbeitsschritte beschrieben.

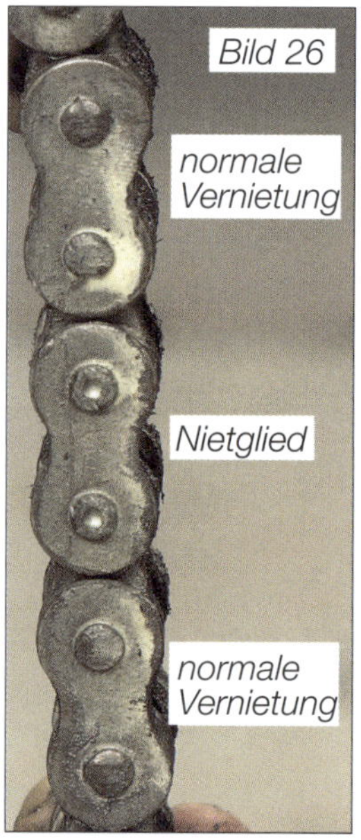

Neue Kette und Kettenräder montieren

Vorderes Kettenritzel:

1. Keilnuten mit schwerem Fett schmieren.
2. Neues Ritzel mit der Aufschrift nach außen aufschieben. Neues (oder flach geklopftes!) Sicherungsblech aufschieben, Ritzelmutter aufdrehen, mit der Hand leicht festziehen.

Hinteres Kettenrad:

1. Neues Kettenrad auf die Gewindestifte des Kettenradträgers setzen, Muttern aufdrehen und handfest anziehen.
2. Exzenternabe zum Auflegen der neuen Kette in vorderste Position drehen. Klemmschraube leicht festziehen, damit sich die Nabe bei der Montage der Kette nicht verdreht.

Neue Kette auf Kettenräder montieren

Wichtig: Wenn die neue Kette länger ist, als sie sein soll: Hinterrad weit nach vorne positionieren, neue Kette auf Kettenrad und Ritzel aufziehen und die offenen Enden am hinteren Kettenrad überlappen lassen, Kette straffen, exakte Länge feststellen (es müssten 120 Rollen sein!). Kette abnehmen und auf der Werkbank mit dem Kettentrenner ablängen.

1. Wenn die Kette exakt abgelängt ist: Auf Kettenrad und Ritzel aufziehen, Nietglied mit Kettenfett einfetten, X-Ringe aufschieben (Bild 30). Enden der Kette mit Nietglied verbinden, Kette muss sicher auf Kettenrädern sitzen.
2. Neue X-Ringe auf herausstehende Bolzen des montierten Nietglieds aufsetzen.
2.1. Kettenlasche gleichmäßig ansetzen, aufschieben und mit Kettenwerkzeug etwas aufpressen.
3. Bild 31: Abstandslehren auf beiden Seiten der Kette einstecken, damit werden die O-/X-Ringe fixiert und die Kettenlasche kann bis auf das vorgeschriebene Maß aufgepresst werden.

Wichtig: Bei Ketten ohne beigelegte Abstandslehren ist das exakte Maß im Beipackzettel der neuen Kette vermerkt.
4. Kette vernieten, Bild 20: Verniet-Gewindebolzen in Kettenwerkzeug montieren.
4.1. Kettenwerkzeug ansetzen und mit der Gewindebuchse die Kettenlasche gleichmäßig auf beide Bolzen aufpressen, bis die Kettenlasche mit der Abstandslehre Kontakt hat.
4.2. Bild 32a: Mit Nietwerkzeug die Bolzenüberstände vernieten. Abstandslehren herausziehen.
4.3. Bild 32b: Vernietung kontrollieren, der Nietkopf soll bei Serienkette einen Durchmesser von 5,5 bis 5,8 mm haben. Bei Nachrüstketten auf Beipackzettel nachsehen!

Schrauben und Muttern festziehen
Montageständer wie Bild 25 verwenden oder Hinterrad mit Druck auf Fußbremshebel blockieren.
1. Die lose aufgeschraubten Bundmuttern der hinteren Kettenblatt-Befestigung abdrehen, einen Tropfen Loctite 243 »mittelfest« in die Gewinde geben, aufdrehen und festziehen mit 38 Nm.
2. Ritzelmutter abdrehen, einen Tropfen Loctite 243 »mittelfest« in das Gewinde geben, aufdrehen und festziehen mit 100 Nm.
3. Bild 35: Sicherungsblech an einer Stelle umbiegen und mit einer großen Zange bzw. mit Meißel und Hammer an eine Fläche der Ritzelmutter dicht anlegen.
4. Kette spannen siehe Text weiter vorne.
5. Ritzelabdeckung anschrauben:
5.1. Obere Schraube eindrehen, noch nicht festziehen.
5.2. Untere Schraube eindrehen, mit 10 Nm festziehen.
5.3. Obere Schraube mit 10 Nm festziehen.

Bilder 30 bis 35: Im Lauftext sind die zu den Bildern gehörenden Arbeitsschritte nummeriert beschrieben.

Bild 33

Bild 34

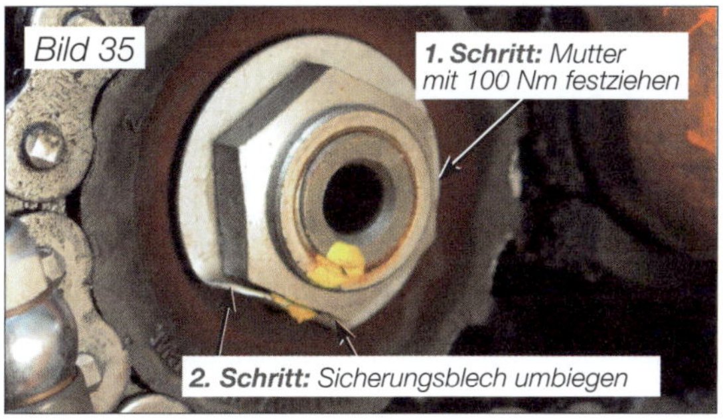

Bild 35

Bild 30

Bild 31

Bild 32a

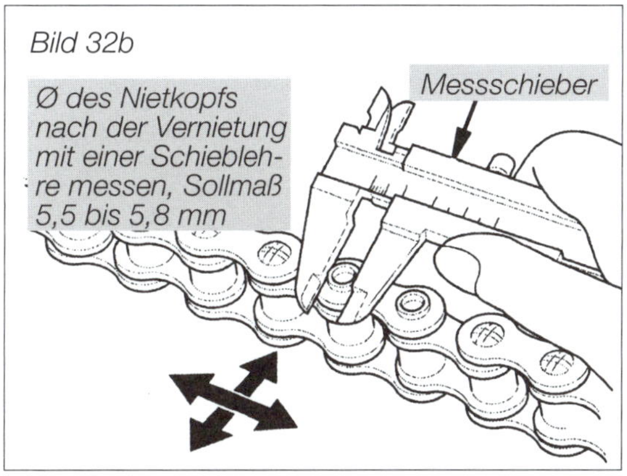

Bild 32b

Sichtprüfung Messen

Ölwechsel

In diesem Kapitel: Schmiersystem, Motoröle · Ölverbrauch, Ölstand prüfen · Öl nachfüllen · Ölwechsel machen · Öldüse der Kupplung aus- und einbauen, reinigen · Öldruck messen.

Bild 1: Öleinfüll-Verschlussschraube.

Bild 2: Kombinierte Ölablass- und Öltransportwanne.

Schmiersystem, Motoröle

Das Schmiersystem ist eine so genannte »Trockensumpfschmierung«, bei dem ist das Motoröl nicht im Motor, sondern außerhalb des Motors in einem separaten Öltank. Dieser sitzt vor dem Motor.

Im Motor sind drei Trochoidenölpumpen eingebaut:

- Eine Druckpumpe mit Ø 19 mm fördert das Schmieröl vom Öltank zu den einzelnen Schmierstellen in Motor und Getriebe.
- Zwei Saugpumpen mit Ø 22 mm und Ø 30 mm bringen das Schmieröl zurück in den Öltank.

Bitte schauen Sie dazu das Schaubild und die Explosionszeichnung in den Bildern 11 und 12 an, diese erklären vieles.

Im Motor ist ein großer Ölfilter und ein dünnes Ölsieb; ein zweites ebenso dünnes Ölsieb ist ganz vorne im Öltank montiert. Die Verschlussschrauben der Ölsiebe sind gleichzeitig die Ölablassschrauben (Bilder 6, 7b, 9). Eine Düse versorgt die Kupplung gezielt mit Spritzöl (Bilder 10, 11). Ölfilter, Ölsiebe und Spritzöldüse müssen beim Ölwechsel alle 15 000 km beschraubt, gereinigt und gewechselt werden.

Vorgeschriebene Motoröle

Bild 3: KTM empfiehlt Öle der Schweizer Marke »Motorex«, dieses ist bei allen KTM-Händlern erhältlich.

- »Power Synt 4T« in SAE 5W/40« bei Umwelt-Temperaturen unter 0 °C.
- »Power Synt 4T« in SAE 10W/50 bei Umwelt-Temperaturen von 0 bis 50 °C.

Wenn ein anderes Öl verwendet wird, muss es die JASO-Norm »T903 MA2« erfüllen. Dies ist auf der Öldose im Kleingedruckten vermerkt.

Vollsynthetisches Öl: Bilder 3a und 3b: Auf der Motorex-Öldose steht »Fully Synthetic«, was »Vollsynthetisches Öl« bedeutet. Gegenüber einem einfachen und auch billigeren Mineralöl oder teilsynthetischen Öl gleicher Viskosität ist vollsynthetisches Öl besser, es ist in Schmiersicherheit, Kaltfließverhalten sowie Alterungsbeständigkeit einem Mineralöl und auch teilsynthetischem Öl überlegen, allerdings auch teurer.

Sicherheitshinweise ⚠ Achtung und ☞ Tipps für dieses Kapitel

☞ Zur Kontrolle des Ölstands das Motorrad nicht nach links geneigt auf dem Seitenständer abstellen, es muss waagerecht und senkrecht stehen.

⚠ Am Ende des Gewindes der Öleinfüll-Verschlussschraube ist ein O-Ring eingesetzt (Bild 1). Diesen kontrollieren, ob er in Ordnung ist, also keine geklemmte oder ausgerissene Stelle hat. Sollte er beschädigt sein, unbedingt erneuern, sonst schwitzt hier Öl heraus.

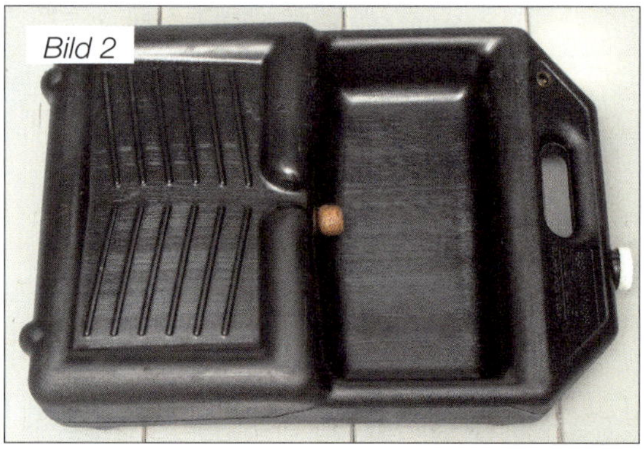

☞ Motoröl nur in betriebswarmem Zustand wechseln, also vorher den Motor mindestens zehn Kilometer warm fahren. Damit wird sichergestellt, dass Metallabrieb, der sich noch nicht abgesetzt hat, sondern noch in der Schwebe ist, vom heißen Öl aufgenommen und beim Ablassen mit herausgespült wird.

⚠ Altöl niemals wegschütten, sondern an einer Sammelstelle oder beim KTM-Händler abliefern. Jeder Ölverkäufer ist zur Rücknahme einer entsprechenden Menge Altöls verpflichtet! Kaufquittung des neuen Öls aufbewahren und bei der Rückgabe des Altöls vorlegen.

⚠ Keine Getränkeflaschen als Altölbehälter verwenden! Besser sind etwa alte Benzinkanister, die mit einem dauerhaften Etikett »Altes Motoröl« versehen werden.

⚠ Dem Altöl keine anderen Flüssigkeiten beimischen, wie z. B. Brems- oder Kühlflüssigkeit. Diese giftigen und wenig umweltfreundlichen Betriebsstoffe müssen in extra Behältern aufgefangen und zu Sammelstellen gebracht werden.

⚠ Zum Ölablassen ein so großes Gefäß verwenden, das den breiten Bereich der Ölablassöffnungen und des Ölfilters unter dem Motor nicht nur abdeckt, sondern allseitig um mindestens zehn Zentimeter übersteht. Es gibt im Motorrad-Zubehörhandel kombinierte Ölfangwannen-Behälter, bei denen das Öl in eine Wanne und von dort direkt in den Sammelbehälter läuft (Bild 2). Dieser ist dicht verschließbar, mit einem Tragegriff versehen und deswegen leicht transportabel. Darin das Altöl zur Ölsammelstelle bringen, wo es umweltgerecht entsorgt wird.

Motorölvolumen
- Bei Super Duke R der Mj. 2014 bis 2016 und Super Duke R Special Edition im Modelljahr 2016 .... 3,6 Liter
- Bei Super Duke R ab Mj. 2017, Super Duke R ab Mj. 2020 und Super Duke RR im Mj. 2021 .... 3,5 Liter

Werkzeug, Anziehdrehmomente

Zum Ölwechsel benötigtes Werkzeug

Schrauben M5
im Ölfilterdeckel .... Nuss SW8 oder Torx T30
Ölablassschrauben M20x1,5............. Nuss SW13
Verschlussschraube M10x1
des Öldüsenkanals .... Inbusnuss SW5
Öldüse M6x0,75 zur Kupplungsschmierung........ Schlitzschraubenzieher, Klinge 8 mm

Anziehdrehmomente

Schrauben M5 im Ölfilterdeckel .... 6 Nm
Ölablassschrauben M20x1,5 .... 20 Nm
Öldüse M6x0,75 zur Kupplungsschmierung:
Bei Super Duke R der Mj. 2014 bis 2019, Super Duke Special Edition im Mj. 2016 und Super Duke GT aller Mj.................... 4 Nm
Bei Super Duke R ab Mj. 2020 und Super Duke RR im Mj. 2021 .... 2 Nm
Verschlussschraube M10x1 des Öldüsenkanals:
Bei Super Duke R der Mj. 2014 bis 2019, Super Duke Special Edition im Mj. 2016 und Super Duke GT in allen Mj. .... 10 Nm
Bei Super Duke R ab Mj. 2020 und Super Duke RR im Mj. 2021 .... 8 Nm

Ölverbrauch, Ölstand

Ölverbrauch: Der 1290er-Zweizylinder darf bis zu 0,4 Liter Öl auf 1000 km verbrauchen. Die meisten Motoren begnügen sich mit 0,1 bis 0,3 Liter auf 1000 km. Ältere Motoren mit entsprechend hoher Kilometerlaufleistung verbrauchen in der Regel mehr Öl, was jedoch noch lange nicht bedeuten muss, dass der Motor defekt ist.

Ölstand kontrollieren: Stellen Sie die Maschine zur Kontrolle des Ölstands senkrecht; man kann sie z. B. mit dem rechten Lenkerende möglichst senkrecht an eine Hauswand anlehnen.

Ölschauglas und Markierungen

Bild 5: Am Ölschauglas links unten am Ölbehälter vor dem Motor sind acht Punktmarkierungen angebracht:

Bild 3: Von KTM vorgeschrieben sind diese vollsythetischen Motorradöle von Motorex.

■ Es sollen keine halbsynthetischen Öle verwendet werden und schon gar keine Mineralöle.

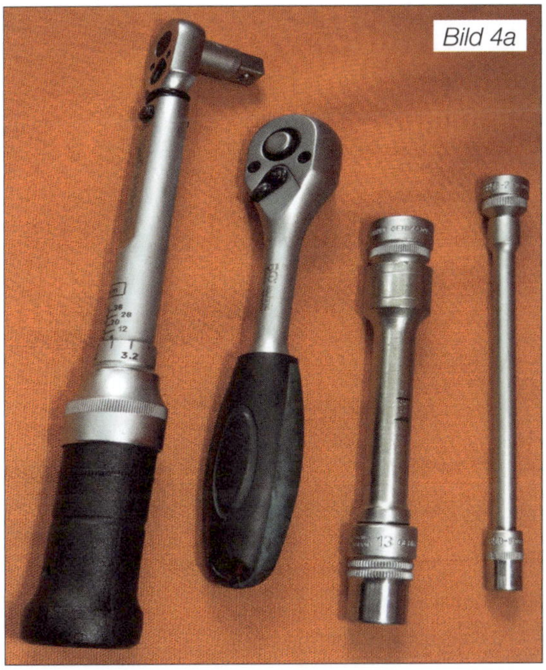

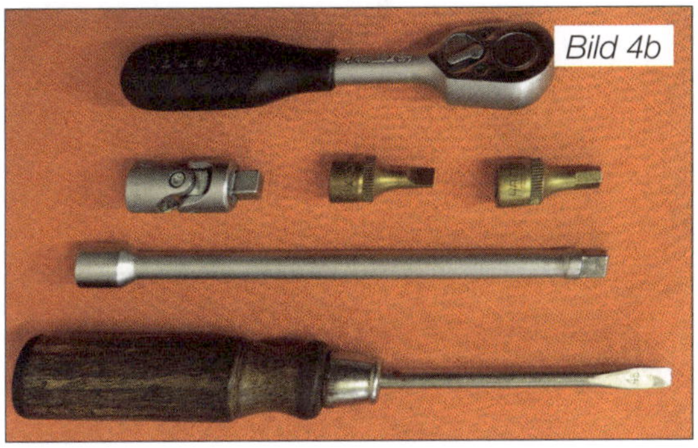

Bilder 4a und 4b: Werkzeug zum Ölwechsel und für die Montage der Kupplungsöldüse.

■ Von KTM gibt es ein Spezialwerkzeug »Montagewerkzeug Nr. 61229035000« zum Aus- und Einbau der Öldüse. Diese ist aus empfindlichem Messing gefertigt.

Und genau deswegen ist der Gebrauch dieses Spezialwerkzeugs empfehlenswert. Wir gehen weiter hinten in diesem Kapitel unter »Kupplungs-Öldüse« auf Besonderheiten beim Aus- und Einbau der Öldüse ein.

Sichtprüfung Messen

Wichtig zu wissen
■ Nicht verwendet werden dürfen so genannte »Leichtlauföle« wie z. B. SAE 0W50. Diese sind speziell für Automotoren entwickelt worden, wo ja weder Kupplung noch Getriebe im Ölbad laufen.
■ Auf keinen Fall ein billiges Motoröl aus dem Supermarkt, Baumarkt oder Kaufhaus verwenden, egal wie klangvoll der Markenname ist.
■ Nicht verwendet werden dürfen Dieselöle der Spezifikation »CBD«, »Öl Energy Conserving« oder »Öl Energie sparend«.

■ Die erste Markierung ganz unten markiert den »minimalen Ölstand«.
■ Die achte Markierung ganz oben markiert den »maximalen Ölstand«.
■ Die Differenz zwischen der ersten und der achten Markierung beträgt ungefähr 0,5 Liter.

1. Motor zur Ölstandskontrolle AUSschalten!
2. Nach dem Abstellen des Motors einige Zeit warten (KTM empfiehlt »1 Minute«), bis alles Öl nach unten abgelaufen ist.
3. Ölstand beurteilen: Der Ölstand soll sich zwischen der ersten und achten Markierung befinden.
3.1. Wenn das Schauglas leer ist, Maschine etwas nach links neigen, bis der Ölstand erscheint. Maschine senkrecht stellen, den Ölstand kontrollieren und wenn nötig Öl nachfüllen.
4. Wenn das Schauglas ganz voll ist, Maschine etwas nach rechts neigen und nachsehen, ob sich das Bild im Schauglas verändert.
4.1. Maschine wieder senk- und waagerecht stellen und beobachten, ob der Ölstand nun korrekt erscheint oder voll bleibt.
4.2. Wenn das Schauglas voll bleibt, ist zu viel Öl im Ölbehälter. Weil das nicht sein darf, muss man etwas Öl ablassen und zwar an der vorderen Ölablassschraube.

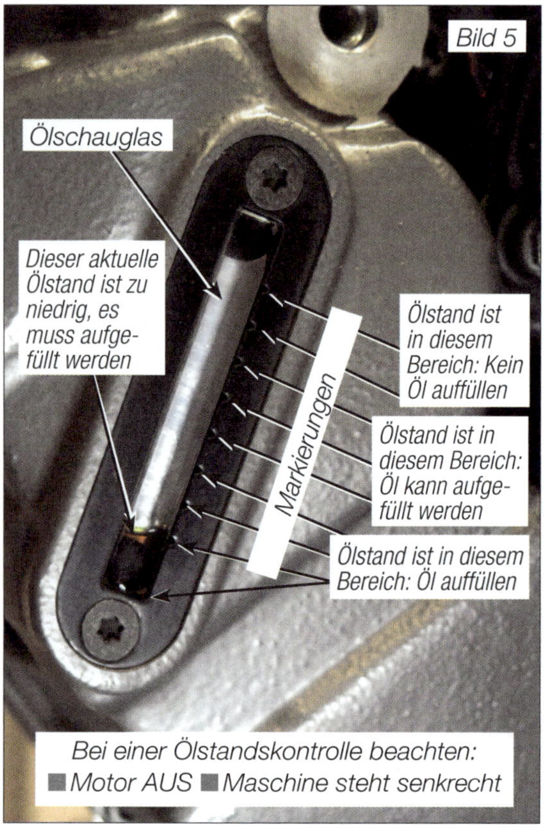

Bild 5: Blick auf das Ölschauglas und seine Markierungen. Alle nötigen Informationen zum Ölstand und Öl nachfüllen sind im Bild zu finden.

Öl nachfüllen
Wenn Öl nachgefüllt werden muss, genügen meistens 0,3 bis 0,4 Liter, um den Ölstand bis zu den oberen Markierungen aufzufüllen.

Nachfüll-Öl kaufen
Falls Sie unterwegs sind und kein Öl zum Nachfüllen dabei haben, kaufen Sie vollsynthetisches Öl in der von KTM geforderten, von der Außentemperatur abhängigen Viskosität (siehe weiter vorne in diesem Kapitel unter »Vorgeschriebene Motoröle«), das die von KTM geforderte Spezifikation »JASO T903 MA2« erfüllt.

Öl wechseln

Ölwechselintervall: Der Motorölwechsel sollte unbedingt nach den km- bzw. Zeit-Angaben von KTM erfolgen, also alle 15 000 km. Wichtig ist auch, dass wenn diese Fahrstrecke pro Jahr nicht erreicht wird, einmal im Jahr ein Ölwechsel gemacht werden sollte, denn Öl altert schon alleine durch den Kontakt mit Luft.

Benötigte Teile: KTM bietet einen »Ölfilter Service Kit« an (Bild 9a), der alle zum Ölwechsel benötigten neuen Teile enthält: Zwei Ölablassschrauben mit Ölsieben, einen Ölfilter und einen O-Ring für den Ölfilterdeckel.

Wichtig: Motor zum Ölwechsel mindestens zehn Kilometer warm fahren. Wenn man das Motorrad zum Ölwechsel senk- und waagerecht aufbockt, sollte man unter den rechten Standausleger des Montageständers ein ca. 20 mm dickes Brett legen, damit die Maschine etwas nach links geneigt steht und so das alte Motoröl besser aus den später offenen Bohrungen von Ölfilter und Ölsieben auslaufen kann.

Tipp 1: Man kann natürlich die Maschine zum Ölwechsel auf dem Seitenständer abstellen, dann steht sie leicht nach links geneigt. Blockieren Sie die Vorderradbremse, indem Sie mit einem Gummiriemen den Handbremshebel zum Gasgriff hin ziehen.

Tipp 2: Den heißen Auspuff abdecken
Wenn der Motor warmgefahren ist, sind die Auspuffrohre heiß. Damit es nicht stinkt und zischt und raucht, wenn das (ebenfalls heiße) Motoröl abgelassen wird und über den Auspuffkrümmer fließt, diesen mit einer Alufolie abdecken (Bild 6).

Ölwechsel durchführen: Altöl ablassen
Bei der Super Duke GT den linken Bugspoiler abbauen. Eine ausreichend große Ölfangwanne unter den Motor stellen (Bilder 2 und 6).
1. Bild 6: Ölfilter-Deckelschrauben lösen und ausdrehen. Deckel abnehmen: Mit einer kleinen Zange an einer seiner vorderen Rippen packen, durch leichtes Drehen lösen, abnehmen.
■ **Das jetzt auslaufende Öl ist heiß!**
2. Bild 7a: Ölfilter mithilfe einer Seegerringzange herausziehen.
3. Bild 7b: Hintere Ölablassschraube aus dem Motor lösen, ausdrehen, Ölsieb ausziehen.
■ **Das jetzt auslaufende Öl ist heiß!**

4. Bild 6: Vordere Ölablassschraube aus dem Öltank lösen, ausdrehen, Ölsieb ausziehen.
■ **Das jetzt auslaufende Öl ist heiß!**
5. Altöl aus den nun offenen drei Bohrungen lange auslaufen und austropfen lassen.

Tipp: Während das alte Öl ausläuft, schauen Sie die herausgezogenen Ölsiebe genau an: In der Mitte im durchbrochenen Siebkörper ist ein kleiner Magnet eingesetzt (Kreis in Bild 6). Daran können Metallspäne hängen. Diese zwischen zwei Finger nehmen und fühlen: Wie groß sind diese? Kleine und feine Späne sind ganz normal. Wenn sie allerdings größer sind (etwa wie ein halber Streichholzkopf), können sie von Getriebezahnrädern abgebröckelt sein. Dann ist Vorsicht angesagt – beim nächsten Ölwechsel wieder ganz genau prüfen!

Ölwechsel durchführen: Frischöl einfüllen
1. Im Ölfilterdeckel ist ein O-Ring eingesetzt, diesen herausnehmen und entsorgen. Deckel und Ölfiltergehäuse gut reinigen.
1.1. Neuen O-Ring leicht einölen und in seine Nut im Ölfilterdeckel einsetzen.
2. Neuen Ölfilter in seine Kammer im Motorgehäuse bis ganz nach hinten einschieben.
2.1. Ölfilterdeckel aufsetzen, Schrauben eindrehen und festziehen mit 6 Nm.
3. Etwas Fett an die O-Ringe in den Ölablassschrauben und den Ölsieben schmieren.
3.1. Ölsiebe in ihre Bohrungen einschieben, Ölablassschrauben eindrehen, festziehen (20 Nm).
4. Durch die Einfüllöffnung des Öltanks etwa 3,0 Liter frisches Motoröl einfüllen. Verschlussschraube eindrehen und »handfest« anziehen.
5. Motor starten und einige Minuten im Leerlauf laufen lassen. Montagestellen ganz genau ansehen und so auf Dichtheit prüfen.
6. Motor abstellen. Nach einer Minute das restliche Öl einfüllen bis zur 8. Markierung am Ölschauglas.

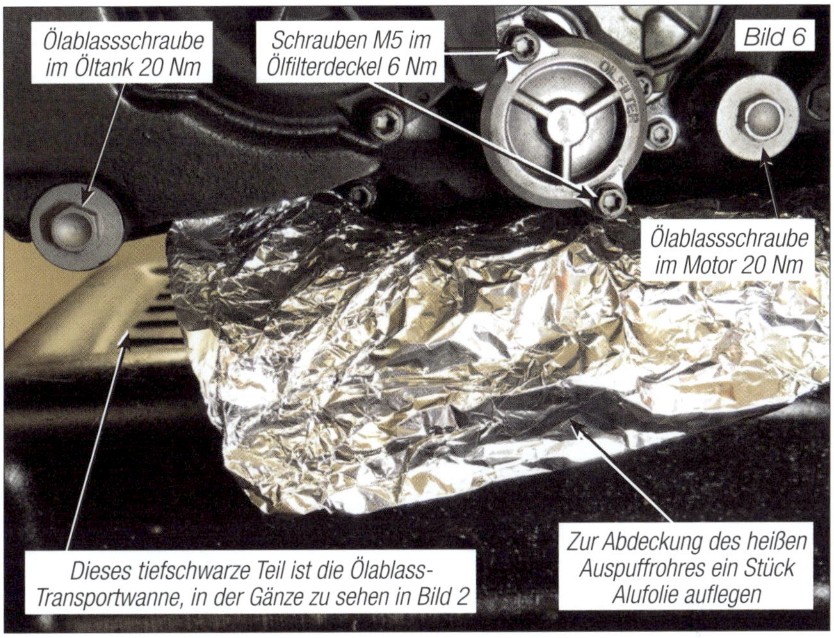

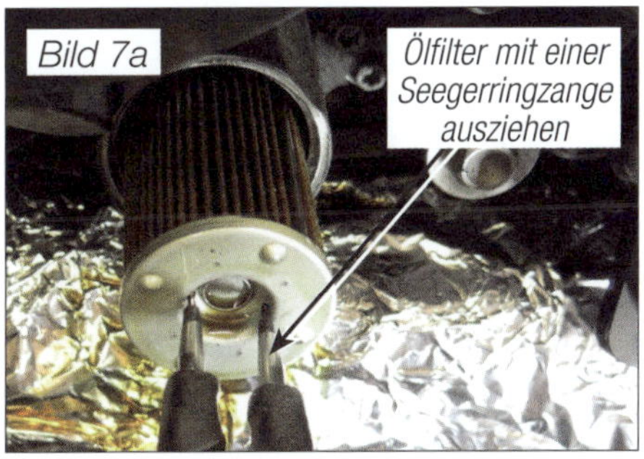

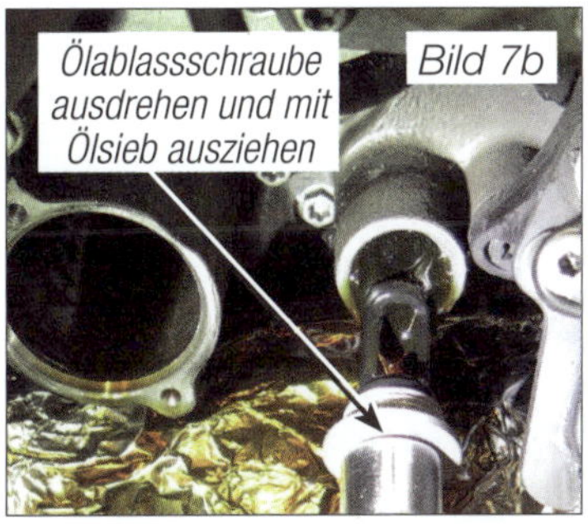

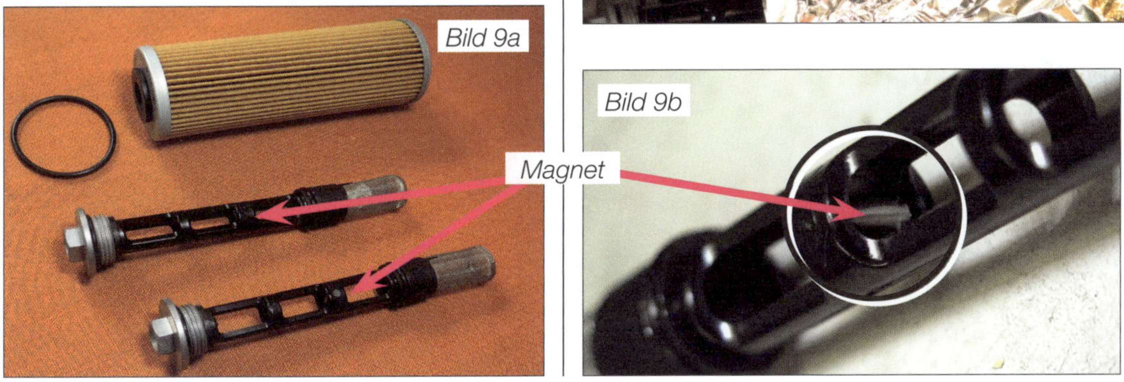

Bilder 6 bis 9b: Alle Informationen zu diesen Bildern sind in den Bildern selbst und im Lauftext.

Sichtprüfung Messen

Ölkreislauf Saugpumpe Mitte

Position 1: Ölsieb und Ölablassschraube im Getriebegehäuse (das ist Teil des Motorgehäuses)

Position 2: Ölsaugpumpe Mitte

Position 3: Wärmetauscher (Ölkühler)

Position 4: Ölaustritt im Öltank

Ölkreislauf Saugpumpe links

Position 5: Kurbelgehäuse

Position 6: Ölsaugpumpe links

Position 7: Schmierschlitze im Getriebe

Kupplungs-Öldüse

Bei jedem Ölwechsel muss auch die Kupplungs-Öldüse ausgebaut, gereinigt und wieder eingebaut werden. Sie ist hinter dem vorderen Kettenritzel in das Motorgehäuse eingebaut (Bild 10). Um an sie ranzukommen muss man die vordere Ritzelabdeckung abbauen. Zum Bearbeiten der Verschlussschraube eine 5er-Inbusnuss plus Verlängerung verwenden. Zum Ausbau der tief innen sitzenden Düse ist ein guter Flachklingen-Schaubenzieher nötig mit Klingenbreite ca. 8 mm. Sorgfältig arbeiten, denn die Düse ist aus Messing und ihr Schlitz ist nicht wirklich stabil. Empfehlenswert ist das KTM-Montagewerkzeug Nr. 61229035000.

Ölkreislauf Druckpumpe

Position 8: Ölsieb und Ölablassschraube im Öltank vor dem Motor

Position 9: Öldruckpumpe

Position 10: Öldruckregelventil

Position 11: Bypassventil (Ölüberdruckventil)

Position 12: Ölfilter

Position 13: Kurbelwelle

Position 14: Öldüse zur Generatorkühlung (Lichtmaschine)

Position 15: Steuerkettenspanner

Position 16: Schmierung der Nockenwellen und Öldüsen zur Schmierung des Ventiltriebs

Position 17: Öldüsen zur Kolbenkühlung

Position 18: Ölspritzrohr zur Schmierung der Getriebezahnräder

Position 19: Öldüse zur Schmierung der Kupplung

Position 20: Kupplung

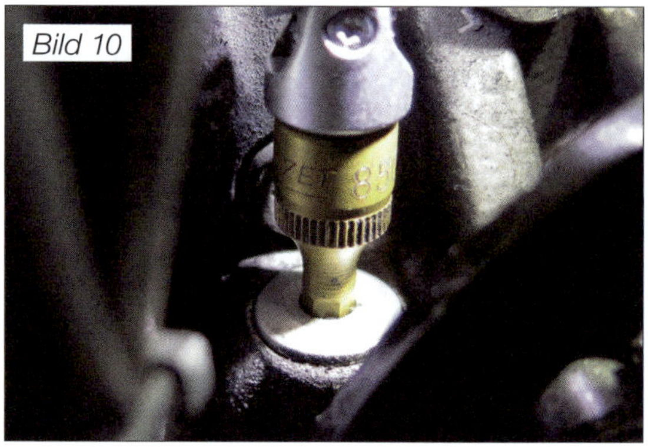

Bild 10: Verschlussschraube der Kupplungs-Öldüse hinter dem Kettenritzel. Mit 5er-Inbus ausdrehen, dann Kupplungsdüse ausdrehen, reinigen, eindrehen, festziehen mit 2 bis 4 Nm.

Bild 11: Darstellung des Ölkreislaufs. Zu den Ölpumpen 2, 6 und 9 gehören folgende Positionen in der Explosionszeichnung Bild 13 (»dort« genannt): Druckpumpe Nr. 9 hier = 31 dort; Saugpumpe Mitte Nr. 2 = 33 dort; Saugpumpe links Nr. 6 hier = 34 dort.

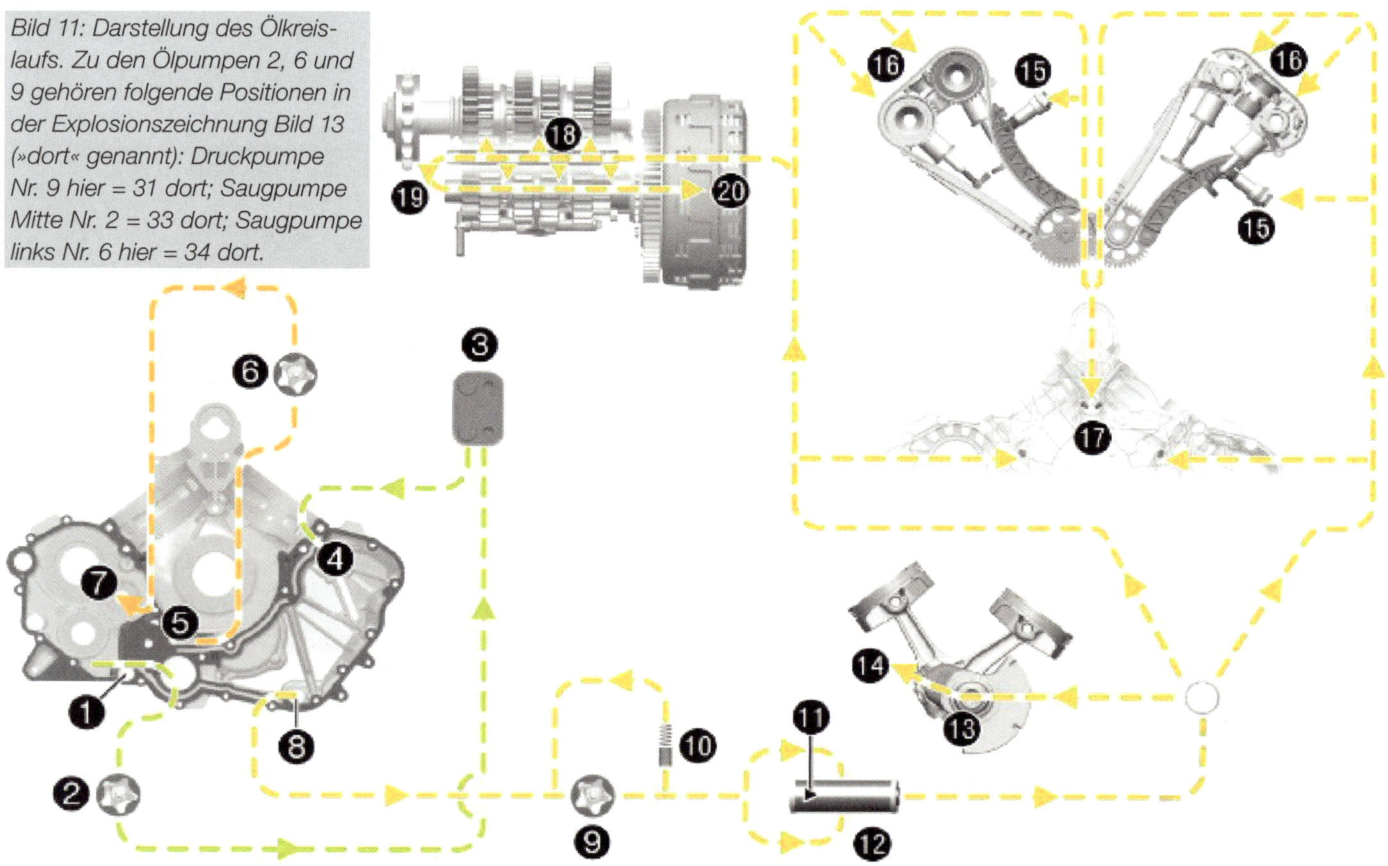

Bild 12: Explosionszeichnung mit allen Bauteilen des Ölkreislaufs. Die wichtigsten Bauteile sind rechts aufgelistet.

(#9) Diese Teile sind im »Motordichtsatz komplett« enthalten

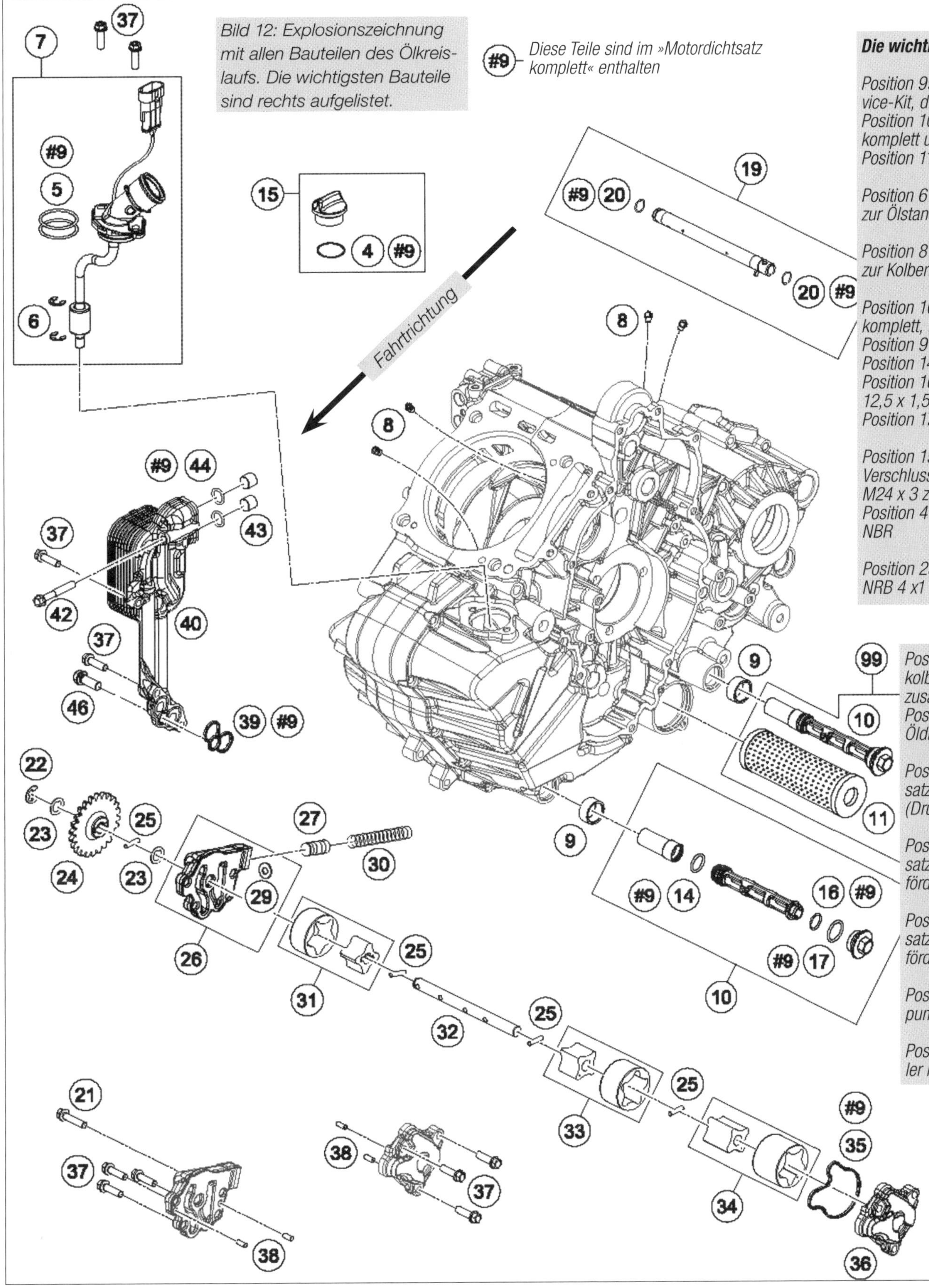

Die wichtigsten Bauteile

Position 99: Ölfilter Service-Kit, dieser umfasst Position 10: zwei Ölsiebe komplett und Position 11: Ölfilter

Position 6: Schwimmer zur Ölstandsmessung

Position 8: Öldüsen zur Kolbenkühlung

Position 10: Ölsieb komplett, mit den Teilen Position 9: Ölsiebbuchse Position 14: O-Ring 14 x 2 Position 16: O-Ring 12,5 x 1,5 NBR Position 17: O-Ring 17 x 2

Position 15: Öleinfüll-Verschlussschraube M24 x 3 zusammen mit Position 4: O-Ring 19 x 3 NBR

Position 25: Nadelrolle NRB 4 x1 5,8 G2

Position 27: Regelkolben LC8 03 zusammen mit Position 30: Öldruckfeder

Position 31: Rotorsatz 19 mm 03 (Druckpumpe)

Position 33: Rotorsatz 22 mm (Rückförder-Saugpumpe)

Position 34: Rotorsatz 30 mm (Rückförder-Saugpumpe)

Position 36: Saugpumpendeckel

Position 40: Ölkühler komplett

Vorgeschriebener Öldruck bei einer Mess-Öltemperatur von 60°C oder höher

Bei Super Duke R bis Mj. 2016, Super Duke Special Edition im Mj. 2016 und Super Duke GT im Mj. 2018:
■ 2,0 bis 4,8 bar bei Leerlaufdrehzahl

Bei Super Duke R ab Mj. 2017, Super Duke RR im Mj. 2021 und Super Duke GT ab Mj. 2017:
■ 1,8 bis 4,5 bar bei Leerlaufdrehzahl

Wenn der Öldruck in Ordnung ist, dann ist wahrscheinlich der Öldruckschalter defekt. Zur Fehlersuche verweisen wir auf »Schaltpläne«

Mögliche Montageprobleme bei der Kupplungs-Öldüse

Wie weiter vorne schon erwähnt, ist der bei jedem Ölwechsel zu tätigende Aus- und Einbau der Öldüse zur Kupplungsschmierung (und Reinigung derselben) nicht ganz so einfach wie man denkt, denn obwohl die Düse mit nur 2 oder 4 Nm festgezogen wird (Modell und Modelljahre siehe Kapitelanfang), weigert sie sich oft, wenn sie ausgebaut werden soll.

Wenn man das erwähnte »KTM-Montagewerkzeug« nicht hat und mit einem Schlitzschraubenzieher arbeiten muss, messen Sie diesen vor dem Ausdrehversuch der Düse: Seine Kingenbreite muss 7 bis 8 mm betragen und seine Klingenstärke 1 bis 1,1 mm. Schmaler darf die Klinge des Schraubenziehers nicht sein (die Düse hat einen Kopfdurchmesser von 8 mm) und dicker auch nicht – sonst passt sie nicht in den Schlitz der Düse, weil der nur 1,1 mm breit ist. Gegebenenfalls kann man die Klinge maß- und formgerecht nachschleifen.

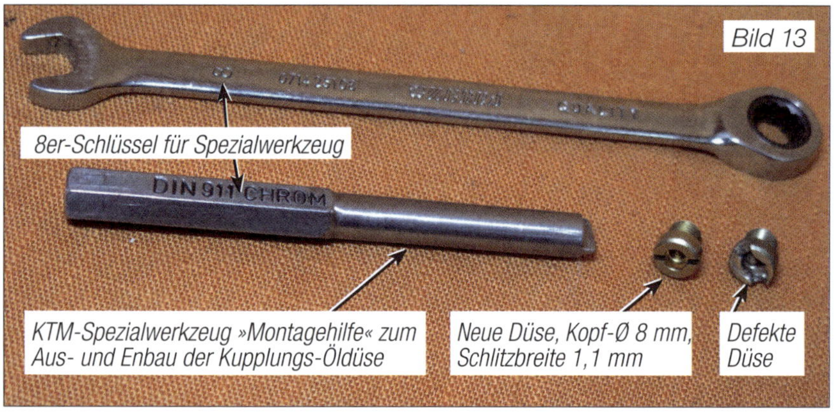

Bilder 13, 14 und 15: Im Lauftext sind die Bilder erklärt.

Öl-Kontrollleuchten

Bild 14: Wenn im Cockpit zwei Öl-Kontrollleuchten aufleuchten und blinken, ist Alarm angesagt:
■ Die Öldruckanzeige ist die heftige von beiden. Wenn sie aufleuchtet, den Motor sofort ausschalten und nach der Ursache suchen.
■ Die Ölstandanzeige ist die harmlose.

Bild 14	**Das Motoröl betreffende Anzeigen im Cockpit**
	*Wenn diese Anzeige blinkt, ist der Motoröldruck zu niedrig. Motor AUSschalten. Öldruckmessung durchführen (siehe dieses Kapitel).*
	*Wenn diese Anzeige blinkt, ist der Motorölstand zu niedrig. Öl auffüllen, Ölstand korrigieren. Wenn die Lampe nicht ausgeht, kann der Ölstandschwimmer hängen (Teil 6 in Bild 12).*

Öldruck-Kontrollleuchte leuchtet auf

Wenn die Öldruck-Kontrollleuchte im Cockpit aufleuchtet, den Motor sofort ausschalten und den Ölstand kontrollieren: Wenn zu wenig Öl im Motor ist, auffüllen. Geht die Lampe dann aus, kann man weiterfahren, man sollte aber auf den ersten Kilometern vorsichtig sein und beobachten, ob die Lampe dauerhaft aus bleibt.

Öldruckschalter defekt?

Wenn die Lampe nicht ausgeht und der Motor mit normalem Geräuschniveau läuft, kann es sein, dass der Öldruckschalter defekt ist. Um dies festzustellen, muss man zuerst den Öldruck messen. Dazu benötigt man ein Öldruckmanometer (Bild 15).

Öldruck messen

1. Anschlussgewinde für das Öldruckmanometer ist die Verschraubung des Steuerkettenspanners im vorderen Zylinder.
2. Motor starten. Im Leerlauf warmlaufen lassen bis zu einer Öltemperatur von 60 °C oder höher.
3 Gas geben, Drehzahl erhöhen auf 4000/min. der Öldruck muss mindestens 1,8 bis 2,0 bar betragen. Modellabhängige Werte siehe grauer Textkasten links oben auf dieser Seite.
4. Motor abschalten, Öldruckmanometer abmontieren. Die M10x1-Schraube mit neuem O-Ring eindrehen und mit 10 Nm festziehen.
■ Siehe dazu auch Kapitel »Ventile einstellen«.

Kühlsystem

In diesem Kapitel: Motorkühlung · Kühlflüssigkeit · Temperaturanzeige · Ausgleichsbehälter: Kühlflüssigkeit prüfen, ergänzen · Ist irgendwo ein Leck? · Kühlerventilator prüfen.

Motorkühlung, Kühlflüssigkeit

Die Wasserkühlung ist lebenswichtig für den Motor. Technisch richtig müsste es »Flüssigkeitskühlung« heißen, denn reines Wasser ist es ja nicht, was im Kühlsystem zirkuliert, sondern eine chemische Flüssigkeit, die bis minus 40 °C flüssig bleibt.

3,2 Liter Kühlflüssigkeit befindet sich im Kühler, dem Ausgleichsbehälter, den Kühlerschläuchen und dem Wassermantel der Zylinder. Diese wird von einer mechanischen Wasserpumpe in Umlauf gehalten. Nach vier Jahren soll die Kühlflüssigkeit erneuert werden. Kühlflüssigkeit wird fertig gemischt angeboten. Laut KTM soll ausschließlich Motorex »Coolant M3.0« (Bild 1) verwendet werden. Beim Kauf anderer Kühlflüssigkeit unbedingt darauf achten, dass diese für Aluminiummotoren geeignet ist; solche für Graugussmotoren ist nicht geeignet!

Kühlflüssigkeit trägt auch zur Schmierung der Wasserpumpe bei und verhindert Korrosion. Sie sollte also immer verwendet werden, selbst wenn man nur im Sommer fährt und keine Minustemperaturen zu erwarten sind.

Temperaturanzeige

Bild 2: Im Cockpit gibt es je nach Modell und Modelljahr verschieden grafisch gestaltete Anzeigen für die aktuelle Temperatur der Kühlflüssigkeit, allerdings ohne Temperaturangaben. Wenn die Temperatur zu hoch wird und 110 °C übersteigt, leuchtet die Motorwarnlampe. Motor sofort abstellen! Denn bei Überhitzung droht ein Motorschaden. Grund für eine zu hohe Motortemperatur ist meistens ein »schleichender« Kühlmittelmangel: Zuerst im Kühlflüssigkeits-Ausgleichsbehälter nachsehen.

Bild 1: Von KTM empfohlen wird diese Kühlflüssigkeit.

Bild 2: Temperaturanzeige im Cockpit einer Super Duke GT.

Sicherheitshinweise Achtung und Tipps für dieses Kapitel

Kaufen Sie neue Kühlflüssigkeit NICHT im Baumarkt oder gar in der Kfz-Abteilung eines Lebensmittel-Supermarktes, auch wenn das Preisangebot scheinbar noch so verlockend ist! Kaufen Sie Kühlflüssigkeit beim KTM-Händler oder im Motorrad- bzw. Kfz-Fachhandel!

Kühlflüssigkeit kann Lack beschädigen und Flecken auf blankem Metall hinterlassen. Nichts auf die Haut kommen lassen, nichts verschütten, altes Kühlmittel umweltgerecht entsorgen!

Motorkühlmittel kann Haut und Augen sowie innere Organe schädigen. Jeglichen Körperkontakt vermeiden, keinesfalls trinken. Falls Haut oder Augen damit in Berührung kommen, mit reichlich klarem Wasser ab- bzw. ausspülen. Nach Verschlucken KEIN Erbrechen herbeiführen, sondern Arzt bzw. Giftnotzentrale anrufen.

Deckel des Kühlers nicht bei heißem Motor öffnen, das Kühlmittel steht unter Druck und schießt heraus – Verbrühungen wären die Folge.

Bei Arbeiten mit laufendem Motor in geschlossenen Räumen für ausreichende Belüftung sorgen! Abgase enthalten giftiges und geruchloses Kohlenmonoxid, das Bewusstlosigkeit verursachen und zum Tod führen kann. Alle Fenster und Türen öffnen! Am sichersten ist eine Abgasabsauganlage ins Freie. Dieser Warnhinweis gilt für alle Einstellarbeiten, bei denen der Motor laufen muss. Wenn keine oder ungenügende Be- und Entlüftungsmöglichkeit der Räume gegeben ist, im Freien arbeiten!

Sowohl bei einer Prüfung des Kühlers bei abgenommenem Zustand als auch bei einer Dichtprüfung des gesamten Kühlsystems in eingebautem Zustand den maximal zulässigen Prüfdruck von 1,4 bar nicht überschreiten, denn zu hoher Druck kann Bauteile des Kühlsystems beschädigen!

■ Noch ein Tipp: Wenn der Thermostat verkalkt ist, deswegen klemmt und nicht mehr öffnet, legen Sie ihn zwei Stunden in Kaffeemaschinen-Entkalker, Haushaltsessig oder Zitronensaft. Dadurch löst sich der Kalk und das Thermostatventil wird wieder frei.

Bilder 3 bis 9: Siehe Lauftext.

Bild 3

Ausgleichsbehälter

Bild 3: Der Kühlflüssigkeits-Ausgleichsbehälter ist angebracht: ■ Bei Super Duke R der Mj. 2014 bis 2019 und Super Duke R Special Edition im Mj. 2016: Links hinter einer kleinen Abdeckung, die KTM »Kniekissen« nennt. ■ Bei Super Duke R ab Mj. 2020, Super Duke RR im Mj. 2021 und Super Duke GT aller Modelljahre: Rechts hinter dem Tankspoiler.

Bild 3: »MIN«- und »MAX«-Markierungen für den Stand der Kühlflüssigkeit sind auf dem transparenten Behälter oder der Abdeckung. Der Stand der Kühlflüssigkeit muss bei kaltem Motor etwas über der unteren Markierung sein, bei heißem Motor steigt er bis knapp an die obere Markierung an. **Achtung:** Wenn der Stand der Kühlflüssigkeit bei heißem Motor unter der MIN-Markierung oder überhaupt keine Kühlflüssigkeit zu sehen ist, stimmt etwas nicht; siehe dazu den Text »Ist irgendwo ein Leck?«.

Bild 4

Wichtig: *Zum Einfüllen von frischer Kühlflüssigkeit einen Trichter benutzen, damit nichts daneben schwappt*

Bevor der Kühlkreislauf umgekrempelt wird, zuerst den Ausgleichsbehälter mit Kühlflüssigkeit auffüllen, weiterfahren und beobachten, wo das Zeug bleibt.

Bild 4: Zum Einfüllen von Kühlmittel den Deckel am Stutzen des Ausgleichsbehälters abschrauben und Kühlflüssigkeit langsam einfüllen. Trichter benutzen!

Achtung: Deckel des Ausgleichsbehälters nicht bei heißem Motor öffnen. Heißes Kühlmittel kann plötzlich herausschießen, Verbrühungen sind die Folge.

Tipp: Wenn nur eine kleine Menge Kühlmittel fehlt, können Sie destilliertes Wasser auffüllen. Aber niemals Leitungswasser einfüllen, weil das kalkhaltig ist; Kalk legt sich im Kühlsystem fest, verschlechtert die Kühlung und blockiert mit der Zeit den Thermostat.

Ist irgendwo ein Leck?

Bilder 7 und 8: Ist der Kühlerdeckel nicht richtig montiert? Kühlerdeckel abdrehen, reinigen, das Gewinde am Kühler ebenso und den Kühlerdeckel sorgfältig aufschrauben.

Bilder 5 und 6: Schelle gelockert, abgerutscht, gebrochen? Klemm- (Bild 5) und Schraubschellen (Bild 6) sind montiert. Wenn eine Klemmschelle defekt ist, zu deren Schließung eine Spezialzange benötigt wird, kann man auch eine Schraubschelle anbauen.

Bild 3: Ist Kühlmittel verdunstet? Das kann man durch regelmäßige Kontrolle des Kühlmittelstands im Ausgleichsbehälter vermeiden; siehe oben.

Bild 9: Läuft der Kühlerventilator nicht an? Der Kühlerventilatormotor kann defekt sein. Sicherungen und Relais finden Sie in »Sicherungen · Relais · Stecker« und »Schaltpläne«.

Bild 5

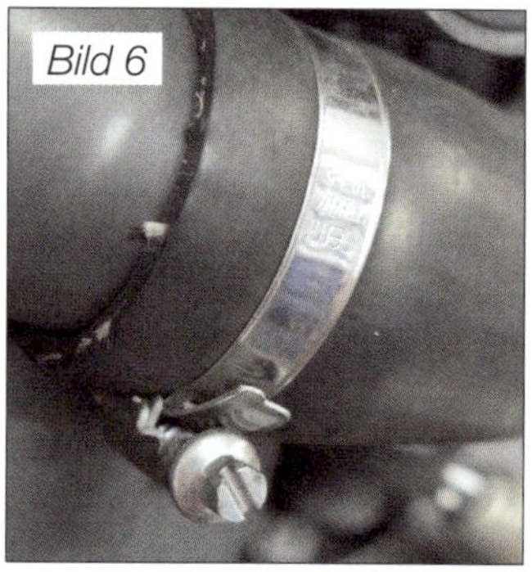

Bild 6

Bild 7

Bild 8

Bild 9

Kühlerventilator überprüfen

1. Motor warmlaufen lassen, bis die Temperaturanzeigen im Cockpit (Bild 2) zu mehr als 3/4 leuchten. Lüfter müsste laufen, tut es aber nicht.

2. Motor abstellen. Bild 9: Stecker am Kabel zum Kabelbaum hin trennen.

3. Externe 12-Volt-Batterie über zwei Kabel an die Kontakte des Steckers anschließen:

■ Minus an schwarzen Kabelkontakt.

■ Plus an roten Kabelkontakt.

4. Wenn sich der Kühlerventilator nun dreht, ist er in Ordnung; wenn nicht, ist er defekt.

■ Zur Ursachenforschung und anderen defekten Bauteilen verweisen wir auf die Kapitel »Sicherungen · Relais · Stecker« und »Schaltpläne«.

Wasserpumpendichtung defekt? (Bild 11)

Entweder: Kühlerdeckel abschrauben, mit dem Finger in den Kühlerstutzen reinfassen: Kühlflüssigkeit stark ölig? Dann gelangt Motoröl in die Kühlflüssigkeit. **Oder:** Motorölstand checken, wenn dieser angestiegen ist, ist Kühlflüssigkeit in das Motoröl gelangt. Dann muss man die Wasserpumpendichtungen erneuern.

Kühlflüssigkeit wechseln

Vorbereitung: Neue Kühlflüssigkeit kaufen. Motorrad vorne hochbocken wie in Bild 13 gezeigt. Motor muss kalt sein, höchstens handwarm. In keinem Fall bei heißem Motor arbeiten!

Kühlsystem entleeren

1. Kühlerdeckel und Deckel vom Kühlflüssigkeits-Ausgleichsbehälter abbauen.

2. Einen großen alten Plastikkanister aufschneiden, als Auffangbehälter unter den Motor stellen.

3. Bild 14: Ablassschraube unten in der Wasserpumpe ausschrauben, Kühlflüssigkeit läuft aus.

4. Nun genau hinschauen, ob auch die Kühlflüssigkeit aus dem Ausgleichsbehälter abläuft. Wenn »ja« ist ok. Wenn »nein«: Den Schlauch, der unten am Ausgleichsbehälter angeschlossen ist und zum Kühlerstutzen führt, am Stutzen abziehen und die Flüssigkeit ablassen.

Kühlsystem befüllen

1. Schlauch vom Ausgleichsbehälter zum Kühlerstutzen wieder anbringen.

2. Frische Kühlflüssigkeit langsam in den Kühler einfüllen und »setzen lassen«. In den Kühlerstutzen reinschauen: Auffüllen bis die Lamellen im Kühler bedeckt sind. Kühlerdeckel aufdrehen.

3. Bild 4: Kühlflüssigkeit auch in den Ausgleichsbehälter einfüllen bis zur oberen Markierung.

4. Bild 12: Entlüfterschraube oben im Kühler lösen und zwei bis drei Umdrehungen aufdrehen. Kommt schon Kühlflüssigkeit? Auffangen!

5. Motor starten und eine halbe Minute laufen lassen, zwischendurch einige Male kräftig Gas geben. Aus der Entlüftungsschraube müsste jetzt ein dünner Strahl Kühlflüssigkeit kommen ohne Bläschen. Schraube festziehen mit 8 Nm.

6. Motor abschalten, abkühlen lassen. Stand der Kühlflüssigkeit im Ausgleichsbehälter ansehen, ggf. auffüllen.

■ Alle Schraubstellen von aus- und übergelaufener Kühlflüssigkeit reinigen, sonst gibt's Flecken.

7. Längere Probefahrt machen. Schraubstellen ansehen, alle dicht? Kühlmittelstand noch einmal begutachten, wenn nötig auffüllen.

Hinweis: In jedem Zylinderkopf ist eine Entlüfterschraube eingebaut (Bild 10), im hinteren links und im vorderen rechts. Diese sind schlecht erreichbar. Diese beiden Schrauben braucht man nicht zum Entlüften, ein hier eventuelles Luftpolster verschwindet schon nach kurzer Motorlaufzeit, es wird durchgespült.

Bilder 10 bis 14: Zum Entlüften des Kühlsystems genügt die Schraube oben im Kühler (Bild 12). Die anderen Bilder werden im Lauftext besprochen.

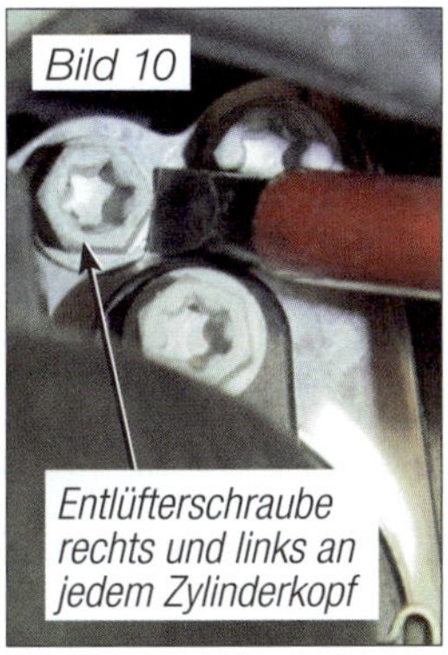

Bild 10

Entlüfterschraube rechts und links an jedem Zylinderkopf

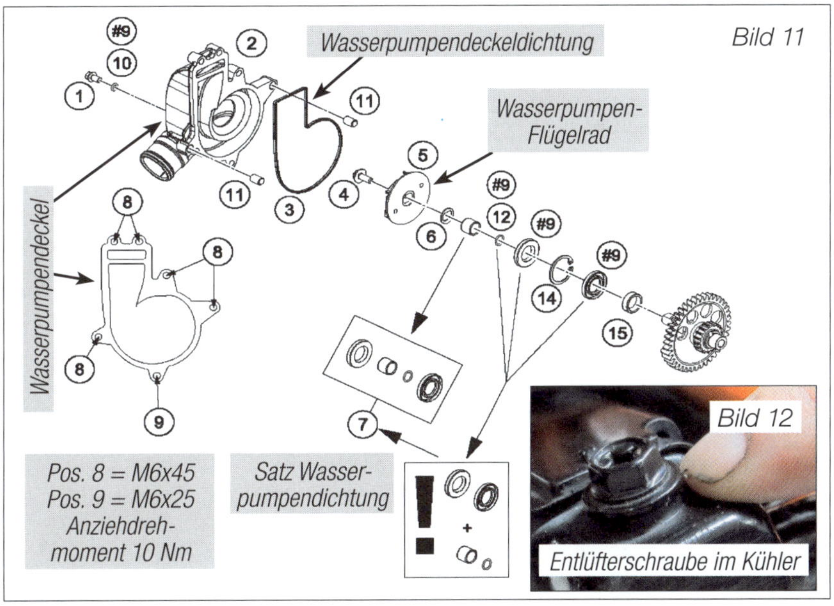

Bild 11

Wasserpumpendeckeldichtung

Bild 12

Entlüfterschraube im Kühler

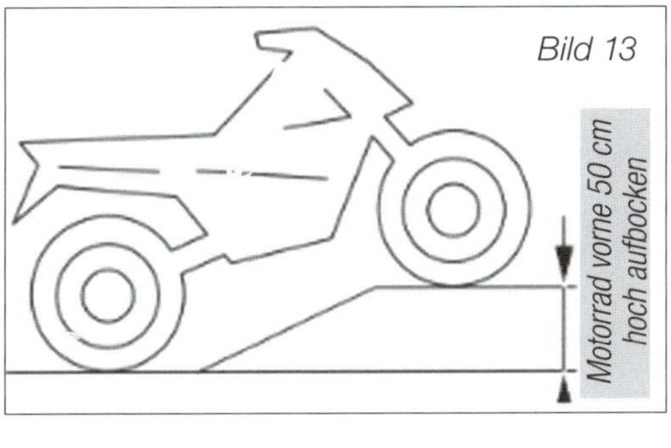

Bild 13

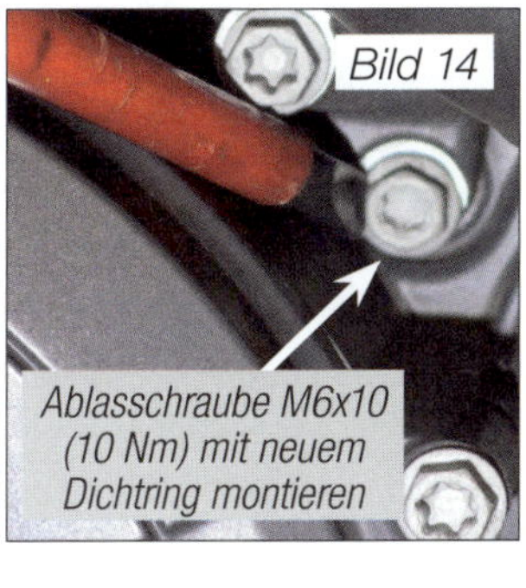

Bild 14

Ablassschraube M6x10 (10 Nm) mit neuem Dichtring montieren

Sichtprüfung · Messen

Bilder 1 bis 5 auf dieser und 6 bis 9 auf der nächsten Seite zeigen Montagearbeiten am Luftfilter. Die einzelnen Arbeitsschritte sind im Lauftext erklärt.

Luftfilter

In diesem Kapitel: Luftfilter ausbauen, reinigen, einbauen · Luftfilterkasten aus- und einbauen.

Luftfilter

Bilder 5, 7 und 8: Das Luftfilterelement sitzt im Luftfilterkasten, der unter dem Tank zwischen den Rahmenrohren über dem Motor eingebaut ist. KTM schreibt vor, das Luftfilterelement alle 15 000 km zu erneuern.

⚠ **Achtung 1:** Betrieb ohne Luftfilterelement oder mit gerissenem oder anders beschädigtem Filter führt zu besonders schnellem Motorverschleiß. Achten Sie darauf, dass die Luftfilter-Baugruppe in gutem Zustand ist, weil davon die Lebensdauer des Motors abhängig ist.

⚠ **Achtung 2:** Wenn die Maschine überwiegend in staubigen Gebieten gefahren wird und deswegen Schmutz, Staub und auch Nässe über Gebühr ausgesetzt ist, muss das Luftfilterelement alle 3000 bis 5000 km gereinigt werden.

Bild 1

Bild 2

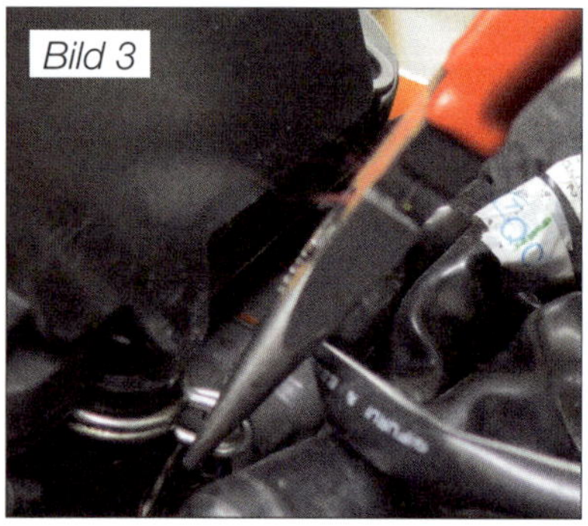
Bild 3

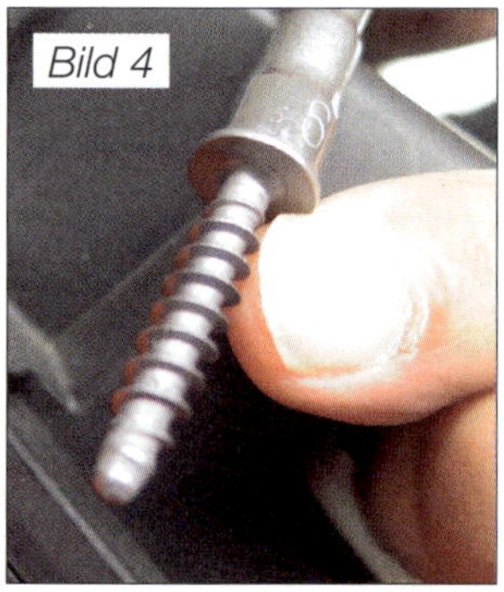
Bild 4

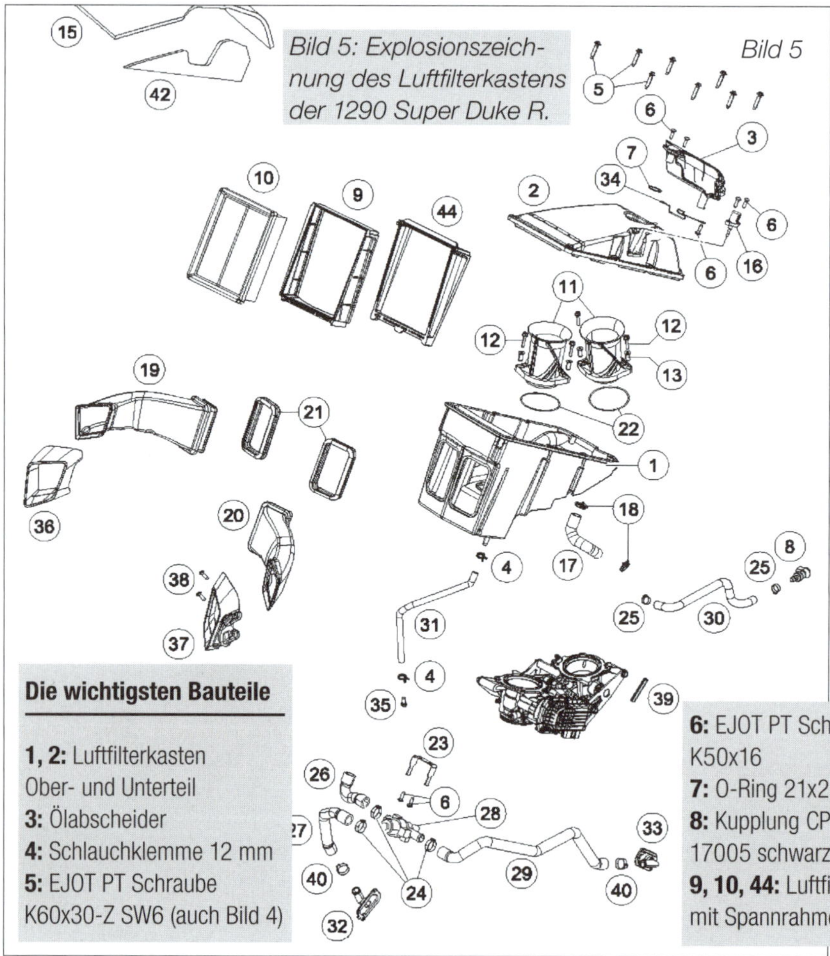
Bild 5

Bild 5: Explosionszeichnung des Luftfilterkastens der 1290 Super Duke R.

Die wichtigsten Bauteile

1, 2: Luftfilterkasten Ober- und Unterteil
3: Ölabscheider
4: Schlauchklemme 12 mm
5: EJOT PT Schraube K60x30-Z SW6 (auch Bild 4)
6: EJOT PT Schraube K50x16
7: O-Ring 21x2 NBR70
8: Kupplung CPC PLCD 17005 schwarz
9, 10, 44: Luftfilter mit Spannrahmen
11: Ansaugtrichter
12: SK-Bundschrauben M5x25 ISA 30
13: Buchsen
15, 42: Dämmmatten
16: Ansaugluft-temperatur-Sensor
17: Schlauch
18: Schlauchklemme 16 mm
19, 20: Ansaugschnorchel
21: Dichtungen
28: SLS-Steuerventil
30: Kraftstoffschlauch

Einbauarten des Luftfilters

Zum Luftfilterelement sagen wir ab jetzt nur noch Luftfilter. Bilder 5 und 8: Er ist auf verschiedene Arten im Luftfilterkasten eingebaut und befestigt:

- Bei Super Duke R des Modelljahres 2014: Mit **Spannrahmen** senkrecht im Luftfilterkasten. KTM rät, beim Wechsel des Luftfilters auf die Befestigung mit Spannkeil umzubauen.
- Bei Super Duke R der Mj. 2014 bis 2019, Super Duke R Special Edition im Mj. 2016 und Super Duke GT aller Modelljahre: Mit **Spannkeil** senkrecht im Luftfilterkasten.
- Bei Super Duke R ab Mj. 2020 und Super Duke RR im Mj. 2021: **Flach liegend** im Luftfilterkasten.

Luftfilter aus- und einbauen

Vorarbeit: Abbauen von Sozius- und Fahrersitz, Tankspoiler und Tank. Siehe dazu Kapitel »Verkleidung · Tank · Spiegel«.

1. Bilder 1 und 2: Stecker vom Ansauglufttemperatur-Sensor abziehen.
3. Bild 3: Mit einer kleinen Spitzzange die Enden der Klemmschelle über dem Entlüftungsschlauch zusammendrücken, Schelle zurückschieben und den Schlauch vom Stutzen abziehen.
4. Oberteil des Luftfilterkastens abbauen entsprechend der modellspezifischen Befestigung:
■ Bild 4: Schrauben ausschrauben
■ oder Klemmen öffnen.
5. Zuerst den Spannkeil nach oben herausziehen, dann den Luftfilter (Bild 7) mit Rahmen.

Bild 6

Luftfilter reinigen, einbauen

Wenn in Ausnahmefällen kein neuer Luftfilter verwendet wird, kann man ihn reinigen.
1. Den groben Dreck auf einer weichen Holzunterlage vorsichtig abklopfen.
2. Bild 6: Luftfilter auffächern und mit weicher Druckluft entgegen der Ansaugrichtung vorsichtig durchblasen.
3. Die Innenseiten von Luftfilterkasten, des Oberteils und den Luftfilterrahmen mit einem mit Motorradreiniger (oder Ölspray) getränkten Lappen sauber putzen und trocknen lassen.
4. Bild 8: Gereinigten oder neuen Luftfilter mit Rahmen in den Luftfilterkasten einsetzen. Breitere Seite nach unten.
5. Spannkeil einschieben, schmale Seite unten.
6. Luftfilterkasten-Oberteil aufbauen, Schrauben (Bild 4) »leicht handfest« anziehen.
7. Bilder 2 und 1: Stecker auf den Ansaugluft-temperatur-Sensor aufschieben, es muss leicht klicken. Bild 3: Schlauch auf Stutzen mit Schelle montieren. Tank und Sitze aufbauen.

Luftfilterkasten-Unterteil aus-/einbauen

Das Unterteil muss abgebaut werden, wenn man an das SLS-Schaltventil oder die Zündkerzen gelangen will oder die Ventildeckel abbauen muss zwecks Einstellen der Ventile.

1. Der Deckel des Luftfilterkastens ist schon abgebaut und der Luftfilter ausgebaut.
1.1. Je nach Modell die Benzinleitung oben auf den Ansaugtrichtern abschrauben, Schnellkupplung trennen, Benzinleitung abnehmen.
2. Bild 9: Schrauben der Ansaugtrichter lösen und ausschrauben. Ansaugtrichter abnehmen. Schrauben stecken lassen!
3. Unterteil etwas anheben, unten sind Schläuche zu sehen, einen nach dem anderen abbauen: Enden der Schellen mit Zange zusammendrücken (wie in Bild 3), Schelle zurückschieben, Schlauch vom Stutzen abziehen.
4. Luftfilterkasten-Unterteil herausnehmen, dabei die Schnorchel vorne aus ihren Sitzen lösen.

Anbau in umgekehrter Reihenfolge. Schläuche sorgsam auf die zugehörigen Stutzen aufbauen, Stecker befestigen.

Bilder 6 bis 9 siehe Lauftext.

Bild 7

Bild 8

Bild 9

Bundschrauben M5 Ansaugtrichter an Luftfilterkasten-Unterteil 5 Nm

Korrespondenzkapitel:
- 1 »Wartung · Pflege«
- 18 »Batterie · Ladesystem«
- 19 »Sicherungen · Relais · Stecker«
- 20 »Schaltpläne«

Bild 1: Die Zündkerze wird ohne Anschlussmutter eingebaut.

Bild 2: Aufbau einer modernen Motorrad-Zündkerze.

Zündkerzen

In diesem Kapitel: Serienmäßige Zündkerzen · Wartungsintervalle · Zündkerzen ausbauen, reinigen, einbauen · Elektrodenabstand messen und korrigieren · Das Kerzengesicht beurteilen.

Zündkerzen

Serienmäßige Zündkerzen

Bei Super Duke R der Mj. 2014, 2015 und 2016, bei Super Duke R Special Edition im Mj. 2016:
Innere Zündkerze NGK LKAR9BI9,
Elektrodenabstand 0,9 mm,
Gewinde-Ø 12 mm, Gewindelänge 26,5 mm,
Sechskant mit Schlüsselweite 14 mm,
Anziehdrehmoment 18 Nm
Äußere Zündkerze NGK LMAR7A-9,
Elektrodenabstand 0,9 mm,
Gewinde-Ø 10 mm, Gewindelänge 26,5 mm
Sechskant mit Schlüsselweite 14 mm,
Anziehdrehmoment 11 Nm

Bei Super Duke R ab dem Modelljahr 2017, bei Super Duke RR im Modelljahr 2021, bei Super Duke GT in allen Modelljahren:
Innere Zündkerze NGK LKAR9BI-10,
Elektrodenabstand 1,0 mm,
Gewinde-Ø 12 mm, Gewindelänge 26,5 mm,
Sechskant mit Schlüsselweite 14 mm,
Anziehdrehmoment 18 Nm
Äußere Zündkerze NGK LMAR7DI-10,
Elektrodenabstand 1,0 mm,
Gewinde-Ø 10 mm, Gewindelänge 26,5 mm,
Sechskant mit Schlüsselweite 14 mm,
Anziehdrehmoment 11 Nm

Zündkerze erneuern

Das Alter einer Zündkerze ist generell nicht ausschlaggebend, ob sie erneuert werden muss, es zählen in erster Linie Laufleistung und Belastung. Nach KTM-Vorschrift müssen die Zündkerzen nach 30 000 km erneuert werden. Reinigung und Begutachtung der Zündkerzen bei den

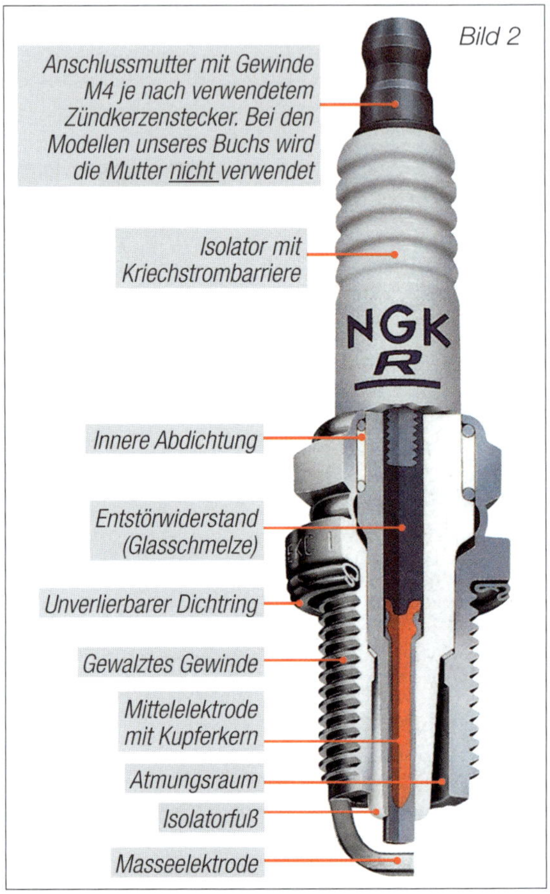

Sicherheitshinweise ⚠ Achtung und ☞ Tipps für dieses Kapitel

⚠ Zu allen Montagearbeiten an der Zündanlage muss die Zündung zuverlässig ausgeschaltet sein! Zündschlüssel am besten abziehen.

⚠ Bei Prüfungen von Bauteilen der Zündanlage keine Stecker bei laufendem Motor abziehen, weil dadurch die elektronischen Bauteile beschädigt werden können.

⚠ Zum Abziehen des Zündkerzensteckers keine Zange zu Hilfe nehmen! Auch nicht mit Reifenmontiereisen, Schraubenzieher oder Flacheisen am Kerzenstecker herumhebeln, denn dadurch kann der Zündkerzenstecker beschädigt werden.

⚠ Zündkerzenstecker nicht mit einem Hammer auf die Zündkerze auftreiben!

⚠ Kerzenstecker und Zündkerze nicht fallen lassen oder hart anschlagen! Dadurch können Teile innen oder außen brechen oder Risse bekommen, was Stromkreisunterbrechungen und Kurzschlüsse zur Folge hat.

☞ Das Gewinde der Zündkerze vor dem Einbau reinigen, mit einem kleinen (klein!) Tropfen Kupferpaste einschmieren, dies verhindert ein Festbacken des Gewindes.

⚠ Beim Einbau der Zündkerze unbedingt darauf achten, dass schon der erste Gewindegang richtig greift, das Außengewinde der Kerze also richtig am Innengewinde im Zylinderkopf angesetzt ist. Eine schräg angesetzte Kerze ruiniert mit ihrem harten Stahlgewinde das Alugewinde im Zylinderkopf bereits nach einer halben Umdrehung.

⚠ Halten Sie bei einer Funkenprüfung der Zündkerze bei ausgebauter Zündkerze einen Feuerlöscher betriebsbereit! Es ist schon passiert, dass der Motor »ersoffen« war, sich das aus dem Zündkerzenloch austretende Gemisch entzündet hat und die ganze Maschine sofort in Flammen stand.

15 000er-Inspektionen ist von KTM nicht vorgeschrieben – siehe dazu »Wartungs- und Inspektionsintervalle« am Anfang des Kapitels »Wartung und Pflege« ganz vorne im Buch.

KTM-Spezialisten bauen die Zündkerzen bei jeder 15 000er-Inspektion aus, reinigen diese und untersuchen sie auf Beschädigungen. Beim Einbau geben sie einen kleinen Tropfen Kupferpaste ans Gewinde (wirklich nur einen ganz kleinen Tropfen!), bauen sie sorgsam ein und ziehen sie mit dem vorgeschriebenen Drehmoment fest.

Was auf den Zündkerzen steht
Beispiel innere Zündkerze NGK LKAR9BI9
»LKA« = Gewinde M12x1,25, Gewindelänge 26,5 mm, mit Dichtring, Sechskant mit Schlüsselweite 14 mm.
»R« = Entstörwiderstand
»9« = Wärmewert
»B« = interner Zusatzcode
»I« = Iridium-Mittelelektrode
»9« = Elektrodenabstand 0,9 mm

Beispiel äußere Zündkerze NGK LMAR7DI-10
»LMA« = Gewinde M10x1, Gewindelänge 26,5 mm, mit Dichtring, Sechskant mit Schlüsselweite 14 mm.
»R« = Entstörwiderstand
»7« = Wärmewert
»D« = interner Zusatzcode
»I« = Iridium-Mittelelektrode
»10« = Elektrodenabstand 1,0 mm

Achtung: Es dürfen nur vorgeschriebene Zündkerzen verwendet werden. Es sind also weder NGK-Zündkerzen mit anderen Bezeichnungen noch Zündkerzen anderer Marken freigegeben. Diese Vorschrift muss eingehalten werden, weil der Einbau anderer Zündkerzen dem Motor großen Schaden zufügen kann!

Zündkerzen aus- und einbauen

Im serienmäßigen Bordwerkzeug ist kein Kerzenschlüssel. Benötigt wird ein Profi-Zündkerzenschlüssel mit einem Gelenk (Bild 6a), der lang genug ist um die tief eingebauten Zündkerzen zu erreichen und innen ein Gummi hat, von dem die Zündkerze bei der Montage gehalten wird.

Zündkerzen ausbauen
Vorarbeiten: Maschine sicher aufbocken. Zündung AUSschalten. Sitze und Tank abbauen. Luftfilter und das Unterteil des Luftfilterkastens ausbauen (siehe Kapitel »Luftfilter). Kabel zur Seite räumen. Eventuell müssen Kabelbinder aufgezwickt und Kabel zur Seite geräumt werden. Dafür sorgen, dass die vier Zündkerzen bzw. ihre Kerzenstecker gut erreichbar sind, so dass man daran montieren kann.

1. Bilder 3 und 4: Stecker von den Zündkerzensteckern abziehen.

2. Zündkerzenstecker etwas drehen, damit er sich in seinem Sitz löst. Feste anpacken, abziehen und herausnehmen (Bild 5).

3. Zündkerzenschächte mit weicher Druckluft ausblasen, damit der eventuell über die Zeit angesammelte Schmutz herausgeblasen wird.

4. Bilder 6 und 6a: Kerzenschlüssel in den Zündkerzenschacht einführen, sicher auf das Sechskant der Zündkerze aufstecken, Zündkerzen lösen, ausdrehen und zusammen mit dem Kerzenschlüssel herausziehen.

5. Die offene Zündkerzenbohrungen mit einem kleinen, nicht fusselnden Lappen verstopfen,

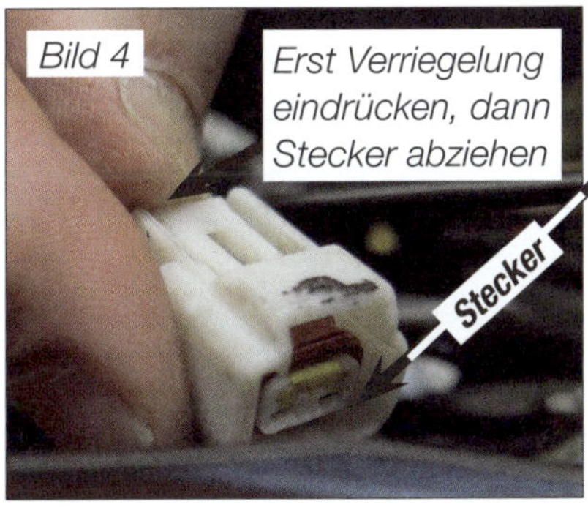

Bilder 3, 4 und 5: Kerzenstecker ausbauen. Bilder 6 und 6a: Zur Zündkerzenmontage werden ein Kerzenschlüssel mit Gelenk und Verlängerungen benötigt.

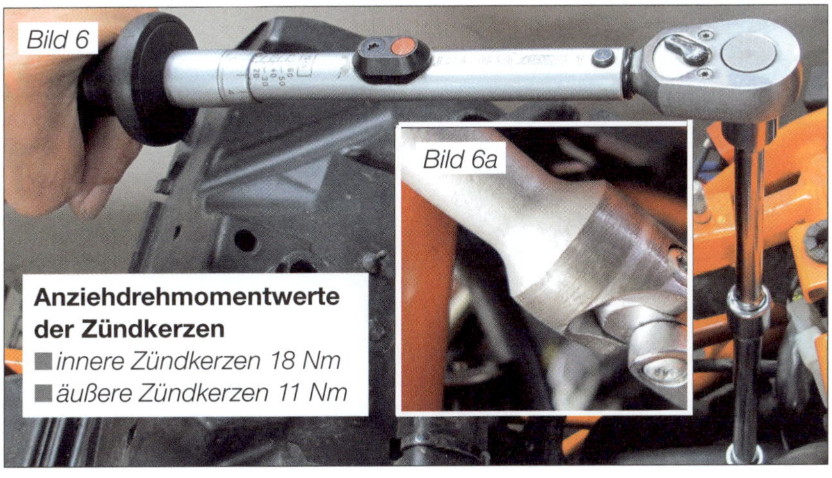

Anziehdrehmomentwerte der Zündkerzen
- *innere Zündkerzen 18 Nm*
- *äußere Zündkerzen 11 Nm*

Bilder 7 und 9: Zündkerze reinigen und einen kleinen Tropfen Kupferpaste auf ihr Gewinde geben.

Bilder 8a und 8b: Der Elektrodenabstand wird zwischen Mittel- und Außenelektrode gemessen.

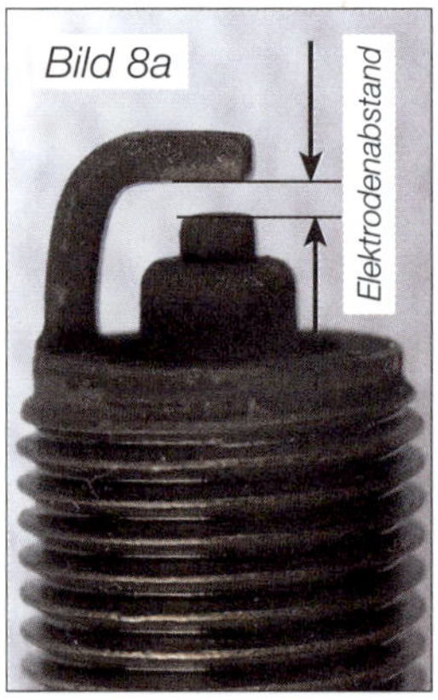

damit Schmutz oder Fremdteile wie Schrauben, Muttern oder Unterlegscheiben nicht versehentlich in den Motor gelangen und dort Beschädigungen verursachen können.

Zündkerzen reinigen

Wichtig: Zündkerze nicht mit einer Stahldrahtbürste reinigen! Besser ist eine spezielle Zündkerzenbürste mit weichen, zu Büscheln zusammengedrehten Messingdrähten. Billiger ist eine harte Zahnbürste (Bild 7). Etwas Bremsenreiniger zum Reinigen der Zündkerze verwenden, dieser löst auch festgebackene Ölablagerungen. Zündkerze nach der Reinigung gut mit Druckluft ausblasen.

Zündkerzen einbauen

1. Bild 9: Einen kleinen Topfen Kupferpaste auf das Gewinde der Zündkerze geben. Dieses verhindert ein Festbacken des Stahlgewindes der Zündkerze im Alugewinde des Zylinderkopfs.

2. Zündkerze in Zündkerzenschlüssel einstecken, in den Schacht einführen, ohne mit der Elektrode irgendwo anzuschlagen nach unten an das Zündkerzengewinde anführen und da von Hand gefühlvoll ansetzen.

3. Zündkerze von Hand (also ohne Nutzung des Hebelarms des Schlüssels!) einschrauben. Erst wenn das Kerzengewinde ganz eingeschraubt ist und ein Widerstand spürbar wird, den Hebel am Zündkerzenschlüssel nutzen.

4. Bild 6: Zündkerzen mit dem vorgeschriebenen Drehmoment festziehen.

4.1. Gebrauchte Zündkerze: Wenn bereits benutzte Zündkerzen, bei denen sich ihr Dichtring schon gesetzt hat:

- Zündkerze außen mit 11 Nm
- Zündkerze innen mit 18 Nm.

4.2. Neue Zündkerze: Wenn eine neue Zündkerze mit einem neuen Dichtring montiert wird: Zündkerze nach Aufsitzen des Gewindebundes um 1/4 bis 1/3 Umdrehung anziehen, lösen, und dann endgültig festziehen mit dem vorgeschriebenen Drehmoment (siehe weiter oben).

5. Kerzenstecker in den Schacht einführen, aufstecken und mit der flachen Hand kräftig aufdrücken, es muss fühlbar klicken.

6. Bilder 3 und 4: Stecker in die Steckdosen der Zündspulen-Kerzenstecker einstecken.

- Weißer Stecker an äußeren Kerzenstecker.
- Schwarzer Stecker an inneren Kerzenstecker.

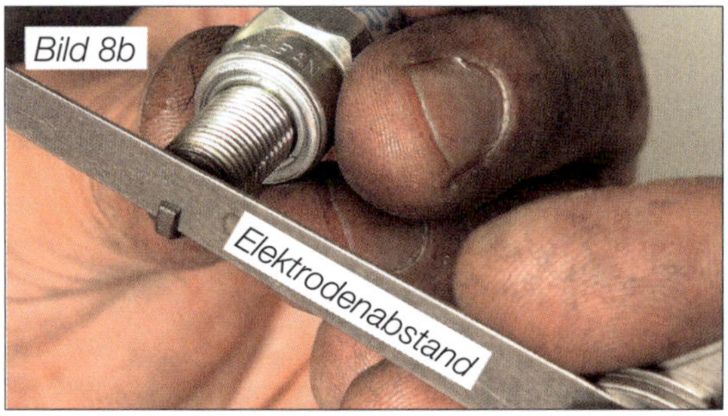

Elektrodenabstand

Gebrauchte Zündkerze begutachten: Die Zündkerze muss erneuert werden, wenn Masseelektrode oder Mittelelektrode starken Abbrand zeigen und der Abstand dieser beiden Elektroden zueinander mehr als vorgeschrieben beträgt.

Bild 8a: Wichtig für die ordnungsgemäße Funktion der Zündkerze ist vor allem der korrekte Elektrodenabstand. Bei einer neuen Zündkerze ist der Elektrodenabstand vom Werk aus korrekt eingestellt.

- NGK LKAR9BI9: Elektrodenabstand 0,9 mm
- NGK LMAR7A-9: Elektrodenabstand 0,9 mm
- NGK LKAR9BI-10: Elektrodenabstand 1,0 mm
- NGK LMAR7DI-10: Elektrodenabstand 1,0 mm

Wenn eine gebrauchte Zündkerze mit einem zu großen Elektrodenabstand wieder montiert werden soll, z. B. weil es nicht möglich ist eine neue Zündkerze zu kaufen, kann der Elektrodenabstand gefühlvoll korrigiert werden. **Doch Vorsicht:** Beim Nachbiegen der Masseelektrode ist die Gefahr groß, dass die Elektrode abbricht oder auch erst später, wenn sie wieder eingeschraubt ist und der Motor läuft.

Elektrodenabstand einstellen

1. Bild 8b: Elektrodenabstand mit Fühlerlehre messen. ■ Maße abhängig von Modell und Modelljahr siehe weiter vorne in diesem Text.

2. Ist der Elektrodenabstand zu weit, was bei einer alten Zündkerze meistens der Fall ist, die Masseelektrode nachbiegen:

2.1. Zündkerze kopfüber in einer Hand halten.

2.2. Mit der anderen Hand einen Schraubenzieher verkehrt herum nehmen und mit dem Griff des Schraubenziehers gaaaanz leicht auf die Elektrode klopfen. Gaaaanz leicht heißt: Lieber einen Hau zu wenig als einen zu viel!

3. Wenn der Elektrodenabstand zu eng ist, weil die Masseelektrode aus Versehen zu stark zusammengeklopft wurde, diese mit einer kleinen Spitzflachzange vorsichtig etwas aufbiegen.

- In jedem Falle gilt: Beim Einstellen des Elektrodenabstandes sehr viel Gefühl walten lassen!

Das Kerzengesicht

Zugegeben, der Aus- und Einbau der Zündkerzen ist bei den Maschinen unseres Buchs viel Arbeit. Aber wenn man spürt, dass der Motor nicht richtig läuft, es ihm an Leistung fehlt und schon alle möglichen Dinge durchrepariert wurden – am Kerzengesicht kann man ablesen, ob Zündanlage, Kraftstoffsystem und Motorinnereien technisch soweit in Ordnung sind oder es irgendwo »klemmt«. Bilder 10 bis 17: Beurteilt werden Zustand und Farbe des Keramikmittelteils, der Mittelelektrode, der äußeren Bügelelektrode und des äußeren Zündkerzenkörpers.

Zu diesem Zweck den Motor im mittleren Drehzahlbereich etwa zehn Kilometer warm fahren und ohne Zwischenstopp zur Werkstatt zurück. Dort den Motor sofort abstellen – nicht längere Zeit im Leerlauf nachlaufen lassen.

Zündkerze beurteilen

1. Zündkerze ausbauen.
2. Bild 10: Sind Keramikisolation und Elektrode sauber, rußfrei und hat das innere Keramikbauteil einen hellgrauen bis rehbraunen Farbton, sind Wärmewert der Zündkerze und Zusammensetzung des Luft-Benzingemisches korrekt.
3. Bei weißem bis aschgrauem Bild ist das Luft-/Kraftstoff-Gemisch zu mager. Dieses deutet auf Falschluft im Ansaugsystem hin: z. B. Ansaugstutzen lose, gerissen, Luftfilterkasten sitzt nicht richtig auf dem Drosselklappengehäuse.
■ Eine auffällig helle, fast weiße Zündkerze stellt sich auch dann ein, wenn der Motor ohne Luftfilter betrieben wird.
4. Bild 13: Bei dunkelbrauner bis schwarzer Verfärbung ist das Kraftstoff/Luft-Gemisch zu fett. Dieses Zündkerzenbild deutet auch auf einen zugesetzten Luftfilter hin.
5. Bild 13: Eine schwarz verrußte, feucht glänzende Kerze deutet auf verschlissene Ventilführungen oder abgenutzte Kolbenringe hin, durch die Motoröl in den Brennraum gelangt: Man nennt dieses Kerzengesicht »verölte Zündkerze«.
6. Bild 13: Starke Öl- und Rußablagerungen verhindern einen korrekten Funken zwischen äußerer und innerer Elektrode. Ruß und andere Ablagerungen an der Zündkerze führen auch zu einer Kurzschlussbrücke zwischen den Elektroden oder auf der Keramikisolation. Wenn die Zündkerze verrußt ist, dreht der Motor nur stotternd hoch und zieht nicht richtig.
7. Bei trockenen Rußablagerungen können die Elektroden anfangen zu glühen, was zu unkontrollierten Fehlzündungen führt. Sie machen durch »Klopfen« (gut hörbar bei niedrigen Drehzahlen und starkem Beschleunigen) oder »Klingeln« (bei hoher Drehzahl und deshalb kaum zu hören) auf sich aufmerksam. Fehlzündungen führen auch dazu, dass der Kolbenboden durchbrennt oder Ventile und Ventilsitze verschmoren.
8. Sofern eine Zündkerze nicht allzu sehr verrußt ist, mit Zündkerzenbürste (Zahnbürste) reinigen.
9. Isolator auf Risse oder Absplitterungen untersuchen. Der Dichtring muss vorhanden und einwandfrei sein.
10. Die Zündkerze muss ausgewechselt werden, wenn sie schwerwiegende Mängel aufweist, beispielsweise:
■ Mittelelektrode stark abgenutzt oder verbrannt
■ Isolator gebrochen
■ Gewinde beschädigt

Bilder 10 bis 17:
10: Normales Zündkerzengesicht. Geringe Verschmutzung. Hellgrauer bis rehbrauner Farbton des Keramikinnenteils.
11: Isolator ist abgebrochen.
12: Isolator beschädigt, starke Ablagerungen.
13: Verrußte Kerze.
14: Anschmelzungen.
15: Koronafleck zwischen Isolator und Metallkörper …
16: … Ursache ist Gas- und Flammdurchgang.
17: Mittelelektrode herausgefallen.

Bild 10

Bild 11

Bild 12

Bild 13

Bild 14

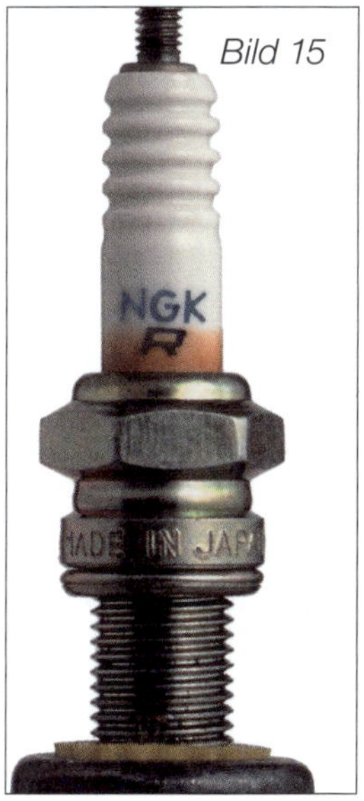

Bild 15

Bild 16

Bild 17

Kupplung

In diesem Kapitel: Aufbau, Funktion, erste Tipps, Kupplungshydraulik · Kupplungsprobleme? · Kupplungsscheiben ausbauen · Kupplungsbauteile prüfen und vermessen · Kupplungsscheiben einbauen · Kupplungskorb und Kupplungsnabe aus- und einbauen.

Kupplung

Die Kupplung wird hydraulisch betätigt, der Geberzylinder ist oben am Lenker (»Handpumpe«) und der Nehmerzylinder ist unten links am Motor. Als Hydraulikflüssigkeit ist eingefüllt:

- Bei Super Duke R der Modelljahre 2014 und 2015: Hydrauliköl der Klassifizierung ISO VG (15), KTM empfiehlt »Motorex Hydraulik Fluid 75«.

Die Ölvorschrift »Hydrauliköl verwenden« ist kenntlich durch eine ***graue Abdeckkappe*** auf dem Entlüfterventil des Nehmerzylinders unten am Motor.

- Bei allen anderen Modellen unseres Buchs ist Bremsflüssigkeit der Qualität DOT 4 oder DOT 5.1 vorgeschrieben. KTM empfiehlt »Castrol React Performance DOT 4« oder »Motorex Brake Fluid DOT 5.1«.

Die Ölvorschrift »Bremsflüssigkeit verwenden« ist kenntlich durch eine *schwarze Abdeckkappe* auf dem Entlüfterventil des Nehmerzylinders unten am Motor.

Kupplungsverschleiß: Die Reib- und Stahlscheiben im Kupplungspaket sind einer hohen Belastung ausgesetzt und verschleißen deswegen mit der Zeit. Wenn sie dünner werden, steigt der Pegelstand der Flüssigkeit im Vorratsbehälter oben am Lenker an. Kontrollieren Sie diesen deswegen regelmäßig, denn sobald der Behälter zu voll wird, stehen die Kupplungsbauteile unter Dauerdruck und die Kupplung beginnt zu »schleifen«, das geschieht quasi schleichend und wird oft kaum bemerkt.

Hydraulikflüssigkeit kontrollieren: Wenn der Pegelstand im Schauglas des Behälters an der Lenkerarmatur unter »Lower« abfällt, muss Flüssigkeit aufgefüllt werden, denn wenn zu wenig Flüssigkeit im System ist, kommt Luft hinein, dann trennt die Kupplung nicht mehr sauber und das Getriebe kracht beim Schalten.

Wenn der Pegelstand im Schauglas des Behälters immer wieder abfällt und sich auch nach einem Auffüllen des Vorratsbehälters am Lenker mit frischer Flüssigkeit nicht hält, ist dies ein Hinweis auf ein Leck im System: Alle Schlauchanschlüsse genau ansehen, ob es irgendwo eine Undichtigkeit gibt. Es kann auch sein, dass der Nehmeryzlinder unten am Motor defekt ist.

Hydraulikflüssigkeit auffüllen: Die Tätigkeiten zur Kontrolle des Flüssigkeitsstandes, dem Auffüllen von Flüssigkeit, Entlüften der Kupplungshydraulik und Wechsel der Flüssigkeit sind gleich wie bei den Bremsen (siehe dazu Kapitel »Bremsen«). Bitte beachten Sie, dass das Flüssigkeitsvolumen im Hydrauliksystem der Kupplung viel geringer ist als bei den Bremsen und man deswegen beim Entlüften sehr sorgfältig vorgehen muss.

Hydraulikflüssigkeit wechseln, System entlüften: Laut Wartungsplan soll die Flüssigkeit in der Kupplungshydraulik alle zwei Jahre erneuert werden. KTM empfiehlt dazu eine große Spritze (»Entlüftungsspritze für Kupplungshydraulik« Nr. 50329050000). Diese wird mit einem passenden Schlauch unten auf der Entlüfterschraube des Nehmerzylinders aufgesetzt und die alte Flüssigkeit ausgezogen, während oben im Vorratsbehälter frische Flüssigkeit nachgefüllt wird. Aber die Methode wie wir sie im Kapitel »Bremsen« zeigen in den Bildern 38 bis 48 und im Text erklären ist einfacher, billiger und funktioniert auch.

Kupplungsprobleme?

Ergänzend zum nächsten Kapitel »Schaltung« führen wir nun einige mögliche Probleme und Ursachen auf, die an der Kupplung auftauchen und die Schaltung beeinflussen können.

Probleme mit der Kupplung
Fehler: Kupplung rutscht beim Beschleunigen
Mögliche Ursachen:

- Zu viel Flüssigkeit in der Kupplungshydraulik, deswegen ist kein Spiel zwischen Hydraulikkolben im Nehmerzylinder, Kupplungsausrücklager und Druckstange
- Kupplungsfedern ermüdet
- Beläge der Reibscheiben abgenutzt
- Stahlscheibe(n) verzogen
- Graphit- oder Molybdänzusatz im Motoröl

Fehler: Kupplung rückt nicht aus
Mögliche Ursachen:

- Luft in der Kupplungshydraulik
- Hebelweg am Kupplungs-Handhebel zu ge-

ring, weil der Kupplungshebel stark verbogen ist
- Kupplungsscheibe(n) verzogen
- Kupplungsnabenmutter locker
- Ausrück-Hydrauliksystem defekt
- zu viel oder zu dickes Öl im Motor

Fehler: Kupplung rupft, lässt sich nur schlecht dosieren
Mögliche Ursachen:
- Verzahnungen der Kupplungsstahlscheiben oder der Reibscheiben haben sich in die Kupplungsnabe oder Kupplungskorb eingeschlagen. Meistens verschleißen diese gleichzeitig
- Kupplungsstahlscheiben verzogen
- Kupplungsreibscheiben verschlissen, Reibbelag ausgebrochen, Scheiben verzogen
- Kupplungshebel schwergängig

Fehler: Kupplung verlangt übermäßig Kraft
Mögliche Ursachen:
- Kolben mit Manschetten im Geberzylinder oben am Lenker oder Kolben im Nehmerzylinder unten am Motor schwergängig
- Kupplungshebellager am Handgriff gefressen, verdreckt, beschädigt
- Aufnahme des Kupplungs-Handhebels verbogen, ist Sturz- oder Umfall-Folgeschaden

Probleme mit der Schaltung
Fehler: Getriebe schwer schaltbar
Mögliche Ursachen:
- Luft in der Kupplungshydraulik
- zu wenig Flüssigkeit in der Kupplungshydraulik
- zu wenig Öl im Motor
- falsche Ölviskosität: zu dickes oder zu altes Öl

Kupplungsscheiben

Maschine auf einem Montageständer abstellen, sie muss fest stehen, damit man sicher daran arbeiten kann! Wenn unterwegs auf großer Tour ein Kupplungsdefekt auftritt, kann man die Maschine zum Arbeiten an der Kupplung auch auf die linke Seite legen.

Wenn die Kupplung ausgebaut werden muss, weil ein deftiger Kupplungsschaden vorliegt, z. B. die Kupplungsscheiben gebrochen sind, dann gibt es Bruchteile im Motor und im Öl: Ölsiebe und Ölfilter erneuern, frisches Öl einfüllen.

1. Motoröl ablassen.
2. Schrauben im Kupplungs-Außendeckel auf der rechten Motorseite (Bild 8) ringsum Schritt für Schritt erst lösen, dann ausdrehen.
3. Deckel abnehmen. Bei älteren Maschinen ist der Deckel meist zusammen mit dem O-Ring auf dem Gehäuse verklebt: Gummihammer zu Hilfe nehmen, ringsum leicht auf den Deckel klopfen.
4. Die drei Schrauben des Anschlags eine nach der anderen in kleinen Schritten lösen, ausdrehen, Anschlag abnehmen. Federn herausziehen.
5. Druckkappe herausziehen. Reib- und Stahlscheiben herausziehen, in der Ausbaureihenfolge ablegen. Federring und Federsitzring abnehmen.

Kuppungsscheiben prüfen und vermessen
Hinweis: Die Sollmaße für die Kupplungsfedern der verschiedenen Modelle und Modelljahre finden Sie auf der übernächsten Seite.

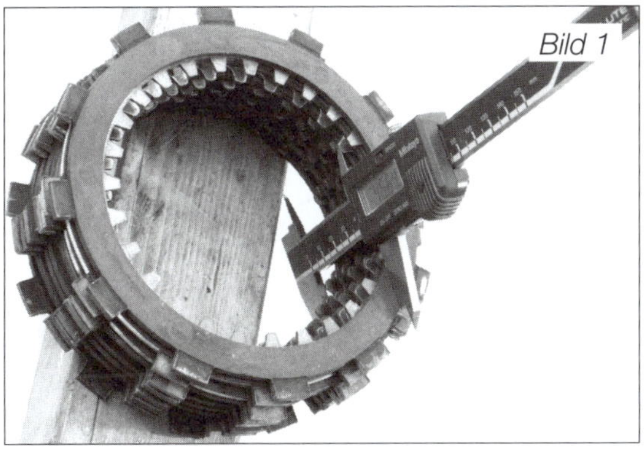
Bild 1

Bild 1: Das so genannte »Paketmaß« gibt es für einen Satz neuer Stahl- und Reibscheiben sowie für gebrauchte.

- *Bitte sehen Sie auf Seite 89 nach, dort sind die Maße aufgelistet.*

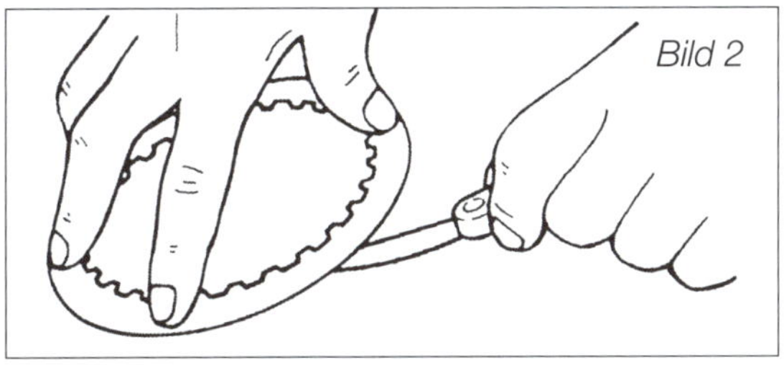
Bild 2

Bild 2: Prüfen einer Stahlscheibe auf Verzug. Maximal zulässiger Verzug der Stahlscheiben 0,1 mm.

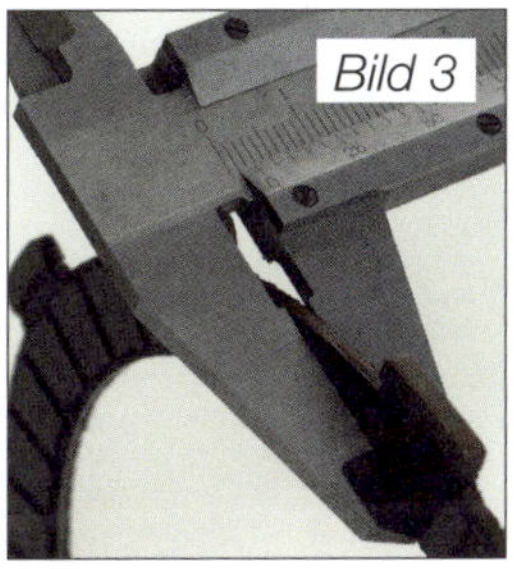
Bild 3

Bild 3: Vermessen einer Reibscheibe. Von KTM gibt es keine verbindlichen Maße, deswegen kann man nur Scheibe um Scheibe maßlich miteinander vergeichen.

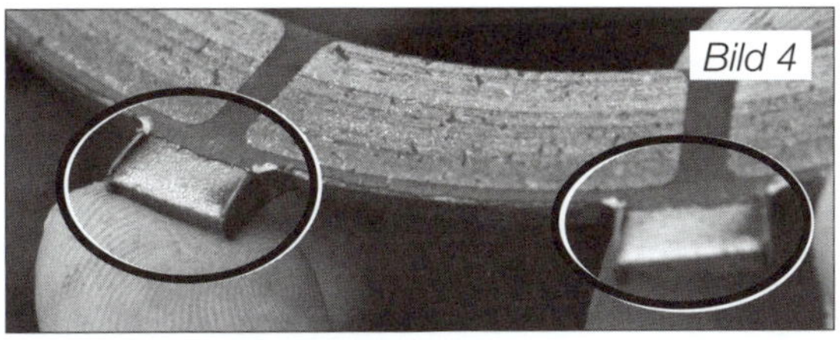
Bild 4

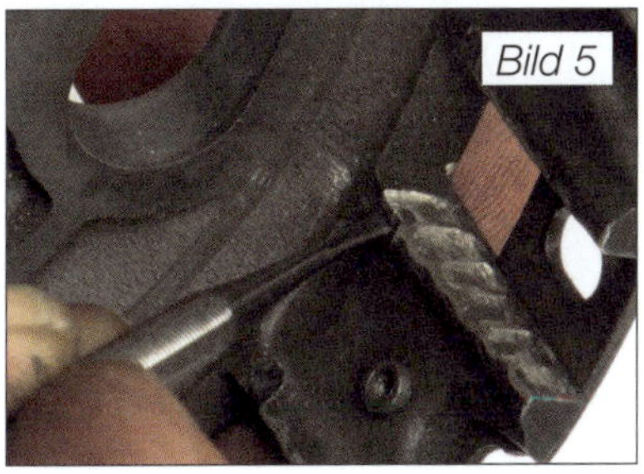
Bild 5

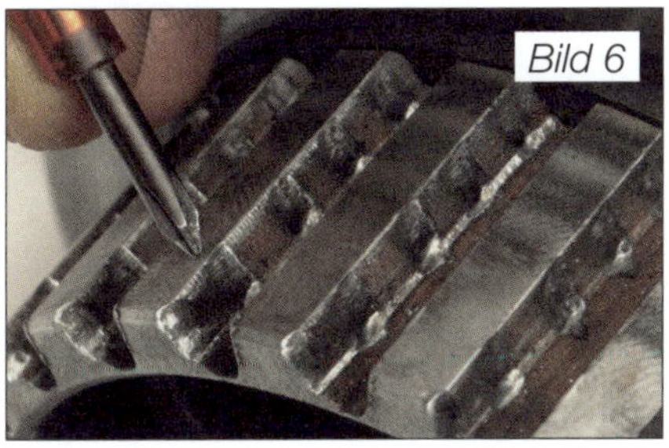
Bild 6

Bilder 4, 5 und 6: Verschleißbilder an den Klauen einer Reibscheibe, im Kupplungskorb und an der Kupplungsnabe.

Sichtprüfung Messen

1. Reinigen: Mit sauberem Lappen Ölreste von allen Reib- und Stahlscheiben wischen.
2. Bild 2: Auf einer Richtplatte alle Stahl- und

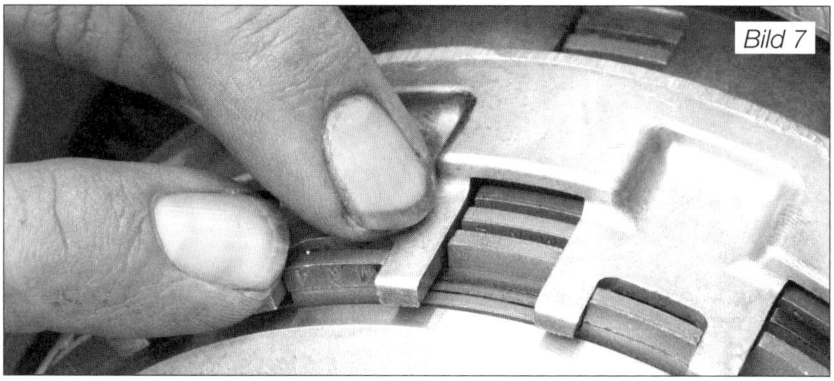

Bild 7

Reibscheiben auf Verzug prüfen. Sind sie mehr als 0,1 mm verzogen oder an ihren Oberflächen blau verfärbt, braucht man nicht mehr weiter zu messen, dann steht fest, dass die Scheiben defekt sind und im Satz erneuert werden müssen.
3. Dicke der Reibscheiben an mindestens vier Messstellen messen (Bild 3). Es gibt zwar keine verbindlichen Maße, aber man kann ja die Gleichmäßigkeit der Scheiben zueinander messen.
4. Bild 4: Klauen der Reibscheiben begutachten: Sie dürfen keine aufgeworfenen Kanten haben.
4.1. »Kleine Kanten« an den Klauen der Reib-

Zu Montagearbeiten an der Kupplung genügt es die Bauteile 1 mit 2 sowie 6 mit 7 und 8 abzunehmen. Die Teile ab 3 »Kupplungsdeckel mit Lager« bleiben angebaut.

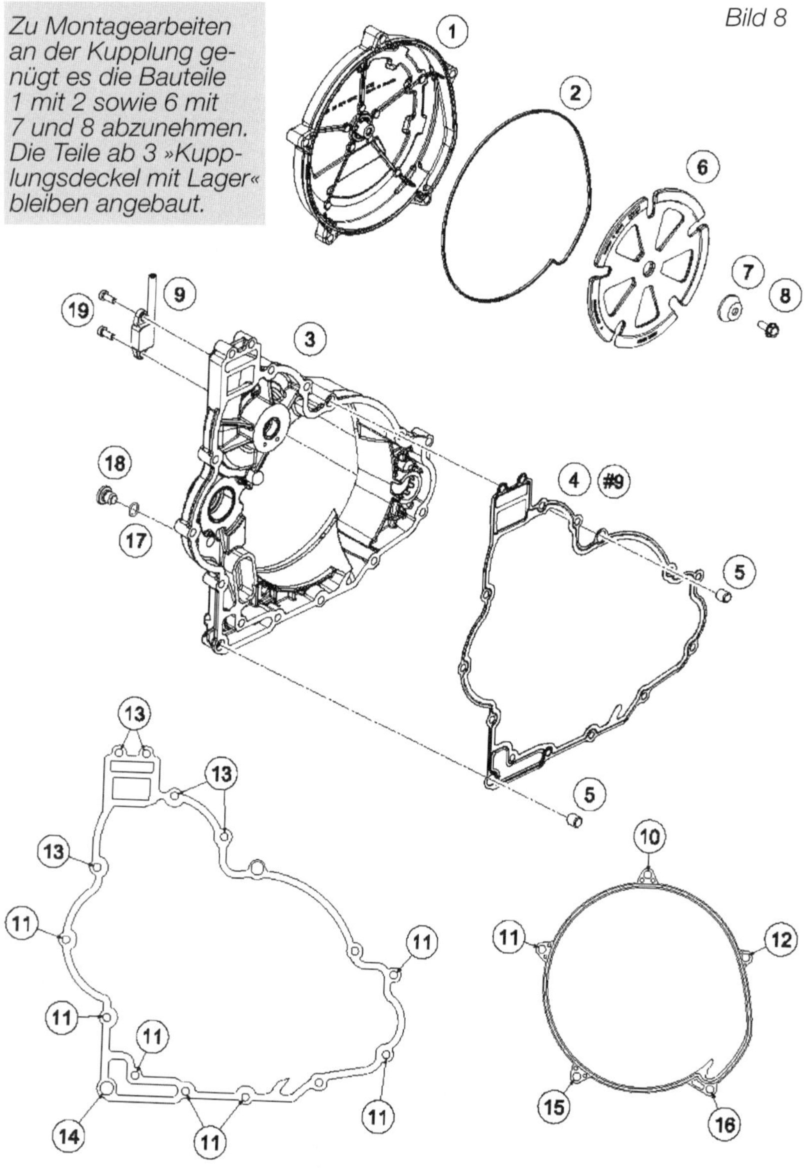

Bild 8

Bauteile Kupplung Bild 8

Position 1: Kupplungs-Außendeckel

Position 2: Formring Kupplungs-Außendeckel

Position 3: Kupplungsdeckel mit Lager

Position 4: Kupplungsdeckeldichtung

Position 5: Passhülse 9,8x7x10

Position 6: Dämpfungsblech komplett

Position 7: Buchse

Position 8: EJOT Altracs

Position 9: Schaltwellen-Sensor

Position 10: 6-kt-Bundschraube M6x95 ISA30

Position 11: 6-kt-Bundschraube M6x30 ISA30

Position 12: 6-kt-Bundschraube M6x90 ISA 30

Position 13: 6-kt-Bundschraube M6x45 ISA 30

Position 14: 6-kt-Bundschraube M6x45 ISA 30

Position 15: 6-kt-Bundschraube M6x25 ISA 30

Position 16: 6-kt-Bundschraube M6x85 ISA 30

Position 17: O-Ring 9x1,5 V80 SH

Position 18: Verschlussschraube M10x1

Position 19: Zylinderschraube DIN 6912 M5x14 (8.8)

Bauteile Kupplung Bild 9

Position 1: 6-kt-Bundschrauben M6x45 SW10

Position 2: Dämpfer

Position 3: Kupplungsfedern

Position 4: Druckkappe

Position 5: Rillenkugellager 6003 JR2 C4

Position 6: Distanzplatte 7 mm

Position 12: 6-kt-Mutter M22x1,5

Position 13: Scheibe 22x37x3

Position 14: Anschlag Druckkappe

Position 15: Mitnehmer (Kupplungsnabe)

Position 16: Profilscheibe 03

Position 17: Kupplungskorb komplett

Position 18: Ölpumpenzahnrad Z32

Position 19: Nadelhülse HK30x35x26

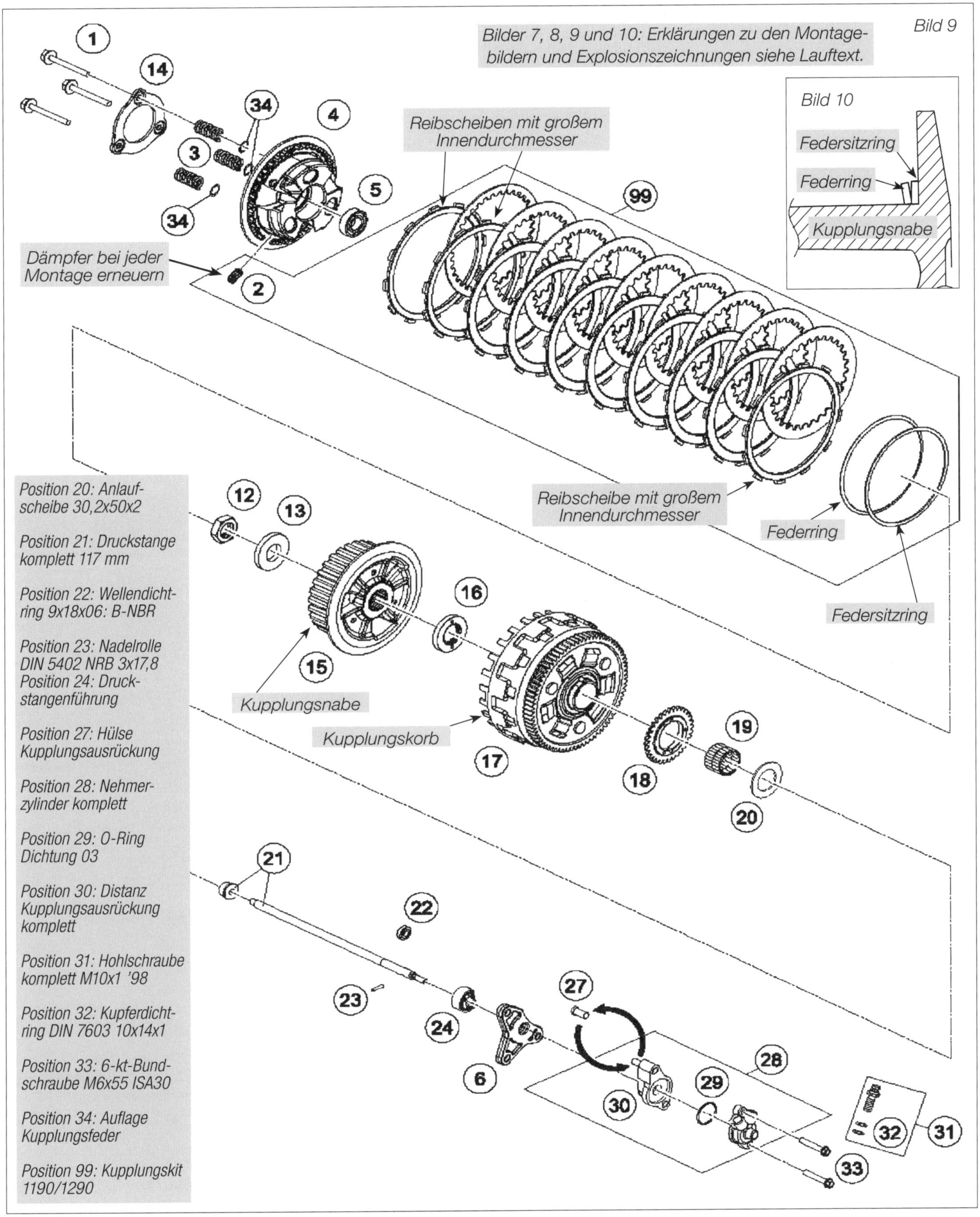

Position 20: Anlaufscheibe 30,2x50x2

Position 21: Druckstange komplett 117 mm

Position 22: Wellendichtring 9x18x06: B-NBR

Position 23: Nadelrolle DIN 5402 NRB 3x17,8
Position 24: Druckstangenführung

Position 27: Hülse Kupplungsausrückung

Position 28: Nehmerzylinder komplett

Position 29: O-Ring Dichtung 03

Position 30: Distanz Kupplungsausrückung komplett

Position 31: Hohlschraube komplett M10x1 '98

Position 32: Kupferdichtring DIN 7603 10x14x1

Position 33: 6-kt-Bundschraube M6x55 ISA30

Position 34: Auflage Kupplungsfeder

Position 99: Kupplungskit 1190/1290

Bild 11: Die Zentralmutter der Kupplungsnabe ist sehr fest angezogen. Sie lässt sich mit einem Schlagschrauber einfach öffnen. Dabei eine gut sitzende Sechskantnuss verwenden!

Bild 12: Ein Kupplungsnabenhalter ist unbedingt nötig bei der Montage von Kupplungsnabe und Kupplungskorb.

scheiben (Bild 5) können abgefeilt werden. Kanten dabei nicht zu stark brechen.

5. An den Stellen, wo die äußeren Klauen der Reibscheiben im Kupplungskorb und die inneren Klauen der Stahlscheiben in der Kupplungsnabe anliegen, sind Druckstellen zu sehen (Bilder 5 und 6). Bis zu einer gewissen Tiefe sind das normale Gebrauchsspuren, die man mit einer kleinen Feile glätten kann, die Kupplung lässt sich dann besser dosieren.

6. Sind die Riefen, Kerben, Scharten oder aufgeworfenen Kanten allerdings stark ausgeprägt, müssen Kupplungsnabe, Kupplungskorb, Reib- und Stahlscheiben erneuert werden.

7. Freie Länge der Kupplungsfedern messen. Die Sollmaße für die Federn in den verschiedenen Modellen und Modelljahre finden Sie auf der nächsten Seite.

Kupplungsscheiben einbauen

1. Wenn Sie neue Reibscheiben einbauen, diese mindestens eine halbe Stunde in frischem Motoröl »baden«. Erst wenn sie satt mit Öl vollgesogen sind, sind sie einbaufertig.

■ Wenn sie trocken montiert werden, besteht die Gefahr, dass sie bei der ersten Benutzung der Kupplung verbrennen!

2. Federsitzring und Federring auf Kupplungsnabe schieben (Bilder 9 und 10).

3. Erste Reibscheibe einsetzen, das ist eine der drei mit großem Innendurchmesser.

3.1. Nun abwechselnd 8 Stahlscheiben und 7 gleiche Reibscheiben montieren.

3.2. Es folgen eine Reibscheibe mit größerem Innendurchmesser, eine Stahlscheibe und die letzte Reibscheibe mit größerem Innendurchmesser. Diese wird um einen Eingriff versetzt montiert (Bild 7).

4. Druckkappe, Auflagen der Druckfedern und Druckfedern einsetzen, Anschlag aufsetzen, Schrauben eindrehen und mit 12 Nm festziehen.

5. Gehäusedeckel aufbauen: Dichtflächen gut reinigen. Schrauben unterschiedlicher Längen (siehe Bild 8) eindrehen, mit 10 Nm festziehen.

6. Öl einfüllen nicht vergessen!

7. Kupplung einige Male betätigen, um in der Hand zu spüren, wie sie ausrückt.

8. Motor starten, Kupplung und Schaltung mit Gefühl testen. Probefahrt durchführen.

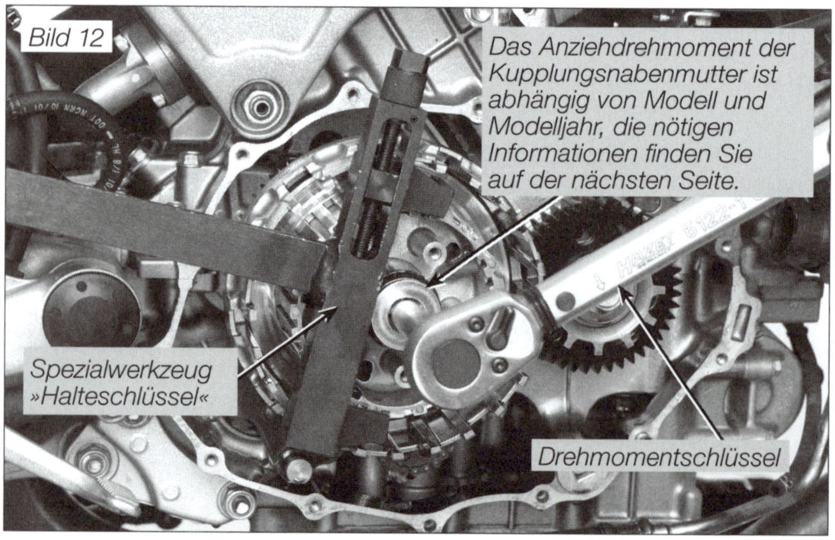

Kupplungsnabe, Kupplungskorb

Bild 12: Zum Aus- und Einbau von Kupplungsnabe und Kupplungskorb ist das KTM-Spezialwerkzeug »Halteschlüssel für Kupplungsnabe und Kupplungskorb« (Nr. 51129003000) nötig oder ein anderer, handelsüblicher Kupplungsnabenhalter.

1. Bild 12: Spezialwerkzeug »Kupplungshalter« auf die Kupplungsnabe aufbauen. Zum Öffnen der Mutter das Spezialwerkzeug kräftig gegenhalten, denn die Mutter ist mit 120 bis 140 Nm festgezogen! Mutter abdrehen, Scheibe abnehmen, Kupplungsnabe abziehen.

Hinweis: Die Mutter kann man auch mit einem Schlagschrauber öffnen (Bild 11).

2. Kupplungskorb abziehen.

Kupplungsnabe und -korb einbauen

1. Kupplungskorb zentrisch auf die Welle schieben, bis das Ölpumpen-Zahnrad sitzt.

2. Kupplungskorb halten, eingeöltes Nadellager zwischen Kupplungskorb und Welle einführen.

3. Kupplungsnabe aufschieben, Scheibe nachschieben, Mutter aufdrehen.

4. Bild 12: Kupplungsnabenhalter aufbauen, Mutter festziehen (Drehmomente siehe rechts).

5. Wichtig: Kontrolle, ob alles richtig montiert ist: Kupplungsnabe und Kupplungkorb müssen sich unabhängig leicht drehen lassen.

6. Kupplungsscheiben einbauen siehe Text weiter vorne in diesem Kapitel.

Kupplung: Daten, Kupplungsflüssigkeit, Maße etc.

Bauart und Technische Daten der Kupplung

Kupplung: Mehrscheibenkupplung im Ölbad, hydraulisch betätigt, mit Anti-Hopping-Funktion. Ein Kupplungspaket besteht aus:
■ 10 Stück Reibscheiben: KTM bezeichnet diese als »Kupplungsbelaglamellen«
■ 9 Stück Stahlscheiben: KTM bezeichnet diese als »Kupplungszwischenlamellen«

Technischer Hinweis: Neue Reib- und Stahlscheiben gibt es nur gemeinsam als Paket im Satz zu kaufen. Es gibt also weder originale Reib- oder Stahlscheiben einzeln noch 10 Stück neue Reibscheiben oder 9 Stück Stahlscheiben.

Kupplungsbetätigung: Der Kolben in der Handarmatur hat Ø 13 mm, der Kolben im Nehmerzylinder hat Ø 24 mm

Kupplungsflüssigkeit: Bei Super Duke R der Modelljahre 2014 und 2015: ■ Nur Hydrauliköl der Klassifizierung ISO VG (15) verwenden. KTM empfiehlt »Motorex Hydraulik Fluid 75« ■ Die Ölvorschrift »Hydrauliköl verwenden« ist kenntlich gemacht durch eine ***graue Abdeckkappe*** auf dem Entlüfterventil des Nehmerzylinders unten am Motor.

Bei allen anderen Modellen unseres Buchs:
Super Duke R ab Modelljahr 2016
Super Duke R Special Edition im Modelljahr 2016
Super Duke RR im Modelljahr 2021
Super Duke GT ab Modelljahr 2016
■ Nur Bremsflüssigkeit DOT 4 oder DOT 5.1 verwenden. KTM empfiehlt: Castrol React Peformance DOT 4 oder Motorex Brake Fluid DOT 5.1
■ Die Ölvorschrift »Bremsflüssigkeit verwenden« ist kenntlich gemacht durch eine ***schwarze Abdeckkappe*** auf dem Entlüfterventil des Nehmerzylinders unten am Motor.

Neu- und Verschleißmaße der Kupplung

Kupplungspaket neu: Dicke des Kupplungspakets im Neuzustand = 10 Stück neue Reibscheiben und 9 Stück neue Stahlscheiben aufeinanderlegen, leicht zusammenpressen und an drei verschiedenen Stellen messen. Das Paketmaß muss betragen: .... 47,2 mm bis 48,0 mm

Kupplungspaket gebraucht: Dicke des Kupplungspakets im Gebrauchtzustand, Öl sauber abgewischt = 10 Stück gebrauchte Reibscheiben und 9 Stück gebrauchte Stahlscheiben aufeinanderlegen, leicht zusammenpressen und an drei verschiedenen Stellen messen, das Paketmaß muss mindestens betragen:
Bei Super Duke R der Modelljahre 2014 bis 2016...... 46,5 mm
Bei Super Duke R Special Edition im Mj. 2016........... 46,5 mm
Bei Super Duke R ab Modelljahr 2017 .... 46,0 mm
Bei Super Duke RR im Modelljahr 2021 .... 46,0 mm
Bei Super Duke GT alle Modelljahre........................... 46,0 mm

Kupplungsfedern Verschleißmaße: Minimal zulässige Länge der Kupplungsfedern in ausgebautem und unbelastetem (entspanntem«) Zustand:
Bei Super Duke R der Modelljahre 2014 bis 2016......43,5 mm
Bei Super Duke R Special Edition im Mj. 2016........... 43,5 mm
Bei Super Duke R der Modelljahre 2017 bis 2019...... 45,8 mm
Bei Super Duke R ab Modelljahr 2020 .... 44,7 mm
Bei Super Duke RR im Modelljahr 2021 .... 44,7 mm
Bei Super Duke GT der Modelljahre 2016 bis 2018 ... 45,7 mm
Bei Super Duke GT ab Modelljahr 2019..................... 45,8 mm

Kupplungsfedern Farben
Bei Super Duke R der Modelljahre 2014 bis 2016 und bei Super Duke R Special Edition im Mj. 2016 .... Grün
Bei Super Duke R ab Modelljahr 2017, bei Super Duke RR im Mj. 2021, Super Duke GT alle Mj...............Orange

Anziehdrehmomente der Kupplung

Schrauben M6 Kupplungsaußendeckel an Kupplungsdeckel...10 Nm
■ *O-Ring kontrollieren, leicht einölen*

Schrauben M6 Kupplungsdeckel an Motor ....10 Nm
■ *neue Dichtung verwenden*

Schrauben M6 Druckplatte an Kupplungsnabe..............12 Nm

Bei Super Duke R im Mj. 2014: Kupplungsnabe mit Mutter M22x1,5 auf Getriebewelle ....130 Nm
■ *plus Loctite 243 »mittelfest«*

Bei Super Duke R in den Mj. 2015 bis 2019, Super Duke R Special Edition im Mj. 2016, Super Duke GT alle Mj: Kupplungsnabe mit Mutter M22x1,5 auf Getriebewelle ....120 Nm
■ *plus Loctite 243 »mittelfest«*

Bei Super Duke R ab Mj. 2020 und Super Duke RR: Kupplungsnabe mit Mutter M22x1,5 auf Getriebewelle ....140 Nm

Spezialwerkzeuge

Entlüftungsspritze für Kupplungshydraulik (Nr. 50329050000)
Montagehülse für Wasserpumpenwelle (Nr. 61229005000)
Halteschlüssel für Kupplungsnabe und Kupplungskorb (Nr. 51129003000)

Sichtprüfung Messen

Redaktioneller Hinweis: Dieses Kapitel zeigt die Schaltung ohne Quickshifter. Zu Wartung, Einstellung und Reparatur einer Schaltung mit Quickshifter ist ein Diagnosetool nötig. Ob ohne oder mit Quickshifter – die Grundbauteile der Schaltung außen und innen sind gleich.

Schaltung

In diesem Kapitel: Einstellung des Fußschalthebels · Probleme mit der Schaltung? · Schaltung innen: Defekte lokalisieren und beheben.

Einstellung des Fußschalthebels

Bilder 1 und 2: Der Fußschalthebel sitzt am linken Fußrastenhalter. Auf der links unten aus dem Motor ragenden Schaltwelle ist eine U-förmige Umlenkung montiert, die mit dem Fußschalthebel über eine Schaltstange mit zwei Kugelköpfen verbunden ist. Die Schrägstellung des Schalthebels und damit der Abstand zur Oberseite der Fahrerfußraste kann durch entsprechende Einstellung der Schaltstange eingestellt werden. Bild 2: Eine Seite hat ein Linksgewinde, die andere ein Rechtsgewinde. Die Kontermutter mit dem Linksgewinde ist hinten und durch kleine Nuten im Sechskant leicht erkennbar.

Bilder 1 und 2: Fußschaltung mit kleinem Schalthebel, Fußschalthebel und einstellbarer Schaltstange.

Die Schrägstellung des Fußschalthebels und somit sein Abstand zur Oberseite der Fußraste (Bild 1) wird durch die Länge der Schaltstange (Bilder 2, 3 und 5) bestimmt.

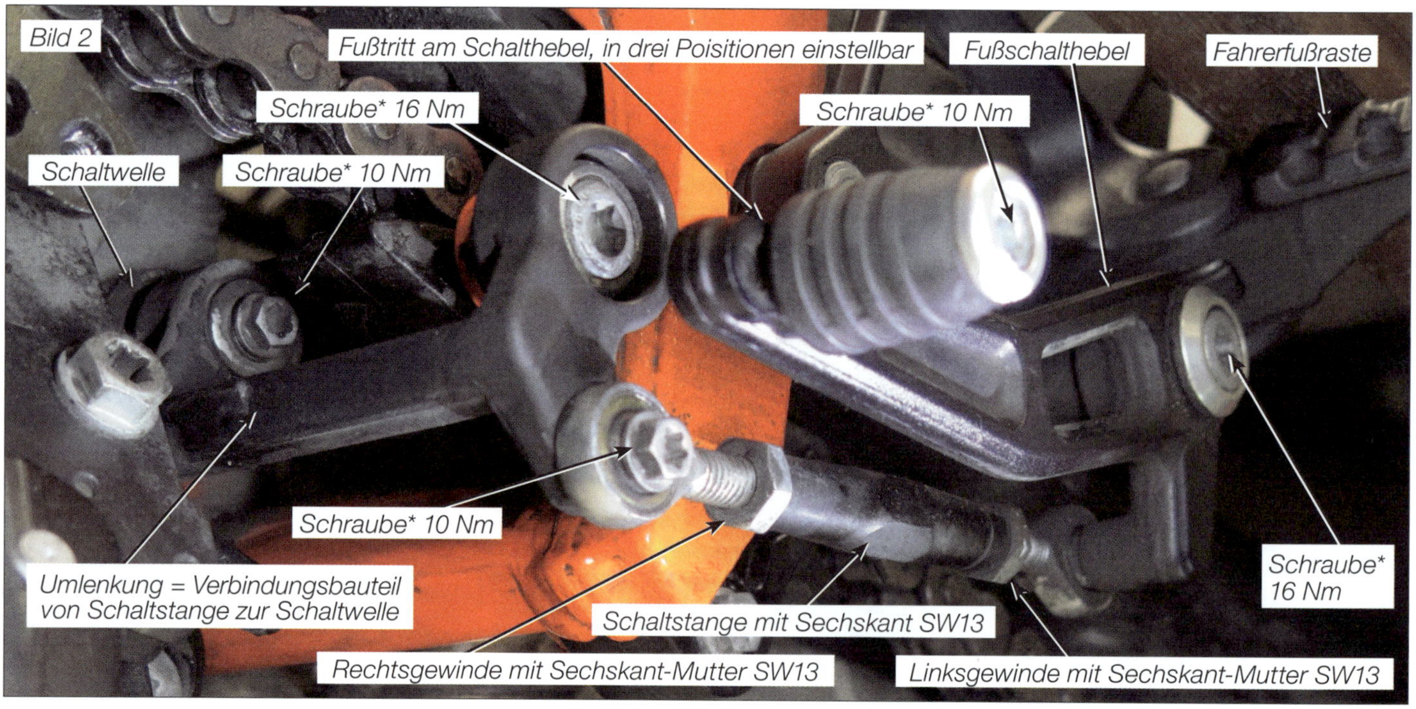

* = Loctite 243 »mittelfest« an Gewinde

Untere Umlenkung

Bild 2: Die untere Umlenkung muss so angebaut sein, dass ihre tiefste Stelle in der Abflachung nach unten zeigt, dann kann die Kette frei darüber hinweglaufen. Auch ist dann die Schaltstange mit ihrem vorderen Kugelkopf im Winkel von nahe 90 Grad zur Umlenkung angebaut, was eine wichtige Voraussetzung ist für exakte Funktion der Schaltung.

Schaltstange einstellen

1. Beide Kontermuttern auf den Gewinden der Schaltstange lösen und mindestens zwei Umdrehungen von den Kugelköpfen wegdrehen. Das vordere Gewinde ist ein Rechtsgewinde (Bild 2), das hintere ein Linksgewinde. Bitte schauen Sie zur Sicherheit genau hin, weil die Schaltstange auch anders herum montiert sein kann.

Beachten: Beim Lösen und Festziehen der Kontermuttern mit 13er-Gabelschlüssel am Sechskant der Schaltstange gegenhalten, damit die Kugelköpfe nicht beschädigt werden!

2. Wenn beide Kontermuttern gelöst sind: Durch Rechts- oder Linksdrehen der Schaltstange wird die Lage des Fußschalthebels nach oben oder unten verändert.

3. Wenn die richtige Einstellung gefunden ist, die Kontermuttern »gut handfest« gegen die Kugelköpfe kontern; auch hierbei am Sechskant der Schaltstange (Bild 5) gegenhalten.

Hinweis: Grundsätzlich sollen Fußschalthebel und Fußbremshebel auf gleicher Höhe stehen.

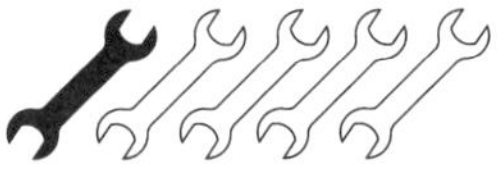

Bild 3: Zum Verstellen der Schaltstange werden zwei 13er-Gabelschlüssel benötigt.

Bilder 4, 5 und 5a: Explosionszeichnungen der äußeren Schaltbauteile sowie der im Motor eingebauten Schaltwelle mit Schaltklinke und Federn.

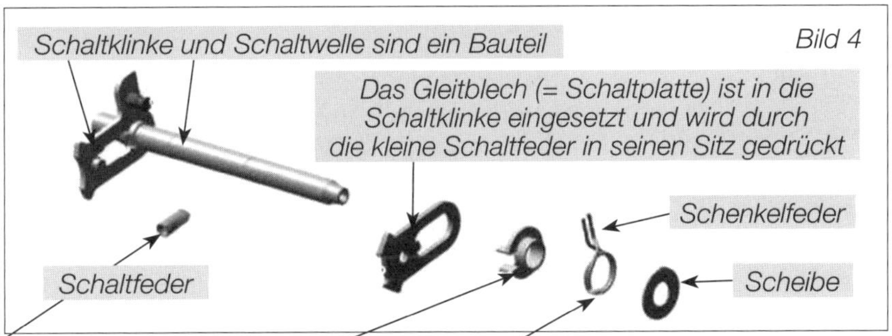

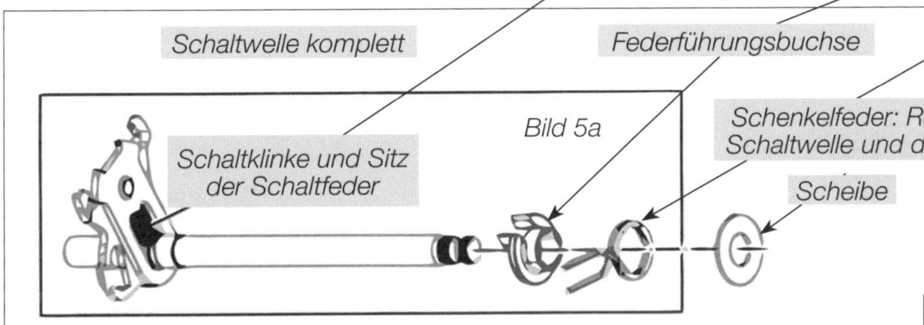

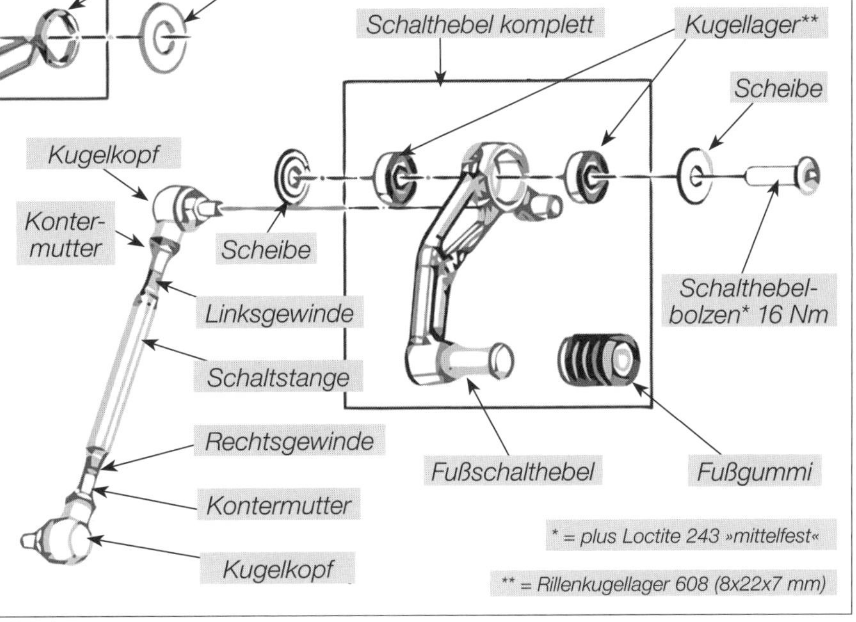

Probleme mit der Schaltung?

1. Kontermuttern an der Schaltstange lose, Schaltwelle wird ungenau bewegt.

2. Kugellager im Schalthebel defekt, Schalthebel bewegt sich nur schwer.

3. Schalthebelbolzen verbogen und klemmt, ist ein Sturz- oder Unfall-Folgeschaden.

Die Explosionszeichnungen in den Bildern 4 und 5a zeigen die inneren Schaltbauteile. Um an sie ranzukommen, muss man die Kupplung ausbauen. Defekt sein können: Gleitblech hängt in der Schaltklinke, Schalt- und Schenkelfeder lahm oder gebrochen.

Anlasser

In diesem Kapitel: Anlasser auf Funktion prüfen · Motor durch Anschieben starten · Motor fremdstarten · Sicherungen, Anlasserrelais prüfen · Anlasser aus- und einbauen · Anlasserfreilauf ausbauen, prüfen, einbauen.

Anlasser kaputt?
Der Anlasser ist auf mehr als 100 000 Starts ausgelegt, er geht eigentlich nicht kaputt.

Und wenn doch? Klar kann man einen Anlasser zerlegen und reparieren, man kann auch neue Schleifkohlen einsetzen, wenn diese zu kurz geworden sind spätestens nach dem 100 001. Start.

Allerdings gibt es von KTM keine Ersatzteile – es gibt nur neue Anlasser zum Preis von rund 370 Euro. Wem das zu teuer ist, der sollte im Internet nachschauen nach gebrauchten Teilen oder »Tauschanlasser«. Es gibt sogar noch echte Spezialisten, die Anlasser reparieren können.

Anlasser reagiert nicht

Wenn der Starterknopf betätigt wird und der Anlasser nicht reagiert, zuerst Folgendes prüfen:
- Steht der Motorstoppschalter (»Killschalter«) am Lenker auf ON?
- Ist der Leerlauf sicher eingelegt? Nicht immer ist der Leerlauf auch drin, wenn das grüne Licht in der Armatur leuchtet!
- Ist der Seitenständer hochgeklappt? Wenn JA, Kupplungshebel ganz durchziehen und noch einmal versuchen.

Batterie defekt? Stromfluss gestört?
Wenn der Motor gestern noch problemlos ansprang, aber heute nicht mehr, kann die Batterie hinüber sein, das kann ziemlich plötzlich passieren (siehe Kapitel »Batterie · Ladesystem«). Es kann aber auch sein, dass der Strom irgendwo auf dem Weg von der Batterie über den Starterknopf zum Anlasserrelais und Anlasser schlechten Kabelkontakt hat. Alle entsprechenden Steckverbindungen auf sicheren Sitz, Korrosion an Kontaktzungen und Steckverbindungen, Kabelanschlüsse an Batterie, sichere Verbindung der Massekabel zum Rahmen sowie Sicherungen überprüfen (siehe Kapitel »Sicherungen · Relais · Stecker«). Auch die Einsicht in das Kapitel »Schaltpläne« ist wichtig und richtig.

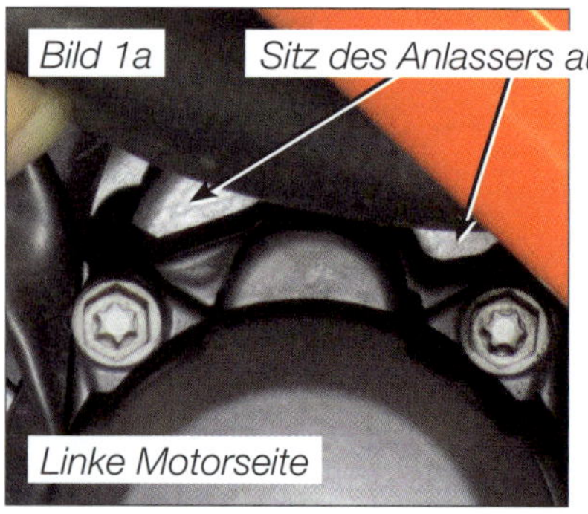

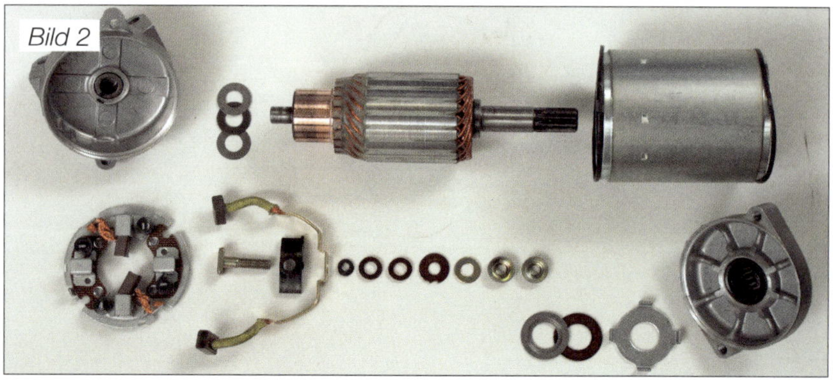

Motorrad anschieben

Wenn der Motor nicht anspringt, weil die Batterie »leer« und damit zu schwach ist, den Motor durchzudrehen, kann man den Motor möglicherweise durch Anschieben starten. Wichtig ist dabei, dass eine 12-Volt-Batterie eingebaut ist, egal wie schwach diese ist, denn mit ausgebauter Batterie lässt sich der Motor auch durch Anschieben nicht starten.

1. Zündung ein, Motorabstellschalter auf ON.
2. Zweiten Gang einlegen. Kupplung ziehen und das Motorrad mit gezogener Kupplung ein paar Schritte zurückschieben, um sicherzugehen, dass die Kupplung auch wirklich trennt.
3. Fahrer neben der Maschine, Hände am Lenker, Kupplung ziehen. Hinten an der Maschine hilft ein Freund: Gleichzeitig schieben!
4. Fahrer springt in den Sitz und lässt gleichzeitig die Kupplung los – Motor müsste kommen.
5. Falls der Motor anspringt, ihn mit kurzen Gasstößen am Leben halten und nicht unter 3000/min kommen lassen.

Motor fremdstarten

Wenn die Batterie nicht genügend Strom zum Starten liefert, kann man den Motor mit Hilfe einer externen Stromquelle fremdstarten, zum Beispiel mit der Batterie eines anderen Motorrades oder der eines Autos. Lage der Batterieanschlüsse in Kapitel »Batterien · Ladesystem«.

Wichtig: Die externe Stromquelle muss eine Spannung von 12 Volt liefern; ein Lkw mit 24-Volt-System taugt zum Fremdstarten also ebensowenig wie ein Elektroauto. Der Fremdstrom wird mittels Startkabel an die eigenen Batterian-

Bild 1a: Blick von links auf den Anlasser, er ist versteckt im unteren V des Motors eingebaut.
Bild 1b: Auf der rechten Seite hinter dem Rahmenrohr und der Motorhalterung sind die Befestigungsschrauben (Kreise) zu sehen.
Bild 2: Zerlegter Anlasser. Von KTM sind keine einzelnen Ersatzteile lieferbar.

schlüsse übertragen. Die Zangen der Fremdstartkabel dürfen nicht zu groß sein, sonst ist es schwierig, sie an die relativ kleinen Anschlüsse der KTM-Batterie sicher anzuschließen. Beim KTM-Händler und im Motorrad-Zubehörhandel gibt es Motorrad-Fremdstartkabel mit kleinen Zangen.

1. Zugang zur Batterie schaffen: Sitzbank abbauen, Halterung des Motorsteuergeräts aushängen (siehe dazu Kapitel »Batterien · Ladesystem«).

2. Batterie der KTM und der fremden Stromquelle: Kappen über den Pluspolen abnehmen.

2.1. Minuspole der fremden Stromquelle und der KTM-Batterie mit dem schwarzen Startkabel verbinden.

2.2. Mit dem roten Startkabel beide Pluspole verbinden.

3. Motor der Starthilfe gebenden Maschine mit erhöhter Leerlaufdrehzahl laufen lassen, das sind 3000 bis 4000/min.

4. Motor der KTM starten. Wenn er läuft, Startkabel abnehmen: Zuerst Pluskabel abklemmen, dann Minuskabel.

■ Kappen auf Pluspolanschlüsse schieben.

Hinweis: Den fremdgestarteten Motor der KTM nicht sofort wieder ausschalten, weil die Batterie noch nicht genug Kraft hat, den Motor zu starten – die Prozedur war dann umsonst.

Wenn die KTM-Batterie zwar funktionstüchtig ist und nur zu wenig Spannung hatte, wird sie nun bei laufendem Motor von der Lichtmaschine geladen. Dennoch sollte die Batterie bei nächster Gelegenheit an ein Ladegerät gehängt und sorgsam geladen werden (»Batterien · Ladesystem«.)

Hauptsicherung, Anlasserrelais

Bild 3: Die Hauptsicherung mit 30 Ampere sitzt auf dem Anlasserrelais. Mehr zu Sicherungen und wie man sie auswechselt steht im Kapitel »Sicherungen · Relais · Stecker«.

Anlasserrelais prüfen

Bild 3: Das Anlasserrelais ist unter dem Fahrersitz hinter der Batterie. Zur ersten Prüfung muss die Sicherung in Ordnung sein. Zur zweiten Prüfung werden eine volle 12-Volt-Batterie und ein Multimeter benötigt.

1. Zuerst eine Hörprobe machen: Zündung EINschalten, mit einem Ohr in die Nähe des Anlasserrelais, das andere Ohr zuhalten (wegen der Umweltgeräusche), Anlasserknopf betätigen und genau darauf achten, ob aus dem Relais ein Klicken zu hören ist:

■ Falls JA, ist das Relais in Ordnung.

■ Falls NEIN, ist es entweder defekt oder bekommt keinen Strom.

2. Anlasserrelais wie in Bild 4 gezeigt an eine 12-Volt-Batterie und ein auf Ohmmessung eingestelltes Multimeter anschließen.

3. Durchgang zwischen den Klemmen A und B messen:

3.1. Anzeige 0 Ω = Anlasserrelais in Ordnung.

3.2. Anzeige ∞ Ω = Anlasserrelais defekt.

Anlasser aus- und einbauen

Anlasser ausbauen

Bilder 1a und 1b: Der Anlasser sitzt unten im V der beiden Zylinder. Nach rechts und links begrenzen Rahmenrohre und Kühlwasserschläuche den eingebauten Anlasser. Darüber sind das Drosselklappengehäuse, der Luftfilterkasten und der Tank ein- und aufgebaut. Eben wegen dieses räumlich begrenzten Einbaus empfiehlt KTM den Motor auszubauen zum Aus- und Einbau des Anlassers.

Von einem KTM-Spezialisten haben wir Tipps bekommen, wie man den Anlasser bei eingebautem Motor aus- und einbauen kann.

1. Maschine ordentlich aufbocken. Zündung AUS. Ab- und Ausbauen: Tank, Luftfilter, Luftfilterkasten

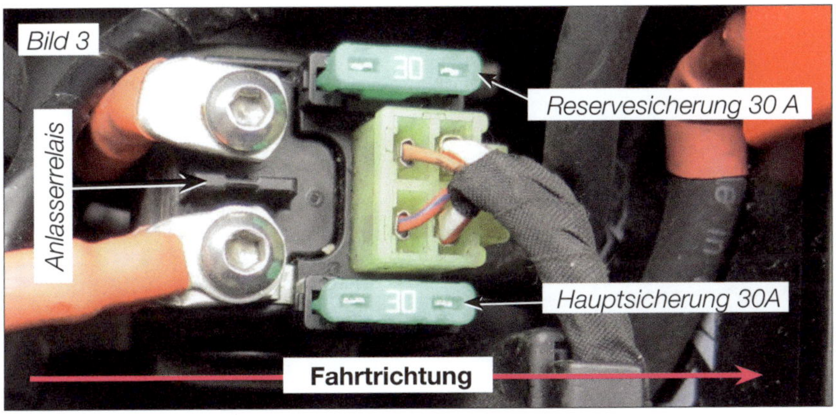

Bild 3: Anlasserrelais mit Haupt- und Ersatzsicherung unter dem Fahrersitz hinter der Batterie.

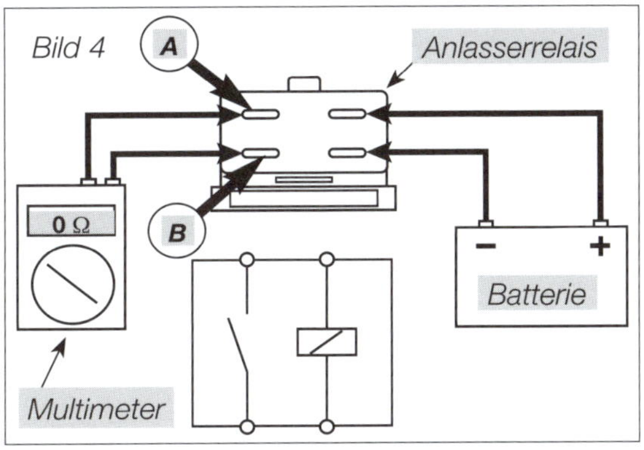

Bild 4: Anschlussbild zur Prüfung des Anlasserrelais mit einer externen Batterie und einem auf »Ohm« eingestellten Multimeter.

Spezialwerkzeuge
■ *»Abzieher zum Abbau des Generatordeckels« am Motor: Nr. 61229010000*
■ *Zum Abziehen des Lichtmaschinenrotors: »Druckschraube für Kurbelwelle«, wird auch »Presswerkzeug« genannt: Nr. 61229008100 plus »Abzieher«: Nr.75029021000*
■ *»Blockierschraube« für die Kurbelwelle Nr. 61229015000*

(siehe dazu Kapitel »Verkleidung · Tank · Spiegel« und »Luftfilter«). Von den im Rahmen verlegten Elektrokabeln die Kabelbinder aufzwicken und Platz schaffen zum Montieren.

2. Minuskabel von der Batterie abschrauben.

3. Kappe über der Pluskabelbefestigung am Anlasser abziehen, Mutter abdrehen, Kabelklemme abnehmen und die Mutter wieder lose auf ihr Anschlussgewinde aufdrehen.

4. Befestigungsschrauben des Anlassers lösen und ausdrehen. Der Anlasser sitzt im Motorgehäuse etwas fest: Am Anlasser etwas wackeln, bis man spürt, dass er sich gelöst hat.

5. Nun kann man den Anlasser leider nicht ganz aus seiner Sitzbohrung ziehen, weil rechts der Rahmen im Weg ist.

6. Deswegen wird der Anlasser jetzt teilzerlegt:

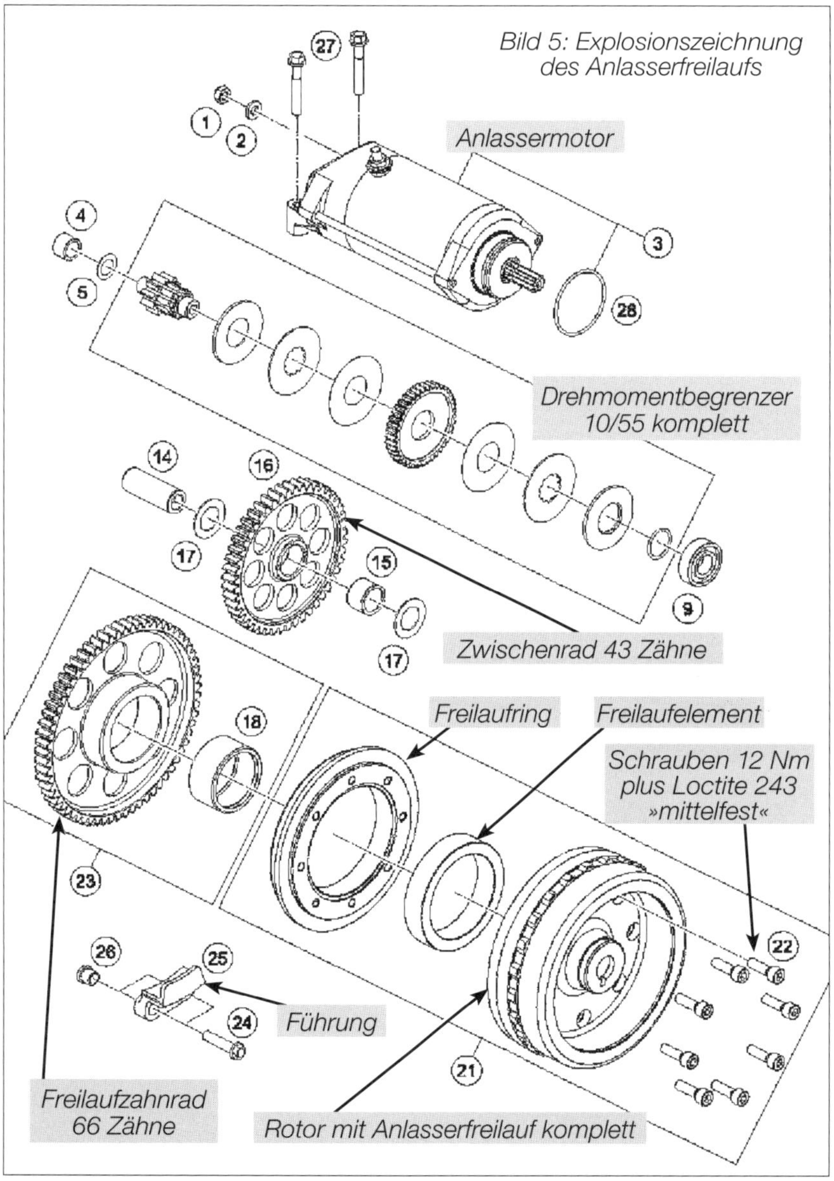

Bild 5: Explosionszeichnung des Anlasserfreilaufs

■ Zuerst den Anlasser wieder ganz in seine Sitzbohrung zurückschieben um sich damit genug Platz zum Montieren zu schaffen.

■ Muttern und Schrauben, mit denen die beiden Deckel des Anlassers am Gehäuse befestigt sind, lösen und abnehmen.

■ Nun den hinteren Deckel langsam abnehmen. Achten Sie dabei auf Beilagscheiben, die herausfallen können (siehe in Bild 2).

■ Dann den Anlasser aus seiner Sitzbohrung ziehen und den vorderen Deckel abnehmen.

7. Jetzt müsste sich der Rest des Anlassers aus dem Rahmen herausnehmen lassen.

Anlasser einbauen

1. O-Ring vorne am Anlasserdeckel einfetten.

2. Der Einbau geschieht quasi rückwärts zum Ausbau in Teilen. Es erfordert einiges Geschick, die Distanzscheiben auf der Welle zu platzieren und den Anker zwischen die im Bürstenhalter federbelasteten Bürsten so einzufädeln, dass sie ohne zu verkanten sitzen (links unten in Bild 2)

3. Schrauben und Muttern, welche die Deckel des Anlassers verbinden, montieren und nur ganz leicht anziehen.

4. Befestigungsschrauben des Anlassers am Motor eindrehen und festziehen mit 10 Nm.

■ An beide Schrauben kommen Massekabel.

5. Nun den hinteren Deckel des Anlassers fest anpacken und durch leichtes Drehen auf den vorderen Deckel ausrichten. Schrauben und Muttern festziehen mit 6 Nm.

6. Pluskabel am Anlasser anschließen, Mutter 4 Nm (»leicht handfest«). Kappe aufsetzen.

7. Kabel an Batterie anschließen.

Anlasserfreilauf defekt?

Der Anlasserfreilauf ist auf der linken Seite des Motors auf der Kurbelwelle montiert. Er besteht im Wesentlichen aus dem Freilaufelement (siehe Bilder 5 und 8), welches in den Freilaufring eingesetzt ist, und dem Bund am Feilaufzahnrad. Diese Teile können durchaus einmal kaputt gehen, während an den Zwischenzahnrädern, die zur Übertragung der Drehbewegung vom Anlassermotor zum Freilauf nötig sind, nichts kaputt geht.

Defekten Anlasserfreilauf erkennen

Ein Defekt kündigt sich schrittweise an: Wenn der Starterknopf gedrückt wird, dreht der Anlasser manchmal leer, er treibt die Kurbelwelle also nicht an, dann greift er wieder und die Kurbelwelle wird angetrieben, dann zwei- bis dreimal leer, dann greift er wieder, bis bald überhaupt nichts mehr geht und der Anlasser nur noch hohl dreht. Dann haben sich die Freilaufrollen des Freilaufelements in den Mitnehmerbund am großen Anlasserzahnrad oder in den Freilaufring eingearbeitet und dort »Rattermarken« gebildet. In seltenen Fällen kann der »Drehmomentbegrenzer« schlaff werden.

Anlasserfreilauf aus-/einbauen

Spezialwerkzeuge siehe linke Spalte. Nötig sind: »Abzieher zum Abbau des Generatordeckels am Motor« und die »Druckschraube für Kurbelwelle« mit dem »Abzieher« zum Abziehen des Lichtmaschinenrotors, denn ohne die geht gar nichts.

Zur »Blockierschraube« für die Kurbewelle« verweisen wir auf das Kapitel »Ventilspiel«, in dem ja das Suchen und Finden des Oberen Totpunkts (OT) behandelt wird – wobei wir hier beim Anlasserfreilauf nicht den Ventildeckel abschrauben müssen, sonder nur durch die dann offene Gewindebohrung der M8-Schraube schauen bis Markierung und Blockierbohrung erscheinen.

Anlasserfreilauf ausbauen

Montage des linken Motorseitendeckels ist im Kapitel »Batterie ·Ladesystem« im Abschnitt »Generatorstator auswechseln« beschrieben. Konzentrieren wir uns auf den Anlasserfreilauf.
1. Kurbelwelle blockieren (siehe »Ventilspiel«). Führung ausbauen, Schraube des Generatorrotors ausschrauben – am besten mit einem Schlagschrauber, denn diese Schraube ist mit 115 Nm festgezogen.
2. Lichtmaschinenrotor abziehen mit Spezialwerkzeugen »Presswerkzeug« und »Abzieher«.
2.1. Scheibenfeder (»Woodruff-Keil«) aus Nut nehmen.

Anlasserfreilauf prüfen

1. Generatorrotor mit angebautem Freilaufring auf eine saubere (!) Holzfläche legen.
2. Bild 9: Freilaufelement einsetzen.
2.1. Bild 10: Bund des Freilaufzahnrads in das Freilaufelement einsetzen. Nicht verkanten!
3. Bilder 7 und 10: Drehversuch Freilaufzahnrad:
■ muss im Uhrzeigersinn (rechts herum) sperren
■ muss gegen den Uhrzeigersinn (links herum) sich gleichmäßig drehen lassen.
4. Bilder 6, 8 und 9: Rollen des Freilaufelements, Bund am Freilaufzahnrad und Innenseite des Freilaufrings auf Abnutzung, Rattermarken, Druckstellen, Bruch und verfärbte (blaue) Stellen kontrollieren. Schadhafte Teile ersetzen.

Anlasserfreilauf einbauen

1. Den Teil der Kurbelwelle, auf der das Freilaufzahnrad läuft, mit frischem Motoröl gut einölen.
2. Freilaufzahnrad aufschieben.
3. Kurbelwellenpositions-Sensor anbauen: Schrauben plus Loctite »mittelfest«, 6 Nm.
4. Freilaufzahnrad-Führungsblech anbauen: Schrauben plus Loctite »mittelfest«, 12 Nm.
5. Bild 9: Freilaufelement gut mit frischem Motoröl einölen und in den Freilaufring einsetzen.
6. Scheibenfeder in Nut einsetzen.
7. Konus der Kurbelwelle und Innenkonus des Rotors mit Bremsenreiniger und Lappen reinigen.
8. Rotor mit Freilauf an der Kurbelwelle ansetzen, Schlitz auf Scheibenfeder ausrichten, Rotor unter leichtem Druck auf den Konus aufschieben.
9. Schraube eindrehen, mit 115 Nm festziehen.
10. Abgebaute Teile wieder anbauen.

Technischer Hinweis:
Die Schraube M12x1,5 zur Befestigung des Generatorrotors auf der Kurbelwelle ist eine so genannte »Dehnschraube«.
■ KTM empfiehlt, eine neue Schraube zu verwenden.

Bilder 6 bis 10: Im Lauftext sind die zu den Bildern gehörenden Arbeitsschritte nummeriert beschrieben.

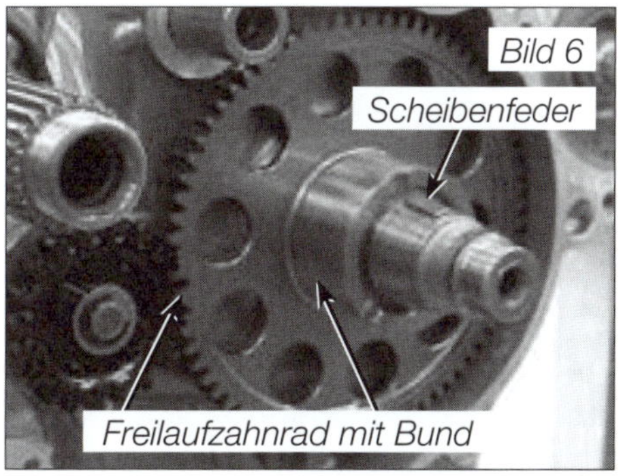

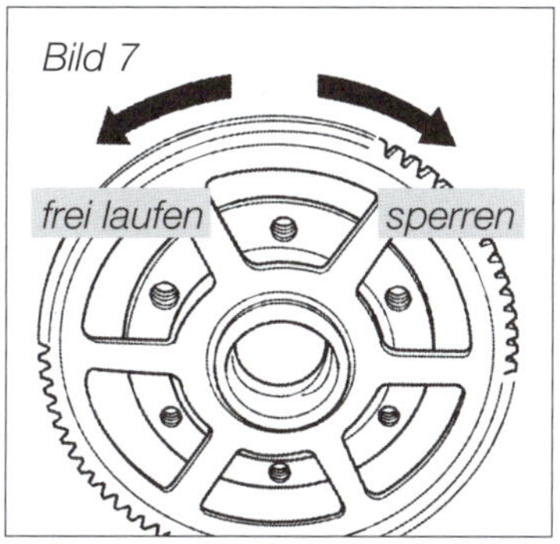

Ventilspiel

In diesem Kapitel: Ventiltrieb und Ventilspiel · Benötigtes Werkzeug · Kolben auf OT stellen · Ventilspiel prüfen · Ventilspiel einstellen: Steuerkettenspanner und Nockenwellen aus- und einbauen · Ventilspiel-Einstellplättchen auswählen und einbauen.

Ventiltrieb und Ventilspiel

Bilder 1, 2 und 2a: Explosions- und Systemzeichnungen des Ventiltriebs.

Bilder 3 und 4: Eine Fächerfühlerlehre wird benötigt zum Messen und Prüfen des Ventilspiels.

Bilder 1, 2 und 4: Ventilsteuerung und Betätigung der vier Ventile pro Zylinder geschehen über zwei obenliegende Nockenwellen pro Zylinder. Die Erhebungen der Nockenwellen (»Nockenbuckel«) drücken auf Schlepphebel und diese öffnen die Ventile. Wenn der Öffnungsvorgang abgeschlossen ist, werden die Ventile von Ventilfedern zurück in ihren Sitz gedrückt. In die Ventilfederteller sind Einstellplättchen (»Shims«) eingesetzt, mit

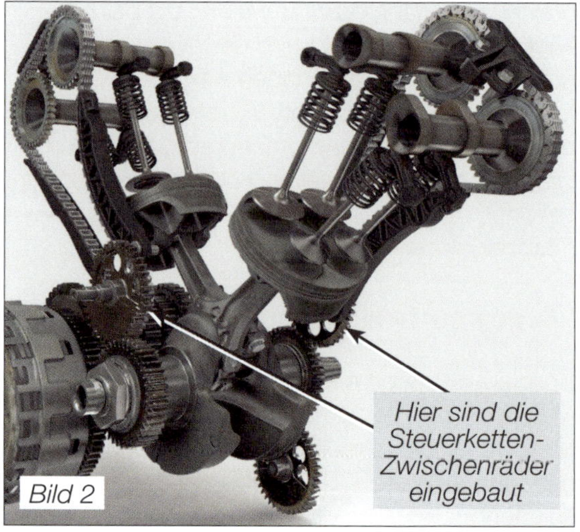

Bild 2

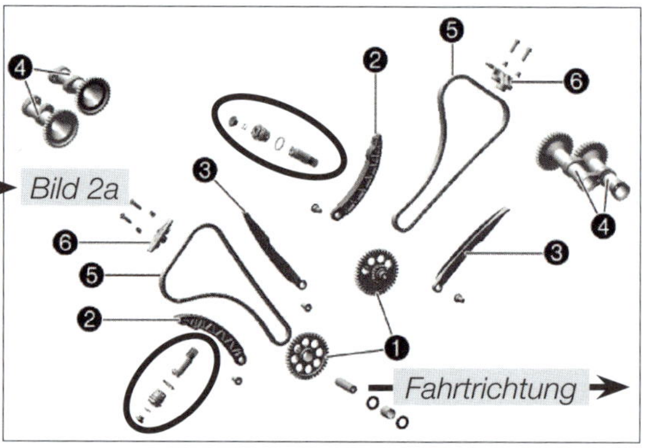

Bild 2a

Bild 1

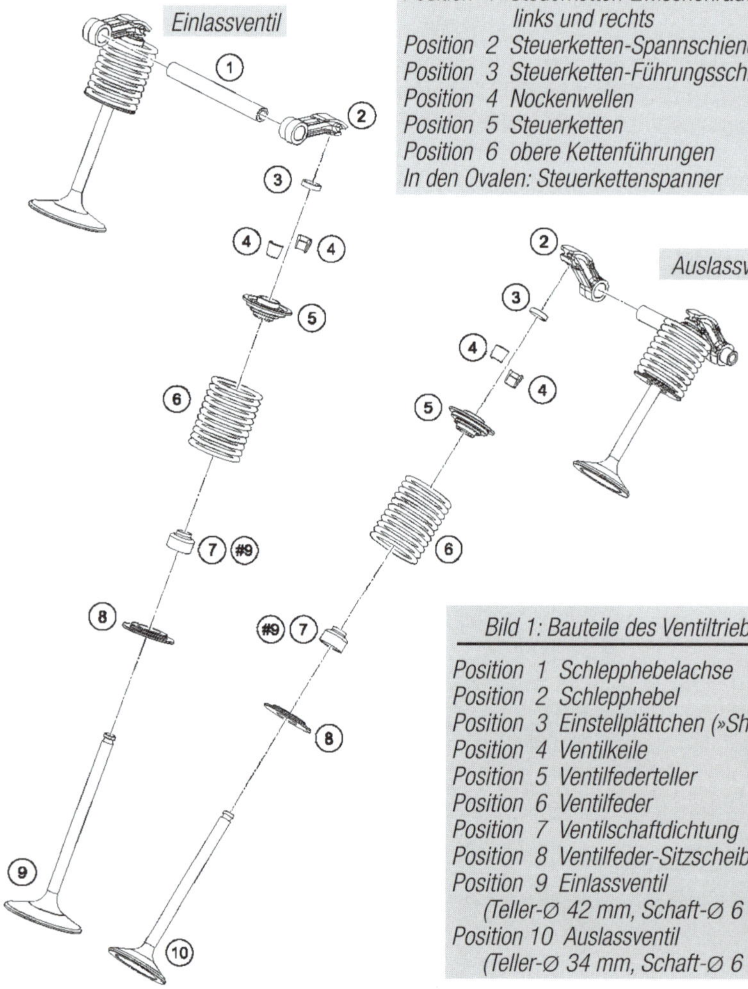

Bauteile des Ventiltriebs in Bild 2a → Bild 2a

Position 1 Steuerketten-Zwischenräder links und rechts
Position 2 Steuerketten-Spannschienen
Position 3 Steuerketten-Führungsschienen
Position 4 Nockenwellen
Position 5 Steuerketten
Position 6 obere Kettenführungen
In den Ovalen: Steuerkettenspanner

Bild 1: Bauteile des Ventiltriebs

Position 1 Schlepphebelachse
Position 2 Schlepphebel
Position 3 Einstellplättchen (»Shim«)
Position 4 Ventilkeile
Position 5 Ventilfederteller
Position 6 Ventilfeder
Position 7 Ventilschaftdichtung
Position 8 Ventilfeder-Sitzscheibe
Position 9 Einlassventil (Teller-Ø 42 mm, Schaft-Ø 6 mm)
Position 10 Auslassventil (Teller-Ø 34 mm, Schaft-Ø 6 mm)

Bild 3

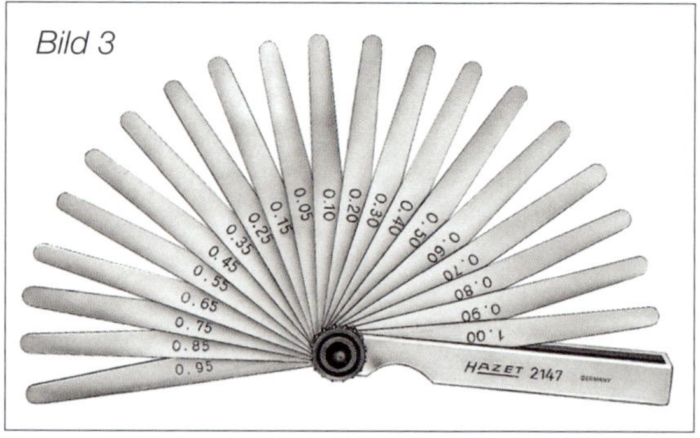

Bild 4

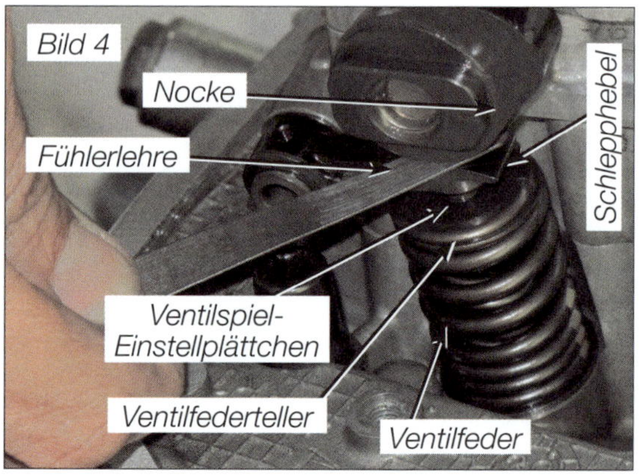

deren Dicke das Ventilspiel eingestellt wird. Die Nockenwellen werden von zwei Zahnketten, »Steuerketten« genannt, angetrieben: Die des vorderen Zylinders sitzt auf der linken Seite und die des hinteren Zylinders auf der rechten Seite.

Die unteren Steuerkettenzahnräder sind oberhalb der Kurbelwelle links und rechts eingebaut (siehe dazu »Steuerketten-Zwischenräder« in den Bildern 2 und 2a).

Vorgeschriebenes Ventilspiel
Bilder 3, 4, 9: Ein gewisses Spiel zwischen Einstellplättchen, Schlepphebel und Nocke ist nötig, damit die Ventile den Brennraum bei allen Betriebstemperaturen dicht abschließen, kein Gas unkontrolliert entweicht und die Wärme des Ventils über den Ventilsitz gut in das Material des Zylinderkopfs abgeleitet werden kann.

Bilder 4 und 9: Das Ventilspiel wird gemessen zwischen Nocke und Schlepphebel, die vorgeschriebenen Maße sind:

- für die Einlassventile .... 0,10 bis 0,15 mm
- für die Auslassventile .... 0,25 bis 0,30 mm

Vom richtigen Ventilspiel hängt das Wohl und Wehe des Ventiltriebs entscheidend ab:

- Wenn das Ventilspiel zu weit ist, besteht die Gefahr der Pittingbildung auf den Gleitflächen von Schlepphebel und Nockenwelle sowie des Einschlagens der Ventilsitze.
- Wenn das Ventilspiel zu eng ist, besteht die Gefahr, dass die Ventilsitze verbrennen.

Das Ventilspiel muss bei jeder großen Inspektion überprüft und, wenn nötig, eingestellt werden. Dazu muss der Motor kalt sein; darf 35 °C haben, was in etwa »handwarm« entspricht.

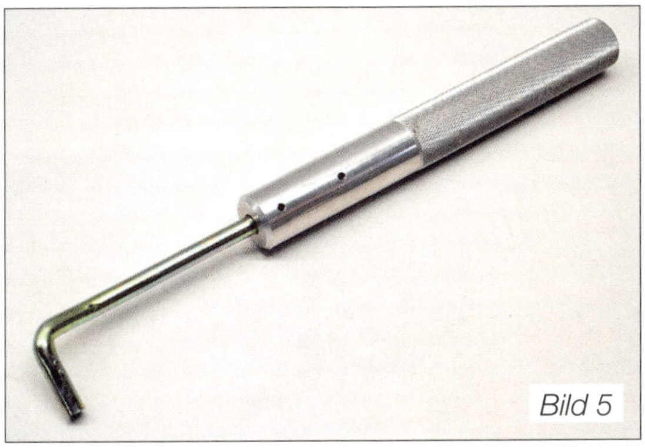

Bild 5: Spezialwerkzeug »Entriegler für Steuerkettenspanner«. Stattdessen kann man auch einen langen 5er-Inbusschlüssel benutzen.

Bezeichnungen der Nockenwellen
Die _Einlass_nockenwellen sind mit »***ev***« markiert, die _Auslass_nockenwellen mit »***av***«.

Benötigtes Werkzeug: Zündkerzenschlüssel, verschiedene Schraubenschlüssel und Nüsse, Rätsche mit kurzer Verlängerung und 15er-Nuss (Bild 6b) mit Knebel zum Drehen der Kurbelwelle (links herum!) über die Zentralschraube des Lichtmaschinenrotors. Blatt-Fühlerlehren (Bild 3), Magnetheber. Präzisionsschieblehre oder Mikrometer. Loctite 5910 Silikondichtmasse (Bild 21), saubere Lappen, Reinigungsmittel.

Bild 5: Wenn das Ventilspiel eingestellt werden muss und deswegen die Nockenwellen ausge-

Bilder 6a bis 9: Hinter der Verschlussschraube im linken Motordeckel (Bild 6a) verbirgt sich die Befestigungsschraube des Lichtmaschinen-Rotors. Mithilfe einer 15er-Nuss (Bild 6b) wird die Kurbelwelle langsam (!) links herum gedreht, bis

die Markierungen auf den Nockenwellenkettenrädern in Flucht stehen zur Dichtkante des Zylinderkopfs (Bild 7) und die Nocken nach oben und voneinander weg zeigen (Bild 8). Das ist der korrekte Stand der Ein- und Auslassnocken zum Prüfen des Ventilspiels zwischen Nocken und Schlepphebel (Bild 9).

Sichtprüfung Messen

Bilder 10a und 10b: Links unten am Motorgehäuse ist eine M8-Gewindebohrung, durch die man beim Aus- und Einbau der Nockenwellen die Kurbelwelle blockieren muss, um ein unbeabsichtiges Drehen zu verhindern.

Bilder 11, 12 und 13: Zum Wechsel der Ventilspiel-Einstellplättchen müssen die Nockenwellen ausgebaut werden.

baut werden müssen, braucht man laut Anweisung von KTM zwei weitere Spezialwerkzeuge:

- Bild 5 »Entriegler für Steuerkettenspanner« (Nr. 61229021000). Man kann sich aber auch mit einem 5er-Inbusschlüssel helfen (Bilder 26, 27).
- »Kurbelwellenblockierschraube« (Nr. 6122901 5000), das ist eine 80 mm lange M8-Schraube mit durchgehendem Gewinde und einer 6-mm-Spitze an einem Ende. Bilder 10a, 10b: Rechts unten im Motorgehäuse ist ein M8-Innengewinde, hier wird die Kurbelwellenblockierschraube eingeschraubt. Wenn man beim Einschrauben Widerstand spürt, steht ihre Spitze in einer Gegenbohrung in der Kurbelwange an und blockiert damit die Kurbelwelle. So wird verhindert, dass aus Versehen die Kurbelwelle gedreht wird, wenn die Nockenwellen ausgebaut sind, was fatale Folgen haben würde. Bild 10b: Man kann sich mit einem langen Dorn helfen mit 6 mm auf einer Seite, den man so weit einsteckt, bis er im Fixierungs-Sackloch der Kurbelwange einrastet und fest sitzt.

Anziehdrehmomente

- Bild 6a: Verschlussschraube M24x1,5 der Gewindebohrung im Limadeckel ....8 Nm
- Bundschrauben M6 Ventildeckel ....10 Nm
- Schrauben Nockenwellen-Lagerbrücke an Zylinderkopf M6 (10.9) ....10 Nm
  M8 (10.9) 1. Stufe..................................10 Nm
  M8 (10.9) 2. Stufe..................................18 Nm

- Bilder 17a, 17b: Verschlussschraube M24x1,5 Steuerkettenspanner ....25 Nm
- Bilder 17a, 17b: Schraube M10x1 in der Verschlussschraube ....10 Nm
- Bild 10a: Verschlussschraube M10 der Gewindebohrung im Motorgehäuse ....18 Nm

Anmerkung: Wenn das KTM-Spezialwerkzeug »Aufsatz Innensechskant« (Nr. 61229025000) für die M8 (10.9)-Schrauben verwendet werden sollte, müssen folgende Anziehdrehmomente beachtet werden:

- Schrauben M8 (10.9) 1. Stufe................8,5 Nm
- Schrauben M8 (10.9) 2. Stufe.............14,5 Nm

Tipp: Prüfen Sie zuerst das Ventilspiel am hinteren Zylinder. Man erreicht diesen nicht nur besser als den vorderen, sondern wenn man den hinteren abgearbeitet hat und danach der Ventildeckel wieder montiert ist, hat man einen guten Überblick und es war eine gute Übung für den vorderen Zylinder.

Ventilspiel prüfen

Erste Vorarbeit zum Ventilspiel prüfen

1. Motorrad sicher aufbocken. Zündung AUS-geschaltet – Zündschlüssel am besten abziehen.

2. Zum Freilegen der Ventildeckel, die man ja zum Prüfen und (eventuellen) Einstellen des Ventilspiels abbauen muss, müssen ab- und ausgebaut werden: Tank und entsprechende Verkleidungsteile (siehe Kapitel »Verkleidung · Tank · Spiegel«), Luftfilter und Luftfilterkasten (Kapitel Luftfilter«), Zündkerzen (Kapitel »Zündkerzen«). Weiterhin sind einige Kabelstränge im Weg, man muss Kabelbinder aufzwicken und die Kabelstränge beiseite räumen.

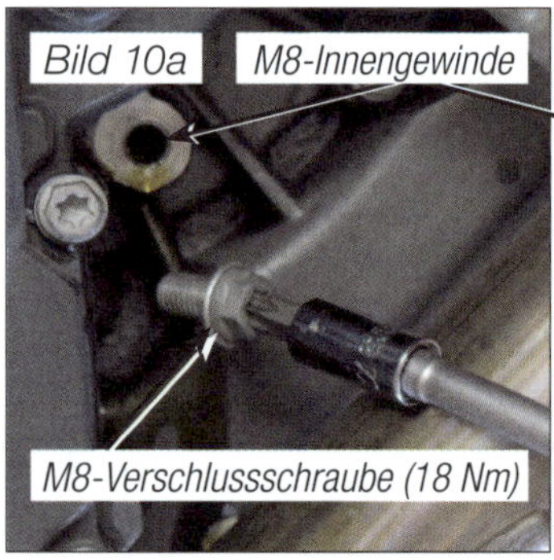

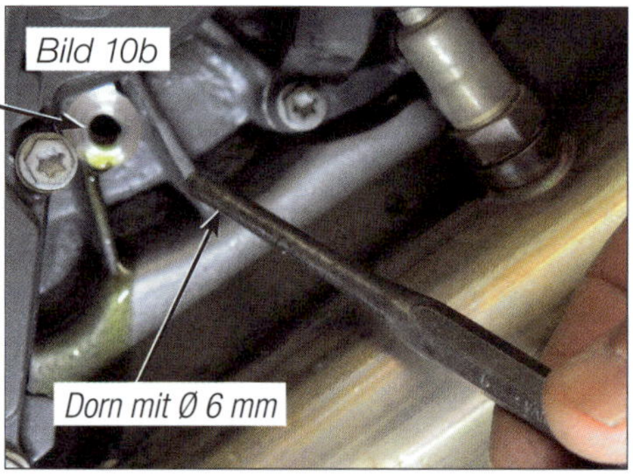

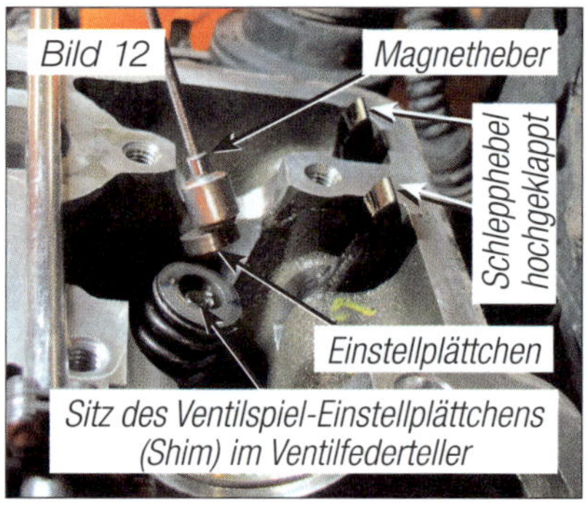

3. Schrauben des Ventildeckels ausschrauben, Deckel mit Dichtung abnehmen. Der Raum über dem Zylinderkopf ist sehr eng, weswegen der Ventildeckel nach hinten zum Federbein hin herausgenommen werden muss.

Zweite Vorarbeit: Kolben auf oberen Totpunkt (OT) stellen

1. Bild 6b: Eine 15er-Nuss auf eine kurze Verlängerung aufstecken, in die schon geöffnete Bohrung des linken Motordeckels einführen, auf den Kopf der Befestigungsschraube des Lichtmaschinenrotos aufsetzen und die Kurbelwelle langsam links herum drehen – LINKS HERUM.

2. Bild 7: Oben auf die Nockenwellen-Zahnräder schauen.

3. Nun die Kurbelwelle so lange langsam (bitte laaangsam!) LINKS HERUM drehen, bis sich die beiden Markierungen auf den Nockenwellenkettenrädern genau gegenüber stehen und mit der Dichtfläche des Zylinderkopfs fluchten (Bild 7).

3.1. Resultat: Das ist der OT des betreffenden Zylinders.

Dritte Vorarbeit: Ist-Ventilspiel ermitteln

1. Vorgeschriebene Ventilspiele:
- für die Einlassventile .... 0,10 bis 0,15 mm
- für die Auslassventile .... 0,25 bis 0,30 mm

2. Beginnen Sie mit einem Fühlerlehre-Blättchen von 0,10 mm. Verkleinern bzw. vergrößern Sie Blättchen für Blättchen der Fühlerlehre so lange, bis Sie eines gefunden haben, das sich satt zwischen Nocken und Schlepphebel einführen und durchziehen lässt (Bilder 4 und 9).

2.1. Dieses ist das »Ist-Ventilspiel« der jeweiligen Ein- und Auslass-Ventile.

3. Die gemessenen Maße notieren, sie werden gebraucht zur Auswahl neuer Plättchen mit anderer Dicke, mit denen das Ventilspiel auf die vorgeschriebenen Werte eingestellt wird.

Fazit: Ergebnisse werten

Wenn die gemessenen Ventilspiele innerhalb der vorgeschriebenen Maßtoleranzen liegen, braucht man nichts weiter zu tun und kann den Ventildeckel wieder aufbauen (wir sind ja im Moment beim hinteren Zylinder). Auch die Zündkerzen wieder einbauen, dann kann nichts in die offenen Zündkerzenbohrungen hineinfallen.

■ Wenn jedoch auch nur ein Ventil das vorgeschriebene Ventilspiel unter- oder überschreitet, müssen die Nockenwellen ausgebaut und neue Ventilspiel-Einstellplättchen eingesetzt werden. Das machen wir jetzt beim hinteren Zylinder.

Kurbelwelle blockieren

Bevor oben am Ventiltrieb geschraubt werden kann, muss man die Kurbelwelle blockieren. Weiterhin abgeschraubt und ausgebaut sind Ventildeckel und Zündkerzen.

1. Bild 10a: Verschlussschraube der Kurbelwellen-Blockierbohrung ausschrauben.

2. Entweder das KTM-Spezialwerkzeug »Kurbelwellenblockierschraube« einschrauben oder den 6-mm-Dorn einstecken (wie in Bild 10b).

3. Bild 5b: Mit der 15er-Nuss die Kurbelwelle etwas hin und her drehen und dabei die Blockierbohrung mit dem Dorn unter leichtem Druck gegen die Kurbelwelle erfühlen.

■ In der exakten Blockierstellung muss der Dorn fühlbar einrasten und dann darf sich die Kurbelwelle nicht mehr bewegen lassen.

Bild 14: Ausgebaut sind Nockenwellen-Lagerbrücke, Nockenwellen und Ventilspiel-Einstellplättchen.

■ Die Präzisionsschieblehre wird benötigt zum Messen der Ventilspiel-Einstellplättchen (siehe dazu Bild 13).

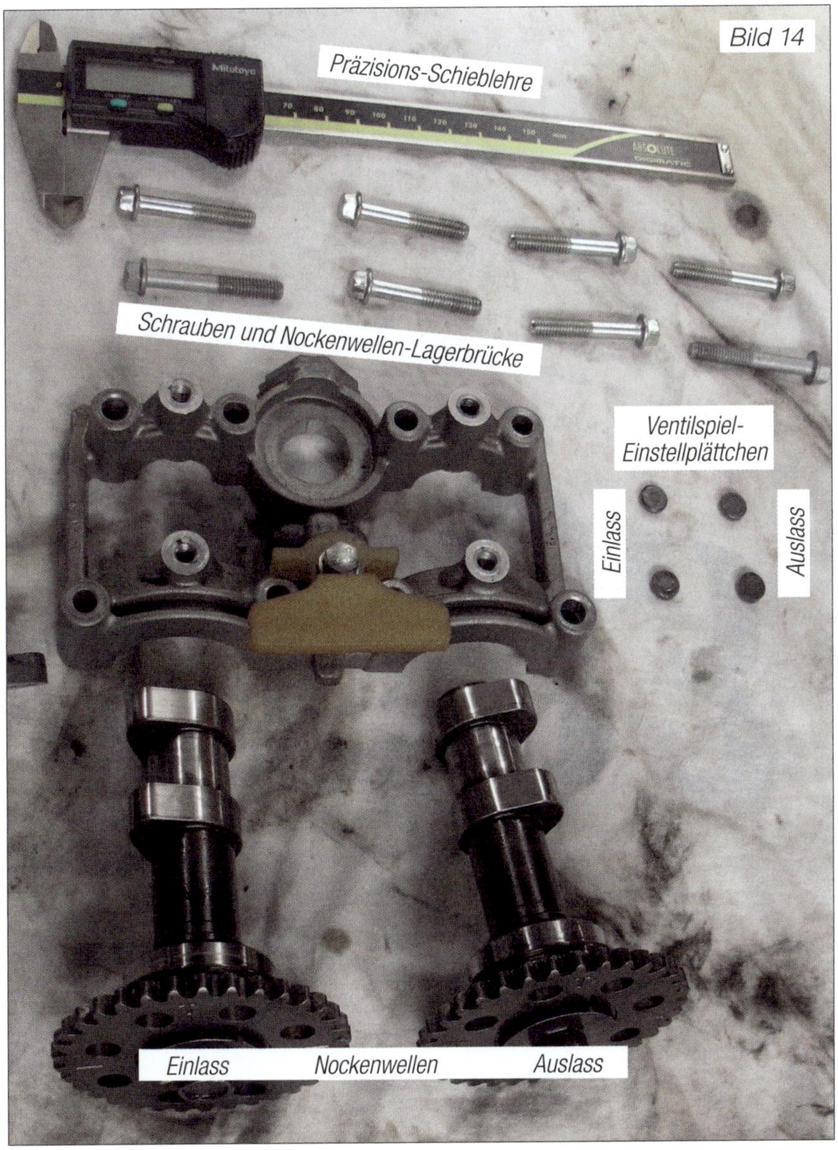

Bild 15a: Blick auf die freigelegte Nockenwellen-Lagerbrücke.

Bild 15b: Ausschrauben der M6- und M8-Schrauben der Lagerbrücke von außen nach innen.

Bild 16: Festschrauben der Schrauben von innen nach außen. ■ Unbedingt einen Drehmomentschlüssel benutzen und die vorgeschriebenen Werte einhalten.

Steuerkettenspanner

Im Bild 2 kann man deutlich sehen, wie die beiden langen und gebogenen Steuerketten-Spannschienen für die richtige Spannung der Steuerketten sorgen, damit sie, wenn der Motor läuft, nicht abspringt. Im Bild 2a wird es nochmal deutlich, wie sich die Steuerkette an die gebogene Form der Steuerkettenspannschiene anlegt und auch wo der Steuerkettenspanner, der ja von hinten auf die Steuerkettenspannschiene drückt, eingebaut ist. Und in Bild 2a sind die Steuerkettenspanner von Ovalen eingerahmt.

Steuerkettenspanner ausbauen

Damit man die Nockenwellen ausbauen kann, muss die Spannschiene vom Druck des Steuerkettenspanners befreit werden, damit die Steuerkette so lose wie möglich wird und ein Abnehmen von den Nockenwellen-Kettenrädern erst möglich wird.

1. Bilder 17a, 17b: Schraube und Verschlussschraube des Steuerkettenspanners ausdrehen.

2. Bild 18: Steuerkettenspanner herausziehen und den O-Ring abnehmen.

Ergebnis: Weil ja jetzt der Steuerkettenspanner nicht mehr auf die Spannschiene drückt, ist die Steuerkette lose und die Nockenwellen können ausgebaut werden.

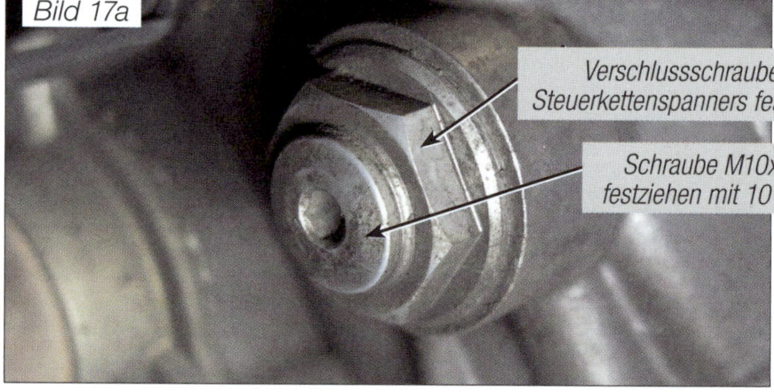

Bilder 17a und 17b: Verschraubungen der Steuerkettenspanner in eingebautem Zustand und mit ausgebautem Spannelement.

Nockenwellen

Nockenwellen ausbauen

Wir sind mit der Montagearbeit so weit, dass der Ventildeckel abgebaut ist und die Zündkerzen und der Steuerkettenspanner ausgebaut sind.

1. Das Zündkerzen-Führungsrohr herausziehen. Auf den O-Ring achten, der obenauf liegt.

2. Bilder 14, 15a, 15b: Die M8- und M6-Schrauben der Nockenwellen-Lagerbrücke von außen nach innen lösen, ausdrehen und herausziehen.

3. Lagerbrücke nach oben abnehmen. Auf die Passhülsen achten: Diese bleiben in der Regel in ihren Bohrungen im Zylinderkopf sitzen, also einfach stecken lassen.

4. Bild 18: Die Einlassnockenwelle hinten schräg anheben und aus ihrer Lagerstelle nehmen, Steuerkette vom Kettenrad abheben, Nockenwelle ganz herausnehmen.

■ Dabei die Steuerkette mit einer Hand festhalten, damit sie nicht in den Schacht fällt.

5. Bild 11: Einen langen dünnen Schraubenzieher durch die Steuerkette fädeln und auf dem Zylinderkopf ablegen.

Wichtig: Steuerkettenschacht, offene Lager und Kerzenbohrung mit sauberen und fusselfreien Lappen abdecken! Wenn eine Schraube oder ein Einstellplättchen hineinfällt, ist es unmöglich, das Teil wieder herauszuholen, ohne dass der Motor zerlegt wird.

Einstellplättchen auswählen

Es gibt 26 verschieden dicke Einstellplättchen im Abstand von 0,05 mm, beginnend mit 2,00 mm. Es folgen in Schritten von 0,05 mm: 2,05 mm, 2,10 mm, 2,15 mm bis hin zu 3,20 mm. Das letzte Plättchen macht einen Maßsprung von 0,10 mm und ist 3,30 mm dick.

Einlass-Ventilspiel: Das vorgeschriebene Ventilspiel beträgt...................... 0,10 bis 0,15 mm

■ Beispiel zum Finden eines neuen Plättchens:

1. Das gemessene Spiel beträgt 0,07 mm, eingebaut ist ein Plättchen mit 2,30 mm.

2. Dieses Plättchen ersetzen wir durch ein Plättchen mit 2,25 mm; dieses ist also um 0,05 mm dünner als das bislang eingebaute.

3. Ergebnis: Das Ventilspiel beträgt jetzt 0,12 mm, ist damit um 0,05 mm größer als zuvor und liegt sicher im Toleranzbereich von 0,10 bis 0,15 mm.

Auslass-Ventilspiel: Das vorgeschriebene Ventilspiel beträgt............. 0,25 mm bis 0,30 mm

■ Beispiel zum Finden eines neuen Plättchens:

1. Das gemessene Spiel beträgt 0,18 mm, eingebaut ist ein Plättchen mit 2,70 mm.

2. Dieses Plättchen ersetzen wir durch ein Plättchen mit 2,60 mm; dieses ist also um 0,10 mm dünner als das bislang eingebaute.

3. Ergebnis: Das Ventilspiel beträgt jetzt 0,28 mm, ist damit um 0,10 mm größer als zuvor und liegt sicher im Toleranzbereich von 0,25 bis 0,30 mm.

Einstellplättchen auswechseln

1. Bild 11: Die Nockenwellen sind ausgebaut, nun werden die Schlepphebel hochgestellt.

2. Bild 12: Das Plättchen mit einem Magnetheber aus dem Ventilteller herausnehmen.

Wichtig: Beim Herausnehmen und Einsetzen der Plättchen sehr sorgfältig arbeiten und unbedingt darauf achten, dass kein Plättchen in den Motor fällt.

3. Bild 13: Dicke des ausgebauten Plättchens messen.

4. Aufgrund dieses Messergebnisses wird ein neues Plättchen ausgewählt wie im Text oben beschrieben. Das neue Plättchen wird mit der Zahl nach unten hin eingebaut.

Nockenwellen einbauen

Achtung: Zuerst wird die Einlassnockenwelle eingebaut und dann die Auslassnockenwelle. Die Kurbelwelle darf zwischen dem Aus- und Einbau der Nockenwellen nicht gedreht worden sein! Sonst besteht die Gefahr von Schäden am Ventiltrieb durch falsche Steuerzeiten.

■ Unbedingt darauf achten, dass der Kolben noch im oberen Totpunkt steht! Aber wir haben ja die Kurbelwelle blockiert.

1. Bild 18: Steuerkette mit einer Hand nach oben spannen. Dabei mit viel Gefühl sicherstellen, dass sie korrekt auf dem unteren kleinen Zahnrad sitzt.

2. Einlassnockenwelle schräg von hinten anfädeln und so in ihre Lager einsetzen, dass ihre Nockenbuckel schräg nach hinten-oben zeigen und die Markierung auf dem Kettenrad exakt in Flucht zur Dichtkante ist (Bilder 7 und 8).

3. Steuerkette straffen und richtig in ihre Zähne einsetzen.

Bild 18: Beim Ausbau der Nockenwellen diese von hinten etwas anheben, dann lässt sich die Steuerkette leicht abnehmen.

Sichtprüfung Messen

Markierung auf dem Nockenwellen-Kettenrad beachten, diese muss weiterhin in Flucht zur Dichtkante sein.

3.1 Steuerkette weiterhin gestrafft halten.

4. Bild 18: Jetzt die Auslassnockenwelle schräg von hinten in die Steuerkette einfädeln und so in die Lager legen, dass die Markierung auf dem Nockenwellen-Kettenrad genau gegenüber der Markierung auf dem Einlasskettenrad ist und mit der Dichtkante fluchtet (Bild 8).

5. Bild 5: Nockenwellen-Lagerbrücke aufsetzen. Mit dem Handballen von oben aufklopfen, damit sie satt aufsitzt. Schrauben eindrehen und von innen nach außen in mehreren kleinen Schritten handfest anziehen

6. Bild 16: Befestigungsschrauben der Nockenwellen-Lagerbrücke von innen nach außen mit exaktem Drehmoment festziehen.

Wichtig: Die Drehmoment-Anziehwerte für die Verschraubungen »Nockenwellen-Lagerbrücke«, »Steuerkettenspanner« und »Ventildeckel« entnehmen Sie bitte dem Text »Anziehdrehmomente« auf der vorherigen Seite. Unbedingt einen Drehmomentschlüssel verwenden!

Bild 19: Innenansicht eines Ventildeckels. Die klebrigen Fäden sind alte Dichtmasse, die vor dem Zusammenbau sorgfältig abgerubbelt werden muss.

Bild 19

Bild 20: An den Ecken der Gummidichtung etwas Dichtmasse anschmieren. KTM empfiehlt Loctite 5910, das ist eine dauerelastische Silikon-Dichtmasse.

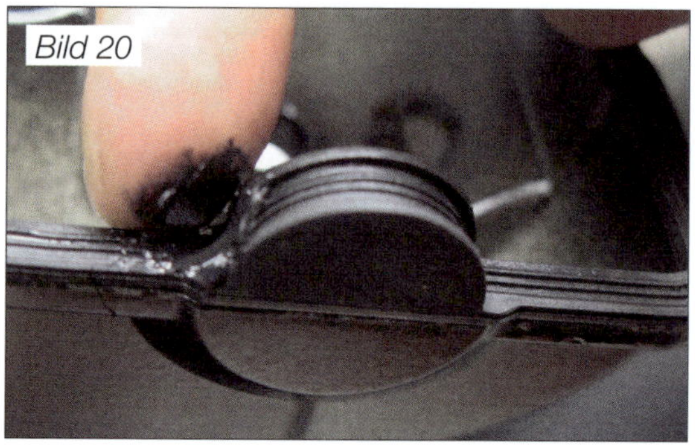
Bild 20

Steuerkettenspanner einbauen

Bilder 17b und 21: Der Steuerkettenspanner ist wie ausgebaut noch in entspannter Stellung ausgefahren. Zum Einbau muss er gespannt und verriegelt werden.

1. Bild 22: Zwei dicke Unterlegscheiben auf eine saubere Holzunterlage legen und den Steuerkettenspanner dazwischen abstellen.

2. Mit einem Daumen sehr fest auf den Steuerkettenspanner drücken, bis er zusammengedrückt ist wie in Bild 22: Jetzt verriegelt sich der Steuerkettenspanner von selbst.

3. Den Steuerkettenspanner in seine Bohrung einsetzen: Bundspitze nach innen, offene Seite nach hinten. O-Ring aufschieben.

4. Bilder 17a und 17b: Schraube M24x1,5 eindrehen und festziehen mit 25 Nm. Die Schraube M10x1 ist nicht eingebaut.

5. Mit dem »Entriegler für Steuerkettenspanner« oder dem 5er-Inbusschlüssel (so wie wir es machen, siehe Bild 27) in die 10er-Gewindebohrung einfahren und auf den Steuerkettenspanner drücken – nicht auf die Kugel (Bild 26).

6. Bild 25: Dadurch entspannt sich der Steuerkettenspanner, wird länger und drückt auf die Spannschiene, woduch die Steuerkette gespannt wird.

7. Bild 17b: Die M10x1-Schraube mit neuem O-Ring eindrehen und mit 10 Nm festziehen.

8. Bild 6b: Nun die Kurbelwelle mindestens vier Umdrehungen links herum drehen und prüfen, ob sich der Motor frei dreht.

8.1. Wenn »ja«, sind die Nockenwellen korrekt eingebaut und die Steuerzeiten stimmen.

■ Bild 7: Bei jeder Umdrehung einen Blick auf die Nockenwellen-Kettenräder oben am Zylinderkopf: Markierungen stehen sich gegenüber und fluchten mit der Dichtkante des Zylinderkopfs.

8.2. Wenn »nein«, wurden die Nockenwellen falsch eingebaut: Oft ist die Steuerkette auf den Kettenrädern um einen Zahn versetzt, was nicht sein darf! Dann müssen die Nockenwellen ausgebaut und richtig eingebaut werden.

9. Nachdem die Kurbelwelle durchgedreht wurde und sicher ist, dass sich der Motor frei gedreht hat, sollte man die Ventilspiele noch einmal messen. Notieren Sie die gemessenen Werte im Fahrzeughandbuch und auch den Kilometerstand und das Bearbeitungsdatum.

Ventildeckel aufbauen

1. Zündkerzenrohr in den Zündkerzenschacht einsetzen. O-Ring aufsetzen.

2. Dichtflächen an Zylinderkopf und Ventildeckel gut reinigen. Bild 19: Alte Dichtmasse von der Ventildeckeldichtung abrubbeln. Sitzt die Ventildeckeldichtung richtig am Ventildeckel?

3. Bild 20: An die halbrunden Stellen der Ventildeckeldichtung etwas Silikondichtmasse auftragen. KTM empfiehlt Loctite 5910.

4. Ventildeckel aufsetzen. Gereinigte und leicht eingeölte Schrauben mit den Dichtscheiben eindrehen und über Kreuz festziehen mit 10 Nm.

5. Hinweis: Wenn der vordere Zylinder ebenso bearbeitet werden soll, lässt man die Zündkerzen ausgebaut, weil sich dann der Motor leichter drehen lässt.

Ventilspiel des vorderen Zylinders

Wenn der hintere Zylinder korrekt bearbeitet ist, kommt der vordere an die Reihe. Dazu müssen die Befestigungsschrauben des Kühlers ausgedreht und der Kühler so von den Montagestellen des Zylinderkopfs weggedrückt werden, dass man ordentlich schrauben kann.

■ Man muss weder das Kühlwasser ablassen, keine Schlauchschellen öffnen und keine Schläuche abbauen.

Zum Schluss aller Arbeiten an den Zylinderköpfen muss man die M8-Verschlussschraube der Kurbelwellen-Blockierbohrung einschrauben; Anziehdrehmoment 18 Nm. Eine neue Dichtscheibe wird empfohlen.

Bild 21

Bild 22

Bild 23

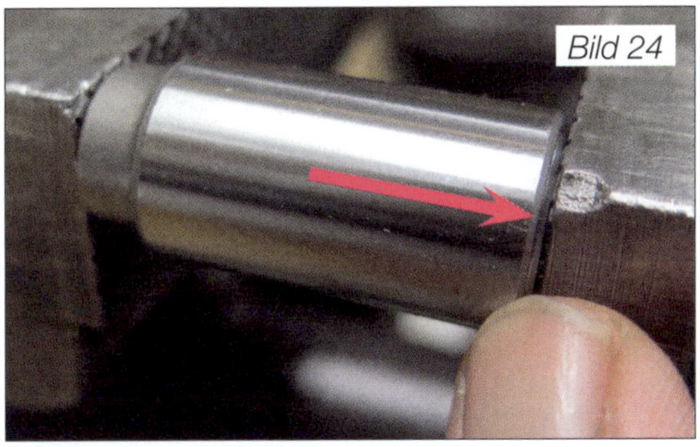
Bild 24

Bild 25

Bild 21: Ausgebauter Steuerkettenspanner mit ausgefahrenem Spannelement.

Bild 22: Vorbereitung des Steuerkettenspanners zum Einbau: Zwischen zwei Scheiben legen und von oben kräftig drücken, bis er kurz vor »ganz unten« fühlbar einrastet. Die Scheiben verhindern, dass der Steuerkettenspanner zu weit zusamengedrückt wird, wie es im Bild 24 gezeigt ist.

Bild 26

Bilder 23, 24 und 25: Wenn ein Schraubstock benutzt wird zum Verrasten des Steuerkettenspanners, unbedingt beachten:

■ Nicht ganz zusammendrücken wie der rote Pfeil in Bild 24 zeigt, sonst geht die innere Klinkenverrastung kaputt.

■ Nur so weit zusammendrücken, bis das Spannelement noch etwas heraussteht wie in Bild 25. Wenn man den Steuerkettenspanner aus dem Schraubstock holt, beibt der Steuerkettenspanner so fixiert.

Bilder 26 und 27: Nach dem Einbau wird der Steuerkettenspanner entriegelt. Dazu mit einem 5er-Inbus drücken wie in Bild 27 gezeigt.

■ Kein dünnes Werkzeug nehmen, sonst drückt man auf die kleine Kugel und der Steuerkettenspanner ist dann kaputt.

Bild 27

Bilder 1 bis 4: Die Batterien unserer Modelle sind unter dem Fahrersitz im Rahmen hinter dem Tank eingebaut.

Batterie · Ladesystem

In diesem Kapitel: Batterie, Einbaulage · Batterie ausbauen, laden, einbauen · Batterie auf Kriechstrom prüfen · Ladesystem überprüfen · Generatorstator prüfen, auswechseln.

Batterie, Einbaulage

Bild 1

Bild 2

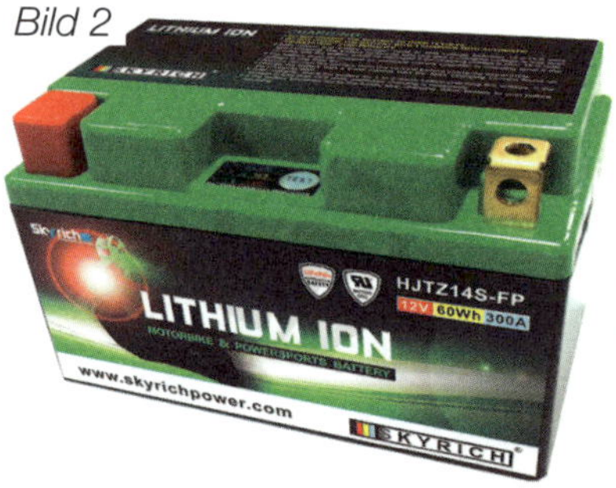

Bild 3

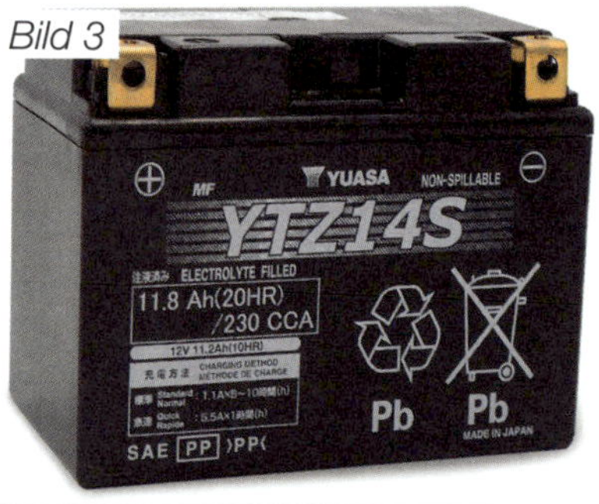

Wartungsfreie Batterie sind in alle Modelle unseres Buchs eingebaut, entweder vom Typ AGM oder Lithium-Ionen.

■ Bild 1: Bei **Super Duke R** ab dem ersten Modelljahr 2014 ist eingebaut eine AGM-Batterie vom Typ YTX14-BS, 12 Volt/12 Ah. Diese Batterie hat folgende Abmessungen: Länge 150 mm, Breite 87 mm, Höhe 145 mm.

■ Bild 1: Bei **Super Duke R Special Edition** Mj. 2016 ist ebenfalls eine AGM-Batterie vom Typ YTX14-BS eingebaut.

■ Bild 2: Bei **Super Duke RR** des Modelljahres 2021 ist eingebaut eine Lithium-Ionen-Batterie HJTZ14S-FPI, 12 Volt/8 Ah. Diese Batterie ist besonders leicht und hat folgende Abmessungen: Länge 150 mm, Breite 87 mm, Höhe 93 mm.

■ Bild 3: Bei **Super Duke GT** in allen Modelljahren ist eingebaut eine AGM-Batterie vom Typ YTZ14-S, 12 Volt/11,2 Ah. Diese Batterie hat folgende Abmessungen: Länge 150 mm, Breite 87 mm, Höhe 110 mm.

Bilder 4, 5 und 6: Die Batterie sitzt unter dem Fahrersitz quer zwischen den Rahmenrohren. Die Batteriepole sind hinten, der Pluspol ist links und der Minuspol rechts.

Achtung 1: Bei einer wartungsfreien AGM-Batterie niemals die Stopfenleiste entfernen (Bild 12), denn der Begriff »wartungsfrei« bedeutet, dass der Säurestand nicht überprüft werden braucht, weswegen auch das Nachfüllen von destilliertem Wasser entfällt.

Achtung 2: Eine Lithium-Ionen-Batterie ist überaus empfindlich auf zu hohe Ladespannung. Der Maximalwert von 14,6 Volt darf auf keinen Fall überschritten werden. Deshalb muss man spezielle Ladegeräte verwenden (Bilder 7 und 12).

Bild 4

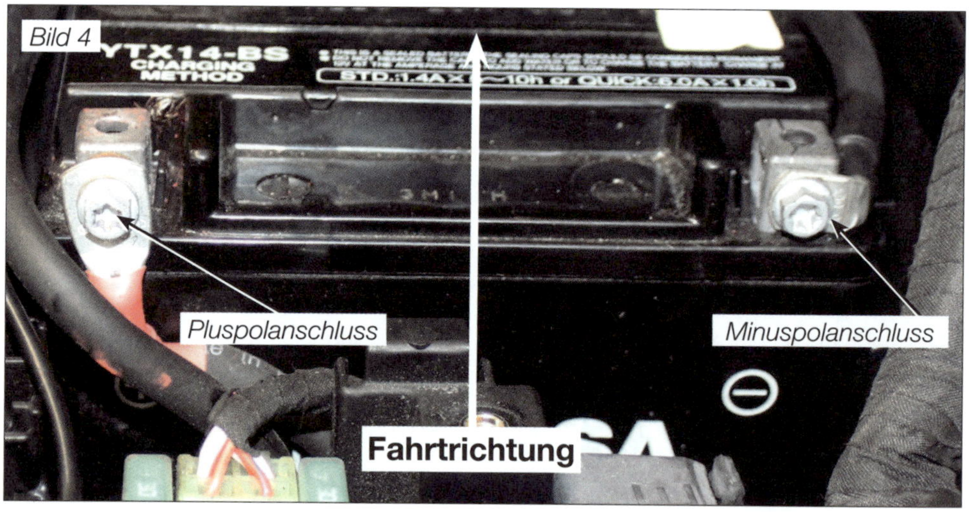

Sicherheitshinweise Achtung und Tipps für dieses Kapitel

Zu allen Arbeiten an der Batterie muss die Zündung ausgeschaltet sein! Wenn Ihre KTM einen Zündschlüssel hat, ziehen sie diesen am besten ab.

Hängen Sie die Batterie Ihrer Maschine über Winter nicht an ein »Batterie-Frischhaltegerät«, bei dem die Batterie fortwährend im Wechsel geladen und entladen wird. Das schadet der Batterie mehr als ihr gut tut.

Beim Überwintern Ihrer KTM die Batterie ausbauen, mit der vorgeschriebenen Amperezahl maximal 10 Stunden laden und in einem kühlen und trockenen Raum lagern. Im Frühjahr vor dem Einbau die Batterie unter fließendem Wasser gut reinigen und abtrocknen, dann vorschriftsmäßig laden, einige Zeit stehen lassen und sorgfältig einbauen.

Batterie freilegen bei Super Duke R in den Mj. 2014 bis 2019 und Super Duke R Special Edition im Mj. 2016

1. Bild 5: Sozius- und Fahrersitz abbauen.
2. Bild 6: Steuergerät nach oben von der Batterieabdeckung abziehen.
3. Bild 8: Schraube der Batterieabdeckung lösen und ausschrauben, Abdeckung hinten etwas anheben und dann nach hinten abziehen.

Anmerkung: Bei einigen Super Duke R ist der Diagnosestecker oben in die Batterieabdeckung eingesteckt, weswegen er zuerst nach oben abgezogen werden muss, bevor man die Batterieabdeckung abnehmen kann.

Batterie freilegen bei Super Duke R ab Mj. 2020 und Super Duke RR im Mj. 2021

1. Bild 5: Sozius- und Fahrersitz abbauen.
2. Steuergerät nach oben von der Batterieabdeckung abziehen und zur Seite hängen.

Batterie freilegen bei Super Duke GT

1. Bild 5: Sozius- und Fahrersitz abbauen.
2. Schraube der Batterieabdeckung lösen und ausschrauben.
3. Batterieabdeckung zusammen mit dem Steuergerät nach oben klappen.

Spannung der Batterie prüfen

Die Batterie muss immer in bestem Zustand sein, damit sie auch bei kalter Witterung ausreichend Energie liefern kann. Eine schwache Batterie ist vor allem am »müden« Elektrostarter zu spüren, wenn der Motor nicht mehr richtig durchdreht. Zur Spannungsprüfung wird ein Multimeter benötigt, die Batterie bleibt eingebaut. Der Motor soll vor der Messung mindestens 30 Minuten nicht gelaufen und die Zündung muss zuverlässig AUSgeschaltet sein.

Spannung der Batterie prüfen

1. Zugang zur Batterie schaffen (siehe oben).
2. Prüfkabel des Multimeters anklemmen:
■ Rotes Prüfkabel am Pluspol.
■ Schwarzes Prüfkabel am Minuspol.
3. Multimeter einschalten und die Spannung messen:
3.1. Eine gut geladene Batterie hat zwischen 13,0 und 13,5 Volt.
3.2. Eine Batterie mit 12,5 Volt oder weniger ist nicht ausreichend geladen, also nachladen.
4. Eine Batterie mit 11,8 Volt oder weniger gilt als »leer«, sie muss geladen werden. Und wenn diese Batterie nach dem Ladevorgang eine Spannung von mehr als 13 Volt nicht dauerhaft hält, ist sie alt und muss erneuert werden.

Batterie aus- und einbauen

1. Batterie freilegen wie vorne beschrieben.
2. Bild 9: Rote Abdeckung über Pluspol zurückschieben. Kabelanschlüsse abschrauben.
■ Zuerst den Kabelanschluss vom (–) Minuspol abschrauben, dann (+) Pluspol.

Tipp: Vor dem Herausnehmen der Batterie die Schrauben in die Muttern, die jetzt in den Batteriepolen sitzen, lose einschrauben, so können sie nicht verloren gehen, wenn die Batterie herausgehoben und umhergetragen wird.

3. Bei **Super Duke R, Mj. 2014 bis 2019 und Special Edition im Mj. 2016**: Steuergerät nach oben klappen und festhalten.
3.1. Bei **Super Duke R ab Mj. 2020 und Super Duke RR im Mj. 2021**: Stecker hinter der Batterie trennen. Schraube rechts in der Batterieabdeckung lösen und ausschrauben, Batterieabdeckung abnehmen.
4. Batterie herausheben.

Batterie laden: Geeignetes Ladegerät verwenden, siehe dazu Text weiter vorne.
1. Bild 12: Batterie an Ladegerät anschließen:
■ Rote Pluszange an Pluspol
■ Minuszange an Minuspol
2. Ladestrom über 4 bis 10 Stunden bei maximaler Ladespannung von 14,4 Volt:
■ 1,2 Ampere bei den AGM-Batterien YTX14-BS und YTZ14S
■ 3,0 Ampere bei der Lithium-Ionen-Batterie HJTZ14S-FPI
3. Eine Schnellladung soll nicht vorgenommen werden. Wenn es doch sein muss, weil es nicht anders geht: 1 Stunde

Bilder 5 bis 9 sind im Lauftext nummeriert beschrieben.

Bild 5

Bild 6

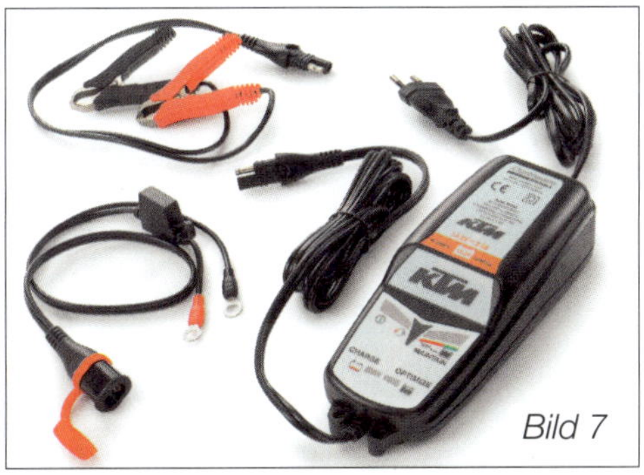

Bild 7

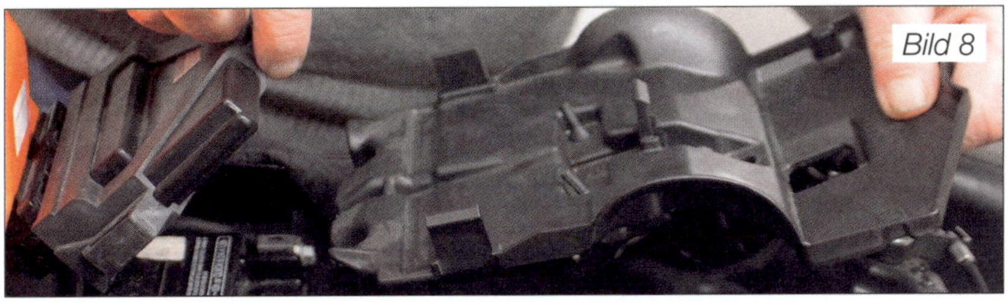
Bild 8

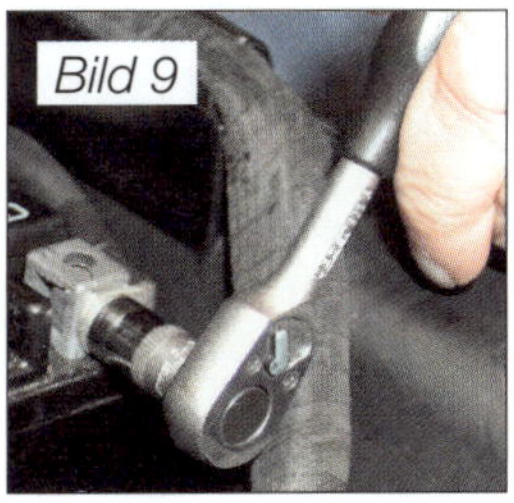
Bild 9

Lieferadresse des Batterieladegeräts in Bild 12 unten:
fritec Friedrich & Hitschfel GmbH
Schlehenstraße 25
D-90542 Eckental
www.fritec.de

Bild 10

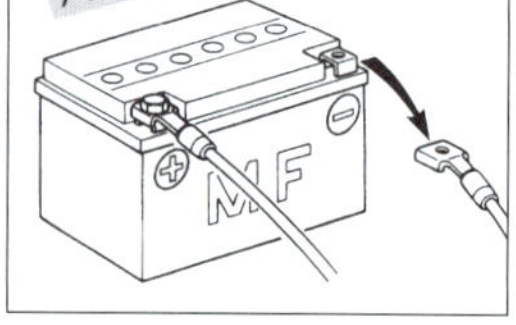

Bild 11

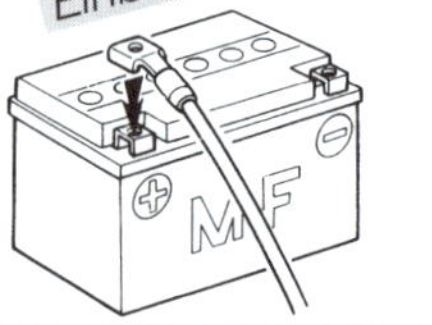

Bilder 10 und 11:
■ Beim Batterieausbau zuerst Minuspol abschrauben.
■ Beim Einbau zuerst Pluspol anschrauben.

mit maximal 3 Ampere. **Wichtig:** Bei nächster Gelegenheit die Batterie unbedingt langsam nachladen!

4. Bild 13: Zuerst (–) Minuszange vom Minuspol abklemmen, dann (+) Pluszange vom Pluspol.

5. Ladedatum auf der Batterie vermerken.

Batterie einbauen bei Super Duke R Mj. 2014 bis 2019 und Special Edition Mj. 2016

1. Steuergerät nach oben klappen, festhalten.

2. Batterie in Batteriekasten einsetzen. Die Polanschlüsse weisen nach hinten.

3. Bild 11: Zuerst das Pluskabel anschrauben, dann das Minuskabel.

4. Batterieanschlüsse mit Säureschutzfett einfetten. Rote Abdeckung auf Pluspol schieben.

5. Batterieabdeckung einsetzen: Aussparungen vorne an der Batterieabdeckung müssen in die beiden Schrauben am Batteriekasten eingreifen.

5.1. Schraube der Batterieabdeckung einschrauben und mit 5 Nm festziehen. Steuergerät oben in die Zapfen der Batterieabdeckung einsetzen.

6. Fahrersitz und Soziussitz aufbauen.

Batterie einbauen bei Super Duke R ab Mj. 2020 und Super Duke RR im Mj. 2021:

■ Batterie in Batteriekasten einsetzen und Kabel anschrauben wie oben beschrieben.

■ Batterieabdeckung aufsetzen. Schraube der Batterieabdeckung einschrauben und mit 5 Nm festziehen. Stecker hinter der Batterie zusammenstecken.

■ Steuergerät oben in die Zapfen der Batterieabdeckung einsetzen.

Batterie einbauen bei Super Duke GT

■ Batterie in Batteriekasten einsetzen und Kabel anschrauben wie oben beschrieben.

■ Batterieabdeckung zusammen mit Steuergerät nach unten klappen, Schraube der Batterieabdeckung einschrauben und mit 5 Nm festziehen.

Ladesystem überprüfen

Wenn die Batterie nicht richtig geladen wird, kann eine Störung im Ladesystem vorliegen. Bild 13: Überprüft wird mit einem Multimeter. Stecker, Kabel und Hauptsicherung müssen in Ordnung sein. Wenn die Batterie leer ist, weil es ja ein Problem mit der Ladespannung gibt, muss man zur Prüfung eine andere, gut geladene Batterie einbauen, die mindestens 12,7 Volt liefert.

Batterie auf Kriechstrom prüfen

Wichtig 1: Zündung am Zündschloss während der Kriechstromprüfung NICHT einschalten.

1. Zündung AUSschalten. Zugang zur Batterie schaffen. Massekabel von Batterie abschrauben.

2. Bild 13: Multimeter auf Amperemessung einstellen, seine Kabel an die Batterie anschließen.

■ Schwarzes Kabel an (–) Minuspol.

■ Rotes Kabel (+) des Multimeters an die abgeschraubte Anschlussöse des Massekabels.

Wichtig 2: Weil Kriechstrom (»Leckstrom«) sehr stark sein kann, das Multimeter zuerst auf einen hohen Bereich einstellen und während der Messung herunterregeln.

3. Wenn das Multimeter mehr als 1,0 mA anzeigt, ist Leckstrom vorhanden.

4. Wenn Kriechstrom festgestellt wird, nach der Ursache bzw. dem defekten Bauteil suchen: Stecker im Kabelbaum der Reihe nach abtrennen und Kabel durchmessen, bis weniger als 1,0 mA Kriechstrom angezeigt wird.

Bild 12 *Stopfenleiste niemals entfernen!*

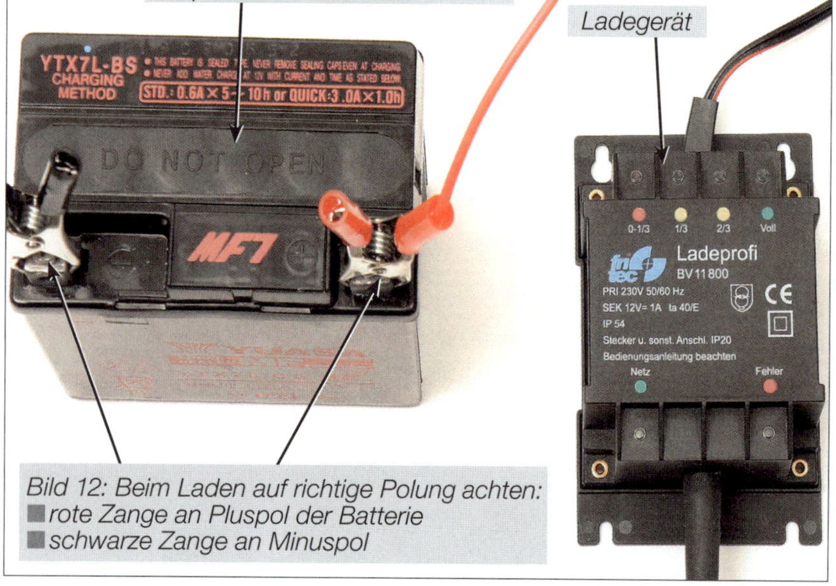

Bild 12: Beim Laden auf richtige Polung achten:
■ rote Zange an Pluspol der Batterie
■ schwarze Zange an Minuspol

Bild 13

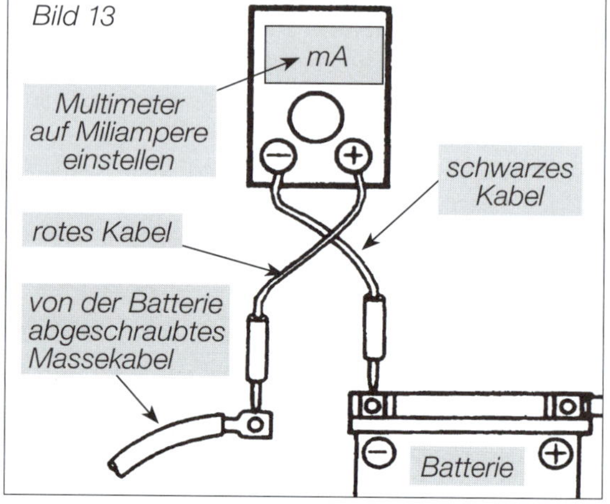

Ladespannung prüfen

1. Zugang zur Batterie schaffen. Plus- und Minuskabel bleiben an die Batterie angeschlossen. Motor starten, auf Betriebstemperatur bringen.
2. Motor ausschalten.
■ Rotes Kabel (+) des Multimeters auf Pluspol der Batterie.
■ Schwarzes Kabel an (–) Minuspol.
3. Batteriespannung ablesen, Beispiel 12,7 Volt.
4. Motor starten, auf 4000/min drehen, die nun auf dem Multimeter angezeigte Spannung muss 13,5 bis 15,0 Volt betragen (Bild 14).
■ In diesem Messbereich ist der Stromgenerator in Ordnung.
4.1. Ist die angezeigte Spannung jedoch kleiner oder gleich der Batteriespannung, kann der Stromgenerator defekt sein.
4.2. Ist die Spannung viel höher als 15 Volt, kann die Batterie defekt sein.
5. Zur Sicherheit sollte man eine andere Batterie einbauen, die garantiert in Ordung ist, und die Messung noch einmal durchführen: Wenn dann die angezeigte Spannung immer noch kleiner oder gleich der Batteriespannung ist, kann man sicher sein, dass der Stromgenerator defekt ist; und zwar der Generatorstator (siehe Bildunterschrift zu Bild 17). Um damit wirklich sicher zu sein, wird die nachfolgende Prüfung durchgeführt, wozu der Stromgenerator eingebaut bleibt.

Generatorstator prüfen

Bilder 15 und 16: Eine Prüfung des Generatorstators (nachfolgend Stator genannt) wird im Stecker der drei gelben Kabel durchgeführt.
1. Benzintank abbauen.
2. Bild 15: Den Stecker links vom Lenkkopf mit den drei gelben, nach oben führenden Generatorkabeln, trennen.
3. Bild 16: Widerstand zwischen den drei Klemmen im Stecker messen, der Sollwert soll zwischen 0,15 und 0,30 Ohm liegen.
4. Zwischen jeder Kabelklemme und Masse darf kein Stromdurchgang bestehen.
5. Wenn Durchgang zur Masse besteht oder die Messwerte außerhalb der Toleranz liegen, ist der Stator defekt und muss ausgewechselt werden.

Generatorstator auswechseln

Der Stator ist im linken Motorgehäusedeckel eingebaut. Motorrad auf den Heckmontageständer aufbocken. Ölfangwanne unterstellen.
1. Benzintank abbauen.
2. Kabelbinder aufzwicken, mit dem Schlauch und Kabel an der Kupplungsleitung befestigt sind. Kabel und Schlauch zur Seite schieben.
3. Bild 15: Stecker der Generatorkabel trennen.
4. Ölfangwanne unter den Motordeckel stellen und nun den Deckel abschrauben: Alle Schrauben lösen und ausdrehen. Mit einem Gummihammer leichte Schläge auf (auf!) den Deckel geben löst die Verklebung. Bild 17: Abnehmen des Deckels geht sehr schwer wegen Magnetkraft, man klemmt sich leicht die Finger ein!
■ Darauf achten, dass die Scheiben auf den Achsen der Anlasserzahnräder sitzen bleiben. Wenn nicht, sie wieder an ihren Platz setzen.
5. Bild 18: Schrauben lösen, ausdrehen, Stator herausnehmen (das müsste leicht gehen).
6. Neuen Stator einsetzen, Kabel exakt verlegen.
7. Etwas Loctite »mittelfest« an die Schrauben geben, eindrehen, mit 10 Nm festziehen.
8. Kabelgummitülle mit Silikondichtmittel bestreichen, in Ausschnitt des Deckels eindrücken.
9. Deckel anbringen: Neue Deckeldichtung auflegen. Deckel aufsetzen (Achtung vor der Magnetkraft!), Schrauben eindrehen und in mehreren Schritten ringsum bis auf 10 Nm festziehen.
10. Generatorkabel nach oben verlegen, Stecker zusammenstecken, aufgezwickte Kabelbinder ersetzen, Tank montieren. Motoröl auffüllen!

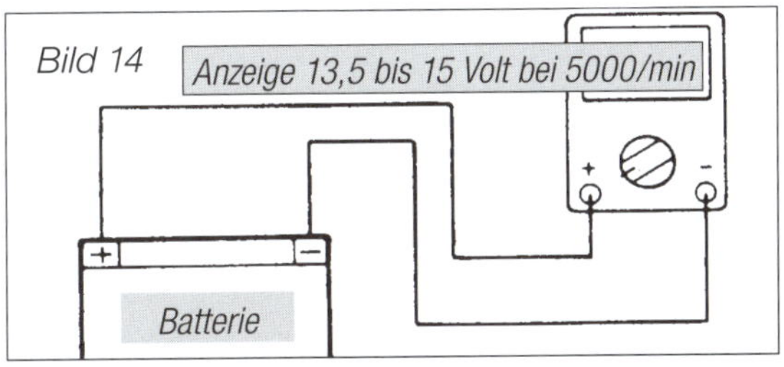

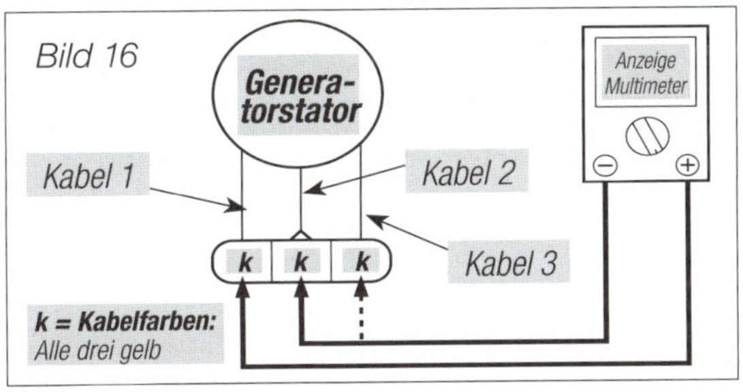

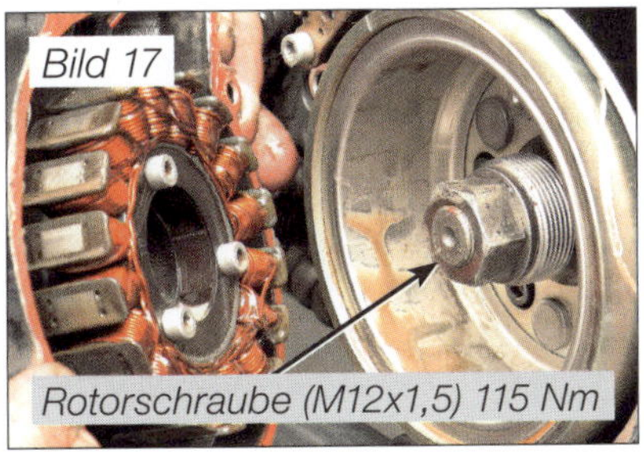

Rotorschraube (M12x1,5) 115 Nm

Schrauben der Statorbefestigung 10 Nm plus Loctite 243 »mittelfest«

Regler/Gleichrichter
Der Regler/Gleichrichter sitzt hinten unten im Bereich oberhalb des Hinterrads. Wenn sich bei der Prüfung der Ladespannung ein höherer Wert ergibt als 15 Volt und bei der Nachprüfung mit einer anderen Batterie der Messwert weiterhin hoch ist, kann auch der Regler/Gleichrichter defekt sein. Vor dem Kauf eines Neuteils zuerst den Stecker abziehen und die Kontakte penibel reinigen kann das Problem beseitigen.

Bilder 13 bis 18 sind im Lauftext mit den zugehörigen Arbeitsschritten erklärt.

Extra Info zu Bild 17: Der Generatorrotor geht normalerweise nicht kaputt, es sei denn er wurde fallen gelassen oder bekam einen harten Schlag, wodurch er sich entmagnetisiert.

Sicherungen · Relais · Stecker

In diesem Kapitel: Sicherungen, Einbaulage · Relais · Stecker trennen · Fehlersuche in Stromkreisen.

Sicherungen und Einbaulagen

Sicherungen und Einbaulagen: Die meisten Sicherungen sind in Sicherungskästen eingebaut. Die Hauptsicherung allerdings steckt im Anlasserrelais.

■ Bei **Super Duke R** der Modelljahre 2014 bis 2016 und **Super Duke R Special Edition** im Modelljahr 2016 sind vier Sicherungen im Sicherungskasten (Bild 5) plus vier Ersatzsicherungen.

■ Bei **Super Duke R** der Modelljahre 2017 bis 2019 sind sieben Sicherungen im Sicherungskasten plus drei Ersatzsicherungen.

■ Bei **Super Duke R** ab Modelljahr 2020 und **Super Duke RR** im Modelljahr 2021 sind acht Sicherungen im Sicherungskasten plus drei Ersatzsicherungen.

■ Bei **Super Duke GT** der Modelljahre 2016 bis 2018 sind fünf Sicherungen im Sicherungskasten plus vier Ersatzsicherungen.

■ Bei **Super Duke GT** ab Modelljahr 2019 sind neun Sicherungen im Sicherungskasten plus drei Ersatzsicherungen.

Sicherungskästen und Einbaulage:

■ Bei **Super Duke R** in den Modelljahren 2014 bis 2019 und bei **Super Duke R Special Edition** des Modelljahres 2016: Sicherungskasten ist unter dem Fahrersitz unter einer Abdeckung, die abgeschraubt werden muss.

Steckplätze () der Sicherungen und ihre Baugruppen

■ (=) Ziffer in der Klammer ist der jeweilige Steckplatz im Sicherungskasten, siehe dazu auch Bild 5

Super Duke R in den Modelljahren 2014 bis 2016 und **Super Duke R Special Edition** des Modelljahres 2016:

(1) Spannungsversorgung Steuergeräte und Komponenten	10 Ampere
(2) Dauerplus für Zusatzgeräte (ACC1)	10 Ampere
(3) ABS-Hydraulikeinheit	15 Ampere
(4) ABS-Rückförderpumpe	25 Ampere
(5) nicht belegt	
RES = Reserve-Ersatzsicherungen 2 Stück	10 Ampere
RES = Reserve-Ersatzsicherung	15 Ampere
RES = Reserve-Ersatzsicherung	25 Ampere

Super Duke R in den Modelljahren 2017 bis 2019:

(1) Spannungsversorgung Steuergeräte und Komponenten	10 Ampere
(2) Dauerplus für Zusatzgeräte	10 Ampere
(3) Dauerplus für Scheinwerfer	10 Ampere
(4) Dauerplus für Scheinwerfer	10 Ampere
(5) ECU (Motorsteuergerät)	10 Ampere
(6) ABS-Rückförderpumpe	25 Ampere
(7) ABS-Hydraulikeinheit	15 Ampere
(8) nicht belegt	
(9) nicht belegt	
(10) nicht belegt	
RES = Reserve-Ersatzsicherung	10 Ampere
RES = Reserve-Ersatzsicherung	15 Ampere
RES = Reserve-Ersatzsicherung	25 Ampere

Super Duke R ab Modelljahr 2020
Super Duke RR des Modelljahres 2021:

(1) Spannungsversorgung Steuergeräte und Komponenten	10 Ampere
(2) Dauerplus für Zusatzgeräte ACC1	10 Ampere
(3) Kennzeichenbeleuchtung, Rücklicht	10 Ampere
(4) Dauerplus für Scheinwerfer	10 Ampere
(5) ECU (Motorsteuergerät)	10 Ampere
(6) ABS-Rückförderpumpe	25 Ampere
(7) ABS-Hydraulikeinheit	15 Ampere
(8) Dauerplus für Zusatzgeräte ACC2, USB-Buchse	10 Ampere
(9) nicht belegt	
(10) nicht belegt	
RES = Reserve-Ersatzsicherung	10 Ampere
RES = Reserve-Ersatzsicherung	15 Ampere
RES = Reserve-Ersatzsicherung	25 Ampere

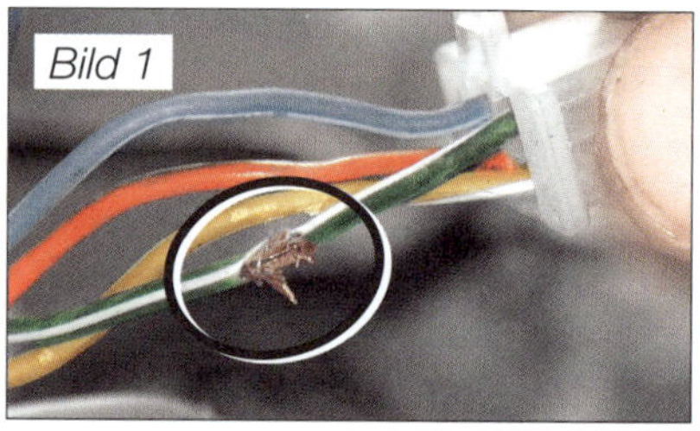

Bild 1

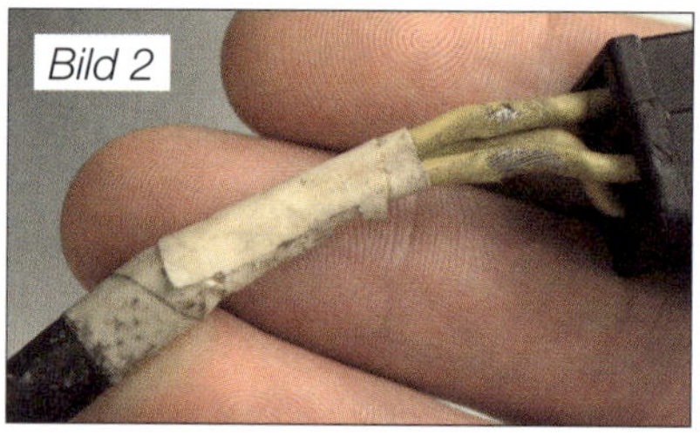

Bild 2

Bilder 1 und 2: Ein Kabel mit beschädigter Isolierung, die blanke Kupferlitze ist zu sehen. Wenn das blanke Kabel einen Kontakt bekommt mit Masse, fliegt die Sicherung raus. Deswegen sollte man eine aufgescheuerte Isolierung umgehend mit Isolierband reparieren.

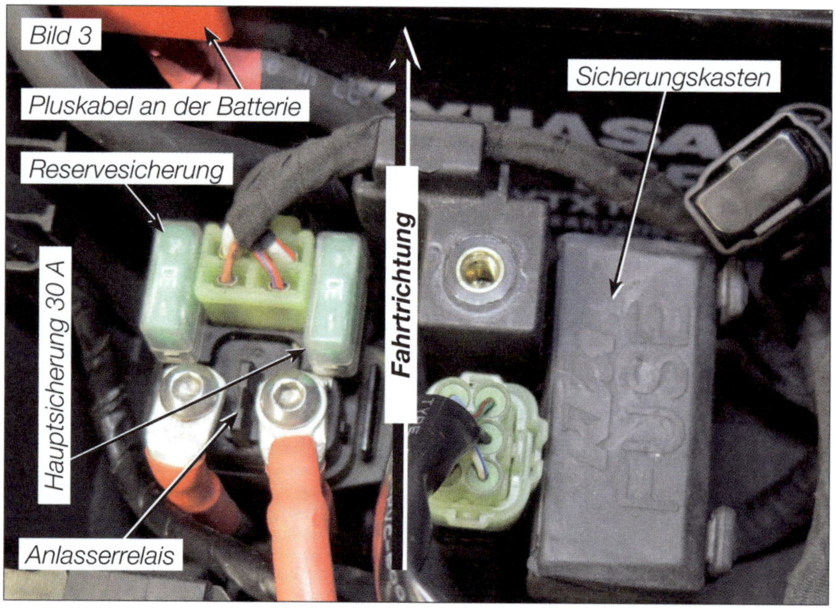

Bild 3

Bild 3: Sicherungskasten und Anlasserrelais mit Hauptsicherung sind unter dem Fahrersitz eingebaut.

■ Bei **Super Duke R** ab Modelljahr 2020, **Super Duke RR** des Modelljahres 2021 und **Super Duke GT** in allen Modelljahren: Sicherungskasten ist unter dem Fahrersitz ohne Abdeckung.

Hauptsicherung: Die Hauptsicherung (Bild 3) ist unter dem Fahrersitz auf dem Anlasserrelais zu finden. Daneben steckt eine 30-Ampere-Reservesicherung.

ABS-Sicherungen: Die ABS-Sicherungen für Hydraulikeinheit und ABS-Rückförderpumpe sind im Sicherungskasten eingebaut (Bild 5).

Defekte Sicherung auswechseln

■ Bilder 4 und 5: Beide Deckellaschen unten an ihren Verlängerungen anpacken, nach unten und gleichzeitig nach vorne von den Nippeln wegziehen oder je nach Modell beide Deckellaschen oben an ihren Verlängerungen anpacken, nach oben und gleichzeitig nach vorne von den Nippeln wegziehen, Deckel hochklappen.

■ Defekte Sicherung mit einer Spitzzange (oder mit sehr »spitzen Fingern«) aus den Steckklemmen ziehen.

Steckplätze () der Sicherungen und ihre Baugruppen

Super Duke GT in den Modelljahren 2016 bis 2018:

RES = Reserve-Ersatzsicherung	10 Ampere
RES = Reserve-Ersatzsicherung	10 Ampere
(1) Spannungsversorgung Alarmanlage (optional), Steuergeräte und Komponenten	10 Ampere
(2) Steckdose, Kennzeichenbeleuchtung, Diagnosestecker, Dauerplus für Zusatzgeräte ACC1 und 2	10 Ampere
(3) ABS-Hydraulikeinheit	15 Ampere
(4) ABS-Rückförderpumpe	25 Ampere
(5) Spannungsversorgung Steuergerät für Lichtanlage und Semiaktives Fahrwerk	15 Ampere
RES = Reserve-Ersatzsicherung	15 Ampere
RES = Reserve-Ersatzsicherung	25 Ampere

Super Duke GT ab Modelljahr 2019:

(1) KTM Race On, Instrumenteneinheit, Alarmanlage (optional)	10 Ampere
(2) Dauerplus für Zusatzgeräte ACC1	10 Ampere
(3) Kennzeichenbeleuchtung, Rücklicht, Beleuchtung für Lenkerschalter	10 Ampere
(4) Steuergerät Scheinwerfer	10 Ampere
(5) ECU (Motorsteuergerät, Kraftstoffverdunstungsventil, Lambdasonden, SLS, Zündspulen, Einspritzventile	10 Ampere
(6) Semiaktives Fahrwerk, Kurvenlicht	15 Ampere
(7) ABS-Rückförderpumpe	25 Ampere
(8) ABS-Hydraulikeinheit	15 Ampere
(9) Dauerplus für Zusatzgeräte ACC2	10 Ampere
RES = Reserve-Ersatzsicherung	10 Ampere
RES = Reserve-Ersatzsicherung	15 Ampere
RES = Reserve-Ersatzsicherung	25 Ampere

■ Neue Sicherung in ihre Steckklemmen eindrücken, den Deckel schließen und die Deckellaschen an ihren Nippeln anbringen.

Beim Arbeiten an Sicherungen beachten:

■ Vor einem Sicherungswechsel die Zündung sicher ausschalten, Zündschlüssel abziehen.

■ Defekte Sicherungen in keinem Fall reparieren, etwa mit alubeschichtetem Papier (»Frischhalte-

Bilder 4 und 5: Sicherungskasten mit geschlossenem und geöffnetem Deckel.

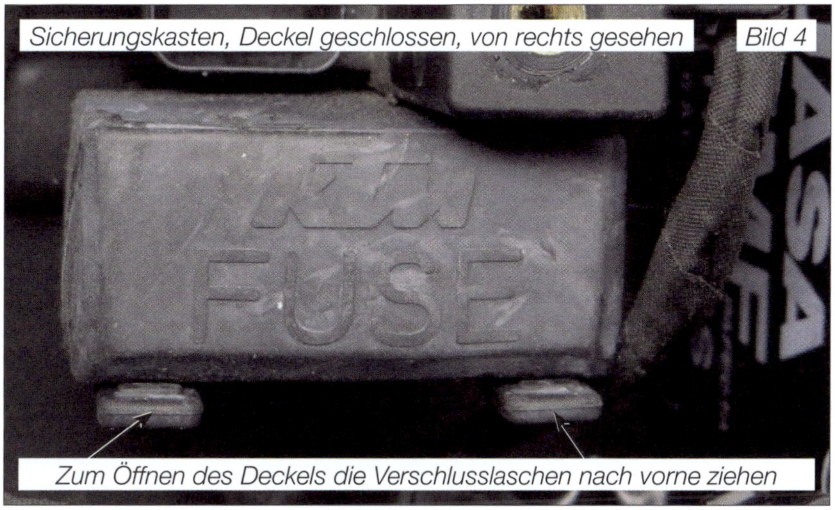

Fahrtrichtung →

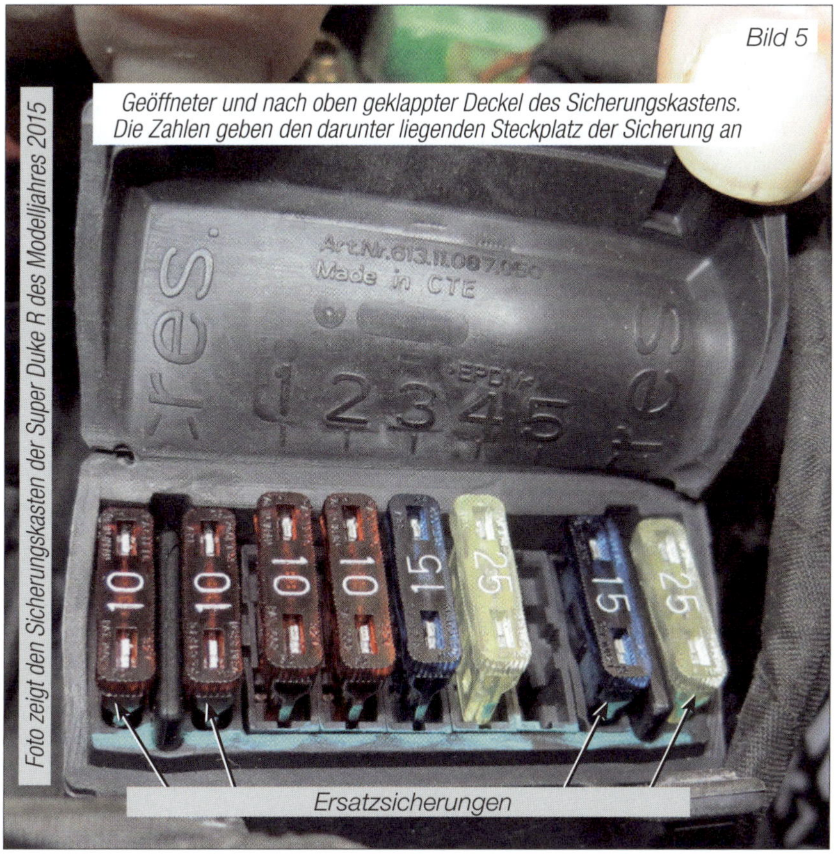

folie« aus Mutters Küchenschrank): Die Gefahr, dass die Maschine anfängt zu brennen, ist ziemlich hoch!

- Nur vorgeschriebene Sicherungen verwenden!
- Bild 6: Wenn eine Baugruppe nicht funktioniert, obwohl die Sicherung ganz ist, also nicht durchgebrannt, können die Zungen der Sicherung korrodiert sein, weswegen sie keinen zuverlässigen Kontakt hat: Zungen mit feinem Schmirgelpapier abziehen.

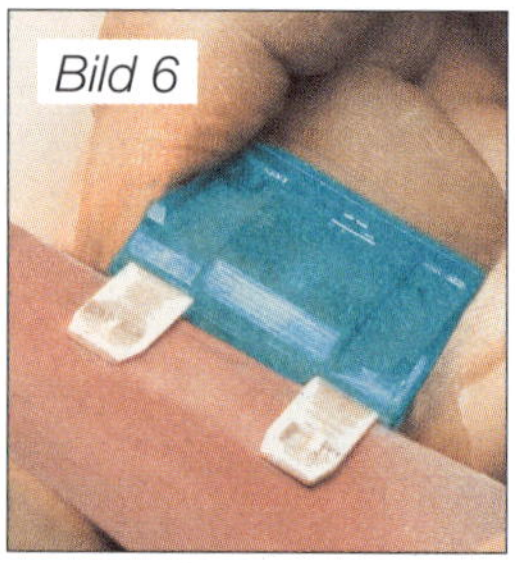

Bild 6: Korrosion an den Zungen der Sicherung mit feinem Schmirgelpapier abziehen.

Reservesicherungen

- Folgende Reservesicherungen sind im Sicherungskasten (Bild 5) eingesteckt: Eine neue Sicherung mit 10 Ampere, eine mit 15 und eine mit 25 Ampere. Bei **Super Duke GT** in den Modelljahren 2016 bis 2018 gibt es noch eine zusätzliche Ersatzsicherung mit 10 Ampere.
- Auf dem Anlasserrelais ist für die Hauptsicherung (Bild 3) mit 30 Ampere eine Reservesicherung eingesteckt.
- Wenn eine dieser Reservesicherungen benötigt wird und ihr Reservesteckplatz dann leer ist, unbedingt eine neue einsetzen.

Sicherungsstärke

Die in den Maschinen unseres Buchs für die entsprechenden Baugruppen und Bauteile eingebauten Sicherungen und ihre Stärke entnehmen Sie bitte den beiden grauen Textkästen am Anfang dieses Kapitels.

Bild 7: Zum Ausbau eines Relais die Sitzhalterung fest anpacken und das Relais aus seinen Kontakten ziehen.

Sinn und Zweck einer Sicherung

Zum besseren Verständnis des Themas »Sicherungen« kommt hier noch eine kurz gefasste Erklärung, warum Sicherungen nötig sind.

Sicherungen sind in elektrische Stromkreise eingearbeitet, sie schützen den jeweiligen Stromkreis vor Überlastung: Wenn eine solche droht, dann brennt die betreffende Sicherung durch und der elektrische Stromkreis ist lahm gelegt.

Wie »Elektrische Überlastung« entsteht:

- Bei Kurzschluss: Wenn die Schutzhülle (»Isolation«) eines stromführenden Drahtes (»Kabel«) defekt ist und der aus dem Leck herausstehende blanke Draht (Bild 1) mit einer Massestelle (z. B. dem Rahmen) in Berührung kommt.
- Bei zu hohem Übergangswiderstand: Wenn der elektrische Anschlusskontakt einer Lampe lose oder schmutzig ist und zu hoher Strom fließen muss, um die Lampe zum Leuchten zu bringen.
- Bei einem Defekt in einem elektrischen Bauteil: Wenn die Wicklung im Elektrostarter durchgebrannt oder sonstwie gebrochen ist, und der Anlasserknopf betätigt wird, brennt die Hauptsicherung durch.

Je nach elektrischem Bauteil und seiner stromführenden Drähte (Kabel) haben die Sicherungen verschiedene Stärken:

- Die Hauptsicherung hat 30 Ampere, durch sie fließt ja auch der größte Strom;
- die anderen Sicherungen haben entweder 10 oder 15 Ampere.
- Die Sicherung für die ABS-Hydraulikeinheit hat 15 Ampere, die für die ABS-Rückförderpumpe 25 Ampere.
- In den Textkästen »Steckplätze ...« sind die Stärken aller Sicherungen aufgeführt.

Wenn eine Sicherung »durchbrennt«, werden die abgesicherten elektrischen Bauteile vor weiterführenden Schäden bewahrt. Würde sie nicht durchbrennen, käme es zu großer Hitze in den entsprechenden Bauteilen und diese würden anfangen zu brennen. Ein »Kabelbrand« ist widerlich, weil er klein beginnt, oft in einem unsichtbaren Winkel der Maschine, und sich von dort aus rasch fortpflanzt, bis die Maschine bald richtig brennt.

Wenn eine Sicherung durchbrennt, kann das aber auch immer »nur« eine geringe Ursache haben, wie zum Beispiel eine momentane und deswegen nur vorübergehende Belastungsspitze durch fahrtypische Vibrationen des Motors, wie sie etwa durch Überdrehen oder ruckenden Motorlauf wegen eines Benzinproblems (wer hat wohl vergessen rechtzeitig zu tanken ...) entstehen kann. Es kann auch mal Schmutz im Benzin sein und deswegen die Benzinpumpe schwer laufen: Defekte Sicherung ausbauen, neue einbauen und dann ist Ruhe.

⚠ **Achtung:** Wenn eine Sicherung wiederholt durchbrennt, muss man den Fehler suchen und beheben. Auf keinen Fall eine Sicherung mit höherem Ampere-Wert einsetzen oder die Sicherung mit einem Stück Alupapier »reparieren«.

Relais

In elektrischen Stromkreisen sind Relais eingesetzt, zum Beispiel für den Anlasser. Ein Relais ist ein elektromagnetisch wirkender Schalter, mit dessen Hilfe ein kleiner Steuerstrom einen wesentlich größeren Arbeitsstrom schalten kann: So kann das Anlasserrelais den Startstrom, der bis zu 100 Ampere betragen kann, mit etwa zwei Ampere Steuerstrom schalten.

Fehlersuche an einem Relais
Falls eine über ein Relais geschaltete elektrische Baugruppe nicht funktioniert, die zugehörige Sicherung und die stromzuführenden Kabel in Ordnung sind, kann das Relais »hängen«. Man kann folgendermaßen versuchen es wieder in Ordnung zu bringen: In eingebautem Zustand mit dem Griff eines mittelgroßen Schraubenziehers gegen das Relais klopfen und die entsprechende Funktion erneut versuchen. Falls jetzt immer noch nichts geht, testweise ein erwiesenermaßen funktionstüchtiges Relais einsetzen: Relais aus der Halterung ziehen (Bild 7), ein wenig daran wackeln löst die Kontakte. Beim Einstecken des neuen Relais darauf achten, dass es fest sitzt.

Anzahl der Relais hat sich von Modell zu Modell und von Modelljahr zu Modelljahr geändert:
■ Alle Modelle unseres Buchs haben ein Anlasserrelais (Bild 3). Es ist unter dem Fahrersitz zu finden.
■ **Super Duke R** in den Modelljahren 2014 bis 2016 und **Super Duke R Special Edition** des Modelljahres 2016 haben kein weiteres Relais.
■ **Super Duke R** ab Modelljahr 2017, **Super Duke RR** des Modelljahres 2021 und **Super Duke GT** ab Modelljahr 2019 haben ein Hauptrelais und ein Relais für Zusatzgeräte.
■ **Super Duke GT** in den Modelljahren 2016 bis 2018 haben ein Relais für Zusatzgeräte.

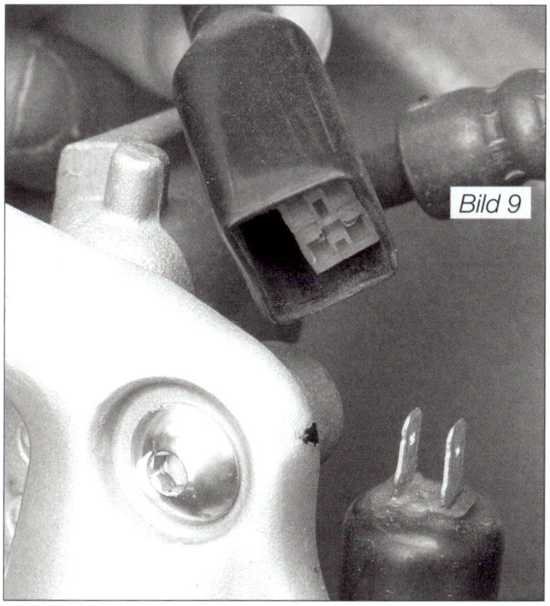
Bild 9

Stecker trennen

Bilder 8 bis 11: Bei manchen Wartungsarbeiten oder beim Auswechseln elektrischer Bauteile müssen elektrische Stecker getrennt werden, wie z. B. beim Abbau des Tanks, der Lampenmaske mit dem Scheinwerfer oder des Heckteils.

Achtung: Niemals versuchen, durch Ziehen an den Kabeln einen Stecker zu trennen, sonst reißen die Kabel aus!

Beim Trennen von Steckern beachten:
■ Bild 9: Bei einfachen Steckern sind Kabelschuhe auf Kontakte aufgeschoben: Gummikappe anheben, Kabelschuh packen und abziehen.
■ Bilder 10, 11 und 12a: Bei den meisten Steckern sind kleine Zapfen angebracht, die man durch Niederdrücken entriegelt, dann erst können die Steckerhälften auseinandergezogen werden.
■ **Generell gilt:** Stecker vor dem Trennen genau ansehen, wie er zusammengesteckt und gesichert ist, erst dann trennen.

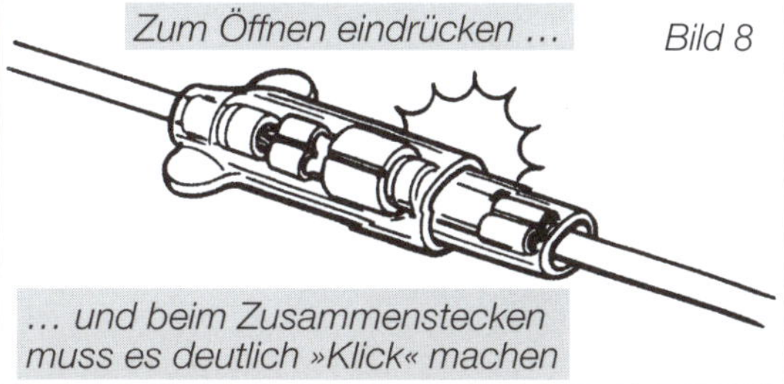

Bild 8

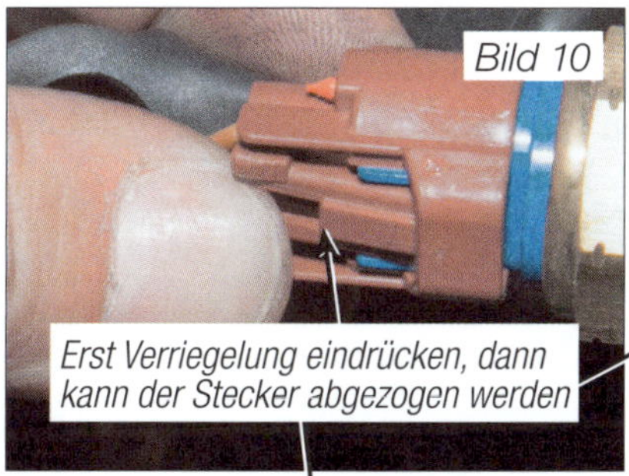

Bild 10

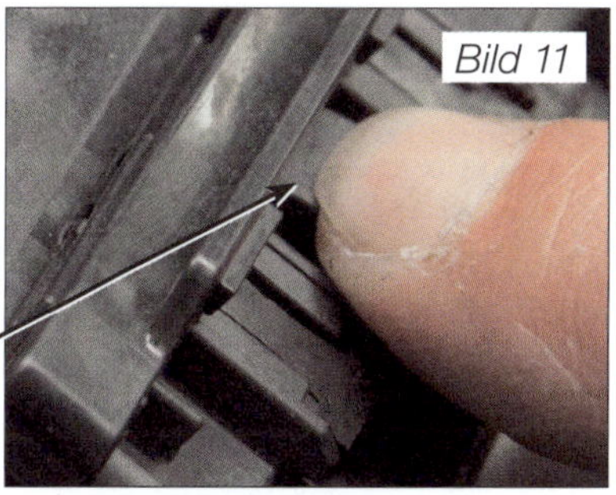
Bild 11

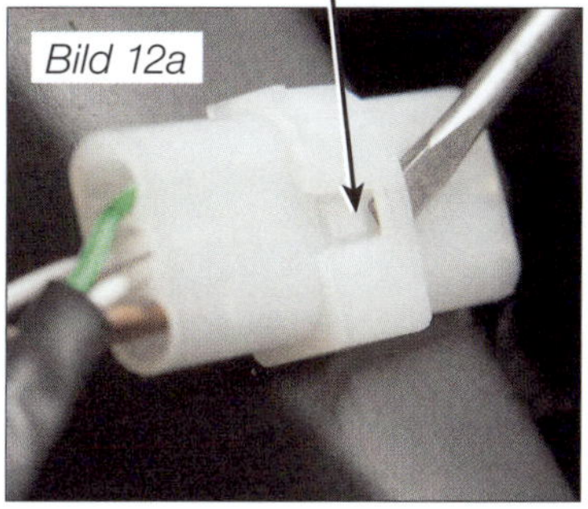
Bild 12a

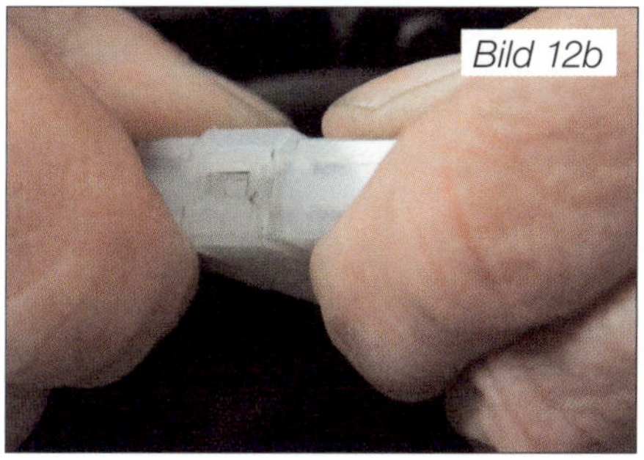
Bild 12b

Bilder 8 bis 12b: Verschiedene Stecker und ihre Verriegelungen. Diese müssen eingedrückt werden und die Verriegelung freigeben, dann kann der Stecker ab- oder auseinandergezogen werden.

■ *Bild 12a: Bei tiefliegenden Verriegelungen, die man mit dem Fingernagel nicht erreichen kann, einen kleinen Schraubenzieher zu Hilfe nehmen.*

■ *Niemals am Kabel ziehen, immer nur am Steckergehäuse!*

Sichtprüfung Messen

Anleitung

In diesem Kapitel: Gebrauchsanleitung zum Zusammenfügen der Schaltpläne für jedes Modell und Modelljahr · Logik der Schaltpläne · Handhabung der Schaltpläne · Tabelle zur Zugehörigkeit der Pläne und Schaltpläne nach Modellen und Modelljahren.

Logik der Schaltpläne

In den unten stehenden Listen sind die Typen unseres Buches aufgeführt und in den nach rechts laufenden Kopfzeilen ihre Modelljahre bis zum Redaktionsschluss*.

In der linken senkrechten Spalte unter Super Duke R (auf dieser Seite) bzw. Super Duke GT (auf der nächsten Seite) stehen die Begriffe »Plan 1« bis »Plan 14«. Dies bedeutet, dass zu jeder Maschine in jedem Modelljahr 11, 13 oder 14 Schaltpläne gehören.

Die Einträge »Schaltplan 01« bis »Schaltplan 64« in den senkrechten Spalten mit den Kopfzeilen von »Modelljahr 2014« bis zum »Modelljahr 2021« weisen darauf hin, welche modellübergreifenden Schaltpläne bildlich aneinandergereiht werden müssen, um einen kompletten modellspezifischen Schaltplan zu erhalten. Kompliziert? Nein—denn das auf den ersten Eindruck scheinbare Nummernchaos hat Methode und die klären wir in diesem Kapitel auf:

- Auf den folgenden Seiten sind die Schaltpläne von 01 bis 64 durchnummeriert abgedruckt.
- In den Kopfzeilen ist vermerkt, zu welchem Super-Duke-Modell und Modelljahr der betreffende Schaltplan gehört.

Handhabung der Schaltpläne

Wie schon mehrfach in den vorangegangenen Kapiteln dieses Buches zu lesen war, ist unser musterhaftes Schraub- und Fotomodell eine Super Duke R des Modelljahres 2015. Die elf zu diesem Modell gehörenden Schaltpläne tragen die Nummern 01 bis 11.

Sollten Sie zur Lokalisierung und Behebung eines elektrischen Problems an Ihrer Maschine die Schaltpläne brauchen, empfehlen wir Folgendes: Kopieren Sie die zum Modell und Modelljahr gehörigen Schaltplan-Einzelseiten aus dem Buch (dann brauchen Sie das Buch nicht zu zerschneiden) und kleben diese dann in der Reihenfolge zusammen.

Die Codes verstehen

Die unten und oben in den Schaltplänen an den Kabelführungslinien angebrachten Buchstaben und Zahlen werden »Codes« genannt; sie zeigen den Verlauf der stromführenden Kabel, die von den Schaltplänen kommen und zu den nächsten Schaltplänen führen. Wir erklären sie nachstehend am Beispiel unserer Super Duke R Modelljahr 2015. Dazu blicken wir zuerst in die Spalte der »Zugehörigkeit der Pläne...«-Liste unten auf dieser Seite.

- Bild 1: **Im Schaltplan 01 = Plan 1** unten ganz links am Ende der Linie steht »/2.F1«. Die »2« in »/2.F1« weist darauf hin, dass sich die Linie im Plan 2 fortsetzt, der in unserem Fall der Schaltplan 02 ist.
- Der **Anschluss im Schaltplan 02** ist bezeichnet mit »/1. F8«. Die »1« in »/1.F8« weist darauf hin, dass das »Gegen-« oder »Anschlussstück« aus dem Plan 1 kommt.
- Bild 2: **Im Schaltplan 01 = Plan 1** unten links am Ende

Zugehörigkeit der Pläne und Schaltpläne nach Modellen und Modelljahren

Super Duke R	Modelljahr 2014 Modelljahr 2015 Modelljahr 2016	Modelljahr 2017	Modelljahr 2018 Modelljahr 2019	Modelljahr 2020 Modelljahr 2021*	Super Duke R Special Edition Modelljahr 2016	Super Duke RR Modelljahr 2021*
Plan 1	Schaltplan 01	Schaltplan 12	Schaltplan 12	Schaltplan 26	Schaltplan 01	Schaltplan 26
Plan 2	Schaltplan 02	Schaltplan 13	Schaltplan 13	Schaltplan 27	Schaltplan 02	Schaltplan 39
Plan 3	Schaltplan 03	Schaltplan 14	Schaltplan 25	Schaltplan 28	Schaltplan 03	Schaltplan 40
Plan 4	Schaltplan 04	Schaltplan 15	Schaltplan 15	Schaltplan 29	Schaltplan 04	Schaltplan 29
Plan 5	Schaltplan 05	Schaltplan 16	Schaltplan 16	Schaltplan 30	Schaltplan 05	Schaltplan 30
Plan 6	Schaltplan 06	Schaltplan 17	Schaltplan 17	Schaltplan 31	Schaltplan 06	Schaltplan 31
Plan 7	Schaltplan 07	Schaltplan 18	Schaltplan 18	Schaltplan 32	Schaltplan 07	Schaltplan 32
Plan 8	Schaltplan 08	Schaltplan 19	Schaltplan 19	Schaltplan 33	Schaltplan 08	Schaltplan 33
Plan 9	Schaltplan 09	Schaltplan 20	Schaltplan 20	Schaltplan 34	Schaltplan 09	Schaltplan 34
Plan 10	Schaltplan 10	Schaltplan 21	Schaltplan 21	Schaltplan 35	Schaltplan 10	Schaltplan 35
Plan 11	Schaltplan 11	Schaltplan 22	Schaltplan 22	Schaltplan 36	Schaltplan 11	Schaltplan 36
Plan 12	———	Schaltplan 23	Schaltplan 23	Schaltplan 37	———	Schaltplan 37
Plan 13	———	Schaltplan 24	Schaltplan 24	Schaltplan 38	———	Schaltplan 38
Plan 14	———	———	———	———	———	———

der zweiten Linie steht »/3.F1«. Die »3« in »/3.F1« weist darauf hin, dass sich die Linie im Plan 3 fortsetzt, der in unserem Fall der Schaltplan 03 ist.
- Der **Anschluss im Schaltplan 03** ist bezeichnet mit »/1.F8«. Die »1« in »/1.F8« weist darauf hin, dass das »Gegen-« oder »Anschlussstück« aus dem Plan 1 kommt.
- Bild 3: **Im Schaltplan 01 = Plan 1** unten links an der dritten Linie steht »/5.F1«. Die »5« in »/5.F1« weist darauf hin, dass sich die Linie im Plan 5 fortsetzt, der in unserem Fall der Schaltplan 05 ist.
- Der **Anschluss im Schaltplan 05** ist bezeichnet mit »/1.F8«. Die »1« in »/1.F8« weist darauf hin, dass das »Gegen-« oder »Anschlussstück« aus dem Plan 1 kommt.

Mehrfachnennung von Bauteilen in den Schaltplänen
In jedem Schaltplan sind die elektrischen und elektronischen Bauteile als Norm-Symbole dargestellt. Die Verbindung der Bauteile wird durch Linien gezeigt (das sind in Wirklichkeit die »Kabel«). Alle Bauteile haben wir beschriftet.

Wir zeigen am Beispiel »Anlasser« der Super Duke R des Modelljahres 2015, wo dieser zu finden ist und wo die verwandten Bauteile: Dieses elektrische Bauteil ist zu finden im **Schaltplan 01** plus der zugehörigen Bauteile Anlasserrelais mit Hauptsicherung 30A, Batterie, Steuergerät Zentralelektronik und die das Steuergerät absichernde Sicherung 10A. Weiter sind in diesem Schaltplan abgebildet Spannungsregler, Lichtmaschine, Stecker für Zusatzgeräte und die 10A-Sicherung für den Stecker mit Dauerplus. Das Steuergerät Zentralelektronik ist noch bezeichnet mit »/2.A1«. Die »2« in »/2.A1« bedeutet, dass das Steuergerät Zentralelektronik noch einmal im Plan 2 = Schaltplan 02 vorkommt.

Thematik wie Kopfzeile linke Seite

Super Duke GT	Modelljahr 2016 Modelljahr 2017 Modelljahr 2018	Modelljahr 2019 Modelljahr 2020 Modelljahr 2021*
Plan 1	Schaltplan 41	Schaltplan 53
Plan 2	Schaltplan 42	Schaltplan 54
Plan 3	Schaltplan 43	Schaltplan 55
Plan 4	Schaltplan 44	Schaltplan 56
Plan 5	Schaltplan 45	Schaltplan 57
Plan 6	Schaltplan 46	Schaltplan 58
Plan 7	Schaltplan 47	Schaltplan 59
Plan 8	Schaltplan 48	Schaltplan 60
Plan 9	Schaltplan 49	Schaltplan 61
Plan 10	Schaltplan 08	Schaltplan 62
Plan 11	Schaltplan 50	Schaltplan 08
Plan 12	Schaltplan 51	Schaltplan 50
Plan 13	Schaltplan 52	Schaltplan 63
Plan 14	———	Schaltplan 64

Im **Schaltplan 02** sind Steuergerät Zentralelektronik (ein weiteres Mal mit »/1.A1« und »/3.A1«), Kühlerventilatormotor 1 und 2, Blinker vorne rechts, vorne links, hinten rechts und hinten links, Kennzeichenbeleuchtung und Brems-/Rücklicht. Es folgt **Schaltplan 03** mit dem Steuergerät Zentralelektronik (mit »/2.A1« und »/4.A1«) und Abblend- und Fernlicht, Stand- und Tagfahrlicht, Hupe, Zünd-Lenkschloss, Steuergerät Wegfahrsperre, Not-Aus-Schalter, E-Starterknopf, Stecker für Heizgriffe und Diagnosestecker.

Dann im **Schaltplan 04** sind linke Lenkerschaltereinheit, Temperatursensor Umgebungsluft, Anschlüsse für Reifendrucksensoren, Umkippsensor, Alarmanlage (optional), Alarmanlagenschalter, Instrumenteneinheit und Steuergerät Zentralelektronik (mit »/3.A1« und »/6.A1«). Im **Schaltplan 06** ist das Steuergerät Zentralelektronik (mit »/4.A1« und »/7.A3«) ebenso wie im **Schaltplan 07** (mit »/6.A1«).

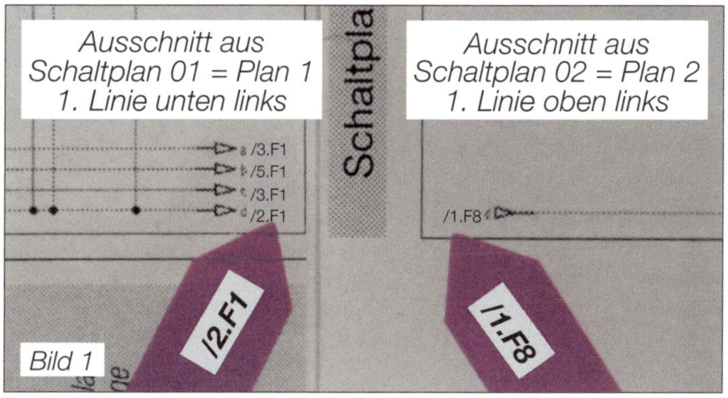

Bild 1

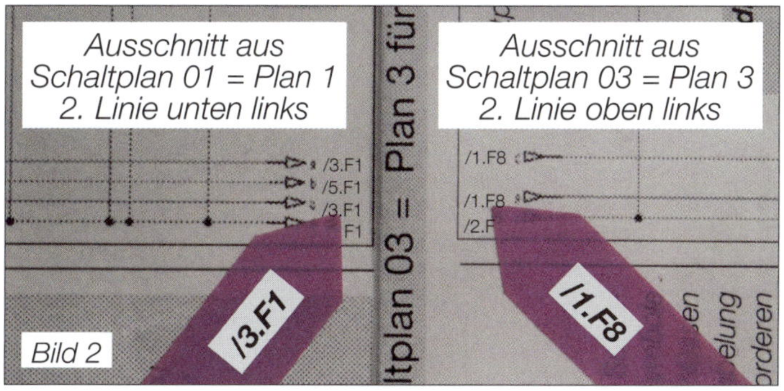

Bild 2

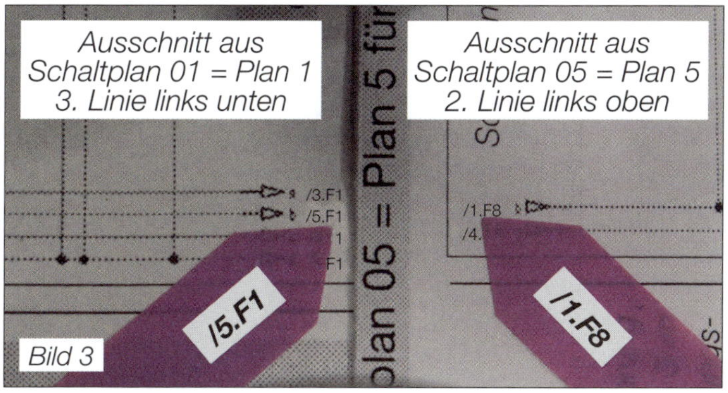

Bild 3

Schaltplan 01 = Plan 1 für Super Duke R 2014, 2015, 2016 und Special Edition 2016

Anlasser, Anlasserrelais und Hauptsicherung werden im Kapitel »Anlasser« behandelt sowie Funktion und Selbsthilfe bei Ausfall eines Bauteils beschrieben.

Batterie 12V/12 Ah, Typ YTX 14-BS

Sicherung 10 A = Nr. 1 im Sicherungskasten ist zuständig für das Steuergerät der Zentralelektronik.

Der Stromgenerator sitzt auf dem linken Kurbelwellenstumpf. Der von ihm produzierte Ladestrom fließt über den Spannungsregler zur Batterie.

Sicherung 10 A = Nr. 2 im Sicherungskasten ist vorgesehen für Zusatzgeräte mit Dauerplus.

Kabelfarben

bl = schwarz
br = braun
bu = blau
gn = grün
gr = grau
lbu = hellblau
or = orange
pk = rosa
pu = violett
rd = rot
wh = weiß
ye = gelb

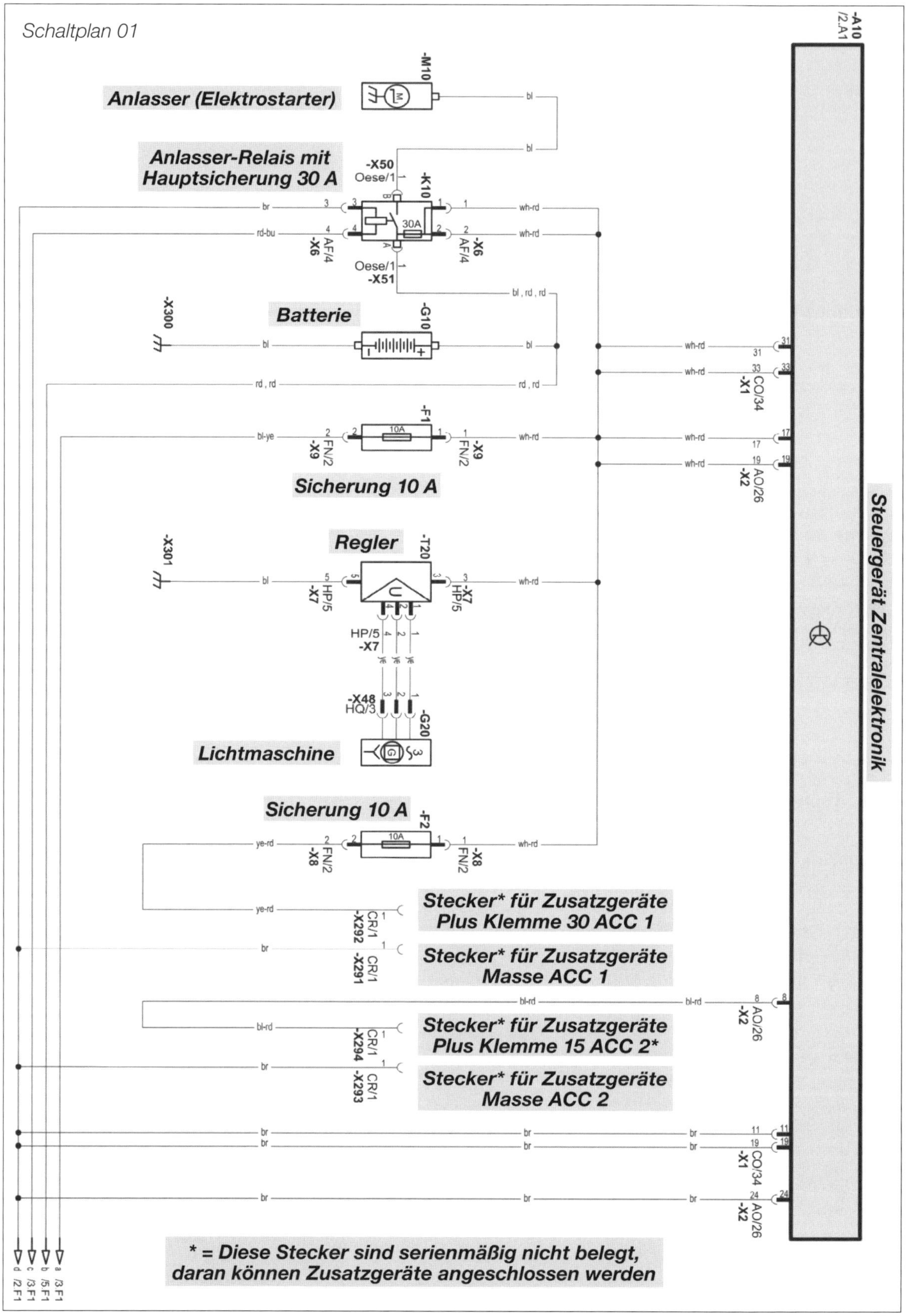

Schaltplan 02 = Plan 2 für Super Duke R 2014, 2015, 2016 und Special Edition 2016

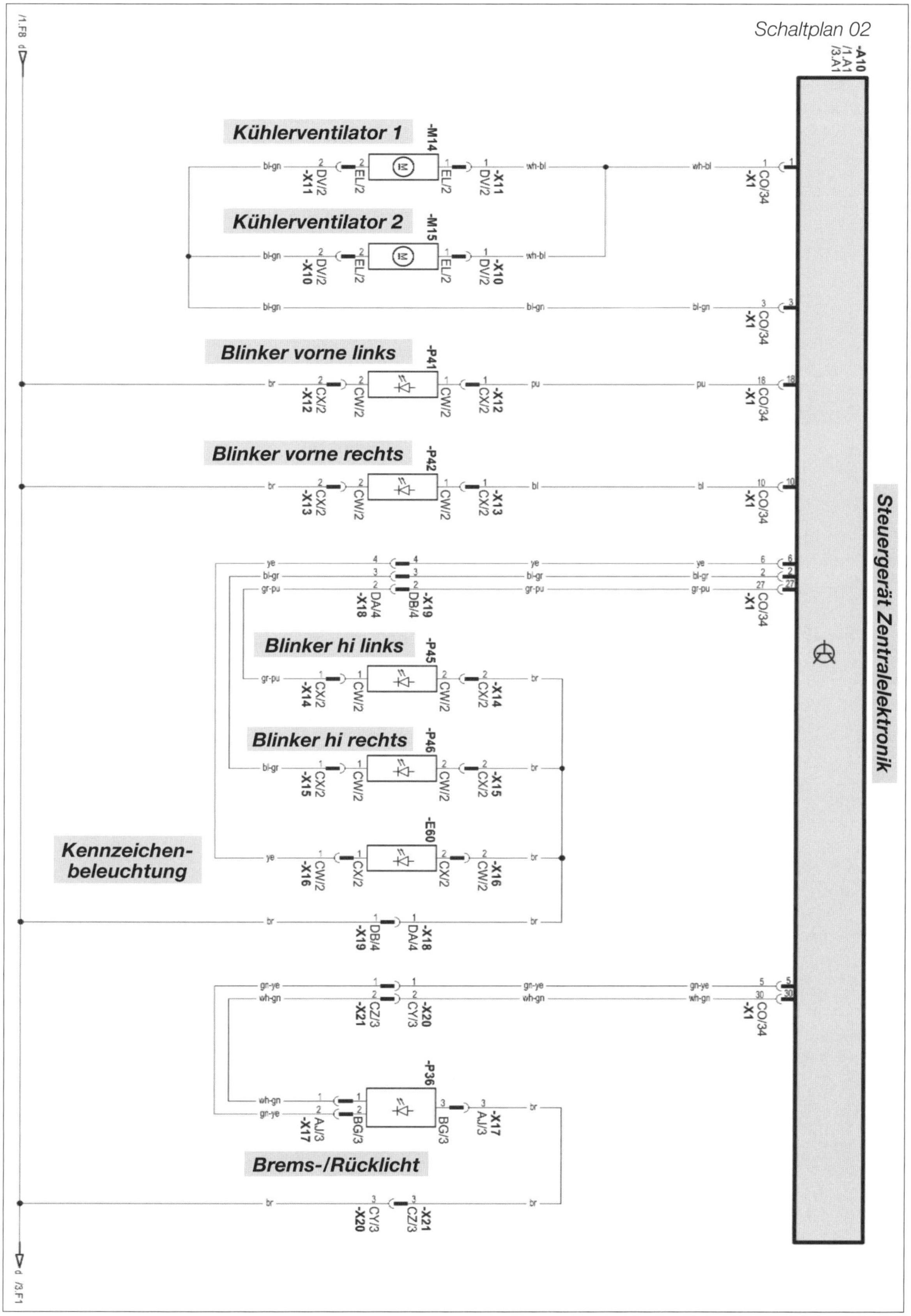

Das Steuergerät Zentralelektronik ist für die Steuerung der nicht-motorspezifischen Elektrik zuständig. Hier im Schaltplan die Symbole mit Anschlüssen und Verkabelung der Bauteile Kühlerventilatormotor 1 und 2, Blinker vorne und hinten, Kennzeichenbeleuchtung und Brems-Rücklicht.

Die Blinker werden nicht nur über den Blinkerschalter betätigt, sondern auch über die Alarmanlage (wenn eine vorhanden ist). Ein Alarm wird ausgelöst zum Beispiel bei einer großen Erschütterung, wie sie beim »Knacken« des Lenkschlosses auftritt, oder durch Manipulationsversuche an startrelevanten Bauteilen oder auch durch eine übergroße Neigung der mit dem Lenkschloss abgeschlossenen Maschine beim Abtransport-Diebstahl.

Schaltplan 03 = Plan 3 für Super Duke R 2014, 2015, 2016 und Special Edition 2016

Hier im Schaltplan die Symbole mit Anschlüssen und Verkabelung der vorderen Lichtanlage mit Hupe, Zünd-Lenkschloss, dem Steuergerät der Wegfahrsicherung, die auch »Wegfahrsperre« genannt wird.

Der Not-Aus-Schalter wird umgangssprachlich »Killschalter« genannt.

An die Stecker können die KTM-eigenen Heizgriffe angesteckt werden.

Am Diagnosestecker wird das KTM-eigene »Diagnose-Werkzeug« angeschlossen, es kostet 790 Euro.

Kabelfarben

bl	= schwarz
br	= braun
bu	= blau
gn	= grün
gr	= grau
lbu	= hellblau
or	= orange
pk	= rosa
pu	= violett
rd	= rot
wh	= weiß
ye	= gelb

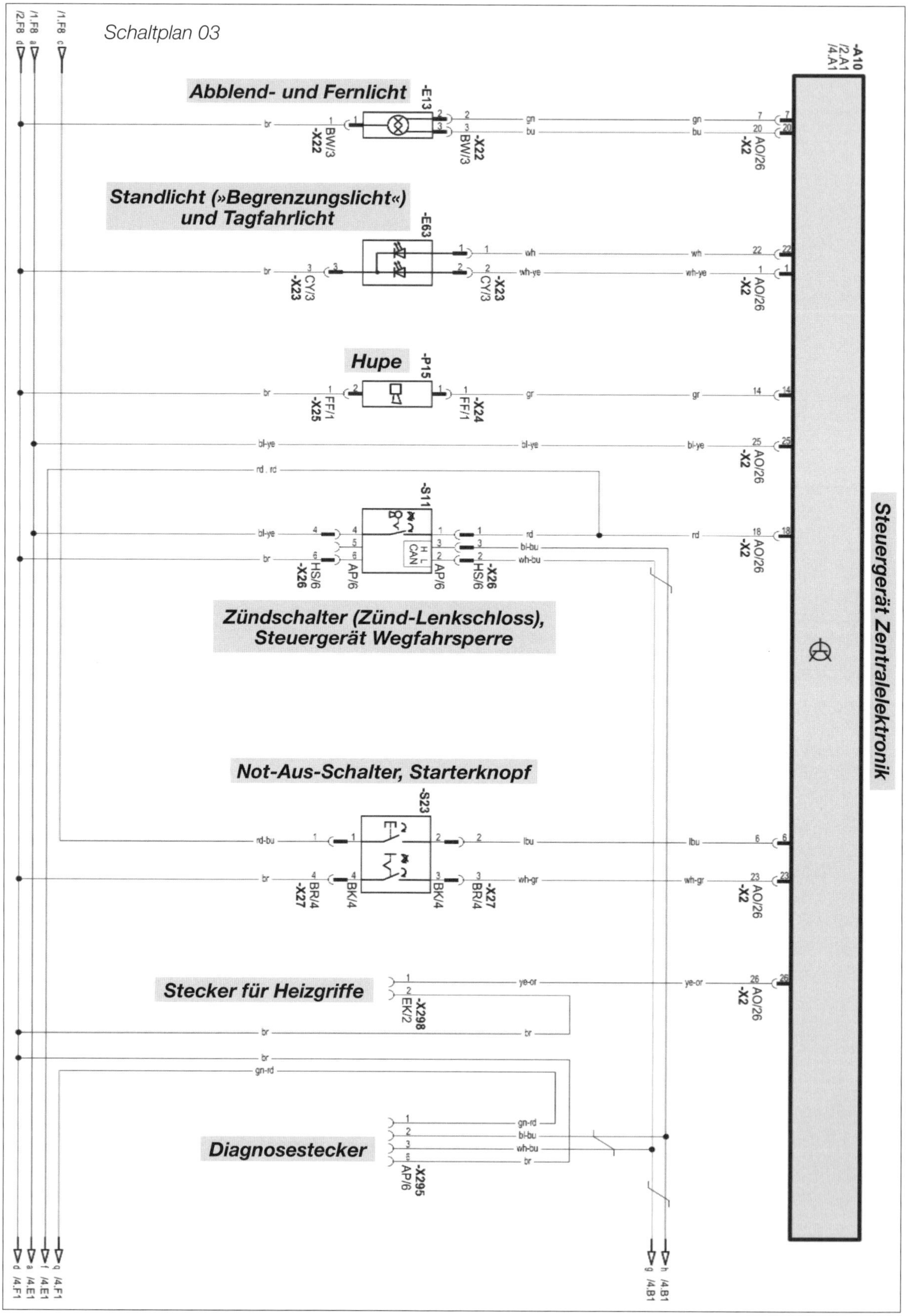

Schaltplan 04 = Plan 4 für Super Duke R 2014, 2015, 2016 und Special Edition 2016

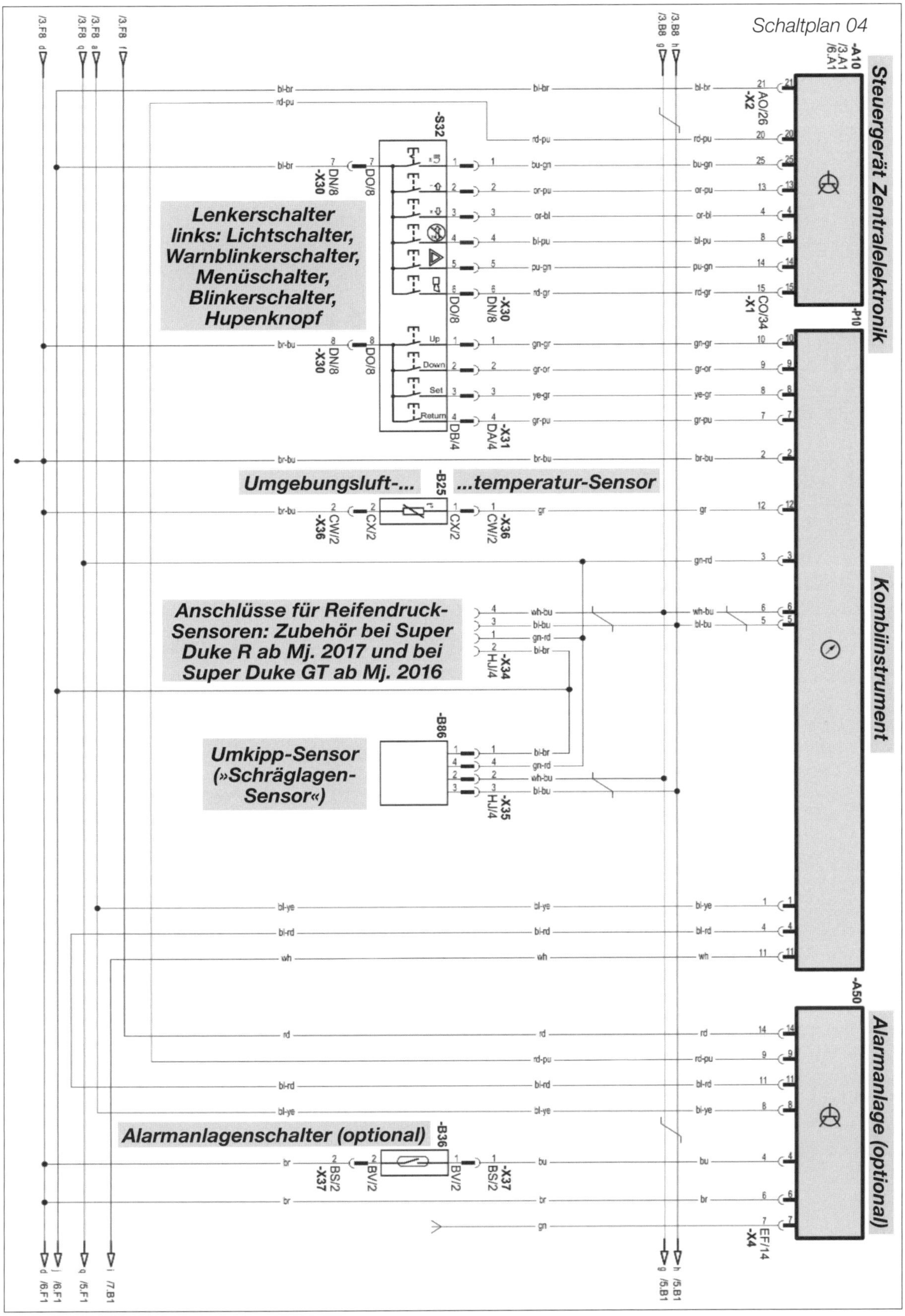

■ Der »Temperatur-Sensor Umgebungsluft« liefert Messwerte an die Temperaturanzeige in der Instrumenteneinheit und die Glatteiswarnung bei Temperaturen von weniger als drei Grad Plus (3 °C)

■ Der von KTM als »Schräglagen-Sensor« bezeichnete Sensor kann auch »Umkipp-Sensor« heißen. Dieser stellt den Motor ab, wenn die Schräglage größer wird als ca. 50 Grad und zwar zur Senkrechten gemessen – weil damit anzunehmen ist, dass die Maschine gestürzt ist und auf der Seite liegt.

■ Wenn eine Alarmanlage verbaut ist, schaltet sich diese automatisch scharf, sobald der Zündschlüssel abgezogen wird. Der hier positionierte »Alarmanlagenschalter B36« aktiviert die Alarmanlage, sobald sich jemand an der Sitzbank zu schaffen macht.

Schaltplan 05 = Plan 5 für Super Duke R 2014, 2015, 2016 und Special Edition 2016

■ Sicherung 15 A = Nr. 3 im Sicherungskasten ist zuständig für die Hydraulikeinheit des ABS-Systems.

■ Sicherung 25 A = Nr. 4 im Sicherungskasten ist zuständig für die Rückförderpumpe des ABS-Systems.

■ Rechts unten am Motor im V der beiden Zylinder sind zwei »Massepunkte«, an denen verschiedene Massekabel verschraubt sind, unter anderem auch das Massekabel des ABS-Steuergeräts.

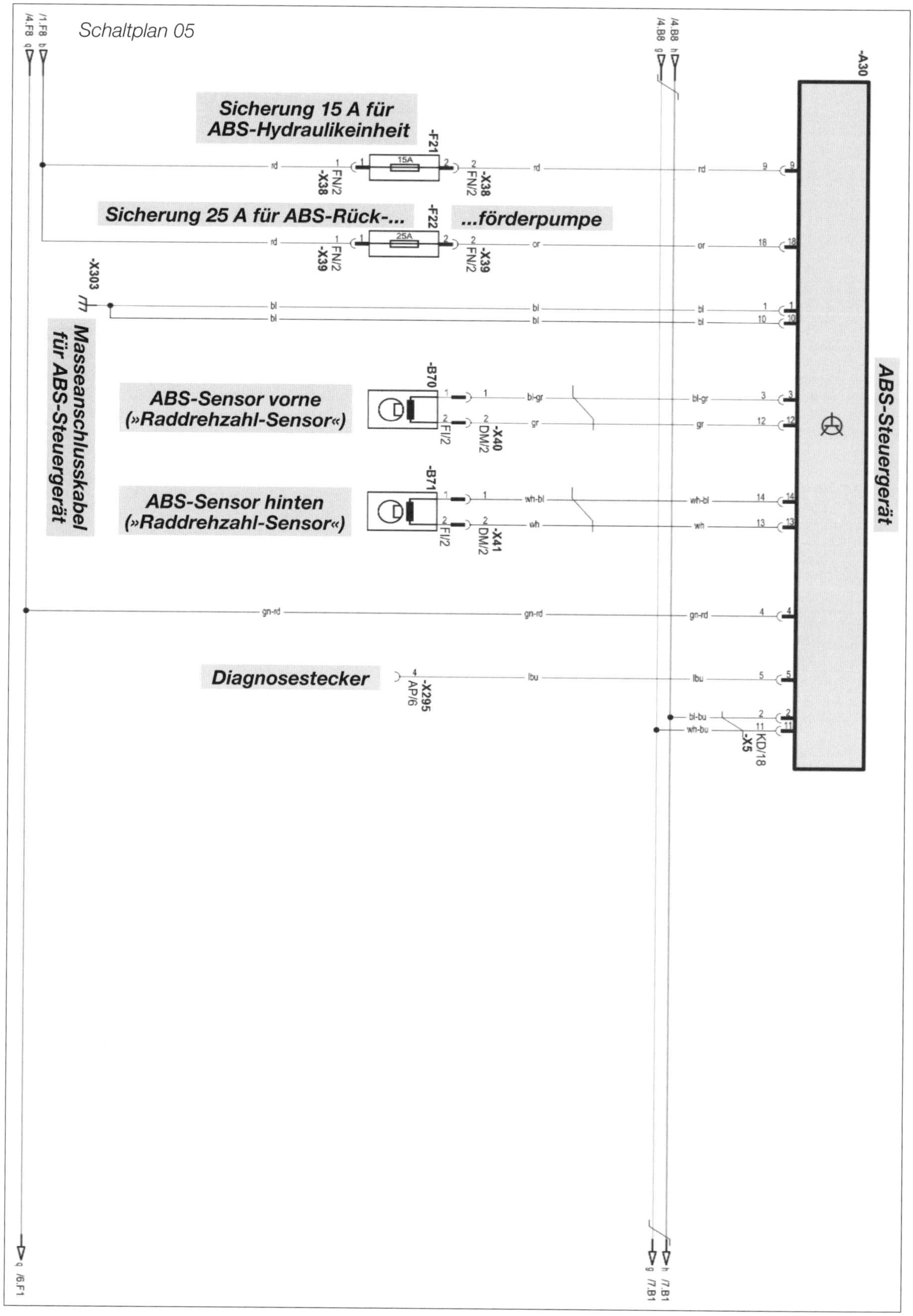

Kabelfarben
bl = schwarz
br = braun
bu = blau
gn = grün
gr = grau
lbu = hellblau
or = orange
pk = rosa
pu = violett
rd = rot
wh = weiß
ye = gelb

Schaltplan 06 = Plan 6 für Super Duke R 2014, 2015, 2016 und Special Edition 2016

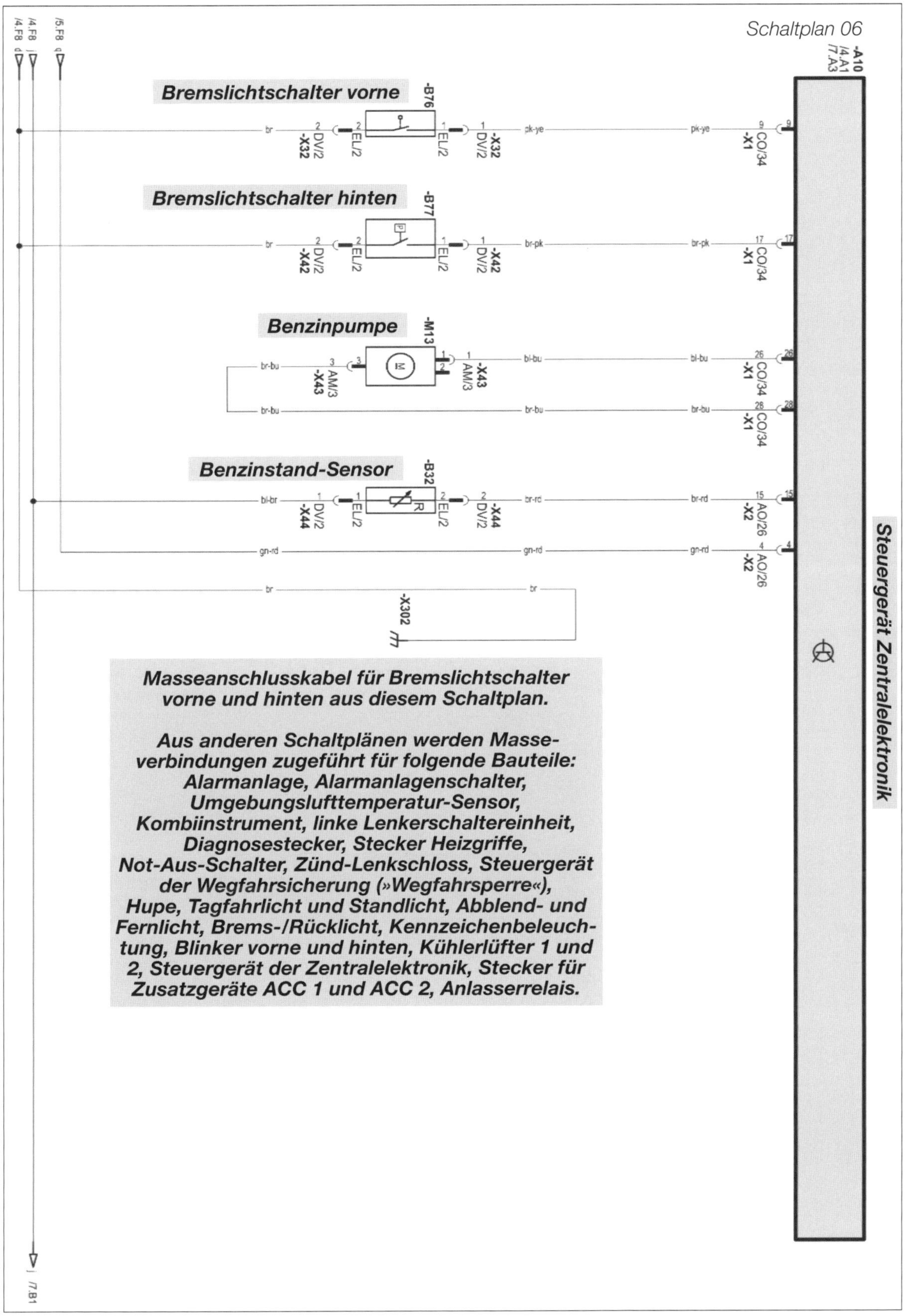

■ *Im Schaltpllan 05 auf der linken Seite sind die beiden »Massepunkte« am Motorgehäuse erwähnt.*

■ *Hier im Schaltplan 06 ist ein weiterer der in 05 erwähnten Massepunkte eingezeichnet, zu dem sehr viele Masseverbindungen aus anderen Schaltplänen herführen.*

■ *In der Praxis am Fahrzeug bedeutet dies, dass nicht korrekte Masseverbindungen (z. B. solche mit »Korrosion«) zu Fehlfunktionen der entsprechenden Bauteile führen.*

■ *In einem solchen Fall muss man zuerst nach einem korrekten Massekontakt schauen. Wenn Korrosion an den Anschlüssen festgestellt wird, diese blank machen; feines Schmirgel zu Hilfe nehmen.*

■ *Wichtig ist auch noch, dass die Ösen an den masseführenden Kabeln gut verschraubt werden.*

Schaltplan 07 = Plan 7 für Super Duke R 2014, 2015, 2016 und Special Edition 2016

■ Das »Ventil Kraftstoffverdunstung« ist vorhanden, wenn auch ein Aktivkohlefilter montiert ist. Beide Bauteile sind außerhalb des Tanks montiert.

■ Der Kupplungsschalter gibt den Startvorgang frei, wenn bei eingelegtem Gang die Kupplung gezogen wird.

■ EFI = »Electric Fuel Injection« ist das Steuergerät für Einspritzung und Zündung.

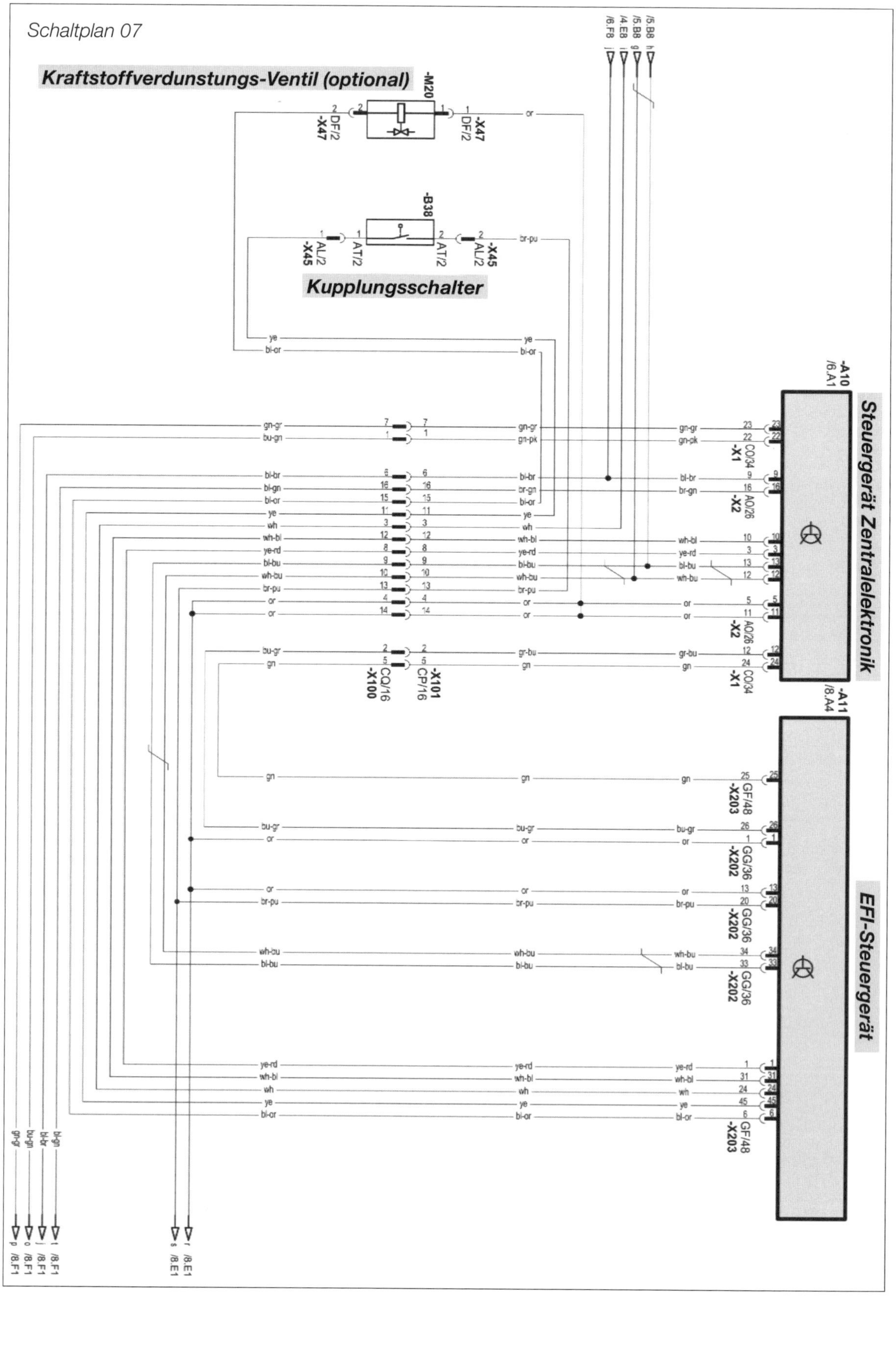

Kabelfarben
bl = schwarz
br = braun
bu = blau
gn = grün
gr = grau
lbu = hellblau
or = orange
pk = rosa
pu = violett
rd = rot
wh = weiß
ye = gelb

Schaltplan 08 = Plan 8 für Super Duke R 2014, 2015, 2016 und Special Edition 2016

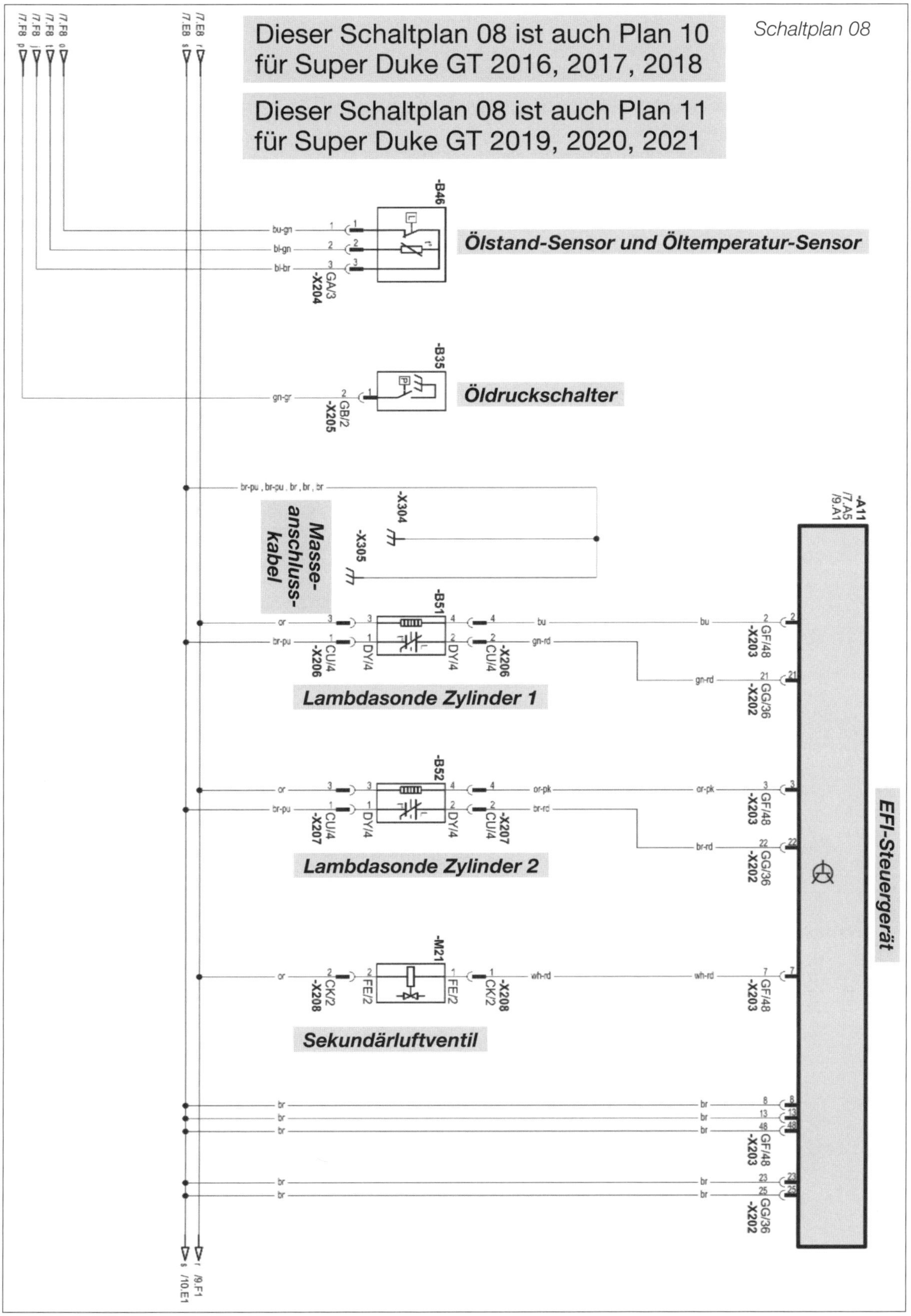

■ Der Sensor für Ölstand und Öltemperatur meldet die gemessenen Werte an die Instrumenteneinheit.

■ In jedem Auspuffkrümmer ist eine »Lambdasonde« eingeschraubt. Diese messen den Sauerstoffgehalt im Abgas. Die Messwerte werden zum Motorsteuergerät (EFI) geschickt, das damit für den nächsten Arbeitstakt eine passende Menge Kraftstoff errechnet. Angestrebt wird ein Luft-Kraftstoff-Gemisch nahe Lambda 1 (ca. 14 Gramm Luft zu 1 Gramm Kraftstoff). Die Lambdasonden sind also wesentlich verantwortlich für eine optimale Gemischzusammensetzung und damit möglichst saubere Abgase.

Schaltplan 09 = Plan 9 für Super Duke R 2014, 2015, 2016 und Special Edition 2016

Zündspulen siehe Kapitel »Zündkerzen« und »Zündanlagen«.

Gasdrehgriff und Drosselklappensteller werden in den Kapiteln »Gasgriff« und »Einspritzung« behandelt.

Kabelfarben
bl = schwarz
br = braun
bu = blau
gn = grün
gr = grau
lbu = hellblau
or = orange
pk = rosa
pu = violett
rd = rot
wh = weiß
ye = gelb

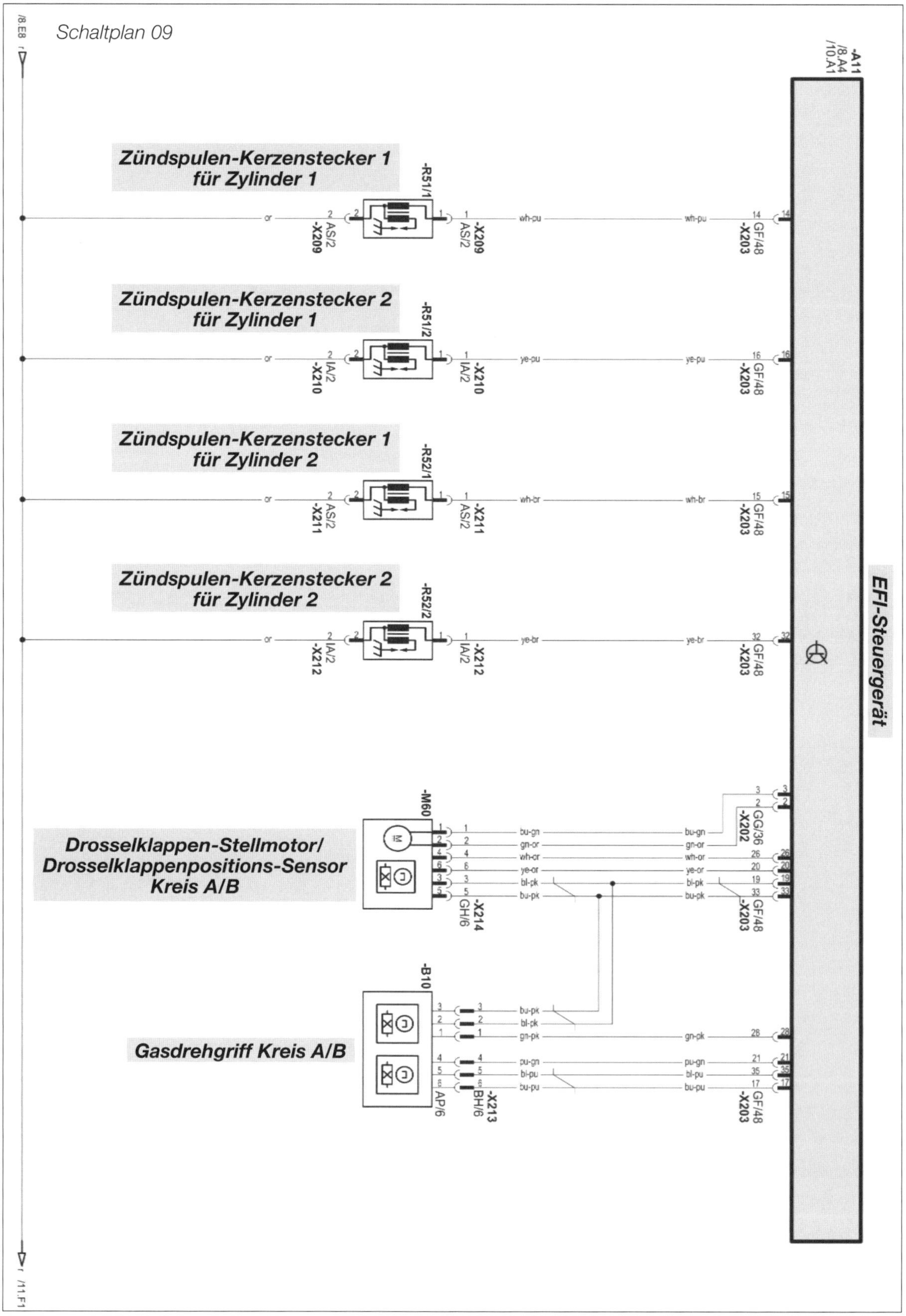

Schaltplan 10 = Plan 10 für Super Duke R 2014, 2015, 2016 und Special Edition 2016

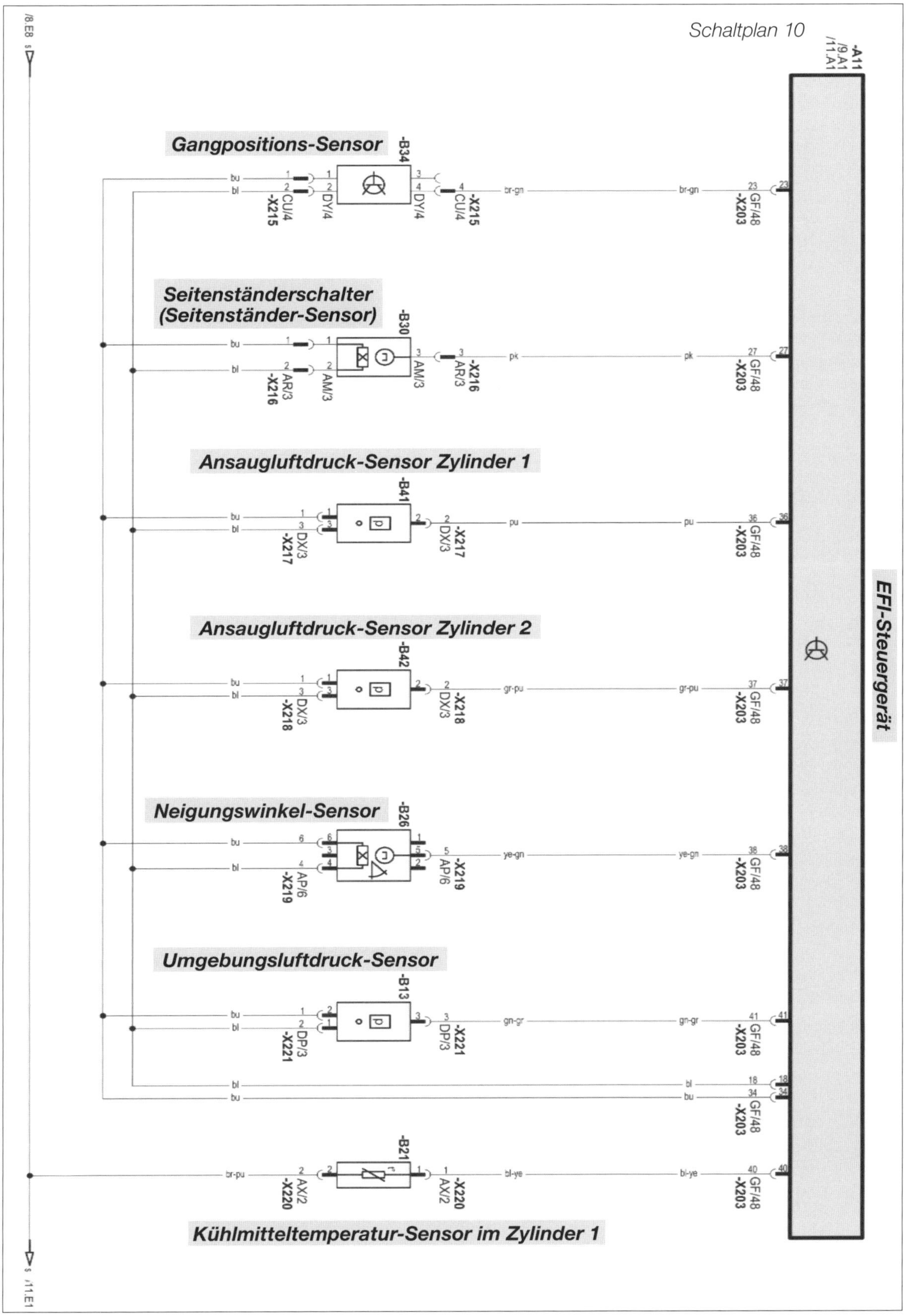

■ *Die Sensoren für den Ansaugluftdruck in den Saugrohren der Zylinder 1 und 2, für den Umgebungsluftdruck und auch der für die Temperatur der Kühlflüssigkeit im Zylinder 1 liefern ihre Messwerte an das Motorsteuergerät EFI. Dort werden sie für die Berechnung der Einspritzmenge herangezogen.*

■ *Der von KTM als »Neigungswinkel-Sensor« bezeichnete Sensor kann auch »Schräglagen-Sensor« oder »Umkipp-Sensor« heißen. Dieser stellt den Motor ab, wenn die Schräglage größer wird als ca. 50 Grad, und zwar zur Senkrechten gemessen – weil damit anzunehmen ist, dass die Maschine gestürzt ist und auf der Seite liegt.*

Schaltplan 11 = Plan 11 für Super Duke R 2014, 2015, 2016 und Special Edition 2016

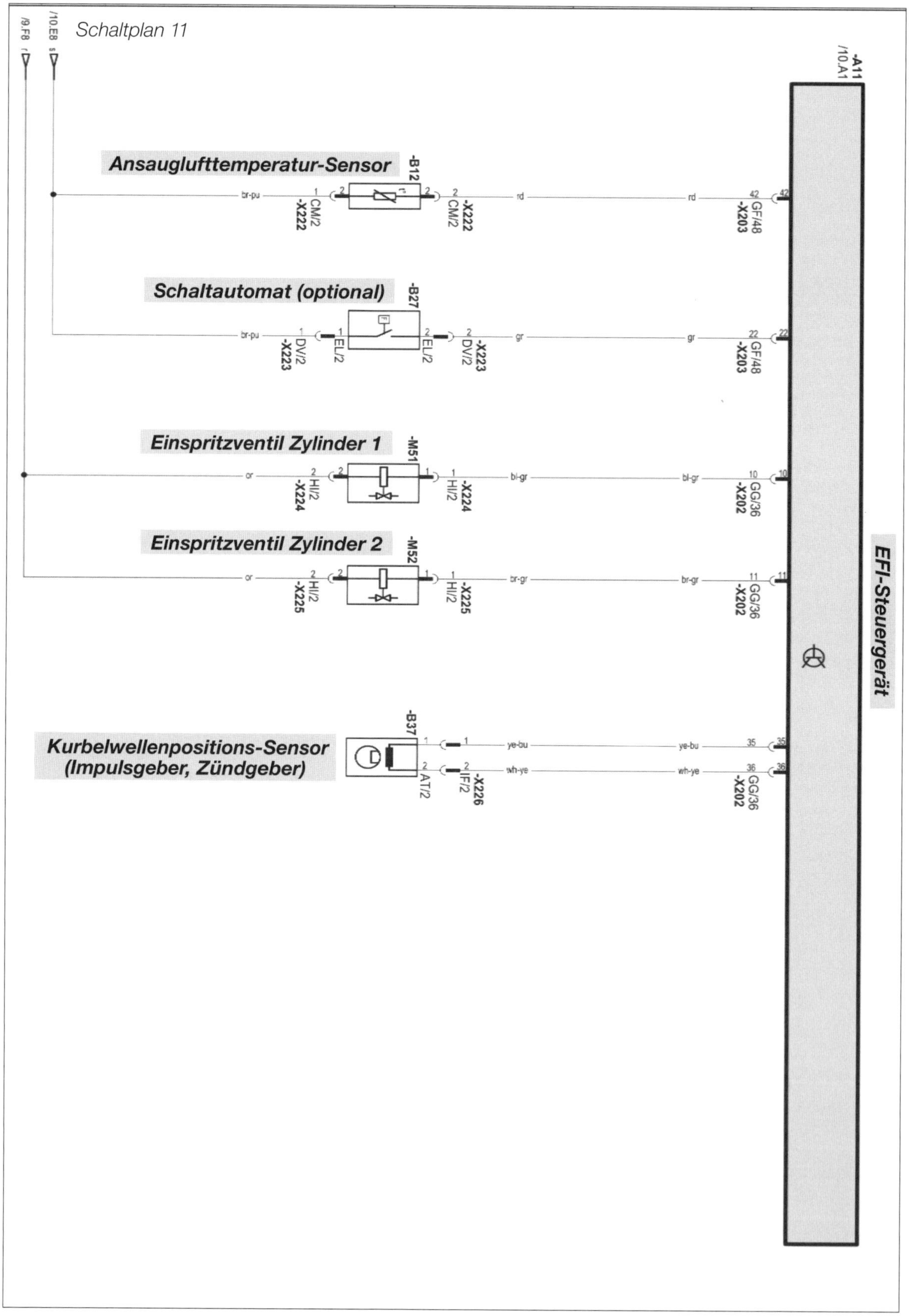

Die vom Ansauglufttemperatur-Sensor gemessenen Werte werden im EFI-Steuergerät verarbeitet und gehen in die Gemischaufbereitung ein.

Einspritzventile siehe Kapitel »Einspritzung«, Impulsgeber siehe »Zündanlage«.

Kabelfarben
bl = schwarz
br = braun
bu = blau
gn = grün
gr = grau
lbu = hellblau
or = orange
pk = rosa
pu = violett
rd = rot
wh = weiß
ye = gelb

Schaltplan 12 = Plan 1 für Super Duke R 2017, 2018, 2019

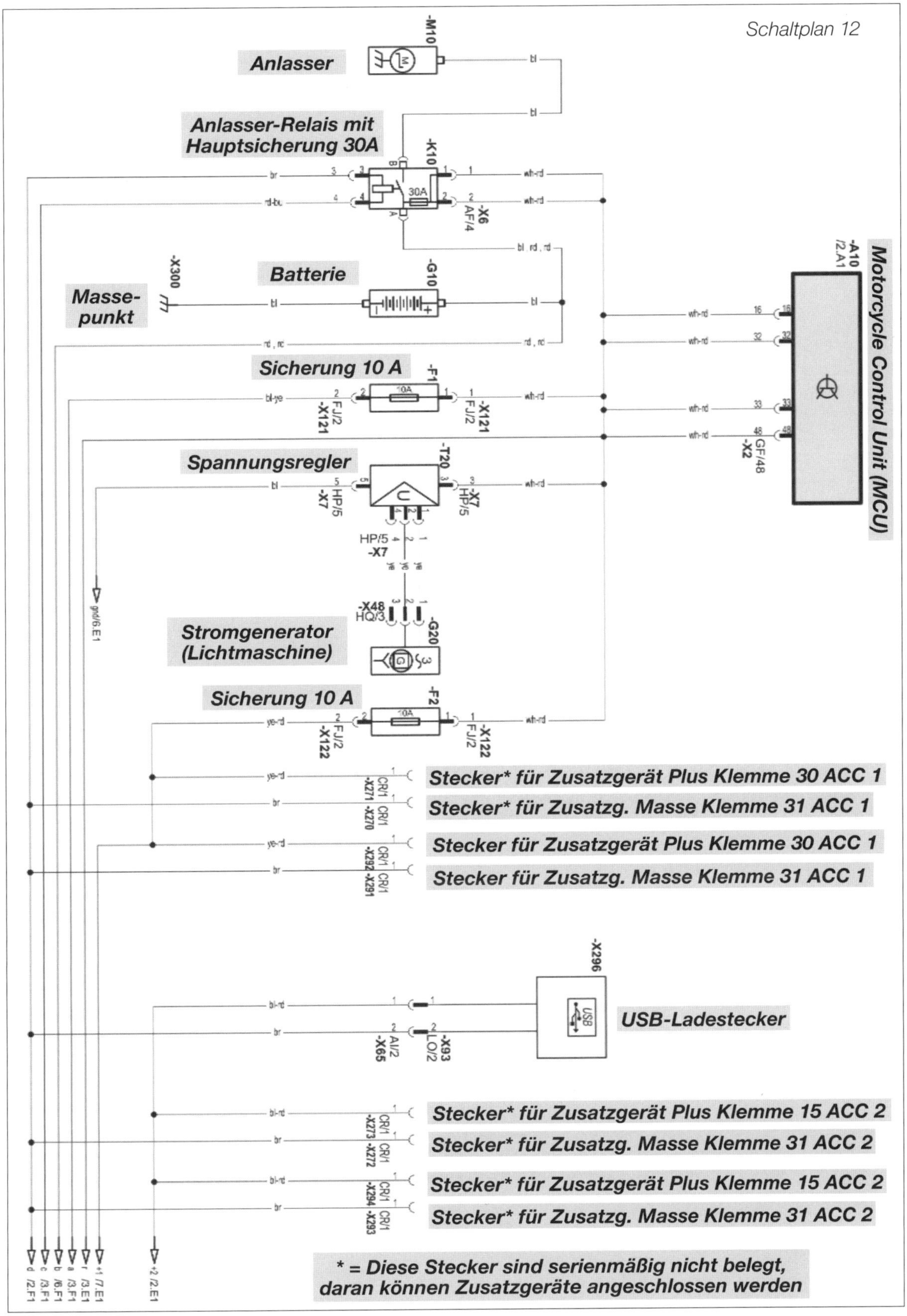

■ *Das »Steuergerät Zentralelektronik« wird von KTM im originalen Werksschaltplan für die Modelljahre ab 2017 als »Motorcycle Control Unit« bezeichnet, was aber aufs Gleiche rausläuft.*

■ *Anlasser, Anlasserrelais und Hauptsicherung werden im Kapitel »Anlasser« behandelt sowie Funktion und Selbsthilfe bei Ausfall eines Bauteils beschrieben.*

■ *Batterie 12V/12 Ah, Typ YTX 14-BS*

■ *Sicherung 10 A = Nr. 1 im Sicherungskasten ist zuständig für das Steuergerät der Zentralelektronik.*

■ *Der Stromgenerator sitzt auf dem linken Kurbelwellenstumpf. Der von ihm produzierte Ladestrom fließt über den Spannungsregler zur Batterie.*

■ *Sicherung 10 A = Nr. 2 im Sicherungskasten ist vorgesehen für Zusatzgeräte mit Dauerplus.*

Schaltplan 13 = Plan 2 für Super Duke R 2017, 2018, 2019

Das Steuergerät Zentralelektronik ist für die Steuerung der nichtmotorspezifischen Elektrik zuständig. Hier im Schaltplan die Symbole mit Anschlüssen und Verkabelung der Bauteile Kühlerventilator 1 und 2, Blinker vorne und hinten, Kennzeichenbeleuchtung und Brems-/Rücklicht.

Die Blinker werden nicht nur über den Blinkerschalter betätigt, sondern auch über die Alarmanlage (wenn eine vorhanden ist). Ein Alarm wird ausgelöst z. B. bei großer Erschütterung, wie sie beim »Knacken« des Lenkschlosses auftritt, oder auch durch übergroße Neigung der Maschine beim Abtransport-Diebstahl.

Kabelfarben
bl = schwarz
br = braun
bu = blau
gn = grün
gr = grau
lbu = hellblau
or = orange
pk = rosa
pu = violett
rd = rot
wh = weiß
ye = gelb

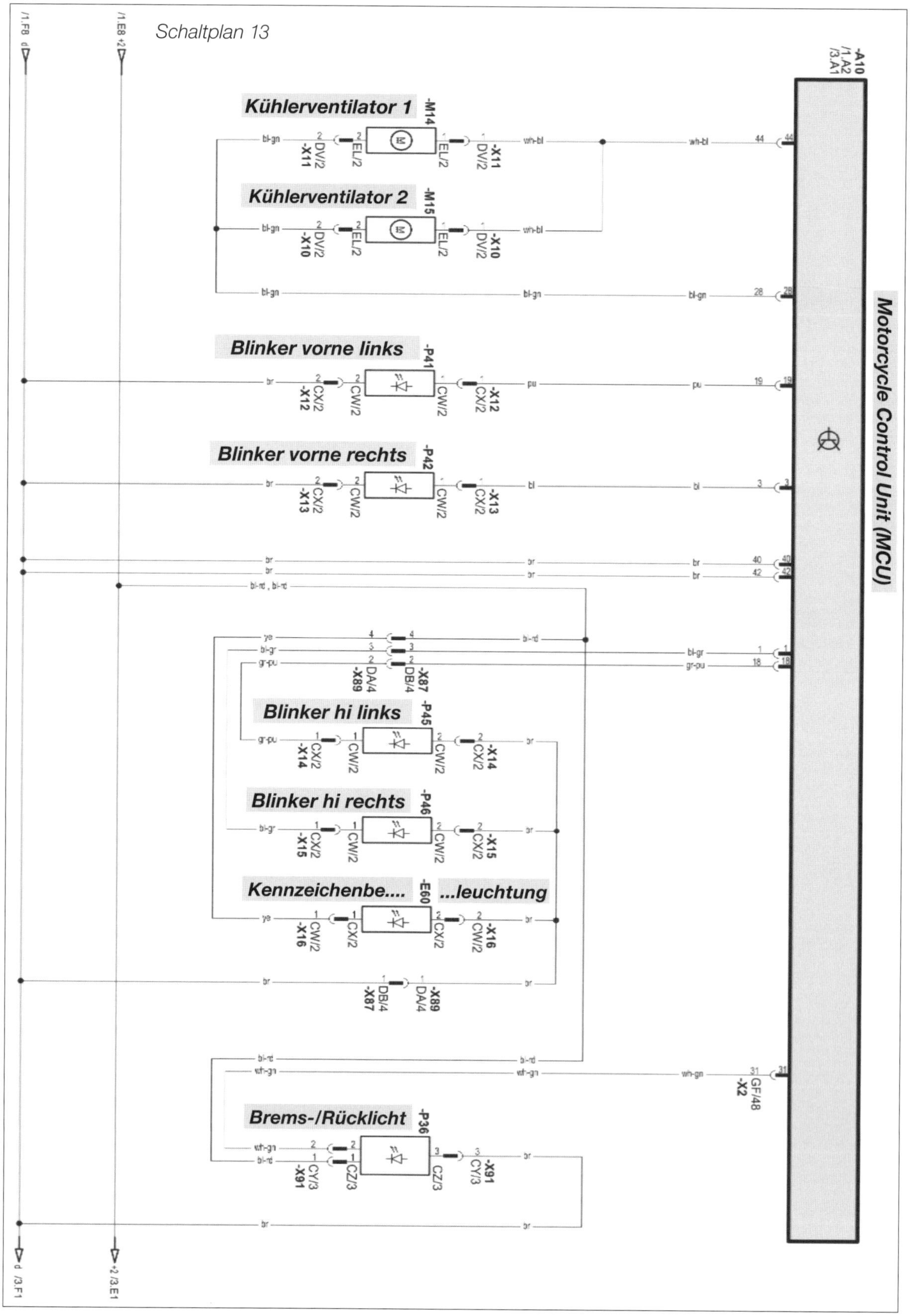

Schaltplan 14 = Plan 3 für Super Duke R 2017

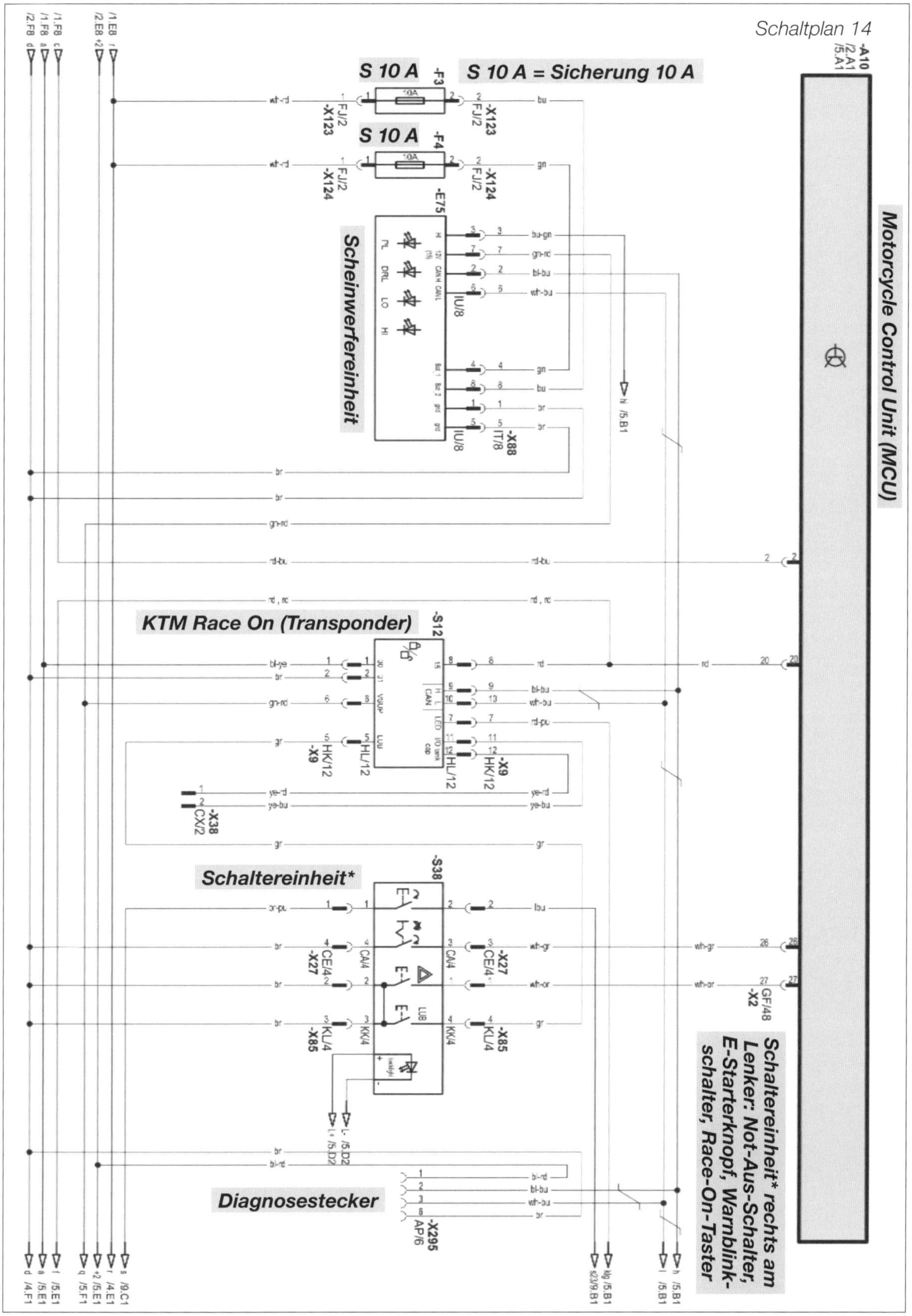

Sicherungen zu je 10 A = 3. und 4. Sicherung im Sicherungskasten, beide sind zuständig für Dauerplus zum Scheinwerfer.

Die Scheinwerfereinheit ist mit LED-Einheiten bestückt. Bei Ausfall einer Einheit muss der komplette Scheinwerfer erneuert werden.

Die »KTM Race On«-Technik ist ein »Keyless Go«-Schließsystem. Diese schlüssellose Technik arbeitet mit einem Transponder, der entsprechende Funksignale sendet. Je nachdem, wie nahe der Transponder dem Fahrzeug ist, kann der Fahrer über die Transponderfunktion verschließen bzw. öffnen und somit in Funktion setzen: Alarmanlage, Lenkschloss, Zündschloss, Tankschloss, Anlasserfunktion.

Schaltplan 15 = Plan 4 für Super Duke R 2017, 2018, 2019

Sicherung 10 A = 5. Sicherung im Sicherungskasten, sie ist zuständig für das Hauptrelais und das Steuergerät der Zentralelektronik.

Das Hauptrelais schaltet das Kraftstoffverdunstungs-Ventil, beide Lambdasonden der Zylinder 1 und 2, das SLS-Schaltventil (Sekundärluftventil), alle vier Zündspulen und beide Einspritzventile.

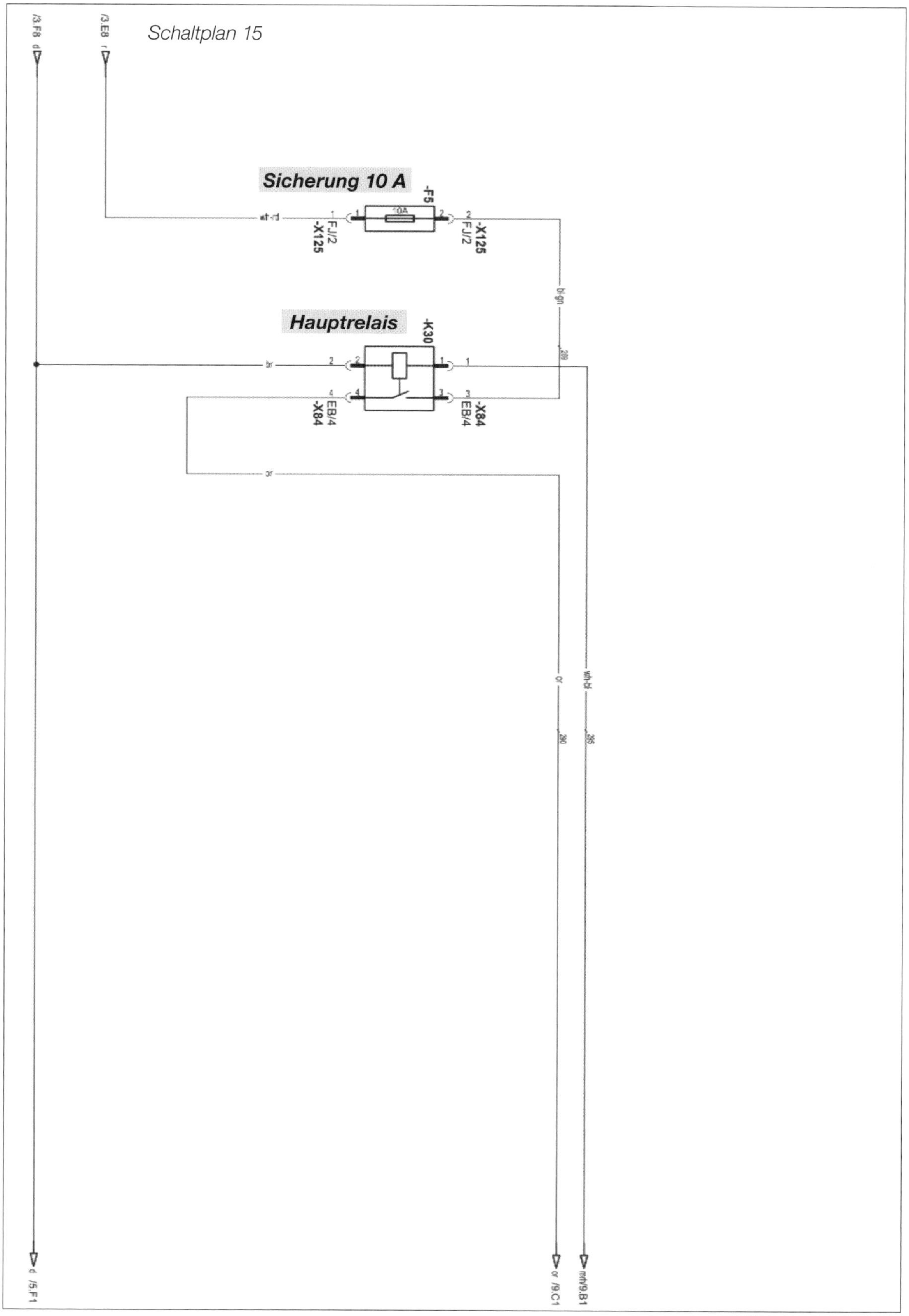

Kabelfarben
bl *= schwarz*
br *= braun*
bu *= blau*
gn *= grün*
gr *= grau*
lbu *= hellblau*
or *= orange*
pk *= rosa*
pu *= violett*
rd *= rot*
wh *= weiß*
ye *= gelb*

Schaltplan 16 = Plan 5 für Super Duke R 2017, 2018, 2019

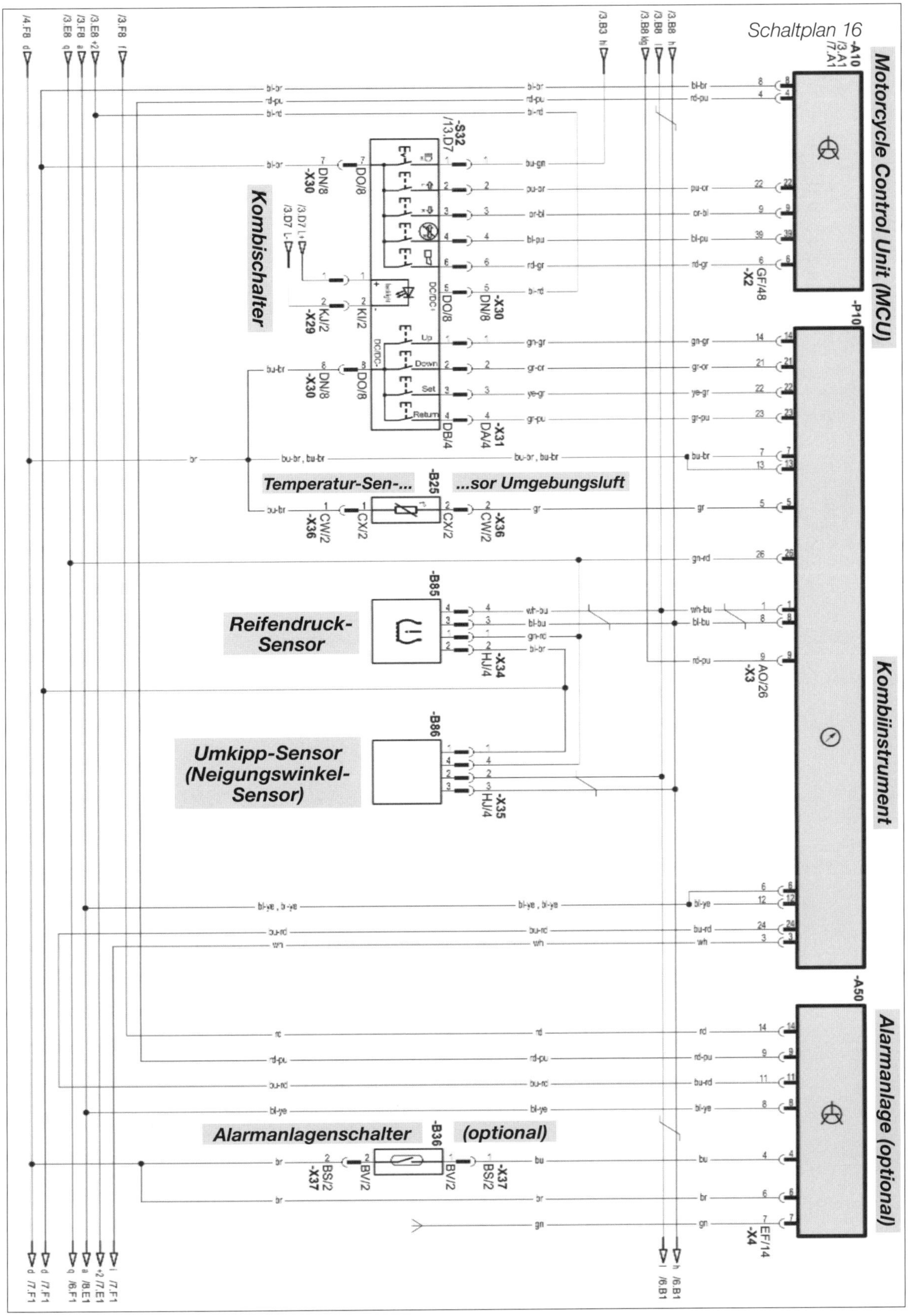

Der »Kombischalter« meint die Schaltereinheit links am Lenker mit folgenden Funktionen: Lichtschalter für Abblend- und Fernlicht, Lichthupe, Taster der Geschwindigkeits-Regelanlage (»Tempomat«), Menüschalter zur Displaysteuerung, Blinkerschalter, Hupenknopf.

Der »Temperatur-Sensor Umgebungsluft« liefert Messwerte an die Temperaturanzeige in der Instrumenteneinheit und die Glatteiswarnung bei Temperaturen von weniger als drei Grad Plus (3 °C).

Der von KTM als »Neigungswinkel-Sensor« bezeichnete Sensor kann auch »Schräglagen-Sensor« oder »Umkipp-Sensor« heißen. Dieser stellt den Motor ab, wenn die Schräglage größer wird als ca. 50 Grad und zwar zur Senkrechten gemessen – weil damit anzunehmen ist, dass die Maschine gestürzt ist und auf der Seite liegt.

Schaltplan 17 = Plan 6 für Super Duke R 2017, 2018, 2019

■ Sicherung 25 A = Nr. 6 im Sicherungskasten ist zuständig für die Rückförderpumpe des ABS-Systems.

■ Sicherung 15 A = Nr. 7 im Sicherungskasten ist zuständig für die Hydraulikeinheit des ABS-Systems.

■ Rechts unten am Motor im V der beiden Zylinder sind zwei »Massepunkte«, an denen verschiedene Massekabel verschraubt sind, unter anderem auch das Massekabel des ABS-Steuergeräts.

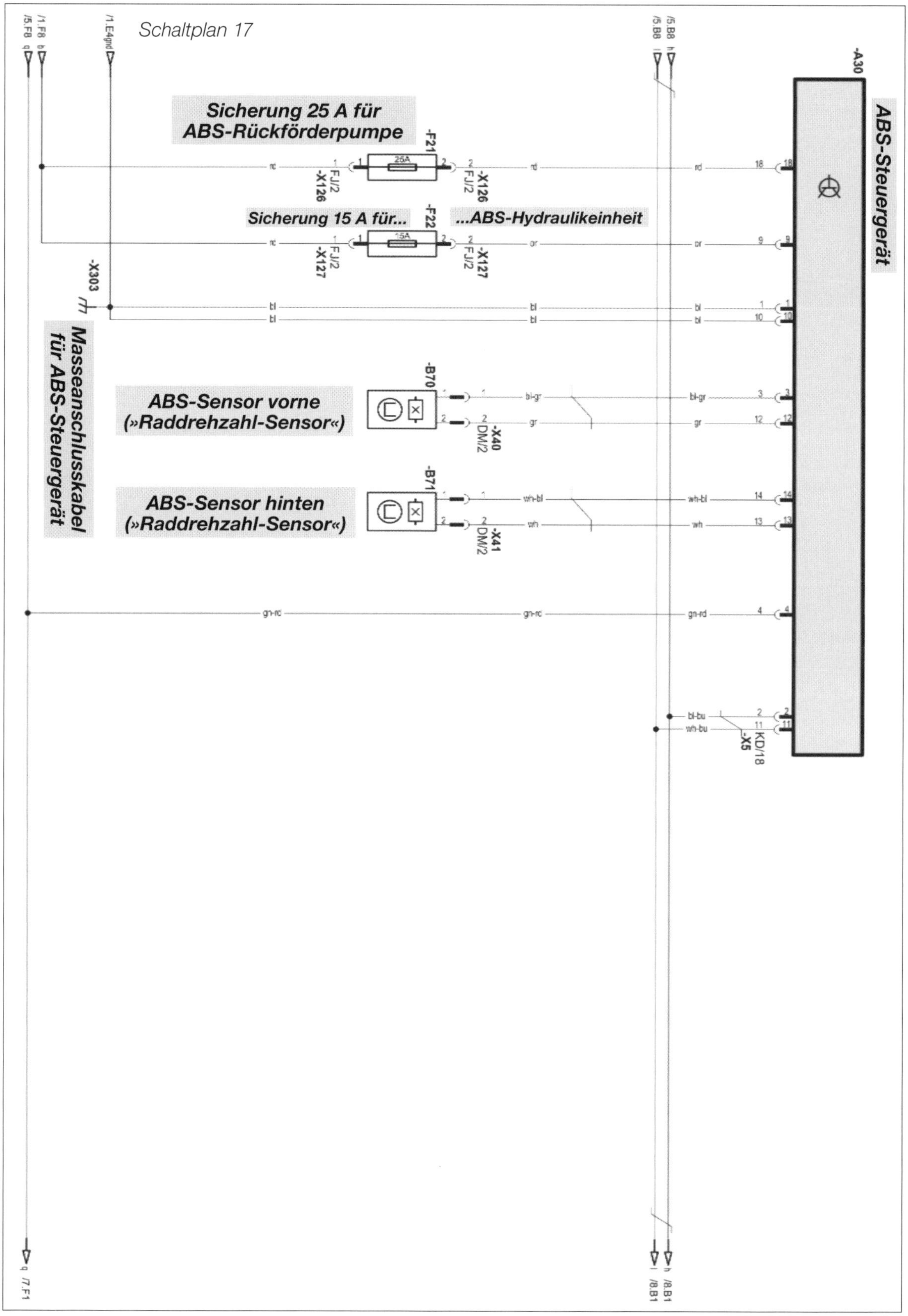

Kabelfarben
bl = schwarz
br = braun
bu = blau
gn = grün
gr = grau
lbu = hellblau
or = orange
pk = rosa
pu = violett
rd = rot
wh = weiß
ye = gelb

Schaltplan 18 = Plan 7 für Super Duke R 2017, 2018, 2019

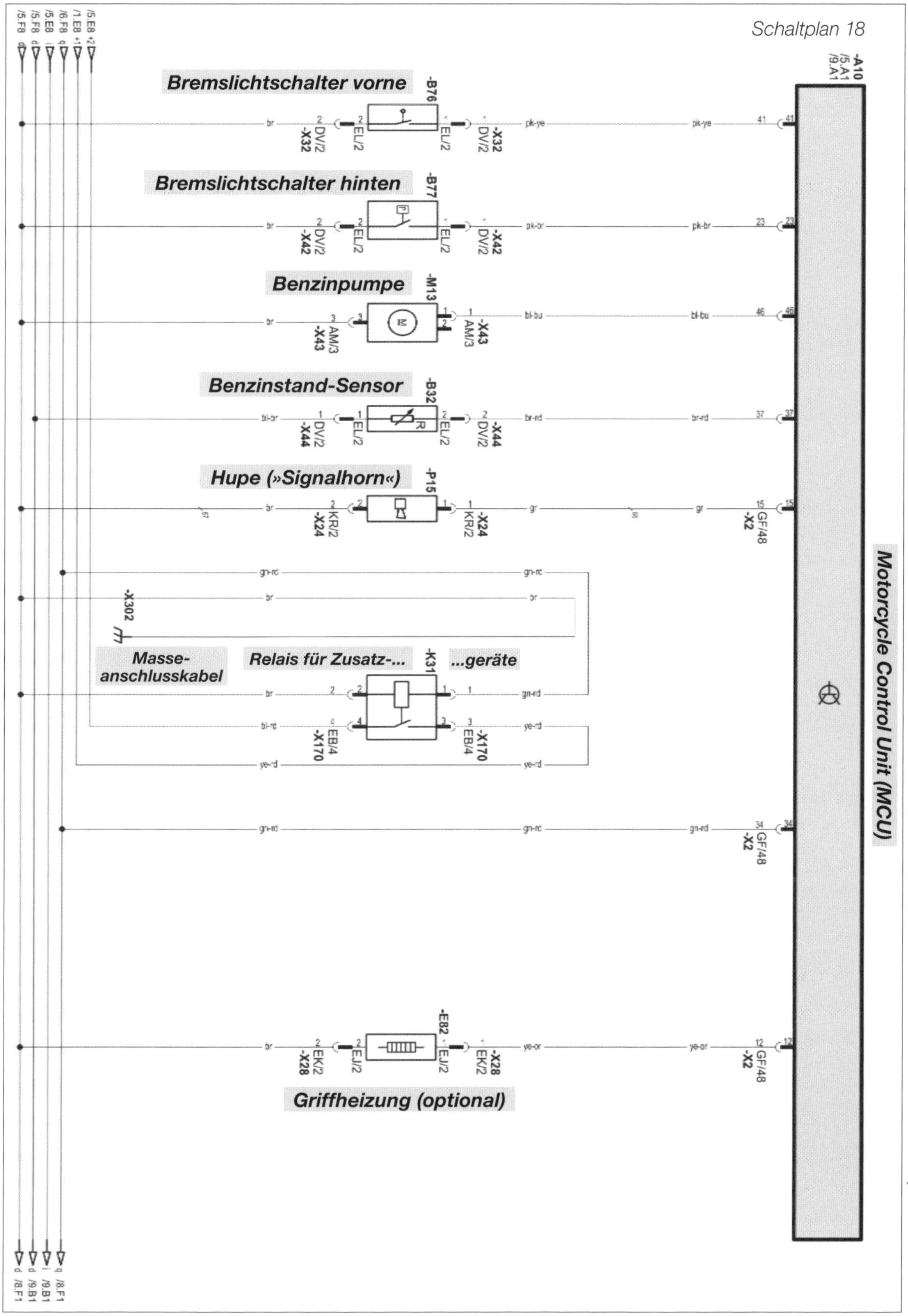

Am Motorgehäuse unten im V sind zwei Massepunkte. Zu diesen führen viele Masseverbindungen. Bitte beachten Sie, dass nicht korrekte Masseverbindungen (z. B. solche mit »Korrosion«) zu Fehlfunktionen der entsprechenden Bauteile führen.

In einem solchen Fall muss man zuerst für einen korrekten Massekontakt sorgen. Wenn Korrosion an den Anschlüssen festgestellt wird, diese blank machen; feines Schmirgel zu Hilfe nehmen.

Wichtig ist auch noch, dass die Ösen an den masseführenden Kabeln gut verschraubt werden.

Schaltplan 19 = Plan 8 für Super Duke R 2017, 2018, 2019

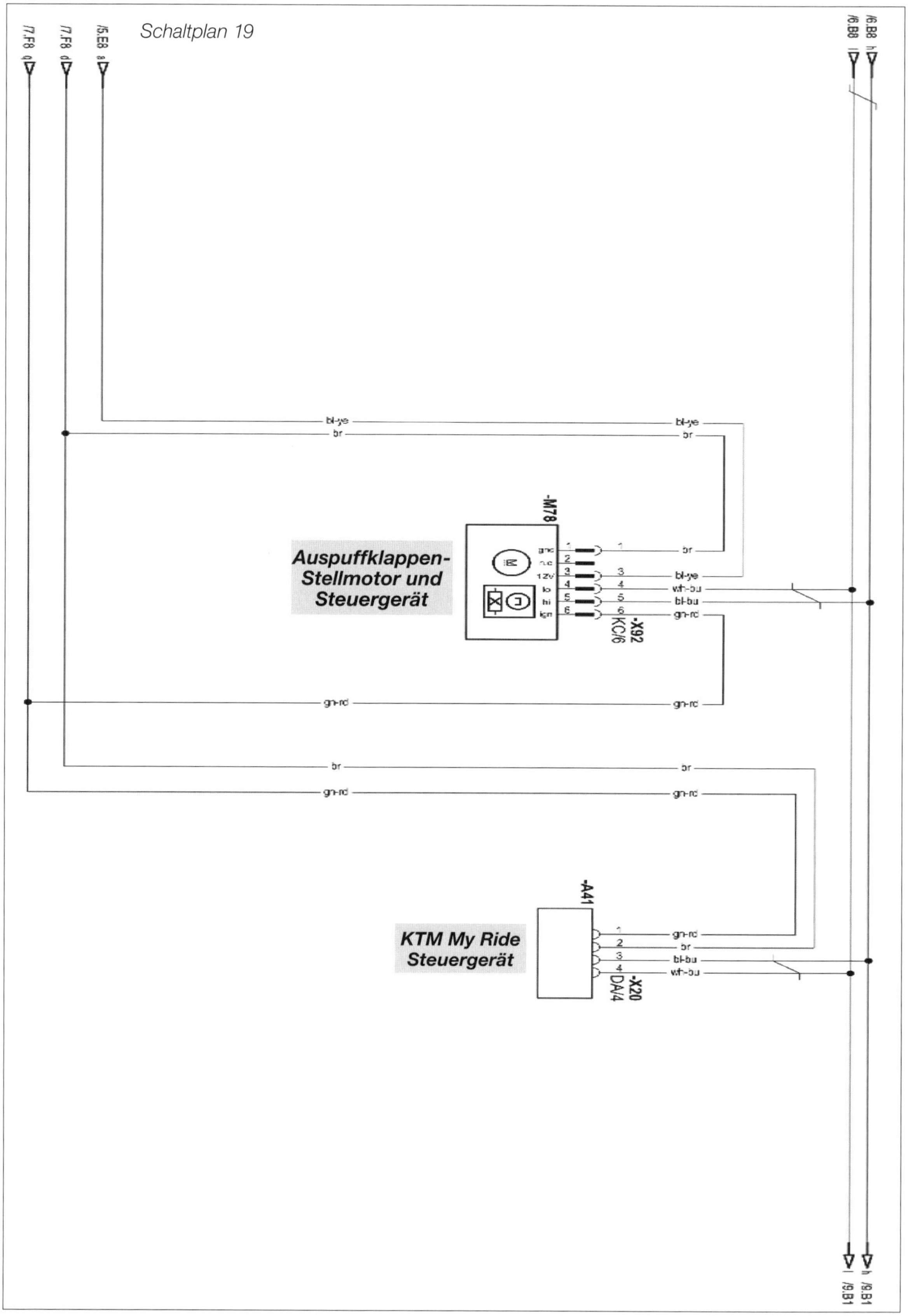

■ Die Super Duke R bekam ab dem Modelljahr 2017 eine Auspuffklappe. Diese ist in der Auspuffanlage zwischen Vorschalldämpfer und Auspufftopf montiert. In Abhängigkeit von Motordrehzahl, Fahrgeschwindigkeit und eingelegtem Gang, ist die Klappe geöffnet oder geschlossen.

■ Ebenfalls ab Modelljahr 2017 ist die Funktion »My Ride« installiert. Damit kann das Smartphone mit der Maschine verbunden werden. Übrigens hat das Steuergerät für die Baueinheit »KTM My Ride« noch eine andere Bezeichnung und zwar »Connectivity Control Unit«.

Kabelfarben
bl = schwarz
br = braun
bu = blau
gn = grün
gr = grau
lbu = hellblau
or = orange
pk = rosa
pu = violett
rd = rot
wh = weiß
ye = gelb

Schaltplan 20 = Plan 9 für Super Duke R 2017, 2018, 2019

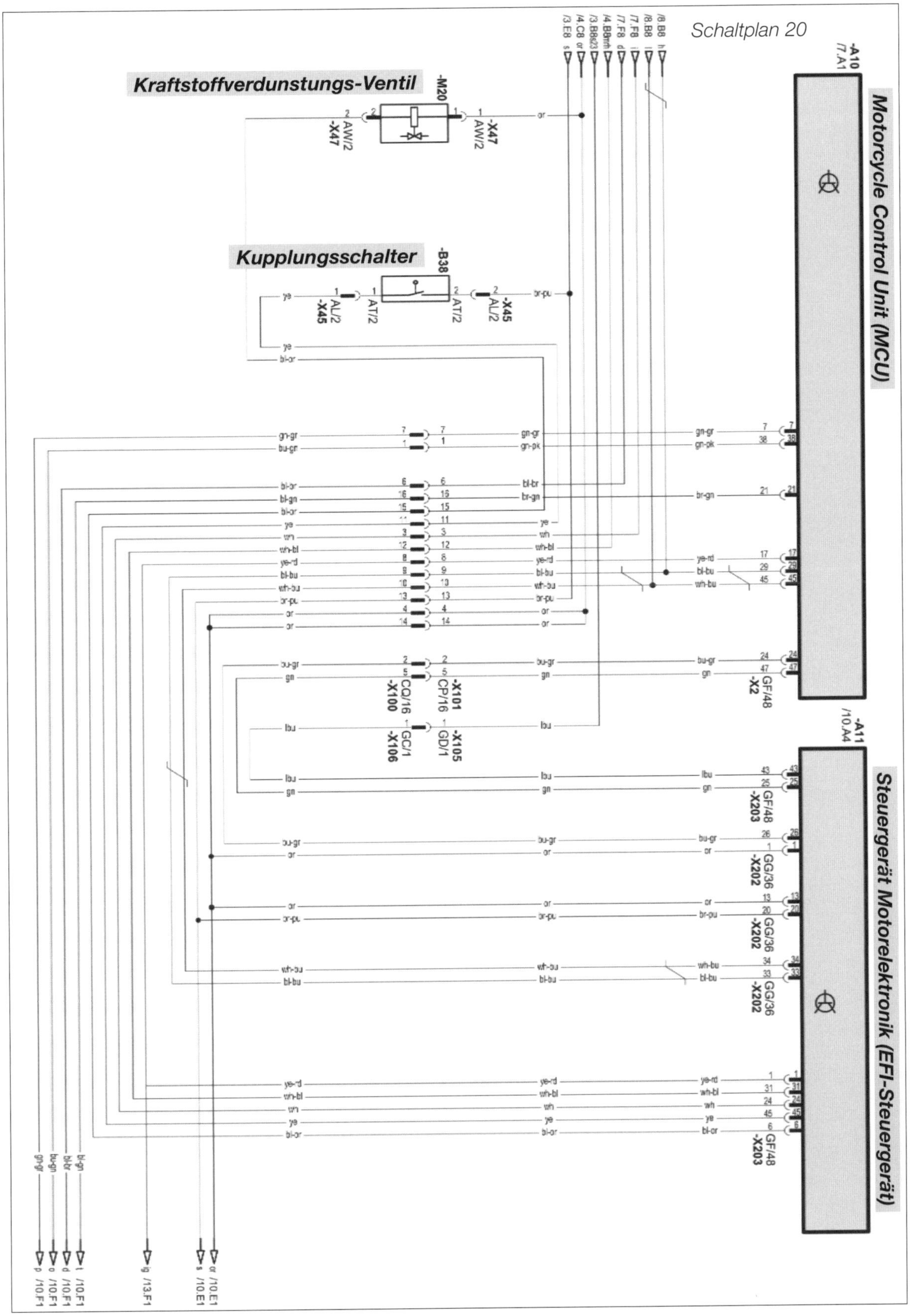

■ Das Ventil der Kraftstoffverdunstung ist im System der Tankentlüftung hinter dem Aktivkohlebehälter montiert. Es hat die Aufgabe, die im Aktivkohlefilter gespeicherten Kraftstoffdämpfe dem Motor zur Verbrennung zuzuführen. Weil das System Einfluss nimmt auf die Gemischzusammensetzung, wird das Kraftstoffverdunstungs-Ventil erst aktiv, wenn die Lambdaregelung arbeitet.

■ Der Kupplungsschalter gibt bei stehendem Motor den Startvorgang frei, wenn bei eingelegtem Gang die Kupplung gezogen wird.

Schaltplan 21 = Plan 10 für Super Duke R 2017, 2018, 2019

Der Sensor für Ölstand und Öltemperatur meldet die gemessenen Werte an die Instrumenteneinheit.

In jedem Auspuffkrümmer ist eine »Lambdasonde« eingeschraubt. Diese messen den Sauerstoffgehalt im Abgas. Die Messwerte werden zum Steuergerät der Motorelektronik (EFI) geschickt, das damit für den nächsten Arbeitstakt eine passende Menge Kraftstoff errechnet. Angestrebt wird ein Luft-Kraftststoff-Gemisch nahe Lambda 1 (ca. 14 Gramm Luft zu 1 Gramm Kraftstoff). Die Lambdasonden sind also wesentlich verantwortlich für eine optimale Gemischzusammensetzung und damit möglichst saubere Abgase.

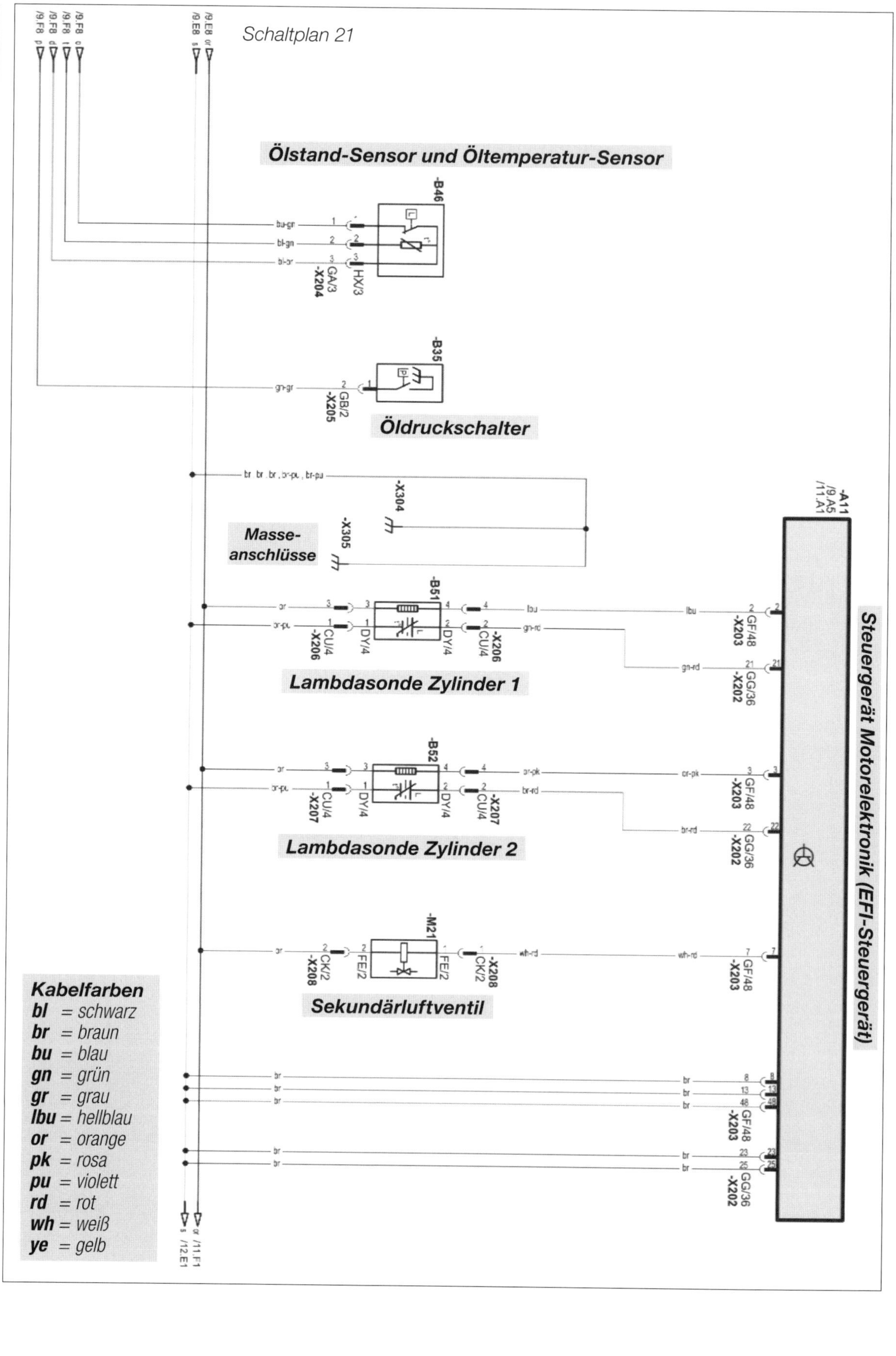

Schaltplan 22 = Plan 11 für Super Duke R 2017, 2018, 2019

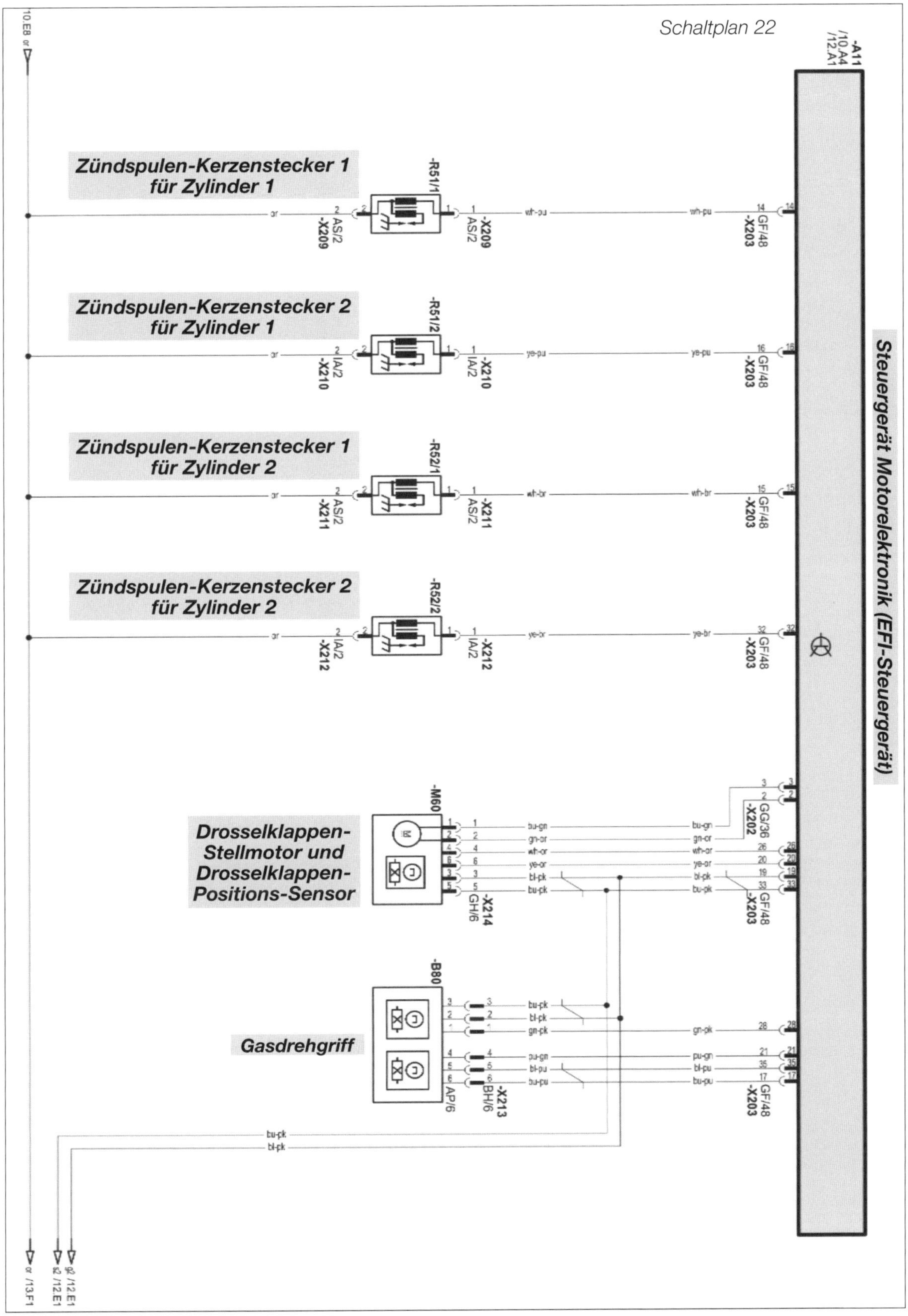

■ Zündspulen siehe Kapitel »Zündkerzen« und »Zündanlagen«.

■ Das »Steuergerät Motorelektronik« wird auch »EFI-Steuergerät« genannt. EFI steht für »Electronic Fuel Injection«. Es vereint Steuerung und Regelung von Einspritzung und Zündung.

Schaltplan 23 = Plan 12 für Super Duke R 2017, 2018, 2019

Die Sensoren für den Ansaugluftdruck in den Saugrohren der Zylinder 1 und 2, für den Umgebungsluftdruck und auch der für die Temperatur der Kühlflüssigkeit liefern ihre Messwerte an das Motorsteuergerät EFI. Dort werden sie für die Berechnung der Einspritzmenge herangezogen.

Der von KTM als »Neigungswinkel-Sensor« bezeichnete Sensor kann auch »Schräglagen-Sensor« oder »Umkipp-Sensor« heißen. Dieser stellt den Motor ab wenn die Schräglage größer wird als ca. 50 Grad zur Senkrechten gemessen – weil damit anzunehmen ist, dass die Maschine gestürzt ist und auf der Seite liegt.

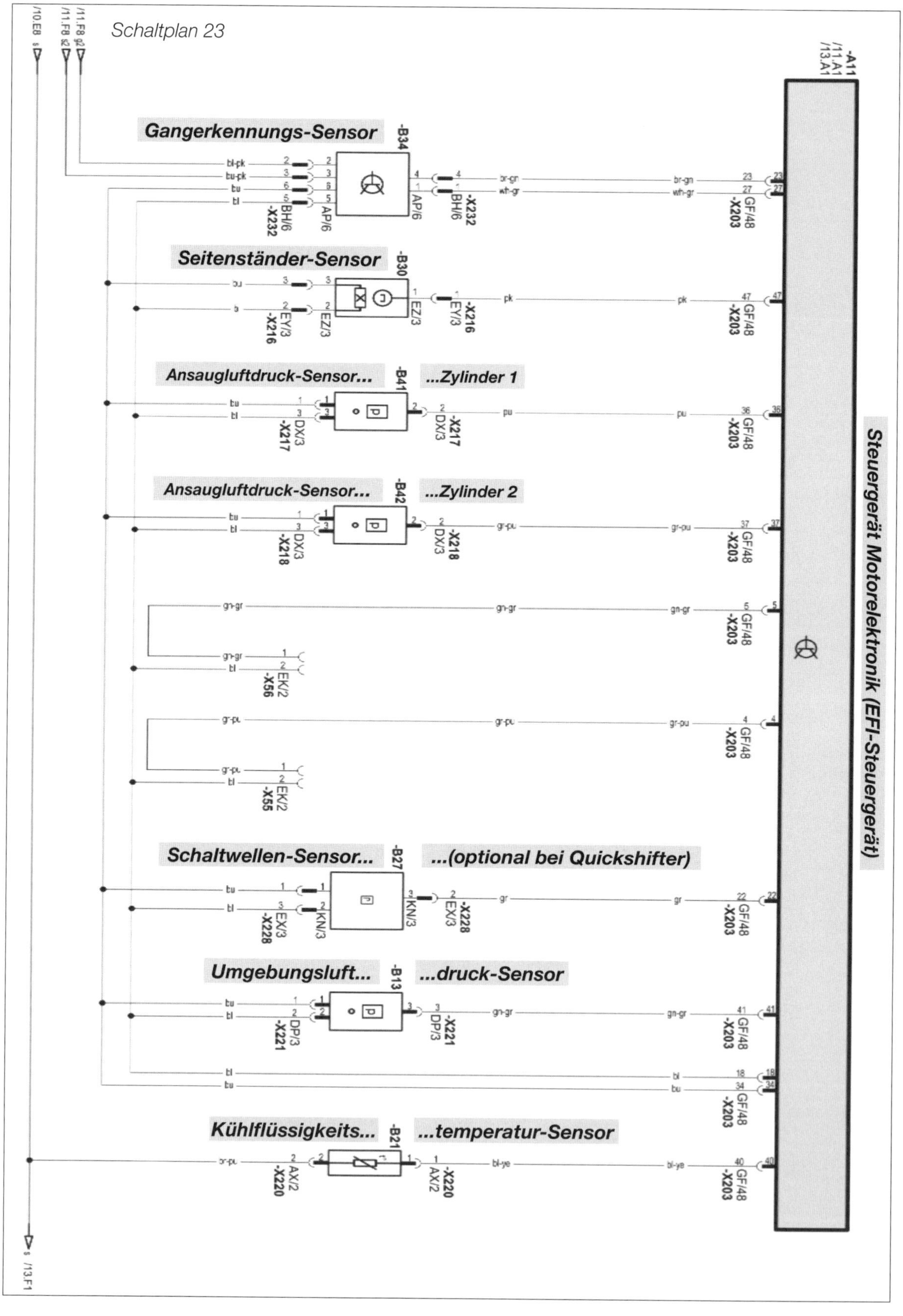

Kabelfarben
bl = schwarz
br = braun
bu = blau
gn = grün
gr = grau
lbu = hellblau
or = orange
pk = rosa
pu = violett
rd = rot
wh = weiß
ye = gelb

Schaltplan 24 = Plan 13 für Super Duke R 2017, 2018, 2019

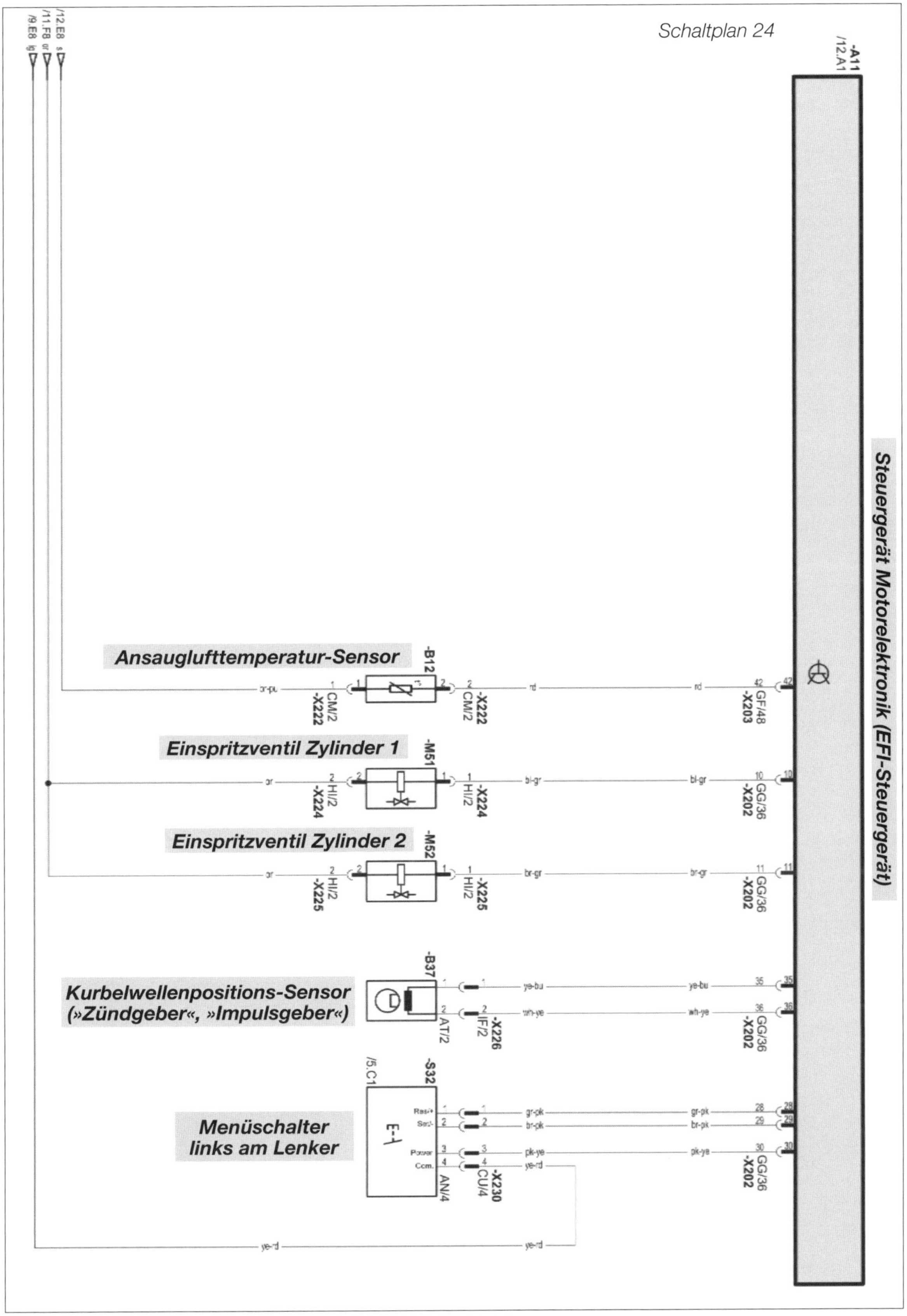

■ Die vom Ansauglufttemperatur-Sensor gemessenen Werte werden im EFI-Steuergerät verarbeitet und gehen in die Gemischaufbereitung ein.

■ Einspritzventile siehe Kapitel »Einspritzung«, Impulsgeber siehe »Zündanlage«.

■ Der Menüschalter ist Teil des Kombischalters links am Lenker. Er hat vier Tasten: »UP«, »Down«, »Set« und »Back«, mit diesen wird das Menü durchgetastet und die entsprechenden Einstellungen im Display vorgenommen. Im Fahrzeughandbuch (»Bedienungsanleitung«) sind die Funktionen und möglichen Einstellwerte genau beschrieben.

Schaltplan 25 = Plan 3 für Super Duke R 2018, 2019

Sicherungen zu je 10 A = 3. und 4. Sicherung im Sicherungskasten, beide sind zuständig für Dauerplus zum Scheinwerfer.

Die Scheinwerfereinheit ist mit LED-Bauteilen bestückt. Bei Ausfall eines Bauteils muss der komplette Scheinwerfer erneuert werden.

** = Diese Schaltereinheit ist rechts am Lenker montiert und beinhaltet die Schalter für Not-Aus (mittlerer Wippschalter, auch »Killschalter« genannt) in Kombination mit dem E-Starterknopf, den Warnblinkschalter (vorderer Schalter) und den Race-on-Taster (hinterer Schalter).*

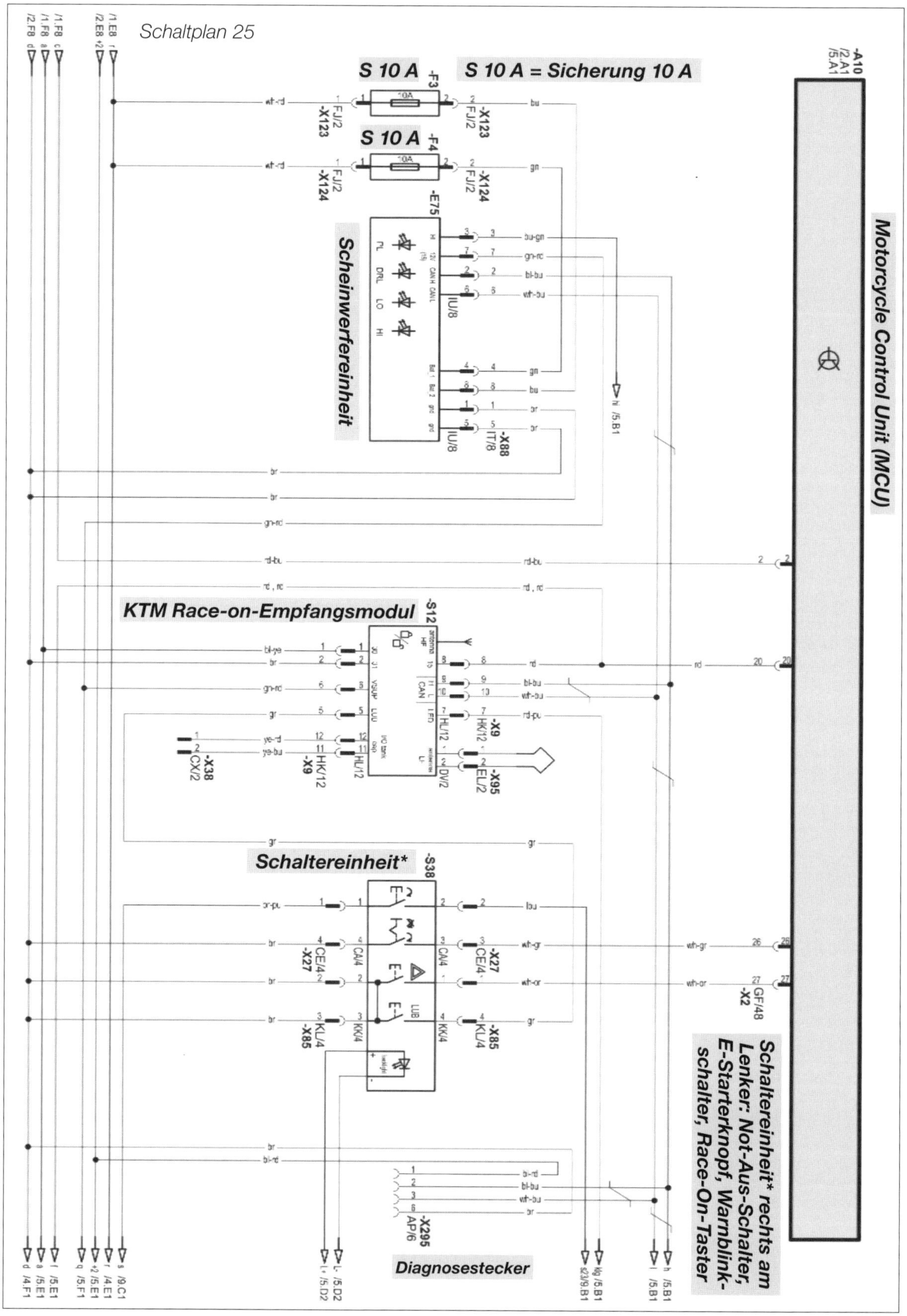

Kabelfarben

bl = schwarz
br = braun
bu = blau
gn = grün
gr = grau
lbu = hellblau
or = orange
pk = rosa
pu = violett
rd = rot
wh = weiß
ye = gelb

Schaltplan 26 = Plan 1 für Super Duke R 2020, 2021, Super Duke RR 2021

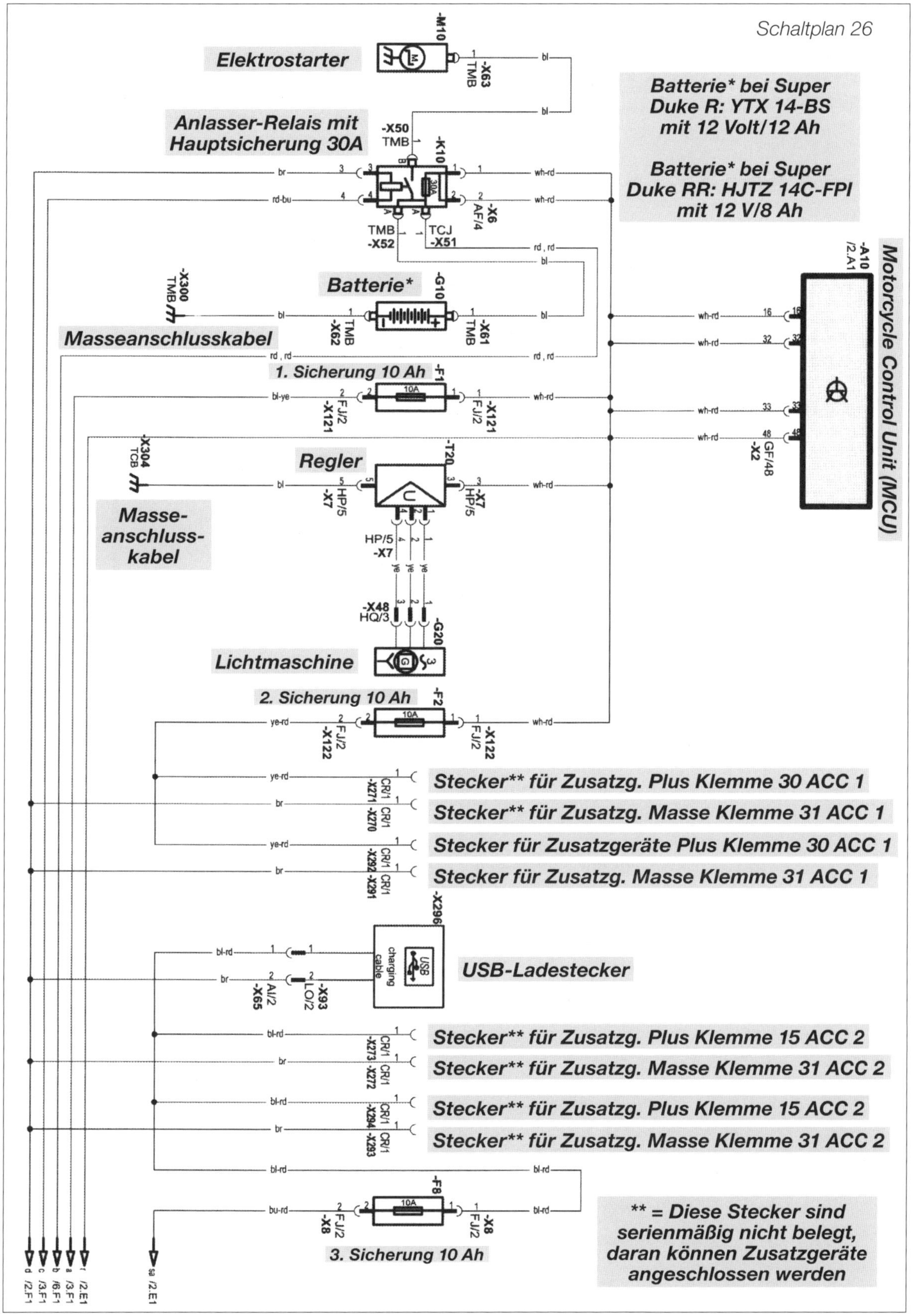

■ Zu Elektrostarter (»Anlasser«), Anlasserrelais und Hauptsicherung: Diese werden im Kapitel »Anlasser« behandelt sowie Funktion und Selbsthilfe bei Ausfall eines Bauteils beschrieben.

■ 1. Sicherung = Nr. 1 im Sicherungskasten und zuständig für die Spannungsversorgung der Steuergeräte.

■ 2. Sicherung = Nr. 2 im Sicherungskasten und zuständig für die Zusatzgeräte mit Dauerplus (ACC 1).

■ 3. Sicherung = Nr. 8 im Sicherungskasten und zuständig für die Zusatzgeräte mit geschaltetem Plus (ACC 2).

■ Der Stromgenerator sitzt auf dem linken Kurbelwellenstumpf. Der von ihm produzierte Ladestrom fließt über den Spannungsregler zur Batterie.

Schaltplan 27 = Plan 2 für Super Duke R 2020, 2021

■ Das MCU Motorcycle Central Unit (Steuergerät Zentralelektronik) ist für die Steuerung der nichtmotorspezifischen Elektrik zuständig. Hier die Symbole mit Anschlüssen und Verkabelung der Bauteile Kühlerventilatormotor, Blinker vorne und hinten, Kennzeichenbeleuchtung und Brems-Rücklicht.

■ Sicherung 10 A = Nr. 3 im Sicherungskasten und zuständig für die Kennzeichenbeleuchtung und das Rücklicht.

■ Die Blinker werden nicht nur über den Blinkerschalter betätigt, sondern auch über die Alarmanlage (wenn eine vorhanden ist). Ein Alarm wird ausgelöst z. B. bei einer großen Erschütterung, wie sie beim »Knacken« des Lenkschlosses auftritt, oder auch durch übergroße Neigung der Maschine beim Abtransport-Diebstahl.

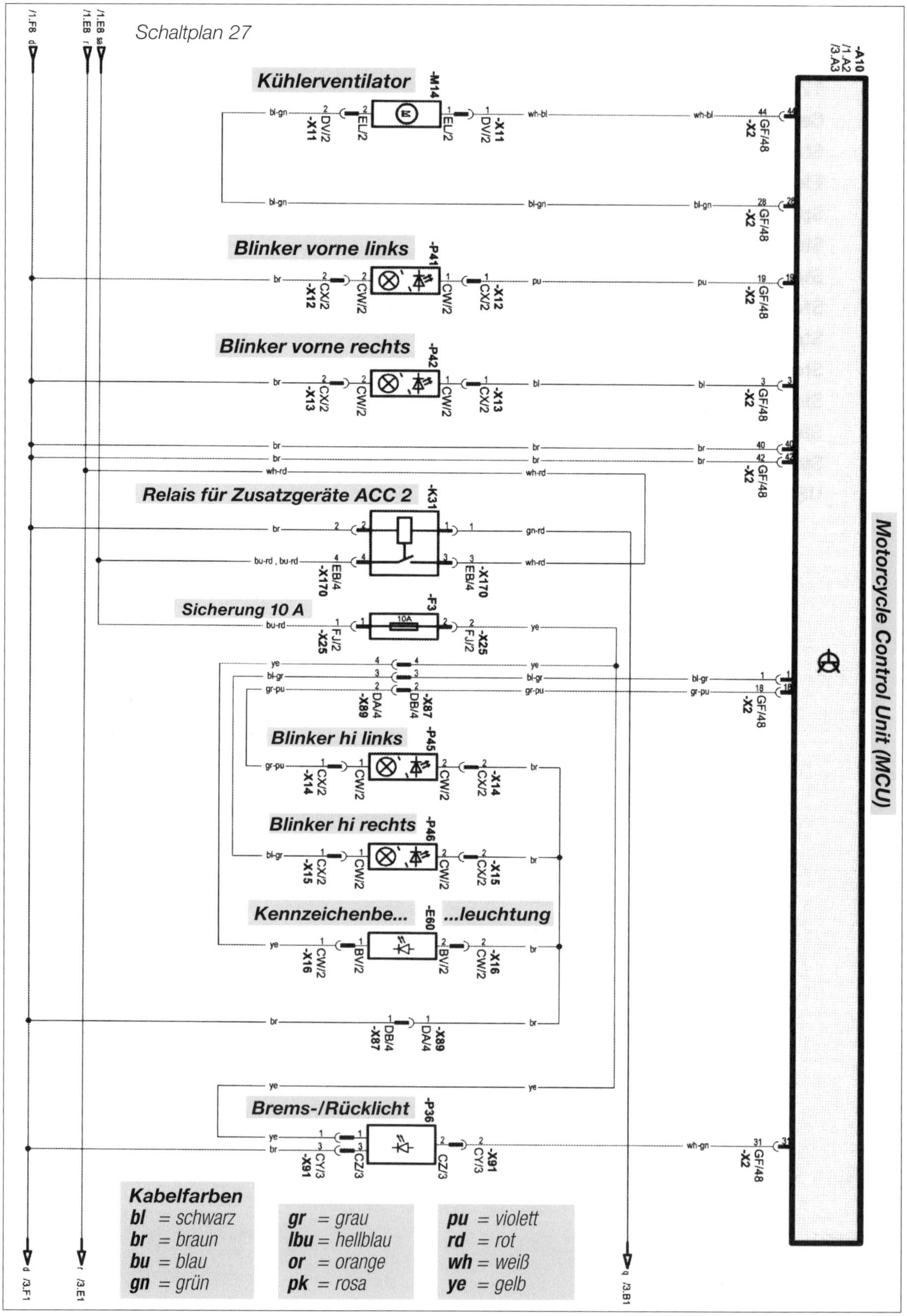

Kabelfarben

bl = schwarz	**gr** = grau	**pu** = violett
br = braun	**lbu** = hellblau	**rd** = rot
bu = blau	**or** = orange	**wh** = weiß
gn = grün	**pk** = rosa	**ye** = gelb

Schaltplan 28 = Plan 3 für Super Duke R 2020, 2021

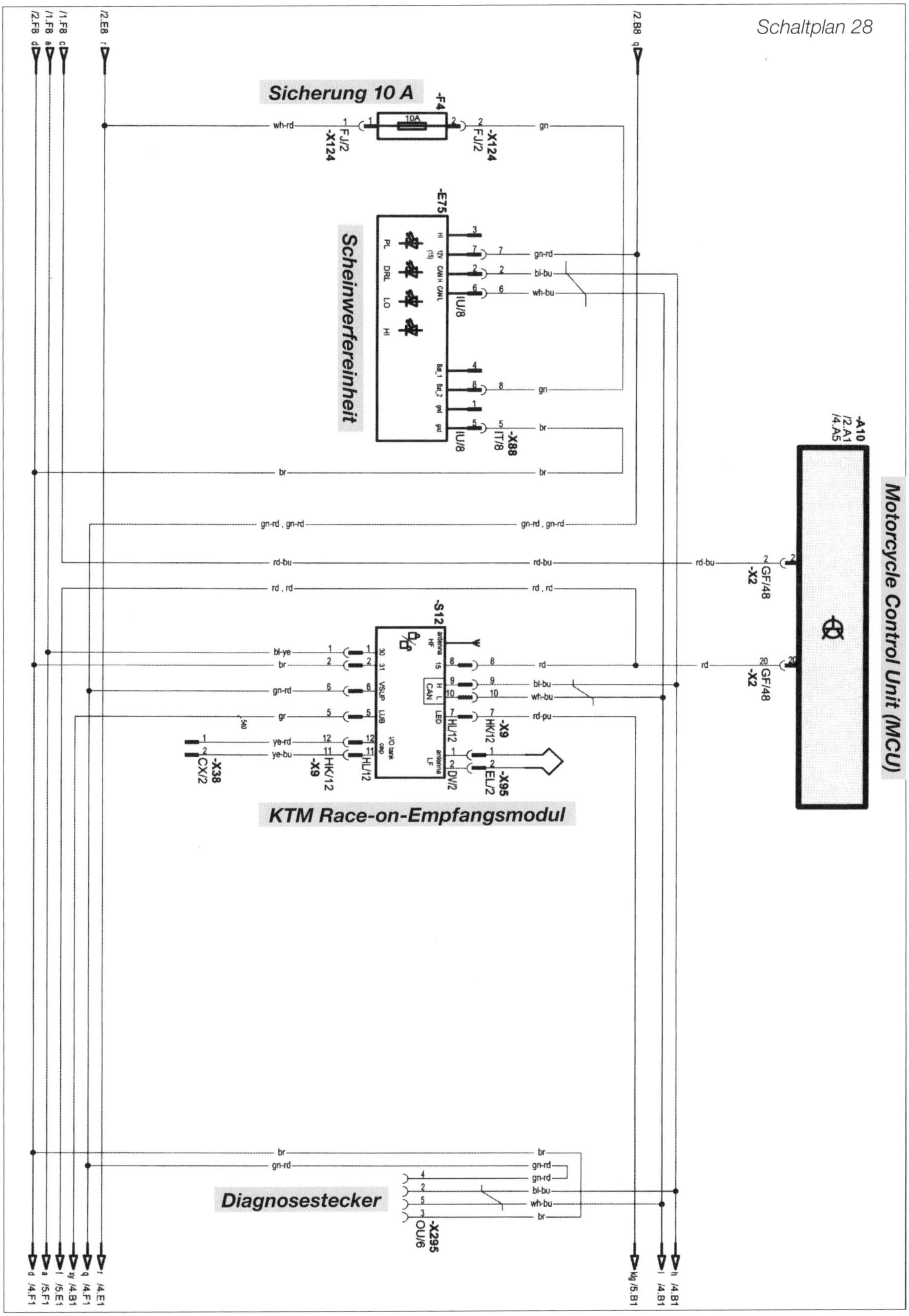

■ Sicherung 10 A = 4. Sicherung im Sicherungskasten und zuständig für Dauerplus zum Scheinwerfer.

■ Die Scheinwerfereinheit ist mit LED-Bauteilen bestückt. Bei Ausfall eines Bauteils muss der komplette Scheinwerfer erneuert werden.

■ Die »KTM Race-on«-Technik ist ein »Keyless Go«-Schließsystem. Diese schlüssellose Technik arbeitet mit einem Transponder, der entsprechende Funksignale sendet. Je nachdem, wie nahe der Transponder dem Fahrzeug ist, kann der Fahrer über die Transponderfunktion verschließen bzw. öffnen und somit in Funktion setzen: Alarmanlage, Lenkschloss, Zündschloss, Tankschloss, Anlasserfunktion.

Schaltplan 29 = Plan 4 für Super Duke R 2020, 2021, Super Duke RR 2021

■ Sicherung 10 A = Nr. 5 im Sicherungskasten ist zuständig für die Steuergeräte.

■ Das Hauptrelais schaltet das Kraftstoffverdunstungsventil, die beiden Lambdasonden in den Auspuffkrümmern der Zylinder 1 und 2, die dritte Lambdasonde im Vorschalldämpfer (diese ist nach dem Katalysator eingebaut), das SLS-Schaltventil (Sekundärluftventil), alle vier Zündspulen und die vier Einspritzventile.

■ »Kombischalter links« am Lenker: Lichtschalter für Abblend- und Fernlicht, Lichthupe, Taster Geschwindigkeits-Regelanlage (»Tempomat«), Menüschalter zur Displaysteuerung, Blinkerschalter, Hupenknopf, +RES/-SET-Taste.

■ »Kombischalter rechts« am Lenker: Menüschalter C1 und C2, Warnblinkschalter, Race-on-Taster, Not-Aus-Wippschalte (auch »Killschalter« genannt) in Kombination mit dem E-Starterknopf.

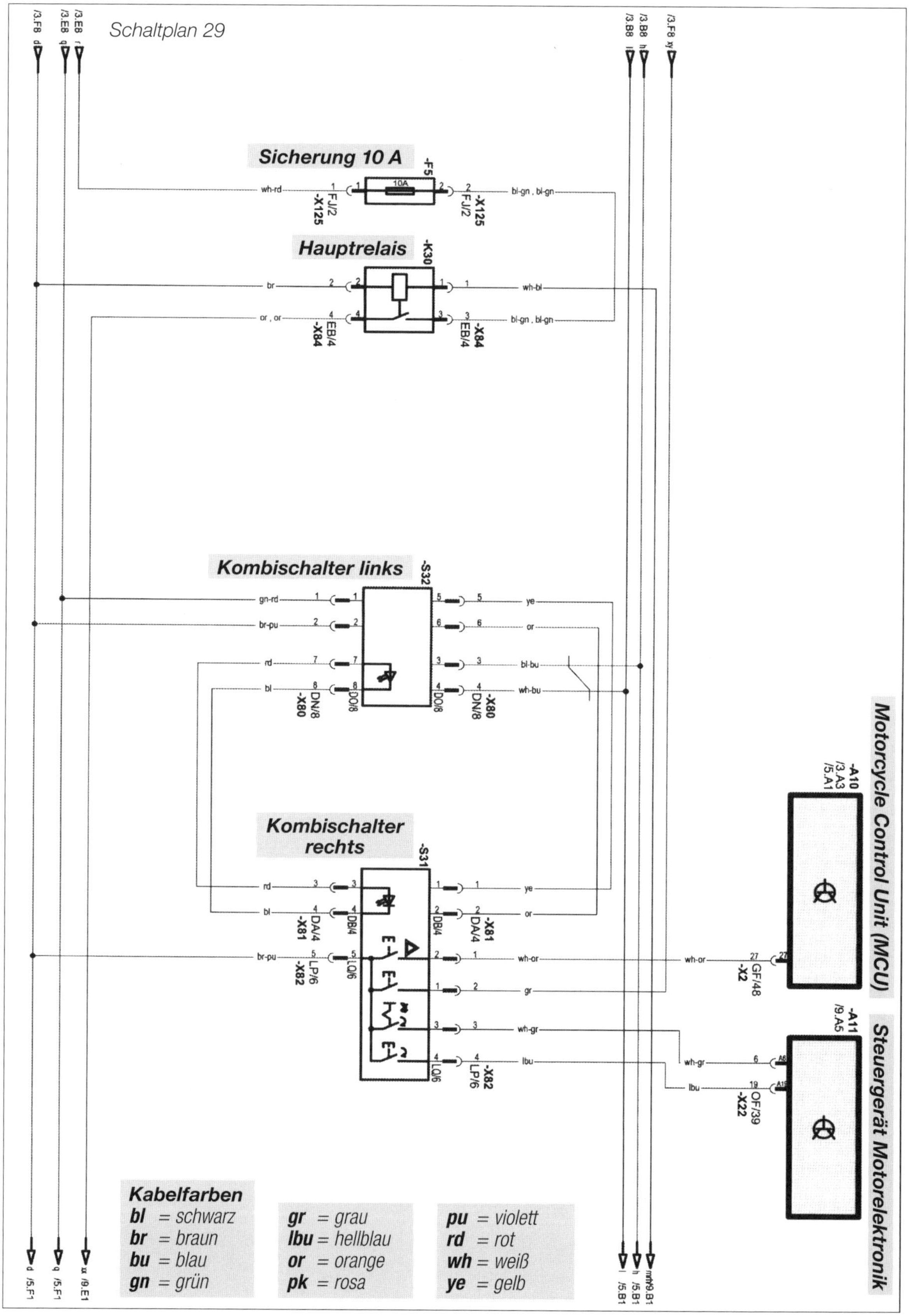

Schaltplan 30 = Plan 5 für Super Duke R 2020, 2021, Super Duke RR 2021

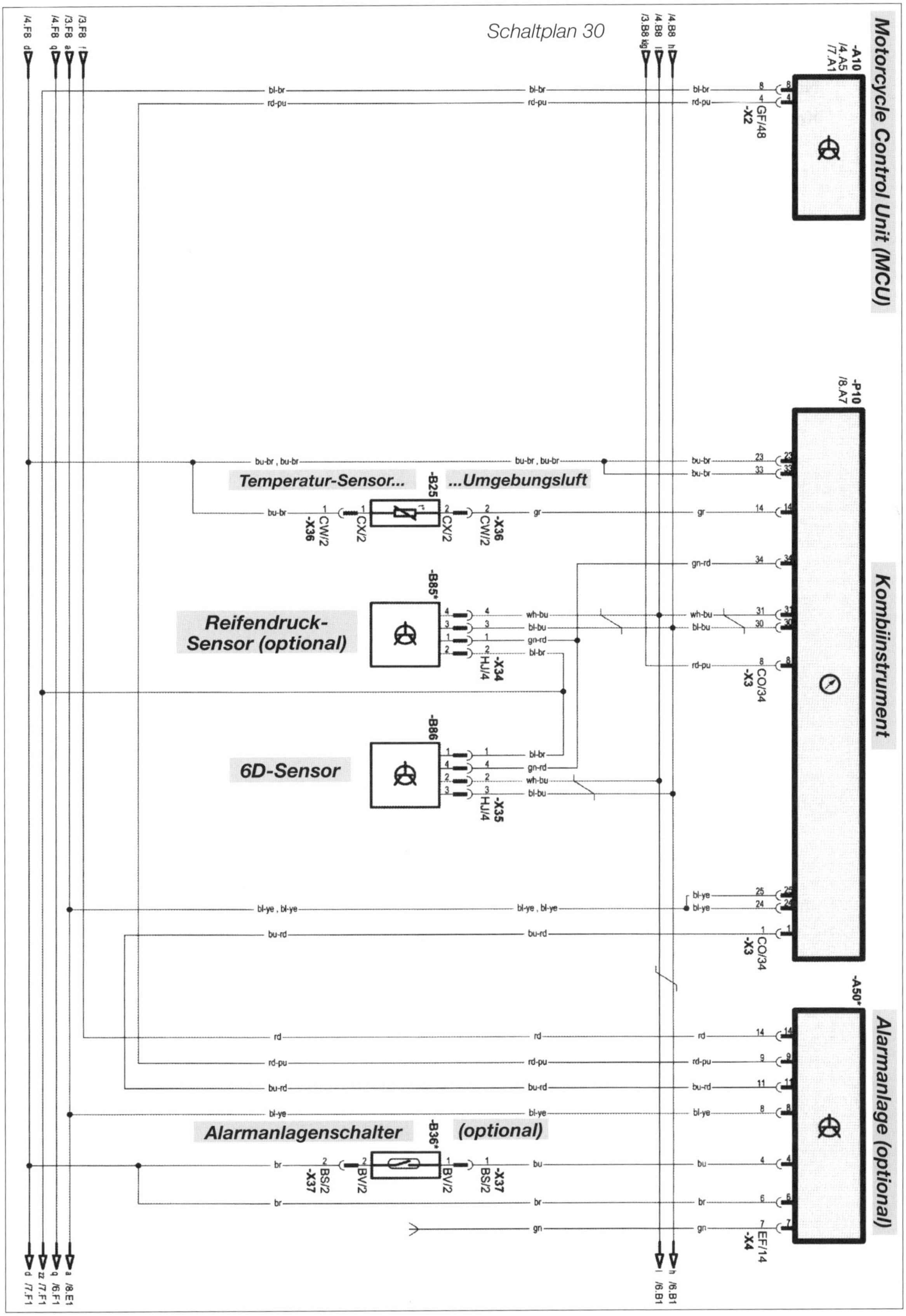

■ *Der »Temperatur-Sensor Umgebungsluft« liefert Messwerte an die Temperaturanzeige in der Instrumenteneinheit und die Glatteiswarnung bei Temperaturen von weniger als drei Grad Plus (3 °C)*

■ *Der »6D-Sensor« ist ein Neigungswinkelsensor der Premiumklasse. Denn die schnelle und zuverlässige Datensammlung ist von zentraler Bedeutung für das Verhalten des Motorrads, was das ABS-System und die adaptive Geschwindigkeitsregelung angeht.*

Schaltplan 31 = Plan 6 für Super Duke R 2020, 2021, Super Duke RR 2021

Sicherung 25 A = Nr. 6 im Sicherungskasten ist zuständig für die Rückförderpumpe des ABS-Systems.

Sicherung 10 A = Nr. 7 im Sicherungskasten ist zuständig für die Hydraulikeinheit des ABS-Systems.

Rechts unten am Motor im V der beiden Zylinder sind zwei »Massepunkte«, an denen verschiedene Massekabel verschraubt sind, unter anderem auch das Massekabel des ABS-Steuergeräts.

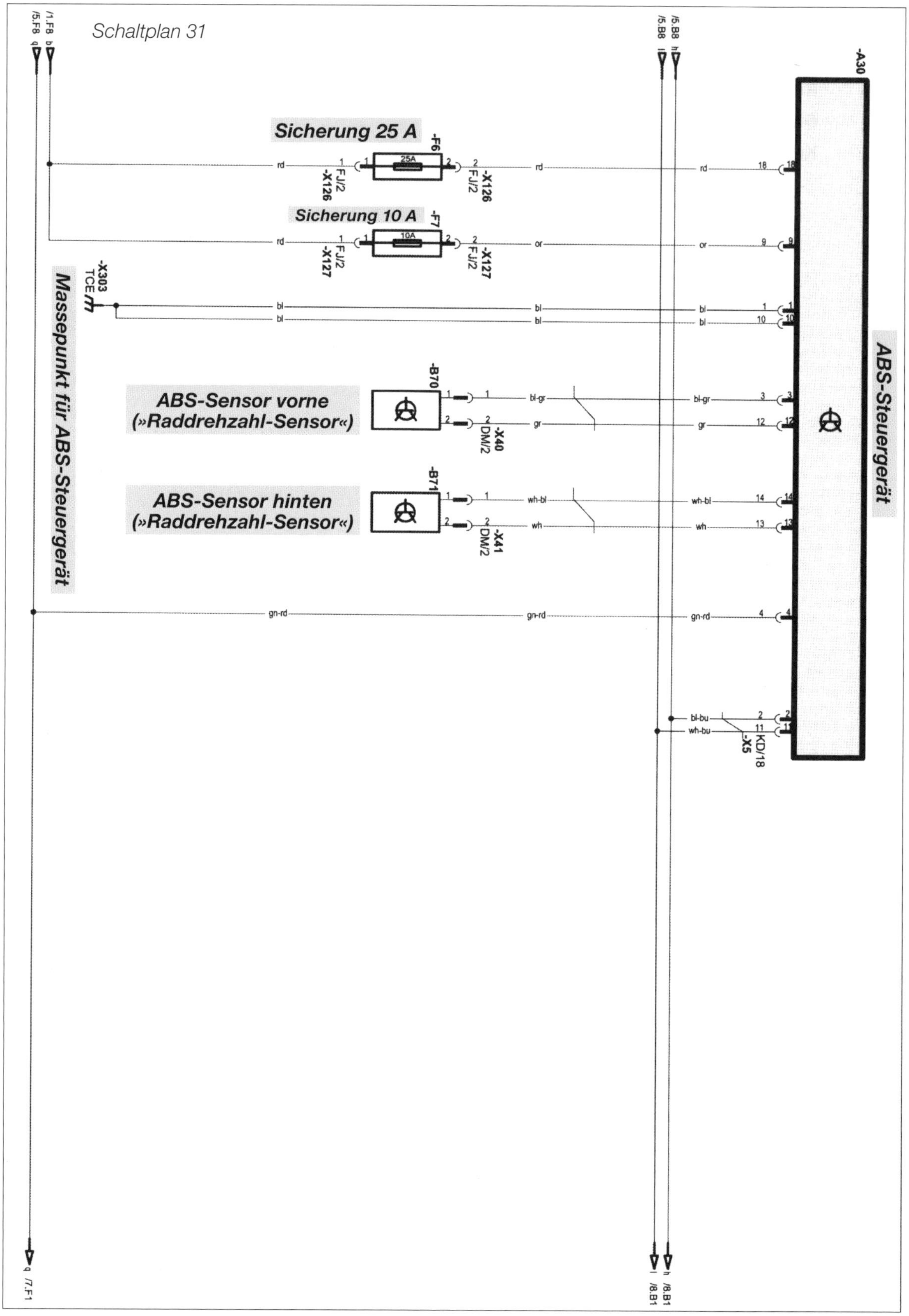

Kabelfarben
bl = schwarz
br = braun
bu = blau
gn = grün
gr = grau
lbu = hellblau
or = orange
pk = rosa
pu = violett
rd = rot
wh = weiß
ye = gelb

Schaltplan 32 = Plan 7 für Super Duke R 2020, 2021, Super Duke RR 2021

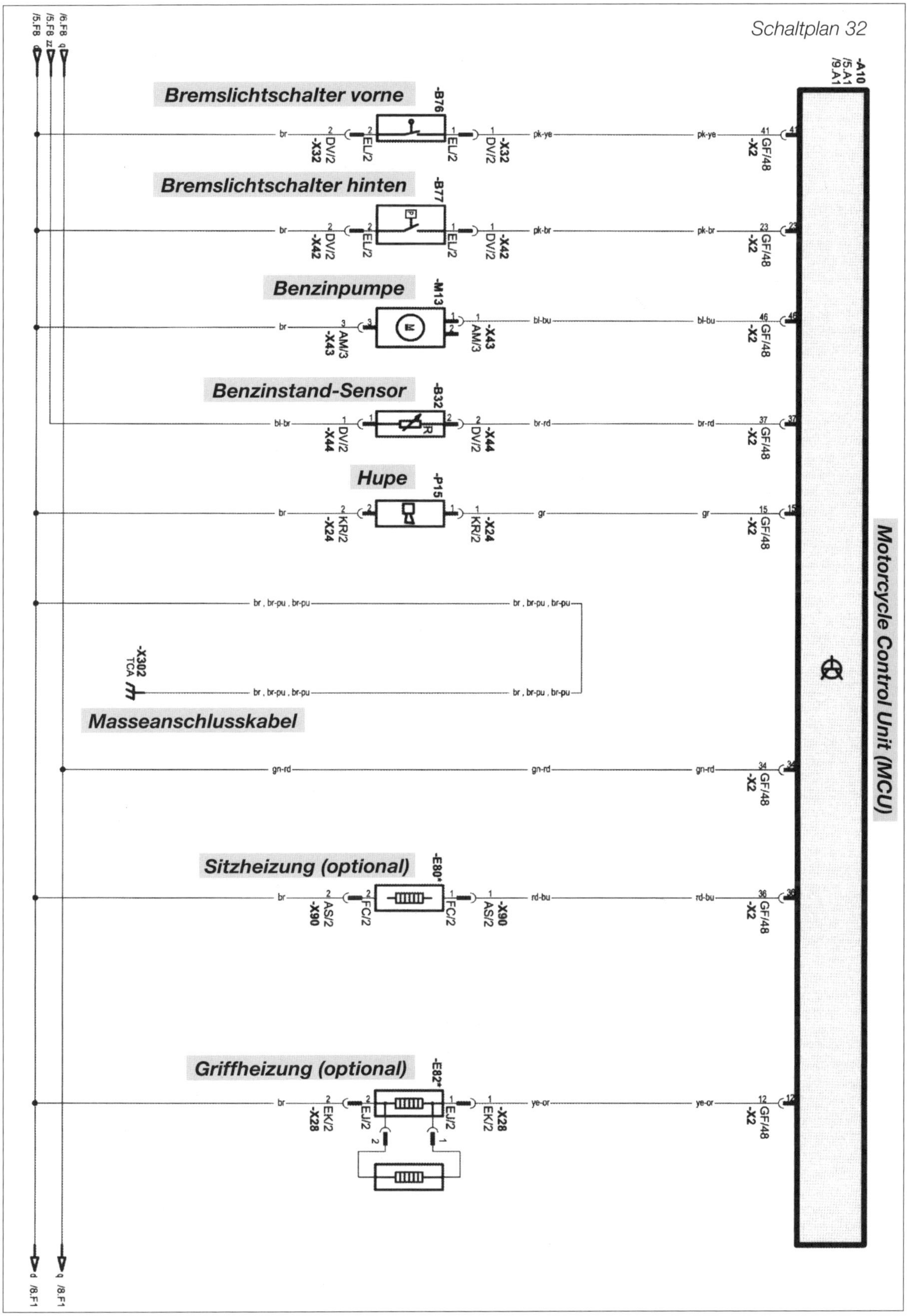

■ *Am Motorgehäuse unten im V sind zwei Massepunkte. Zu diesen führen viele Masseverbindungen. Bitte beachten Sie, dass nicht korrekte Masseverbindungen (z. B. solche mit »Korrosion«) zu Fehlfunktionen der entsprechenden Bauteile führen.*

■ *In einem solchen Fall muss man zuerst für einen korrekten Massekontakt sorgen. Wenn Korrosion an den Anschlüssen festgestellt wird, diese blank machen; feines Schmirgel zu Hilfe nehmen.*

■ *Wichtig ist auch noch, dass die Ösen an den masseführenden Kabeln gut verschraubt werden.*

Schaltplan 33 = Plan 8 für Super Duke R 2020, 2021, Super Duke RR 2021

Die Super Duke R hat eine Auspuffklappe, die in der Auspuffanlage zwischen Vorschalldämpfer und Auspufftopf montiert ist. In Abhängigkeit von Motordrehzahl, Fahrgeschwindigkeit und eingelegtem Gang ist die Klappe geöffnet oder geschlossen.

Die Connectivity Unit ist ein Steuergerät, das Funktionen im KTM My Ride aktiviert. Mit der Connectivity Unit lässt sich das Smartphone mit dem Motorrad verbinden zur Kontrolle über Anrufe und den Audioplayer. Die Bedienung erfolgt über den Menüschalter am Lenker.

Kabelfarben
bl = schwarz
br = braun
bu = blau
gn = grün
gr = grau
lbu = hellblau
or = orange
pk = rosa
pu = violett
rd = rot
wh = weiß
ye = gelb

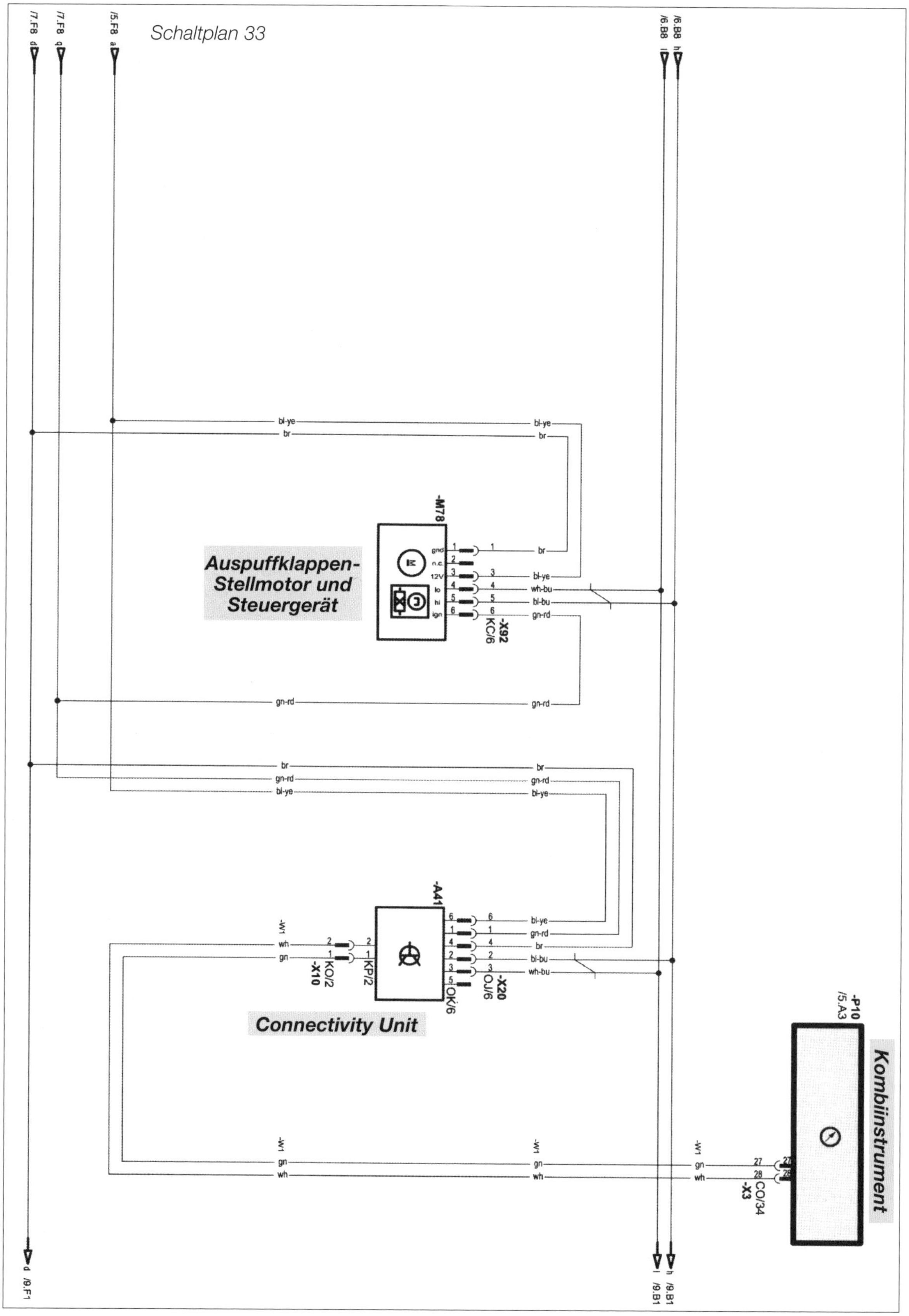

Schaltplan 34 = Plan 9 für Super Duke R 2020, 2021, Super Duke RR 2021

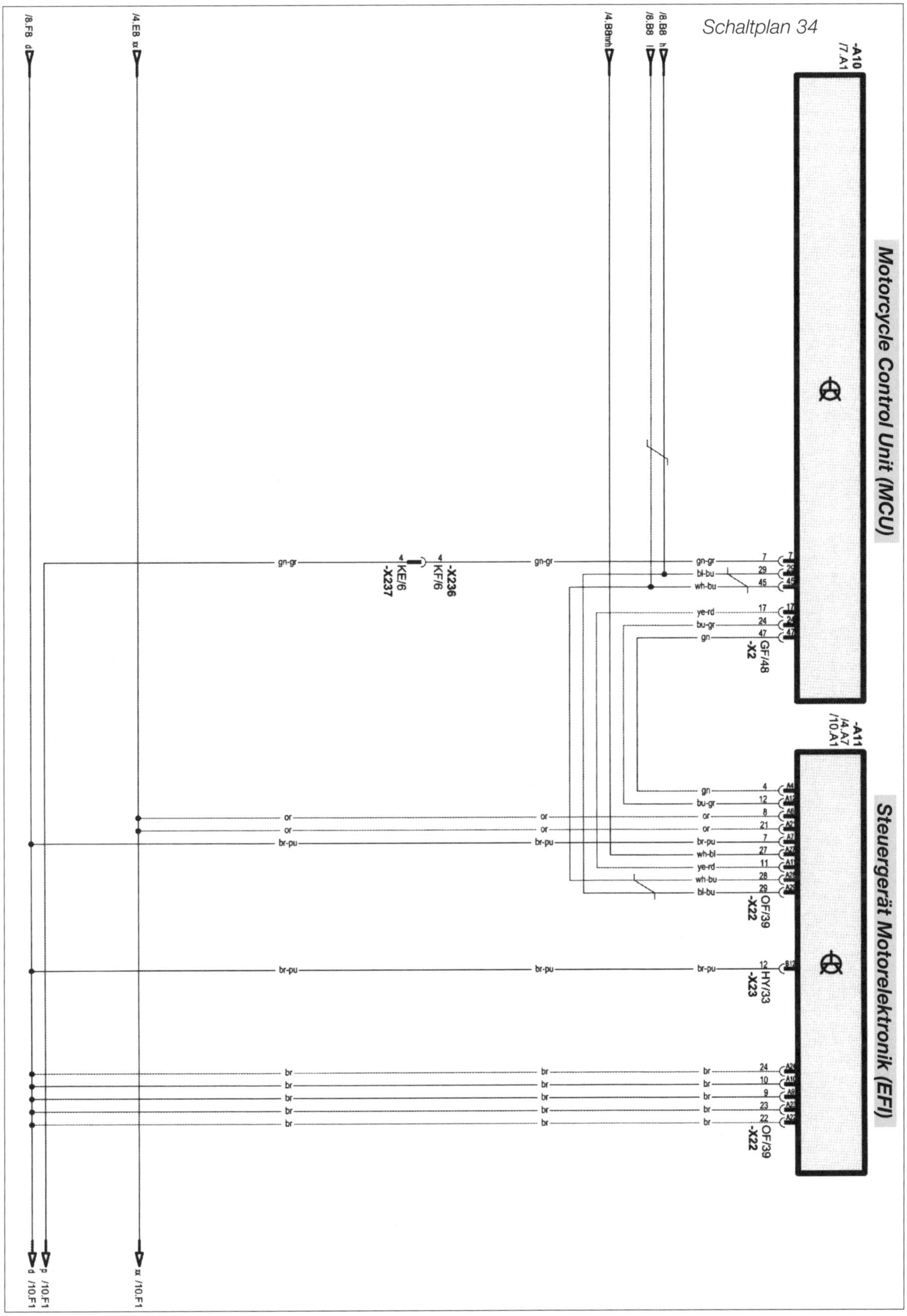

Schaltplan 35 = Plan 10 für Super Duke R 2020, 2021, Super Duke RR 2021

Der Sensor für Ölstand und Öltemperatur meldet die gemessenen Werte an die Instrumenteneinheit.

In jedem Auspuffkrümmer und in den Auspufftopf nach dem Katalysator ist eine »Lambdasonde« eingeschraubt. Diese messen den Sauerstoffgehalt im Abgas. Die Messwerte werden zum Steuergerät der Motorelektronik (EFI) geschickt, das damit für den nächsten Arbeitstakt eine passende Menge Kraftstoff errechnet. Angestrebt wird ein Luft-Kraftststoff-Gemisch nahe Lambda 1 (ca. 14 Gramm Luft zu 1 Gramm Kraftstoff). Die Lambdasonden sind also wesentlich verantwortlich für optimale Gemischzusammensetzung und möglichst saubere Abgase.

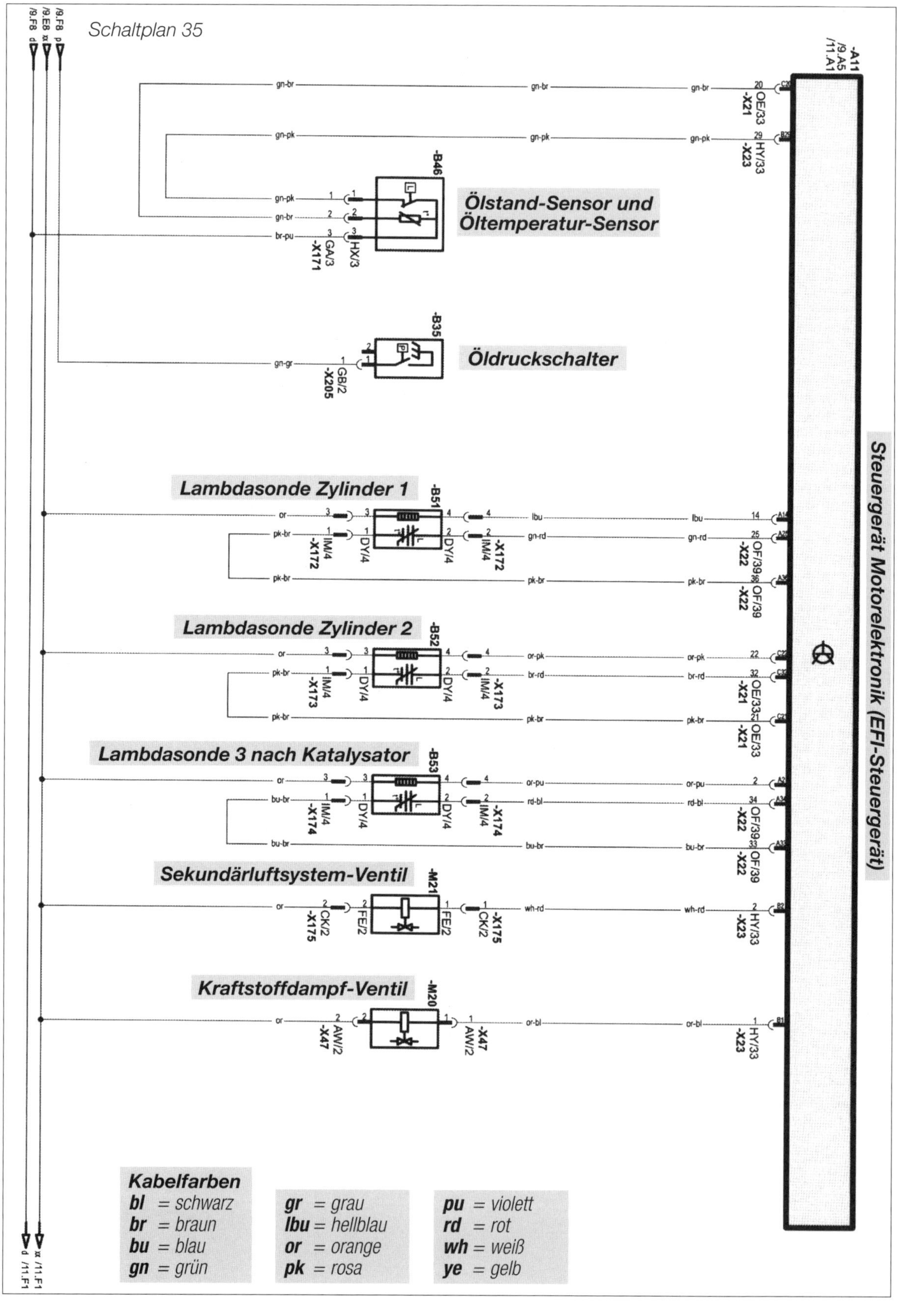

Schaltplan 36 = Plan 11 für Super Duke R 2020, 2021, Super Duke RR 2021

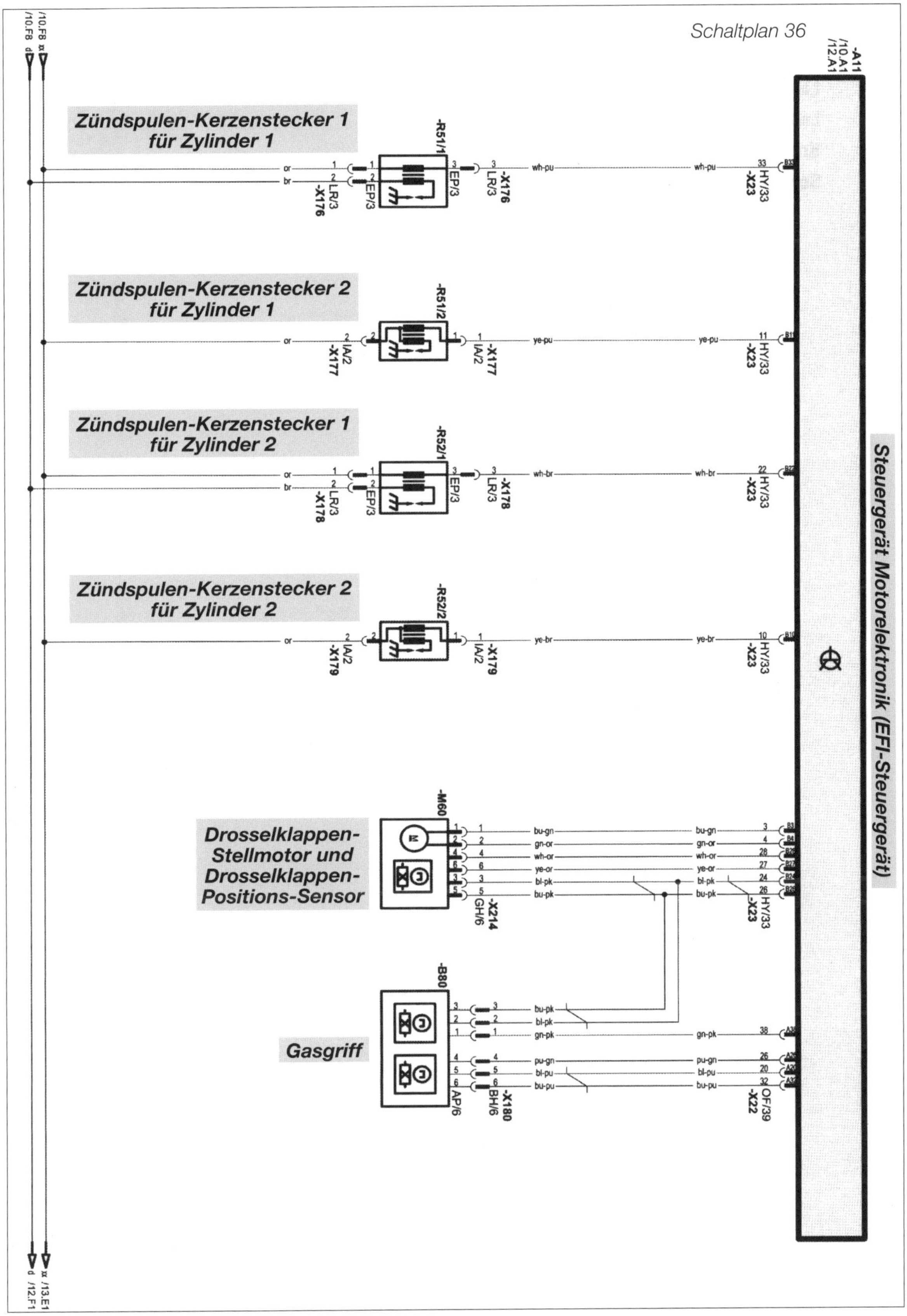

■ Zündspulen-Kerzenstecker siehe Kapitel »Zündkerzen«.

■ Das »Steuergerät Motorelektronik« wird auch »EFI-Steuergerät« genannt. EFI steht für »Electronic Fuel Injection«. Es vereint Steuerung und Regelung von Einspritzung und Zündung.

Schaltplan 37 = Plan 12 für Super Duke R 2020, 2021, Super Duke RR 2021

■ Die Sensoren für den Ansaugluftdruck in den Saugrohren der Zylinder 1 und 2, für den Umgebungsluftdruck und auch der für die Temperatur der Kühlflüssigkeit liefern Messwerte an das Motorsteuergerät EFI. Dort werden sie für die Berechnung der Einspritzmenge herangezogen.

■ Der Gangerkennungs-Sensor meldet dem EFI-Steuergerät, welcher Gang eingelegt ist. Das ist wichtig, wenn der Motor gestartet werden soll. Auch wenn während der Fahrt das Gas plötzlich aufgerissen wird, regelt die Meldung des Sensors die Stellung der Drosselklappen; der Motor kann nicht plötzlich stehen bleiben.

Kabelfarben
bl = schwarz
br = braun
bu = blau
gn = grün
gr = grau
lbu = hellblau
or = orange
pk = rosa
pu = violett
rd = rot
wh = weiß
ye = gelb

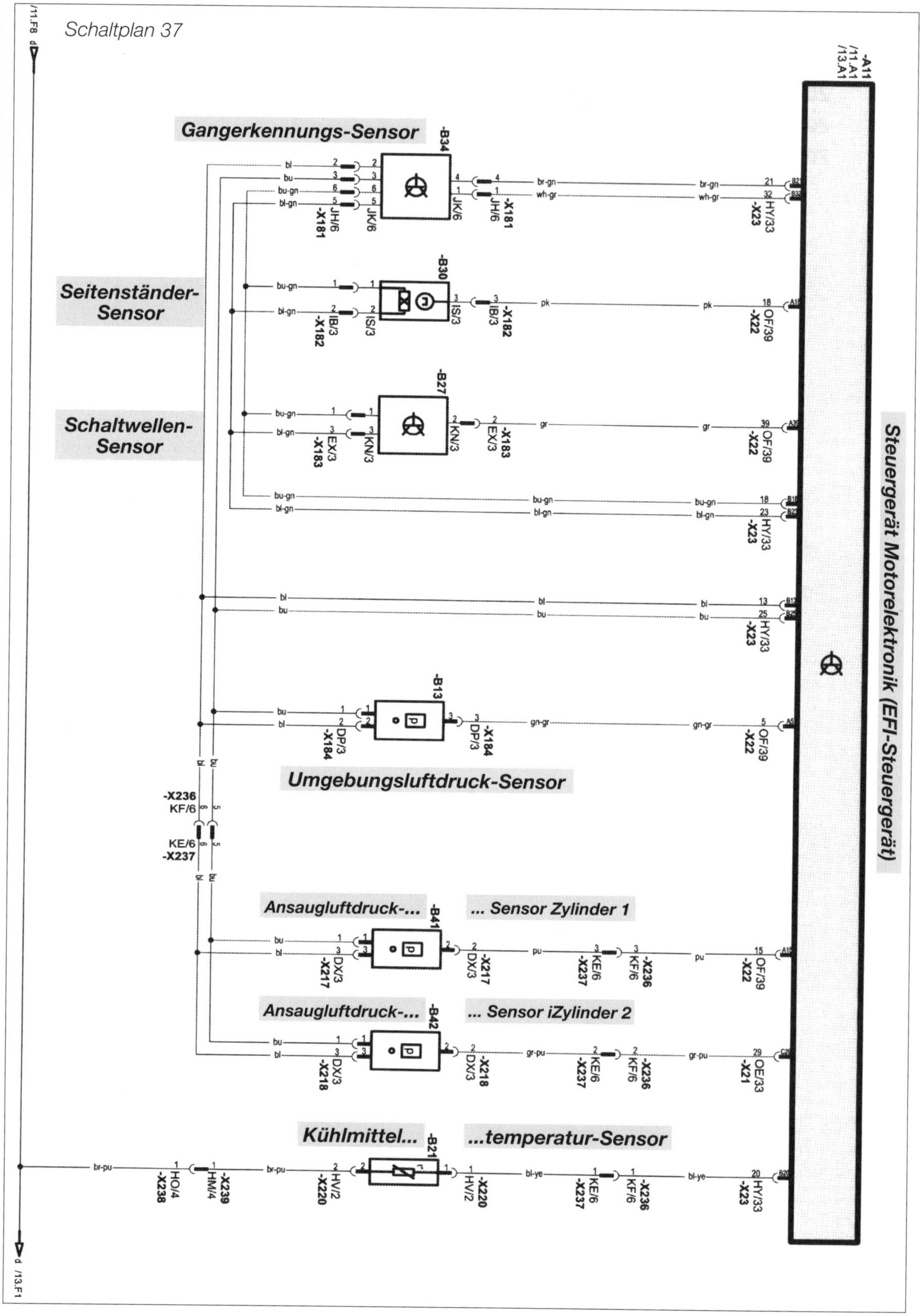

Schaltplan 38 = Plan 13 für Super Duke R 2020, 2021, Super Duke RR 2021

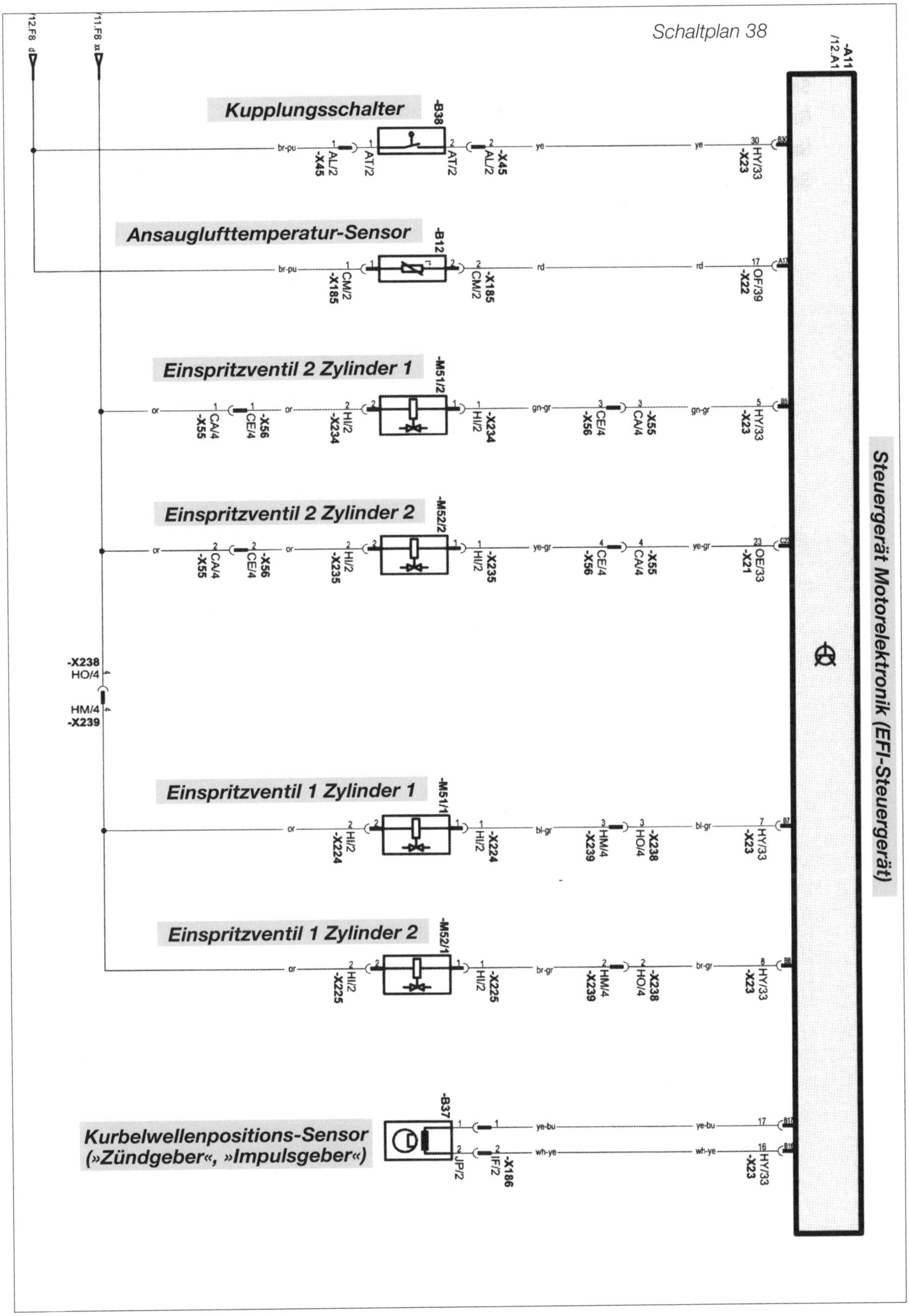

Die vom Ansauglufttemperatur-Sensor gemessenen Werte werden im EFI-Steuergerät verarbeitet und gehen in die Gemischaufbereitung ein.

Einspritzventile siehe Kapitel »Einspritzung«.

Der Kurbelwellenpositions-Sensor wird auch als »Zündgeber« oder »Zündimpulsgeber« bezeichnet.

Schaltplan 39 = Plan 2 für Super Duke RR 2021

Das MCU Motorcycle Central Unit (Steuergerät Zentralelektronik) ist für die Steuerung der nichtmotorspezifischen Elektrik zuständig. Hier die Symbole mit Anschlüssen und Verkabelung der Bauteile Kühlerventilatormotor, Blinker vorne und hinten, Kennzeichenbeleuchtung und Brems-Rücklicht.

Sicherung 10 A = Nr. 3 im Sicherungskasten und zuständig für die Kennzeichenbeleuchtung und das Rücklicht.

Die Blinker werden nicht nur über den Blinkerschalter betätigt, sondern auch über die Alarmanlage (wenn eine vorhanden ist). Ein Alarm wird ausgelöst z. B. bei einer großen Erschütterung, wie sie beim »Knacken« des Lenkschlosses auftritt, oder auch durch übergroße Neigung der Maschine beim Abtransport-Diebstahl.

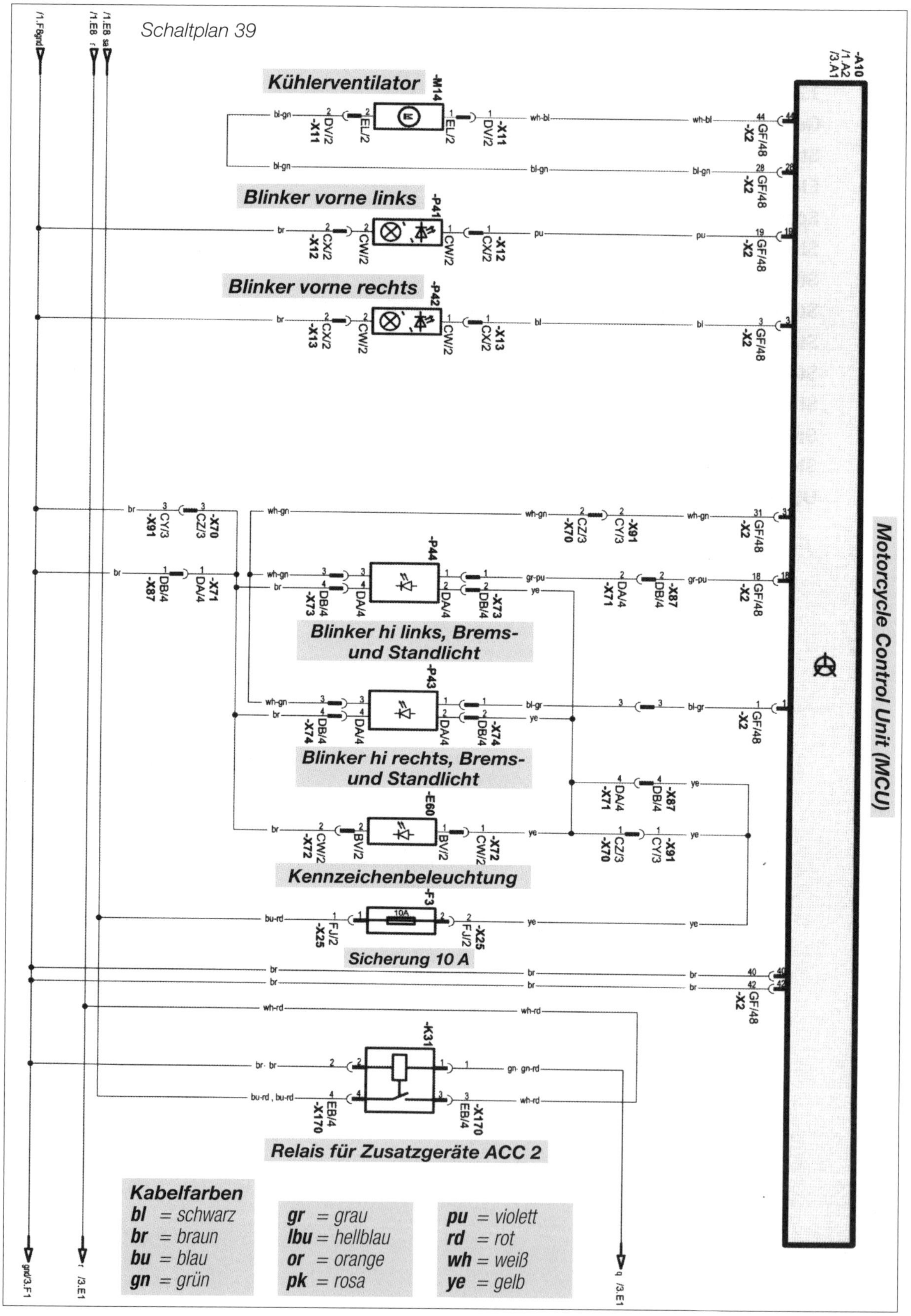

Schaltplan 40 = Plan 3 für Super Duke RR 2021

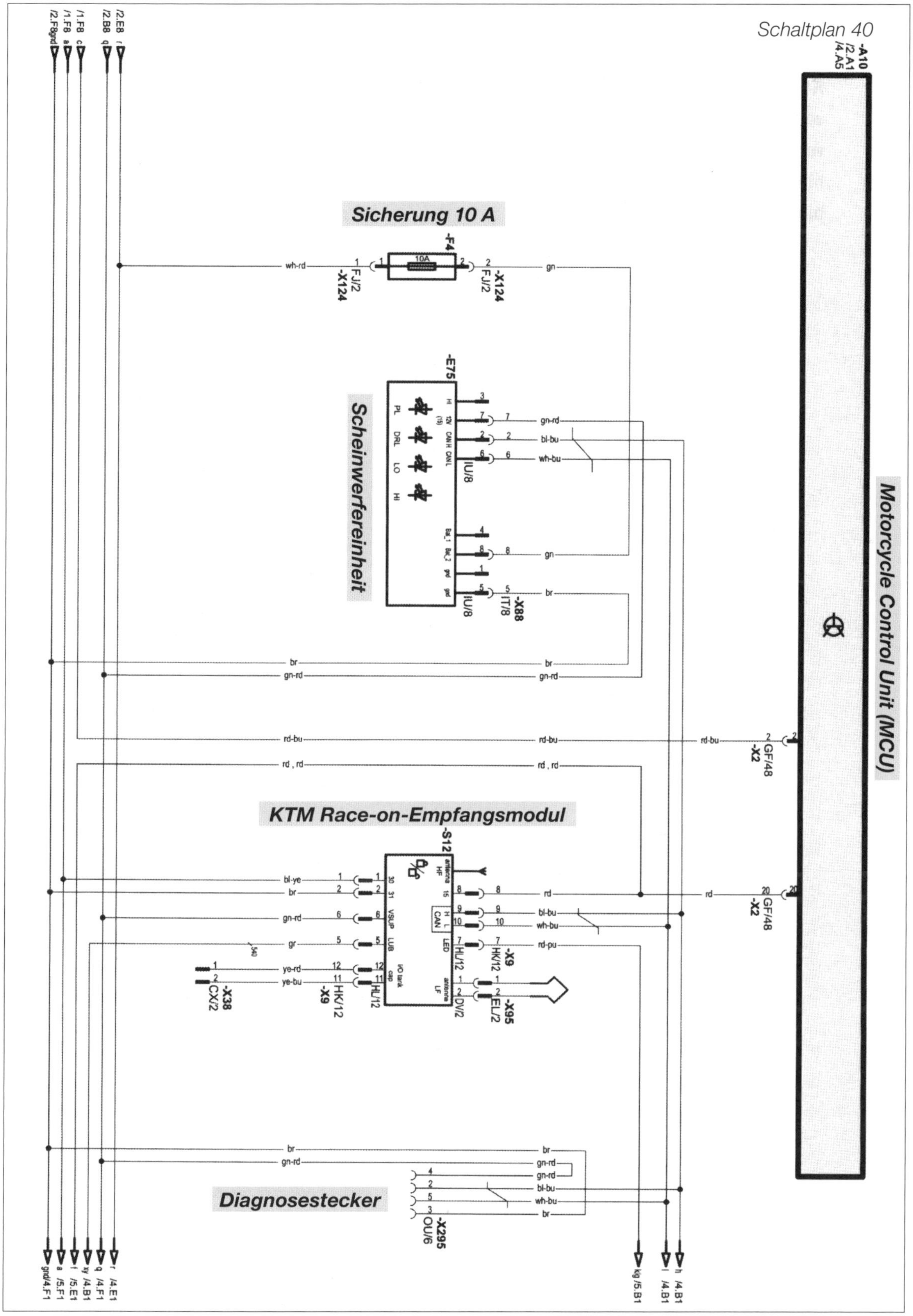

■ Sicherung 10 A = 4. Sicherung im Sicherungskasten und zuständig für Dauerplus zum Scheinwerfer.

■ Die Scheinwerfereinheit ist mit LED-Bauteilen bestückt. Bei Ausfall eines Bauteils muss der komplette Scheinwerfer erneuert werden.

■ Die »KTM Race-on«-Technik ist ein »Keyless Go«-Schließsystem. Diese schlüssellose Technik arbeitet mit einem Transponder, der entsprechende Funksignale sendet. Je nachdem, wie nahe der Transponder dem Fahrzeug ist, kann der Fahrer über die Transponderfunktion verschließen bzw. öffnen und somit in Funktion setzen: Alarmanlage, Lenkschloss, Zündschloss, Tankschloss, Anlasserfunktion.

Schaltplan 41 = Plan 1 für Super Duke GT 2016, 2017, 2018

Zu Anlasser, Anlasserrelais und Hauptsicherung: Diese werden im Kapitel »Anlasser« behandelt sowie Funktion und Selbsthilfe bei Ausfall eines Bauteils beschrieben.

1. Sicherung = Nr. 1 im Sicherungskasten und zuständig für die Spannungsversorgung der Steuergeräte und für die Alarmanlage (optional).

2. Sicherung = Nr. 2 im Sicherungskasten und zuständig für Steckdose, Kennzeichenbeleuchtung, Diagnosestecker und für Zusatzgeräte mit Dauerplus (ACC 1 und ACC 2).

Der Stromgenerator sitzt auf dem linken Kurbelwellenstumpf.

Kabelfarben
- **bl** = schwarz
- **br** = braun
- **bu** = blau
- **gn** = grün
- **gr** = grau
- **lbu** = hellblau
- **or** = orange
- **pk** = rosa
- **pu** = violett
- **rd** = rot
- **wh** = weiß
- **ye** = gelb

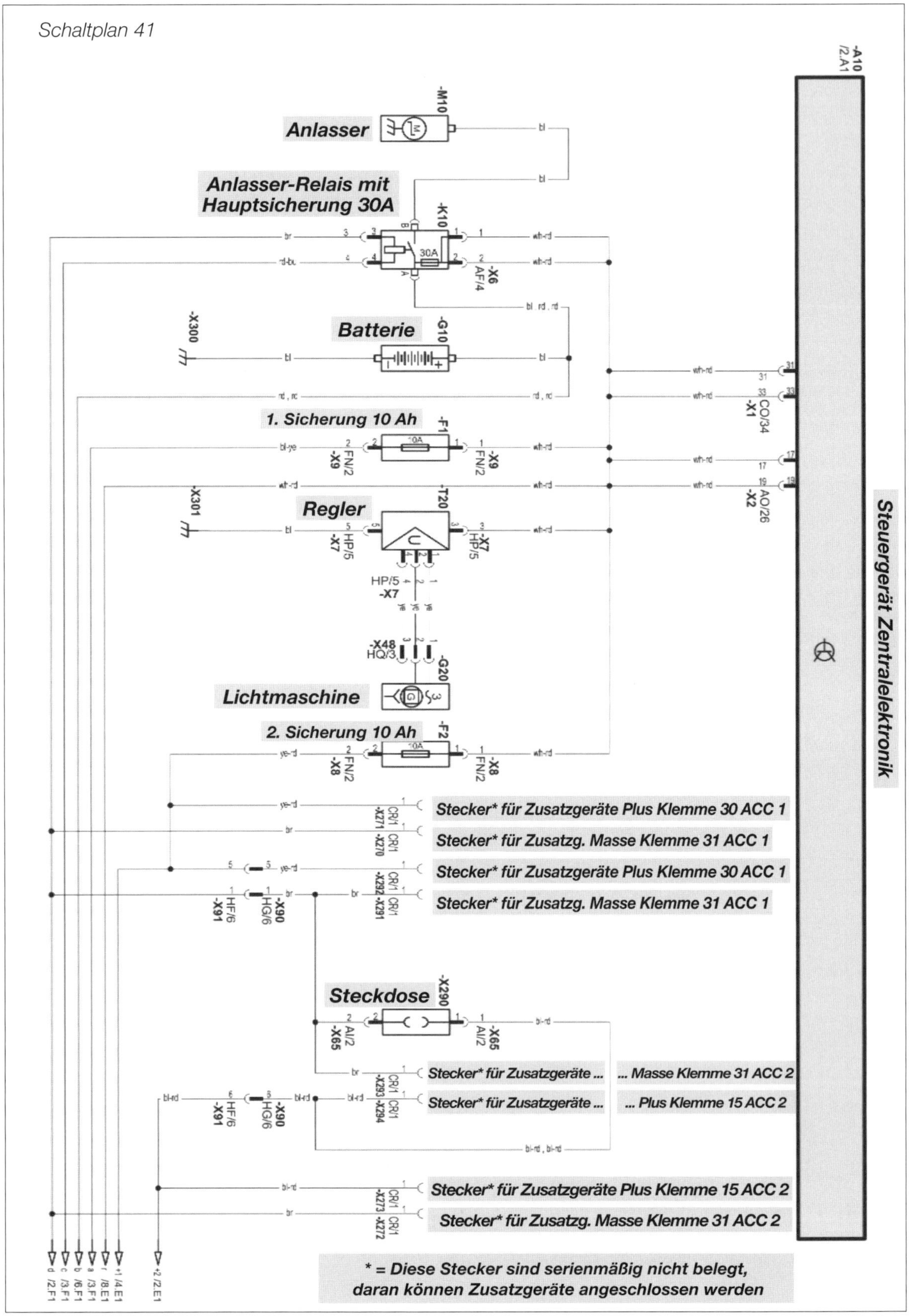

Schaltplan 42 = Plan 2 für Super Duke GT 2016, 2017, 2018

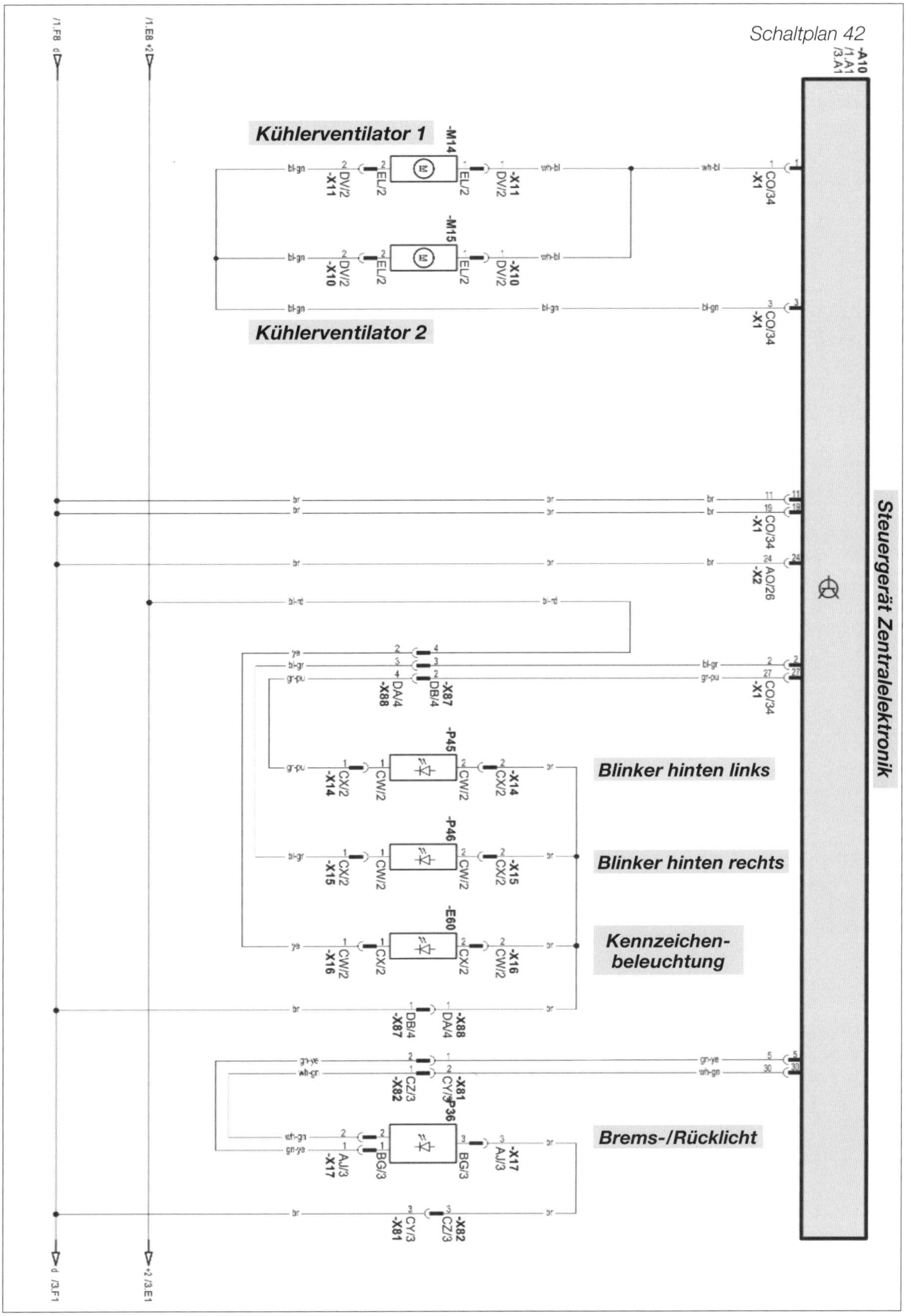

Das Steuergerät Zentralelektronik ist für die Steuerung der nichtmotorspezifischen Elektrik zuständig. Hier die Symbole mit Anschlüssen und Verkabelung der Bauteile Kühlerventilatormotor, Blinker vorne und hinten, Kennzeichenbeleuchtung und Brems-Rücklicht.

Die Blinker werden nicht nur über den Blinkerschalter betätigt, sondern auch über die Alarmanlage (wenn eine vorhanden ist). Ein Alarm wird ausgelöst z. B. bei einer großen Erschütterung, wie sie beim »Knacken« des Lenkschlosses auftritt, oder auch durch übergroße Neigung der Maschine beim Abtransport-Diebstahl.

Schaltplan 43 = Plan 3 für Super Duke GT 2016, 2017, 2018

Hier im Schaltplan die Symbole mit Anschlüssen und Verkabelung der vorderen Lichtanlage mit Hupe und dem Zünd-Lenkschloss.

Der Not-Aus-Schalter wird umgangssprachlich »Killschalter« genannt.

An die Stecker können die KTM-eigenen Heizgriffe angeschlossen werden.

Am Diagnosestecker wird das KTM-eigene »Diagnose-Werkzeug« angeschlossen, es kostet 790 Euro.

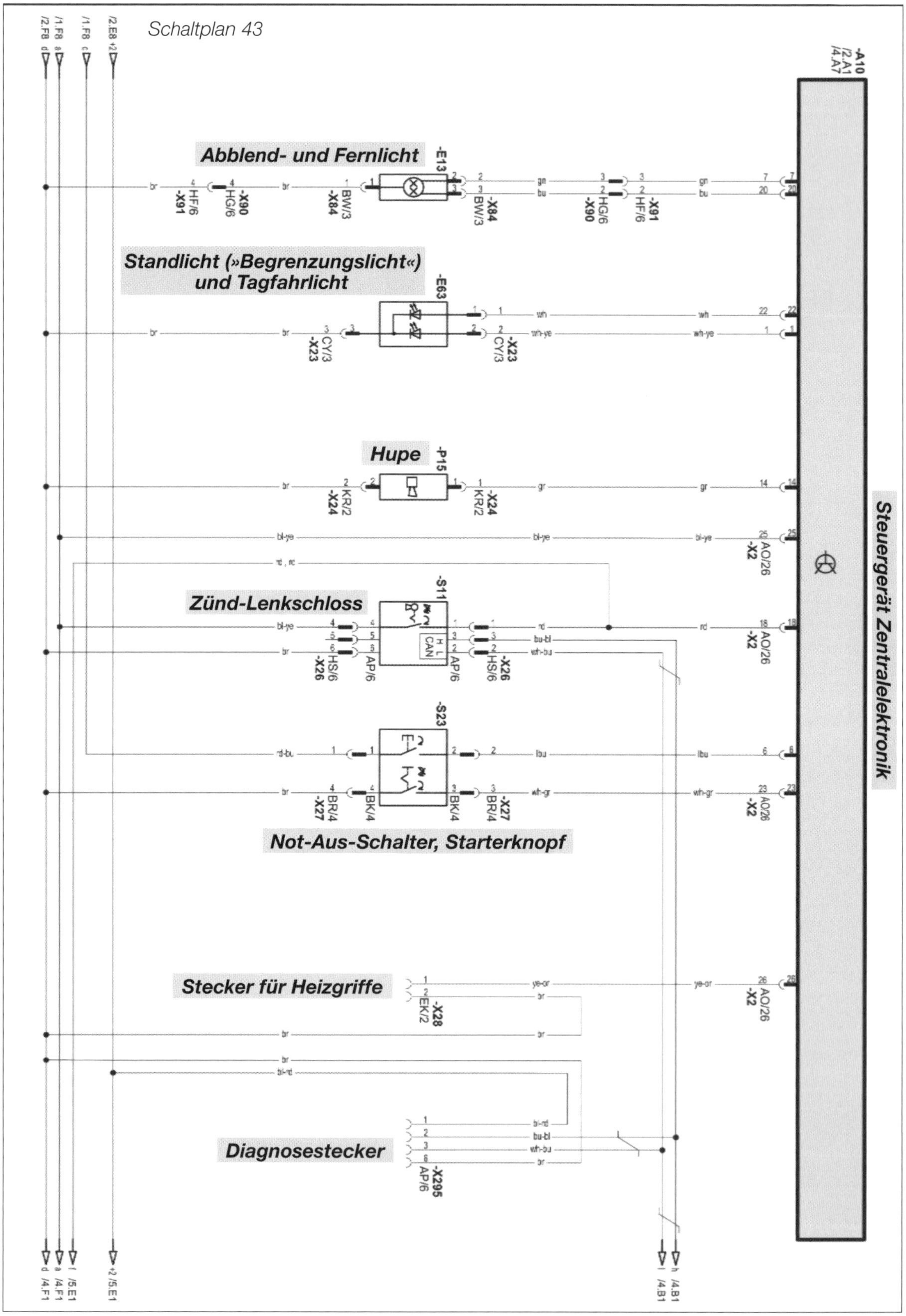

Kabelfarben
bl = schwarz
br = braun
bu = blau
gn = grün
gr = grau
lbu = hellblau
or = orange
pk = rosa
pu = violett
rd = rot
wh = weiß
ye = gelb

Schaltplan 44 = Plan 4 für Super Duke GT 2016, 2017, 2018

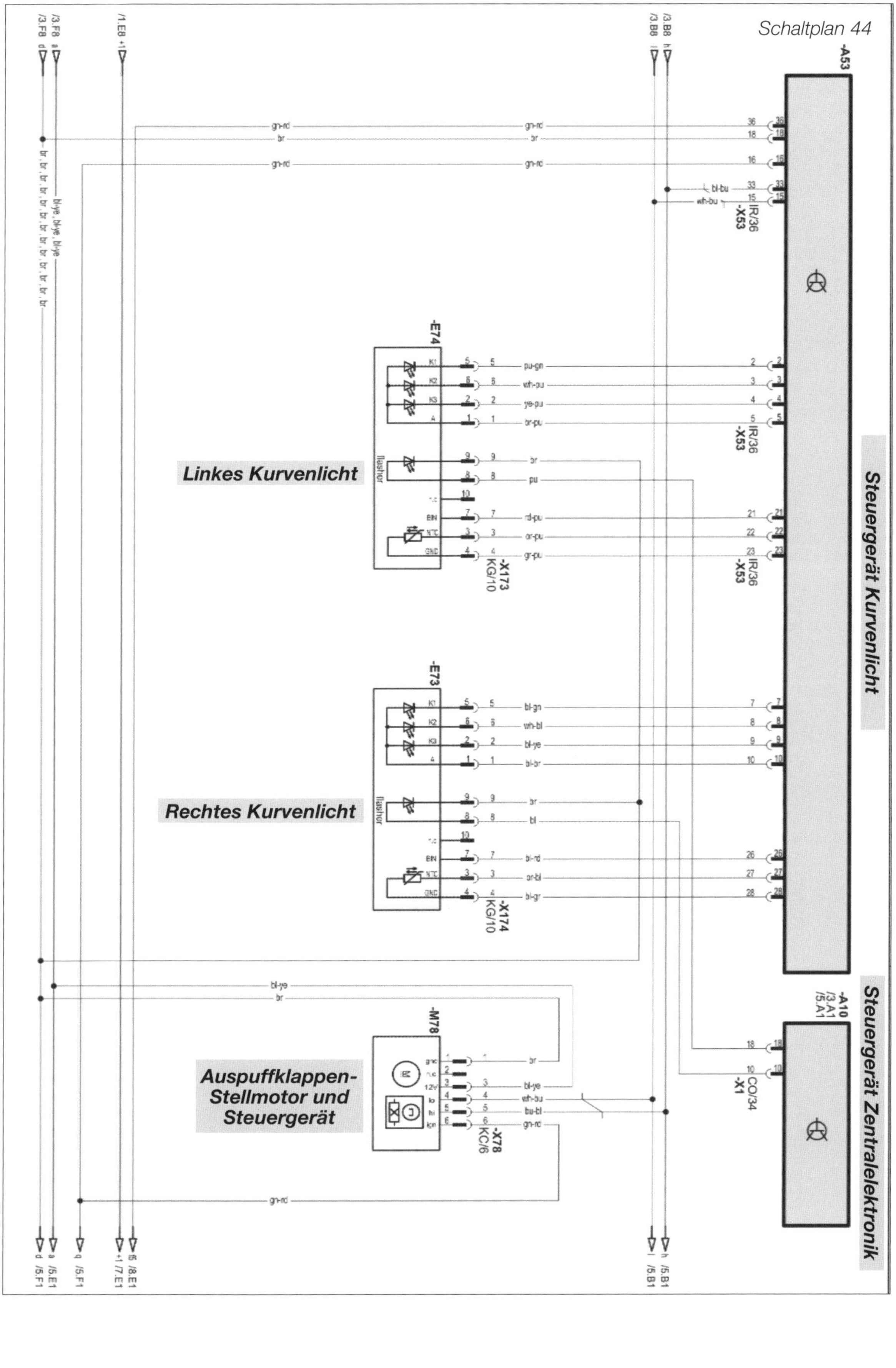

Die Super Duke GT hat ab Serienstart ein Kurvenlicht. Dies wird über seitliche LED-Zusatzleuchten realisiert, die ab einem Schräglagenwinkel von 10 Grad nach rechts oder links zugeschaltet werden.

Ebenfalls ab Serienstart ist eine Auspuffklappe montiert und zwar in der Auspuffanlage zwischen Vorschalldämpfer und Auspufftopf. In Abhängigkeit von Motordrehzahl, Fahrgeschwindigkeit und eingelegtem Gang ist die Klappe geöffnet oder geschlossen.

Schaltplan 45 = Plan 5 für Super Duke GT 2016, 2017, 2018

Der »Temperatur-Sensor Umgebungsluft« liefert Messwerte an die Temperaturanzeige in der Instrumenteneinheit und die Glatteiswarnung bei Temperaturen von weniger als drei Grad Plus (3 °C).

Der von KTM als »Schräglagen-Sensor« bezeichnete Sensor kann auch »Umkipp-Sensor« heißen. Dieser stellt den Motor ab, wenn die Schräglage größer wird als ca. 50 Grad und zwar zur Senkrechten gemessen – weil damit anzunehmen ist, dass die Maschine gestürzt ist und auf der Seite liegt.

Die (optionale) Alarmanlage schaltet sich automatisch scharf, sobald der Zündschlüssel abgezogen wird. Der hier positionierte »Alarmanlagenschalter B36« aktiviert die Alarmanlage, sobald sich jemand an der Sitzbank zu schaffen macht.

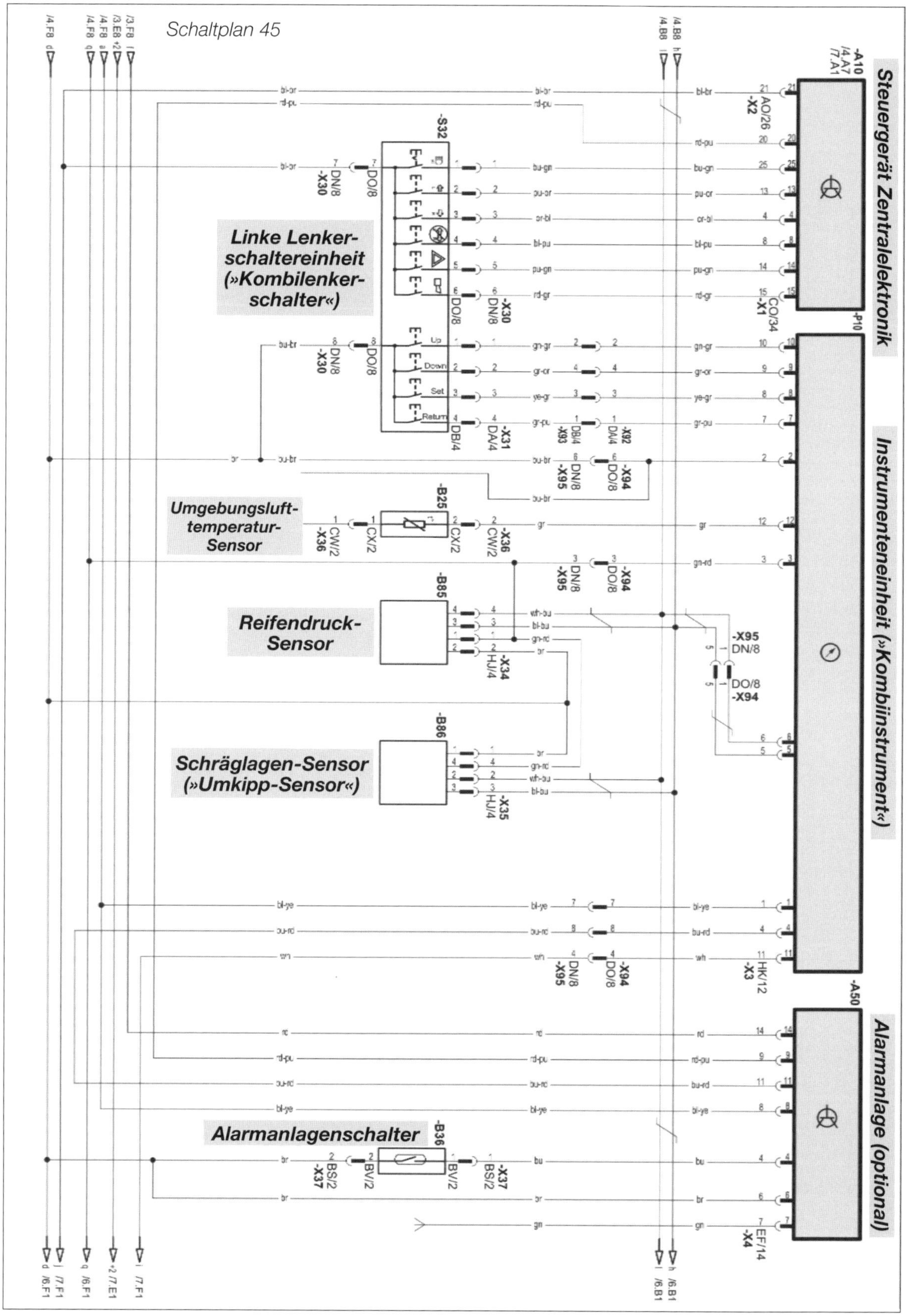

Schaltplan 46 = Plan 6 für Super Duke GT 2016, 2017, 2018

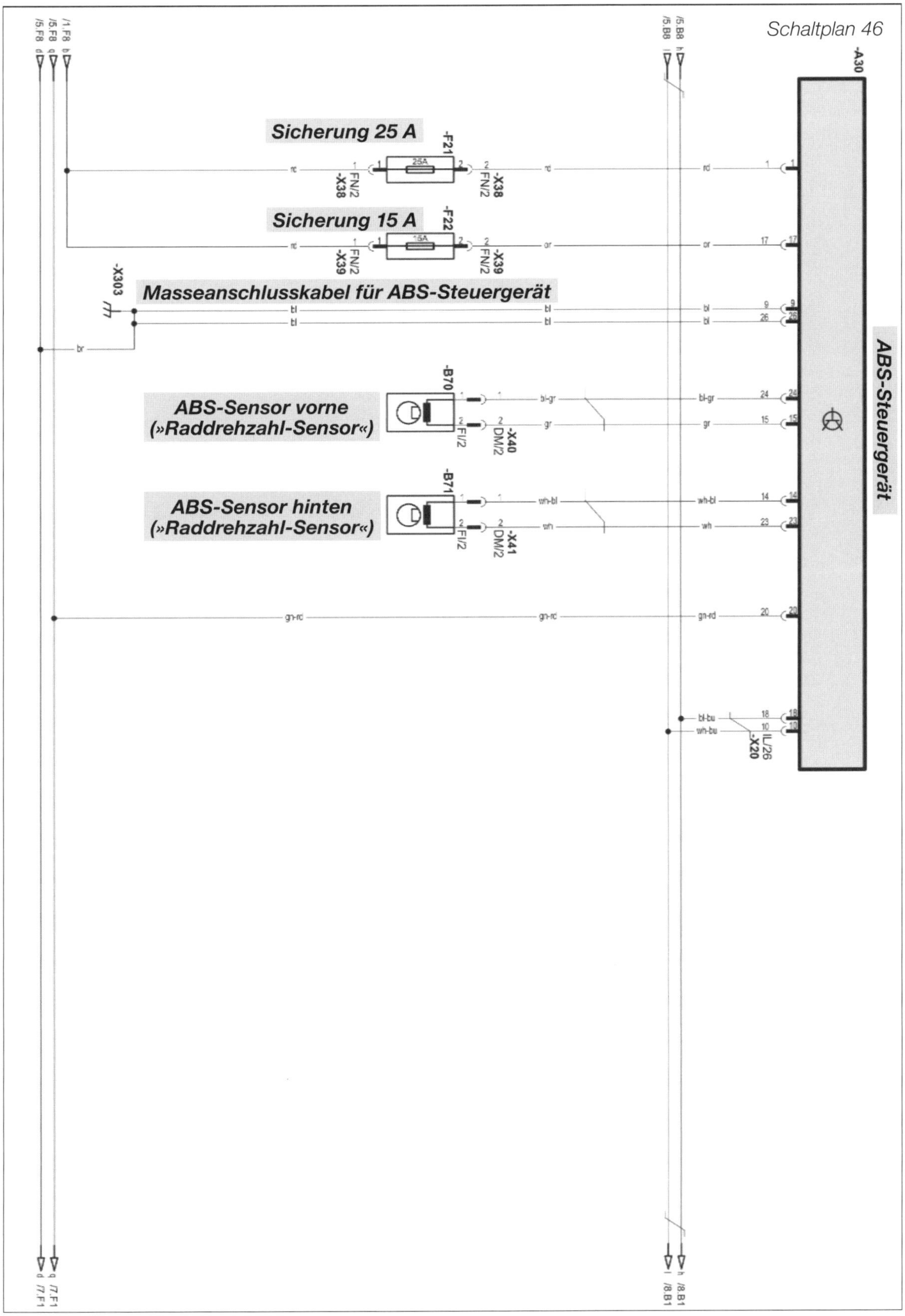

Sicherung 25 A = Nr. 4 im Sicherungskasten ist zuständig für die Rückförderpumpe des ABS-Systems.

Sicherung 15 A = Nr. 3 im Sicherungskasten ist zuständig für die Hydraulikeinheit des ABS-Systems.

Rechts unten am Motor im V der beiden Zylinder sind zwei »Massepunkte«, an denen verschiedene Massekabel verschraubt sind, unter anderem auch das Massekabel des ABS-Steuergeräts.

Kabelfarben
bl = schwarz
br = braun
bu = blau
gn = grün
gr = grau
lbu = hellblau
or = orange
pk = rosa
pu = violett
rd = rot
wh = weiß
ye = gelb

Schaltplan 47 = Plan 7 für Super Duke GT 2016, 2017, 2018

Die Super Duke GT hat optional im Fahrer- und Soziussitz eine Heizung. Der Fahrer kann vom Lenker aus die Heizleistung seines Sitzes regeln. Der Soziussitz kann vom Beifahrer über einen eigenen Schalter beheizt werden.

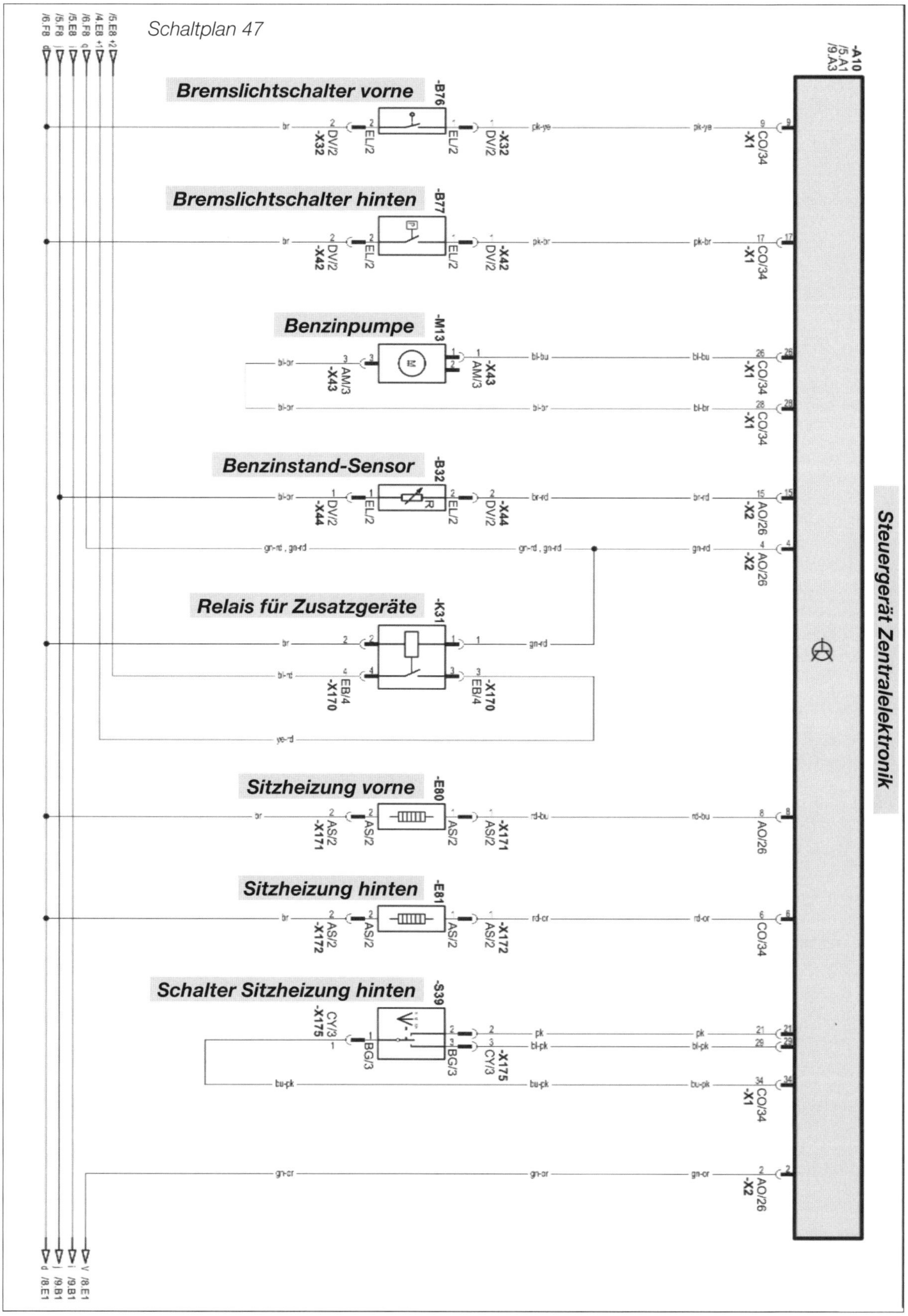

Kabelfarben

bl = schwarz
br = braun
bu = blau
gn = grün
gr = grau
lbu = hellblau
or = orange
pk = rosa
pu = violett
rd = rot
wh = weiß
ye = gelb

Schaltplan 48 = Plan 8 für Super Duke GT 2016, 2017, 2018

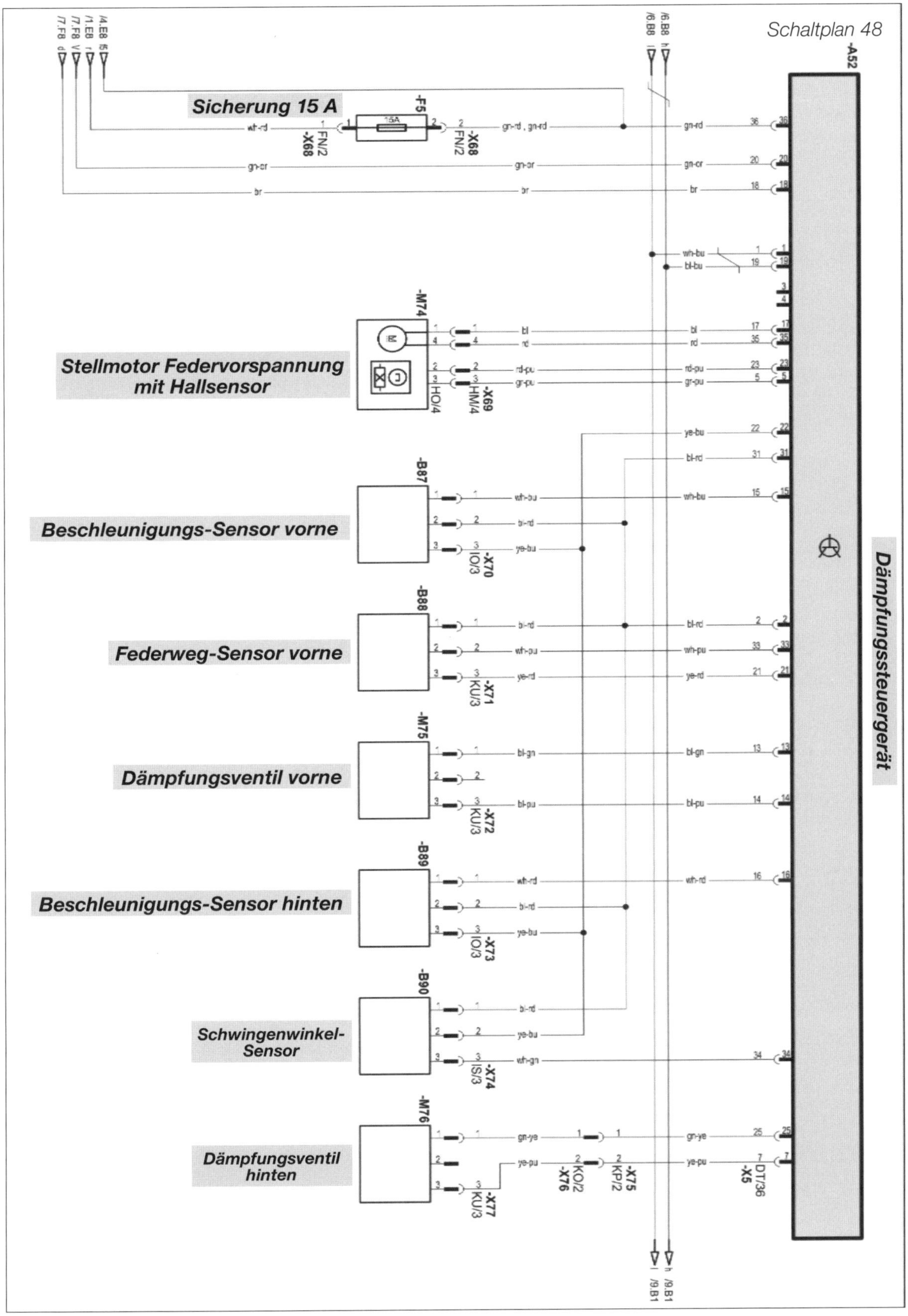

■ Sicherung 15 A = Nr. 5 im Sicherungskasten ist zuständig für das Semiaktive Fahrwerk und das Kurvenlicht.

■ Die elektronische Fahrwerkseinstellung »WP Semi-active Suspension« regelt das Dämpfungsverhalten der Super Duke GT mittels der Daten, die von den Sensoren an die Dämpfungsventile vorne und hinten und den Stellmotor Federvorspannung geliefert werden.

Zusätzlich kann der Fahrer das Dämpfungsverhalten über das Menü »Load« dem Beladungszustand und über das Menü »Damping« seinen persönlichen Präferenzen anpassen.
Hier stehen zur Verfügung:
■ SPORT = Straffe Abstimmung
■ STREET = Normale Abstimmung
■ COMFORT = Weiche Abstimmung.

Schaltplan 49 = Plan 9 für Super Duke GT 2016, 2017, 2018

■ Das Ventil der Kraftstoffverdunstung ist im System der Tankentlüftung hinter dem Aktivkohlebehälter montiert. Es hat die Aufgabe, die im Aktivkohlefilter gespeicherten Kraftstoffdämpfe dem Motor zur Verbrennung zuzuführen. Weil das System Einfluss nimmt auf die Gemischzusammensetzung, wird das Kraftstoffverdunstungs-Ventil erst aktiv, wenn die Lambdaregelung arbeitet.

■ Der Kupplungsschalter gibt bei stehendem Motor den Startvorgang frei, wenn bei eingelegtem Gang die Kupplung gezogen wird.

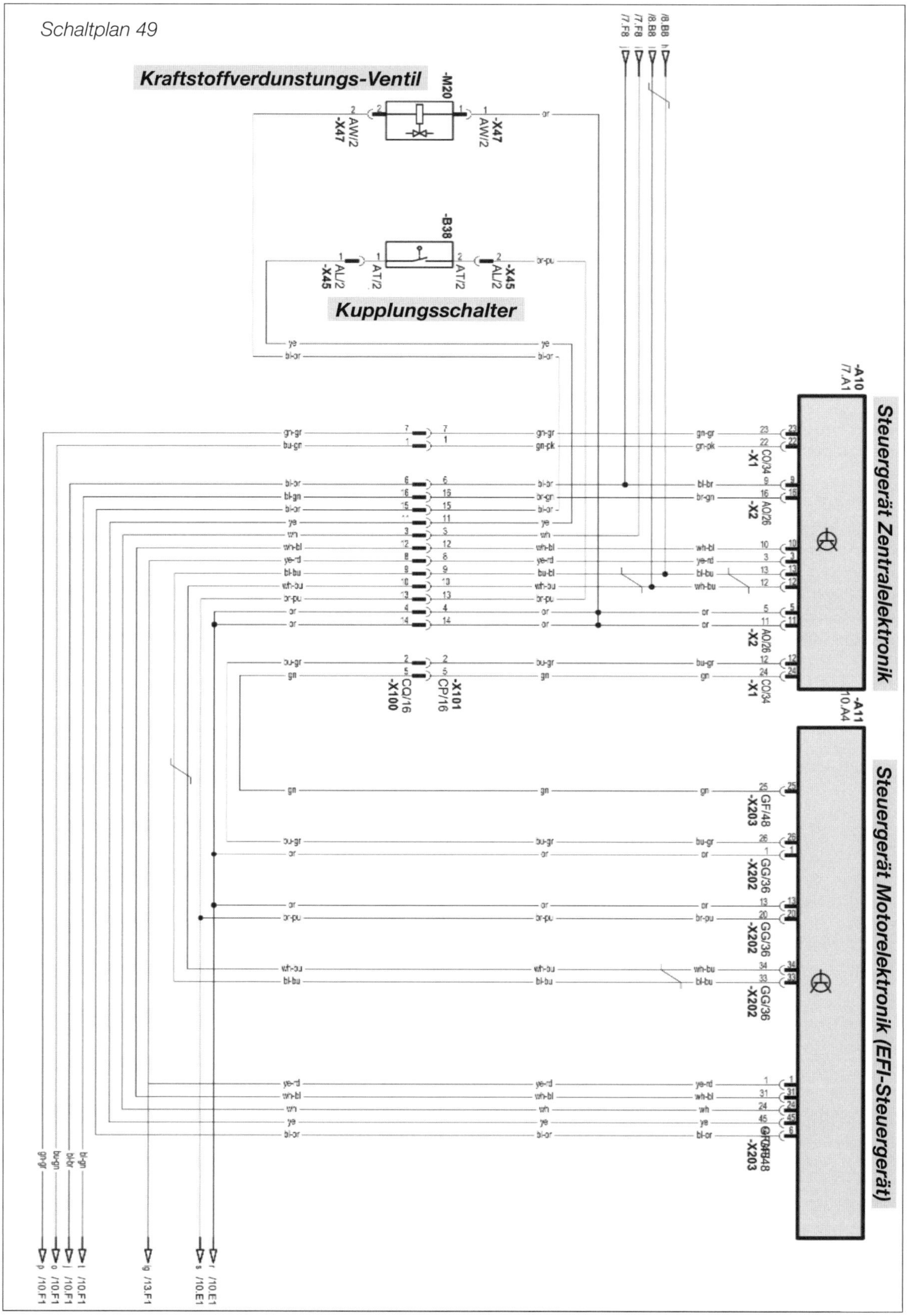

Schaltplan 50 = Plan 11 für Super Duke GT 2016, 2017, 2018

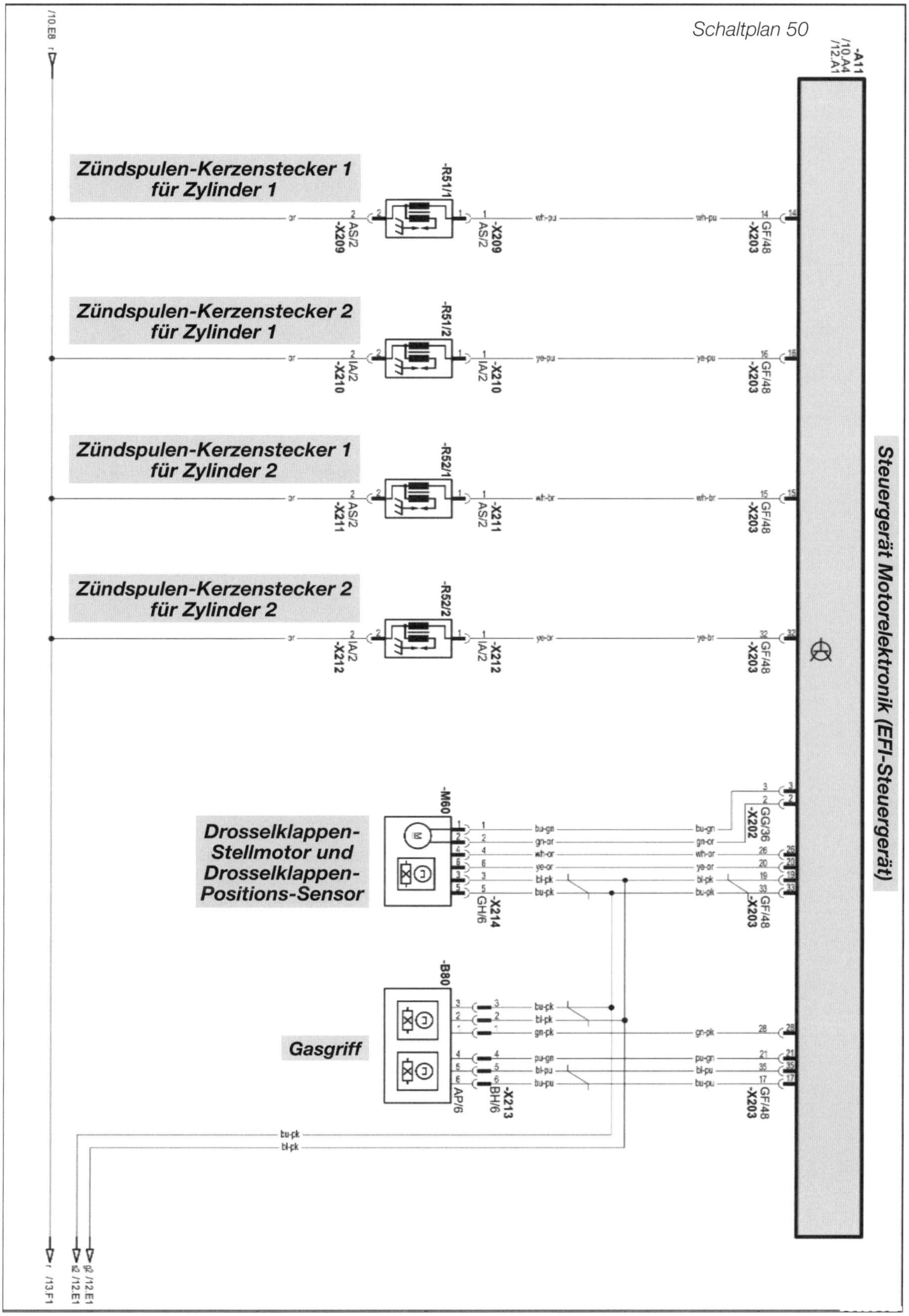

■ Zündspulen-Kerzenstecker siehe Kapitel »Zündkerzen«.

■ Das »Steuergerät Motorelektronik« wird auch »EFI-Steuergerät« genannt. EFI steht für »Electronic Fuel Injection«. Es vereint Steuerung und Regelung von Einspritzung und Zündung.

Schaltplan 51 = Plan 12 für Super Duke GT 2016, 2017, 2018

■ Die Sensoren für den Ansaugluftdruck in den Saugrohren der Zylinder 1 und 2, für den Umgebungsluftdruck und auch der für die Temperatur der Kühlflüssigkeit liefern Messwerte an das Motorsteuergerät EFI. Dort werden sie für die Berechnung der Einspritzmenge herangezogen.

■ Der Gangerkennungs-Sensor meldet dem EFI-Steuergerät, welcher Gang eingelegt ist. Das ist wichtig, wenn der Motor gestartet werden soll. Auch wenn während der Fahrt das Gas plötzlich aufgerissen wird, regelt die Meldung des Sensors die Stellung der Drosselklappen; der Motor kann nicht plötzlich stehen bleiben.

Kabelfarben
bl = schwarz
br = braun
bu = blau
gn = grün
gr = grau
lbu = hellblau
or = orange
pk = rosa
pu = violett
rd = rot
wh = weiß
ye = gelb

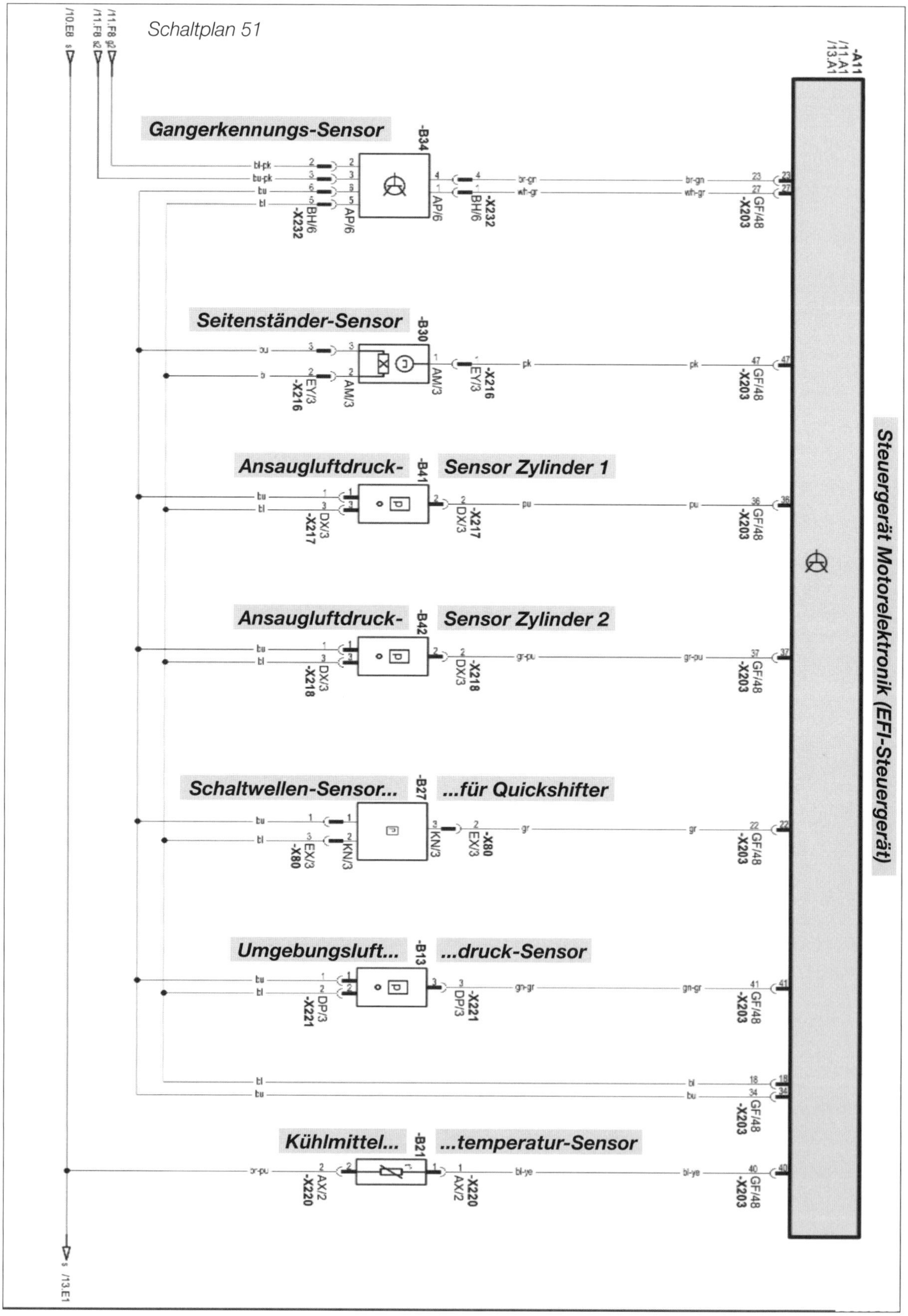

Schaltplan 52 = Plan 13 für Super Duke GT 2016, 2017, 2018

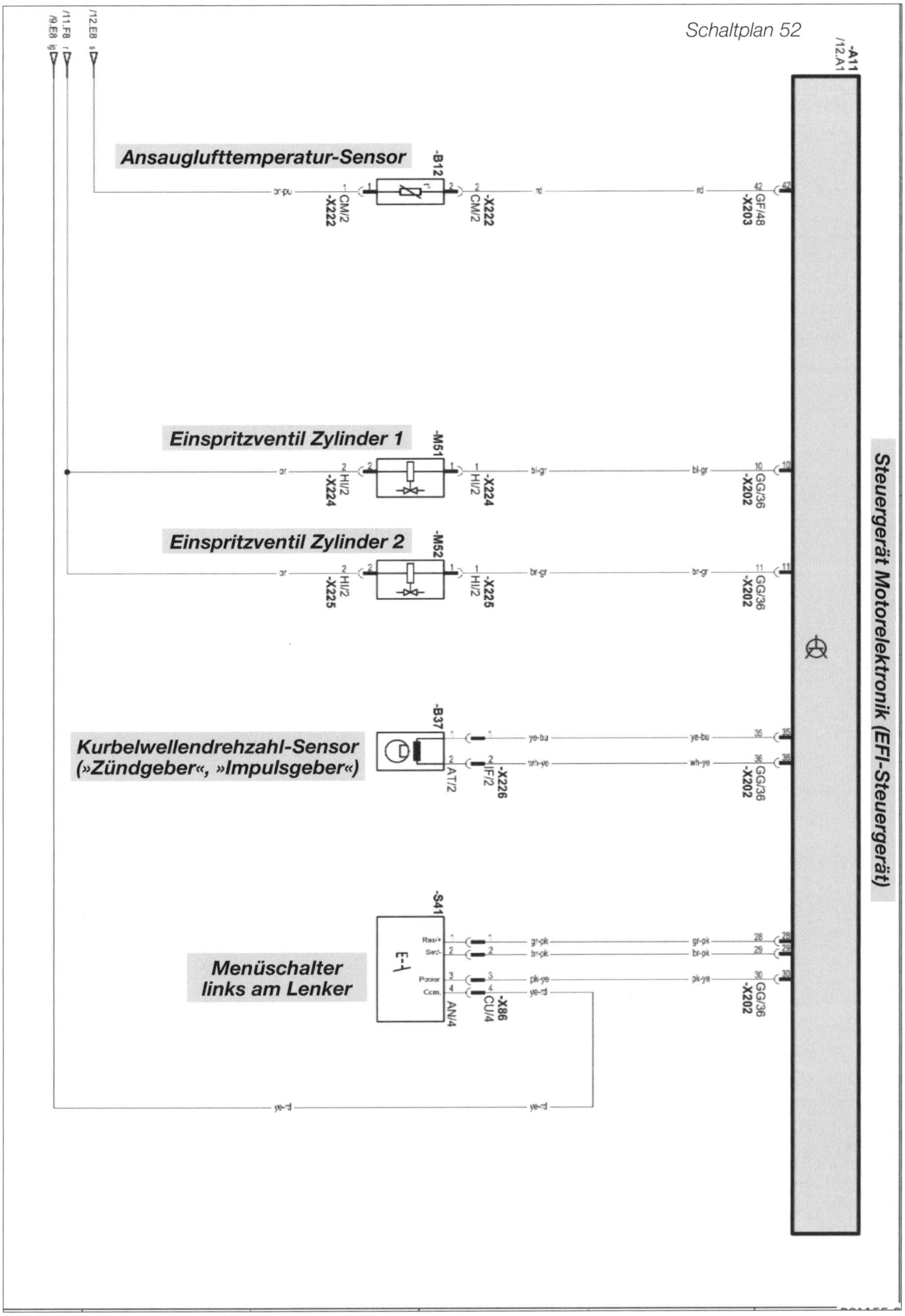

Die vom Ansauglufttemperatur-Sensor gemessenen Werte werden im EFI-Steuergerät verarbeitet und gehen in die Gemischaufbereitung ein.

Der Menüschalter ist Teil des Kombischalters links am Lenker. Er hat vier Tasten: »UP«, »Down«, »Set« und »Back«, mit diesen wird das Menü durchgetastet und die entsprechenden Einstellungen im Display vorgenommen. Im Fahrzeughandbuch (»Bedienungsanleitung«) sind die Funktionen und möglichen Einstellwerte genau beschrieben.

Schaltplan 53 = Plan 1 für Super Duke GT 2019, 2020, 2021

Zu Anlasser, Anlasserrelais und Hauptsicherung: Diese werden im Kapitel »Anlasser« behandelt sowie Funktion und Selbsthilfe bei Ausfall eines Bauteils beschrieben.

1. Sicherung = Nr. 1 im Sicherungskasten und zuständig für die Spannungsversorgung der Steuergeräte und für die Alarmanlage (optional).

2. Sicherung 10 A = Nr. 2 im Sicherungskasten und zuständig für die Zusatzgeräte mit Dauer-Plus (ACC 1).

Der Stromgenerator sitzt auf dem linken Kurbelwellenstumpf.

Kabelfarben
bl = schwarz
br = braun
bu = blau
gn = grün
gr = grau
lbu = hellblau
or = orange
pk = rosa
pu = violett
rd = rot
wh = weiß
ye = gelb

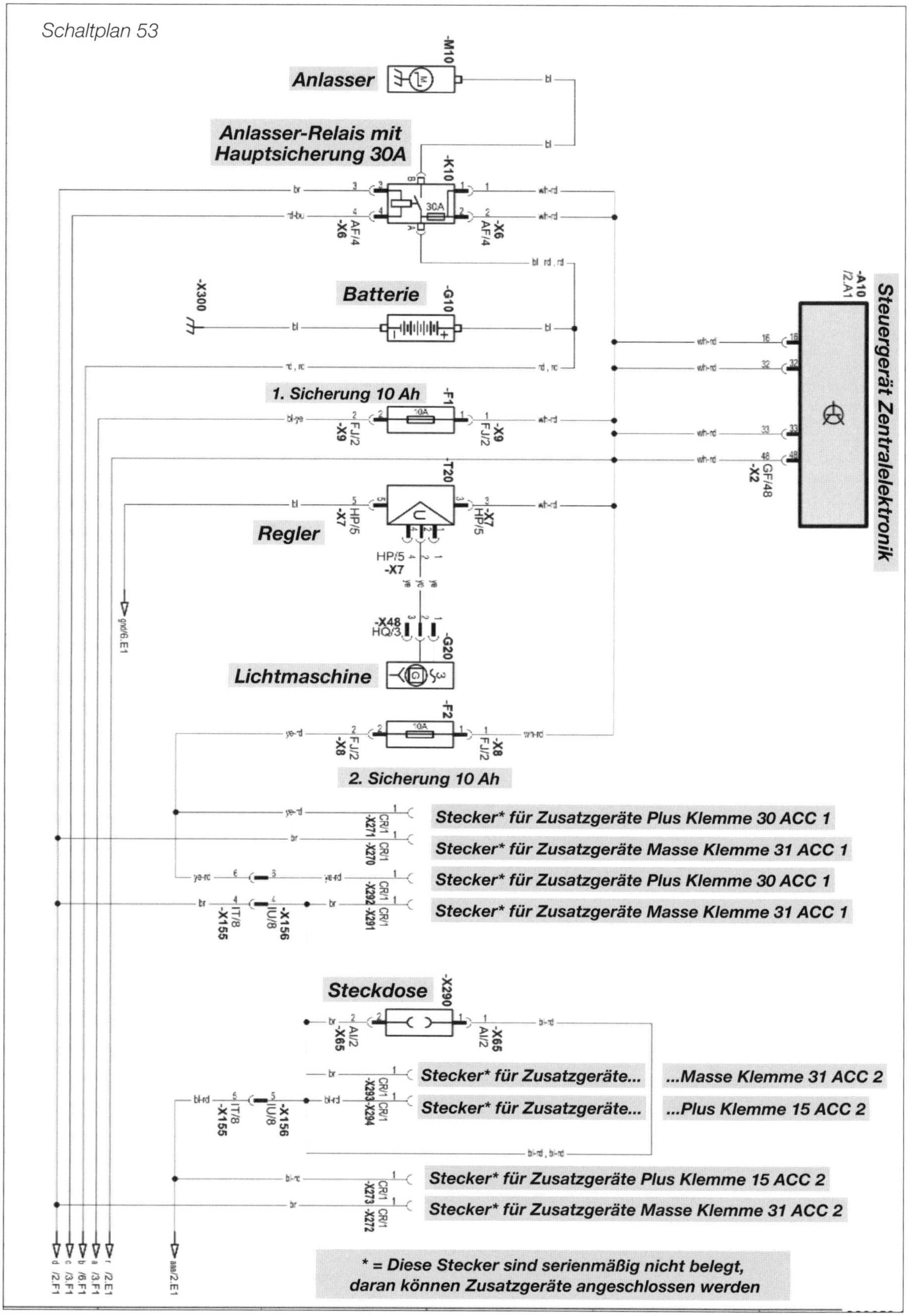

Schaltplan 54 = Plan 2 für Super Duke GT 2019, 2020, 2021

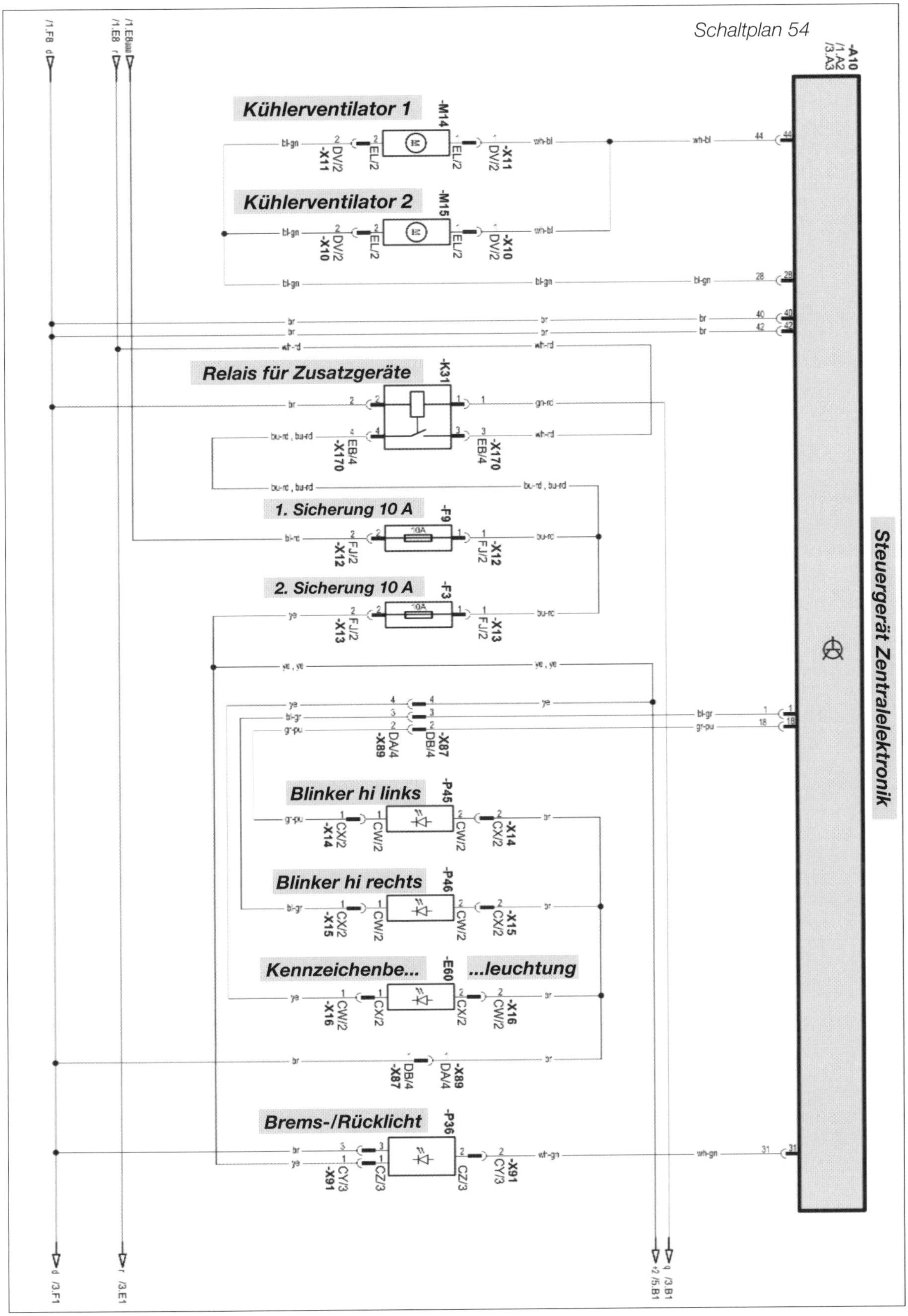

Das Steuergerät Zentralelektronik ist für die Steuerung der nichtmotorspezifischen Elektrik zuständig. Hier die Symbole mit Anschlüssen und Verkabelung der Bauteile Kühlerventilatormotor, Blinker vorne und hinten, Kennzeichenbeleuchtung und Brems-Rücklicht.

1. Sicherung 10 A = Nr. 3 im Sicherungskasten und zuständig für die Kennzeichenbeleuchtung, das Rücklicht und die Beleuchtung der Lenkerschalter.

2. Sicherung 10 A = Nr. 9 im Sicherungskasten und zuständig für die Zusatzgeräte mit geschaltetem Plus (ACC 2).

Schaltplan 55 = Plan 3 für Super Duke GT 2010, 2020, 2021

Sicherung 10 A = 4. Sicherung im Sicherungskasten und zuständig für das Scheinwerfersteuergerät.

Die Scheinwerfereinheit ist mit LED-Bauteilen bestückt. Bei Ausfall eines Bauteils muss der komplette Scheinwerfer erneuert werden.

Die »KTM Race-on«-Technik ist ein »Keyless Go«-Schließsystem. Diese schlüssellose Technik arbeitet mit einem Transponder, der entsprechende Funksignale sendet. Wenn der Transponder nahe genug am Fahrzeug ist, kann der Fahrer über den Race-on-Taster verschließen bzw. öffnen und somit in Funktion setzen: Alarmanlage, Lenkschloss, Zündschloss, Tankschloss, Anlasserfunktion.

«Kombischalter rechts« am Lenker: Warnblinkschalter, Not-Aus-Schalter/Starterknopf und Race-on-Taster.

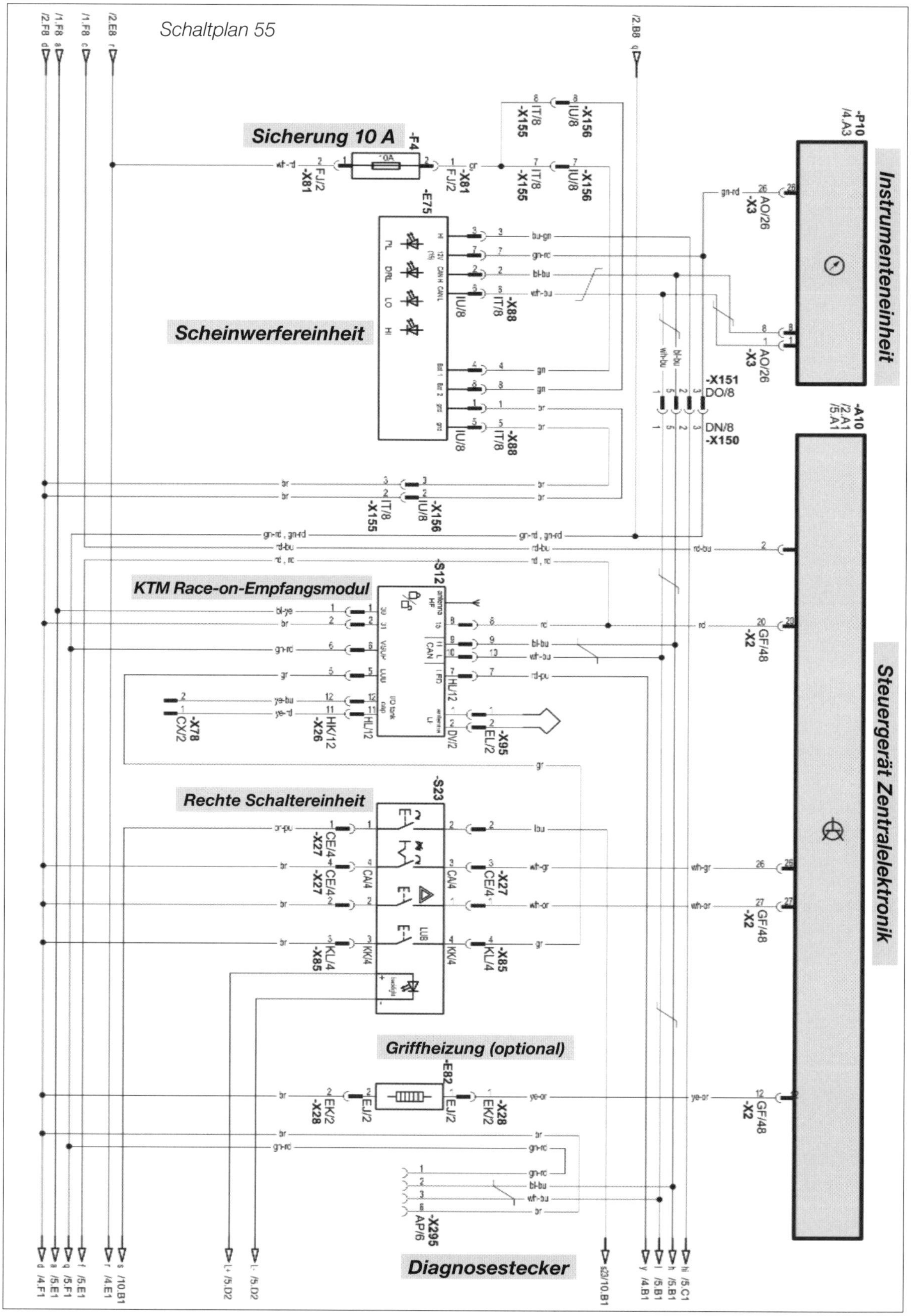

Schaltplan 56 = Plan 4 für Super Duke GT 2019, 2020, 2021

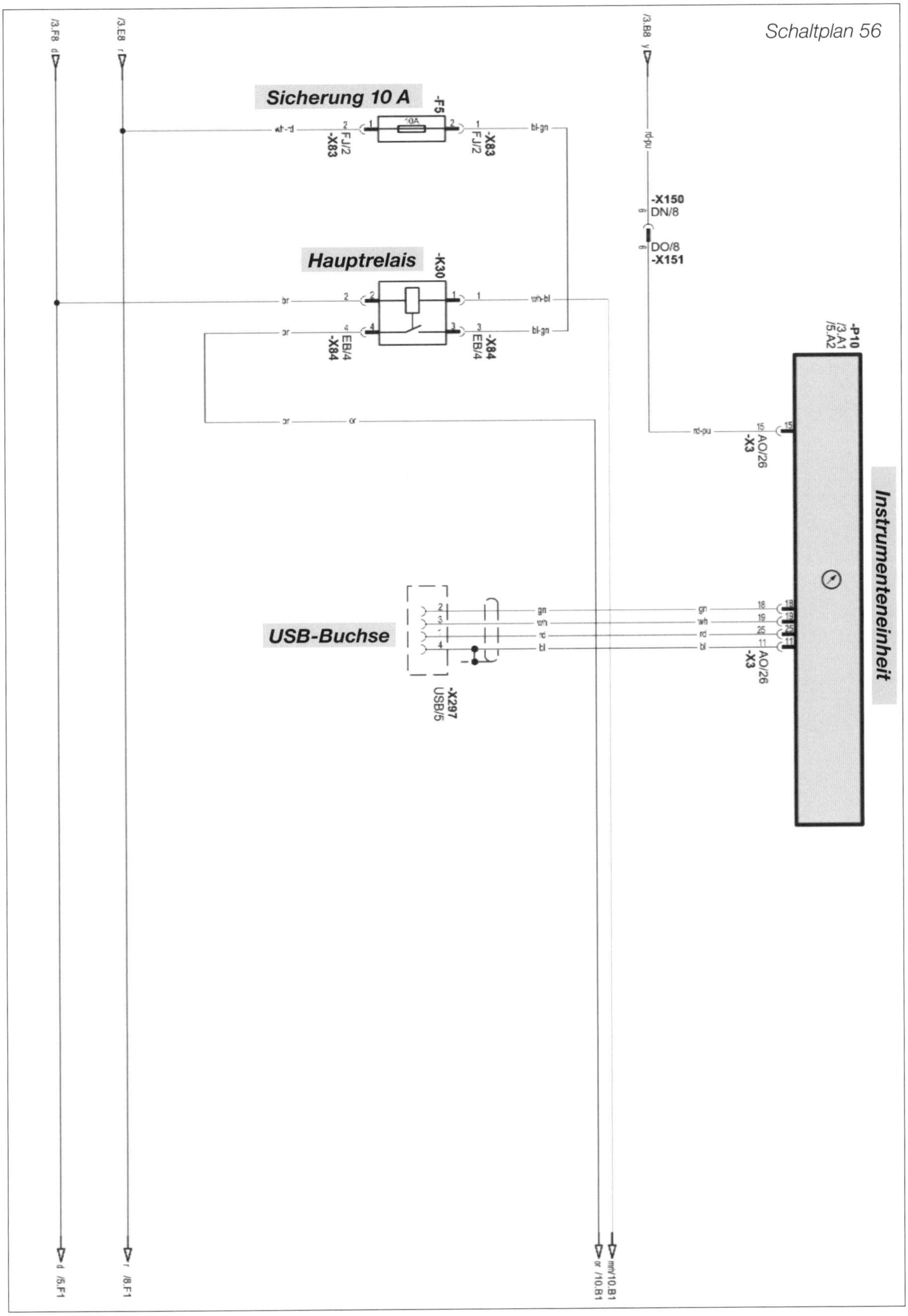

Sicherung 10 A = Nr. 5 im Sicherungskasten ist zuständig für Motorsteuergerät, Kraftstoffverdunstungsventil, Lambdasonden, SLS, Zündspulen und Einspritzventile.

Das Hauptrelais schaltet das Kraftstoffverdunstungsventil, die beiden Lambdasonden in den Auspuffkrümmern der Zylinder 1 und 2, das SLS-Schaltventil (Sekundärluftventil), alle vier Zündspulen und die vier Einspritzventile.

Die USB-Buchse ist zur Spannungsversorgung externer Geräte mit einer Spannung von 5 Volt und einer maximalen Stromaufnahme von 2,1 Ampere.

Kabelfarben

bl = schwarz
br = braun
bu = blau
gn = grün
gr = grau
lbu = hellblau
or = orange
pk = rosa
pu = violett
rd = rot
wh = weiß
ye = gelb

Schaltplan 57 = Plan 5 für Super Duke GT 2010, 2020, 2021

Der »Temperatur-Sensor Umgebungsluft« liefert Messwerte an die Temperaturanzeige in der Instrumenteneinheit und die Glatteiswarnung bei Temperaturen von weniger als drei Grad Plus (3 °C).

Der von KTM als »Schräglagen-Sensor« bezeichnete Sensor kann auch »Umkipp-Sensor« heißen. Dieser stellt den Motor ab, wenn die Schräglage größer wird als ca. 50 Grad und zwar zur Senkrechten gemessen – weil damit anzunehmen ist, dass die Maschine gestürzt ist und auf der Seite liegt.

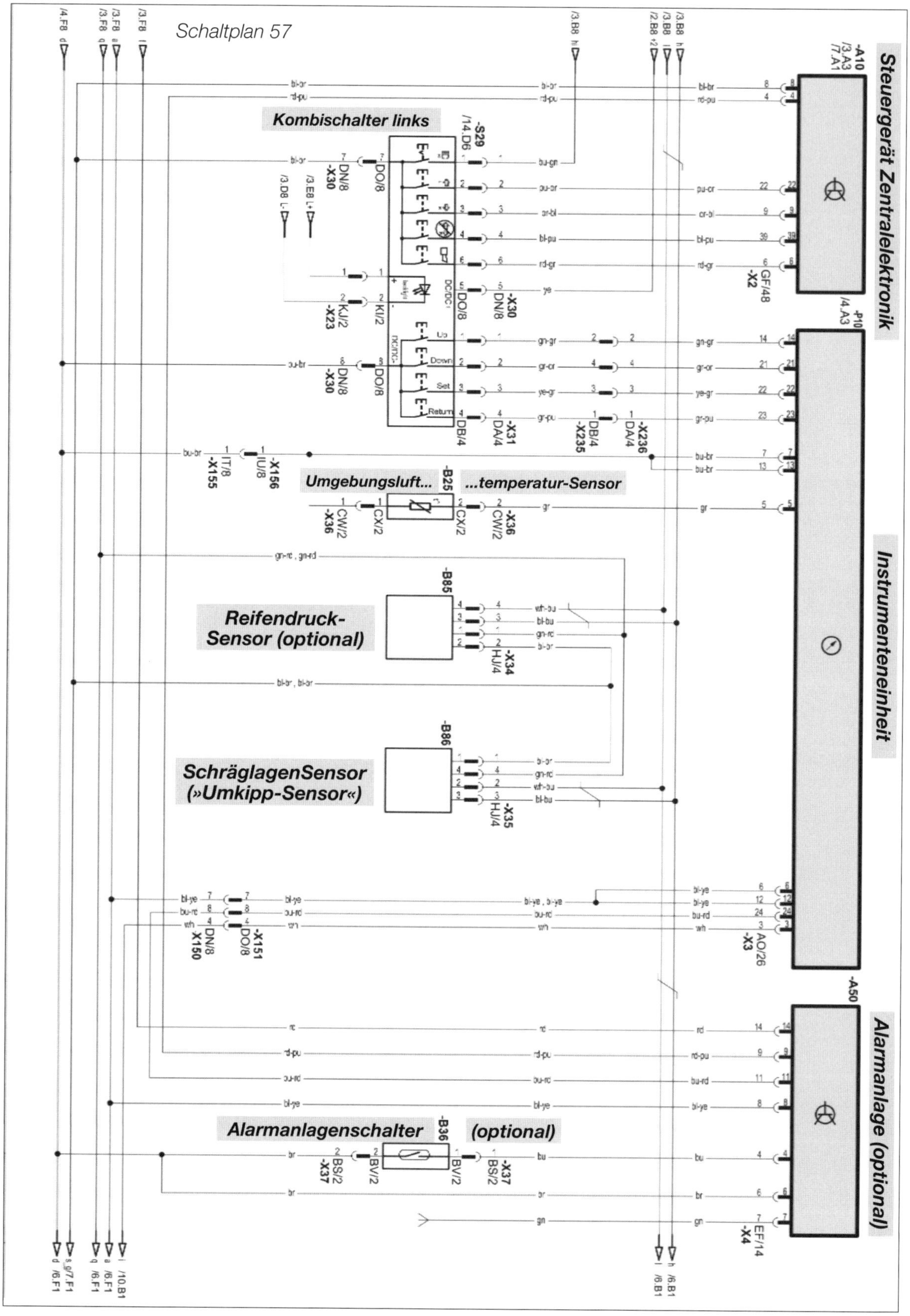

Kabelfarben
- **bl** = schwarz
- **br** = braun
- **bu** = blau
- **gn** = grün
- **gr** = grau
- **lbu** = hellblau
- **or** = orange
- **pk** = rosa
- **pu** = violett
- **rd** = rot
- **wh** = weiß
- **ye** = gelb

Schaltplan 58 = Plan 6 für Super Duke GT 2019, 2020, 2021

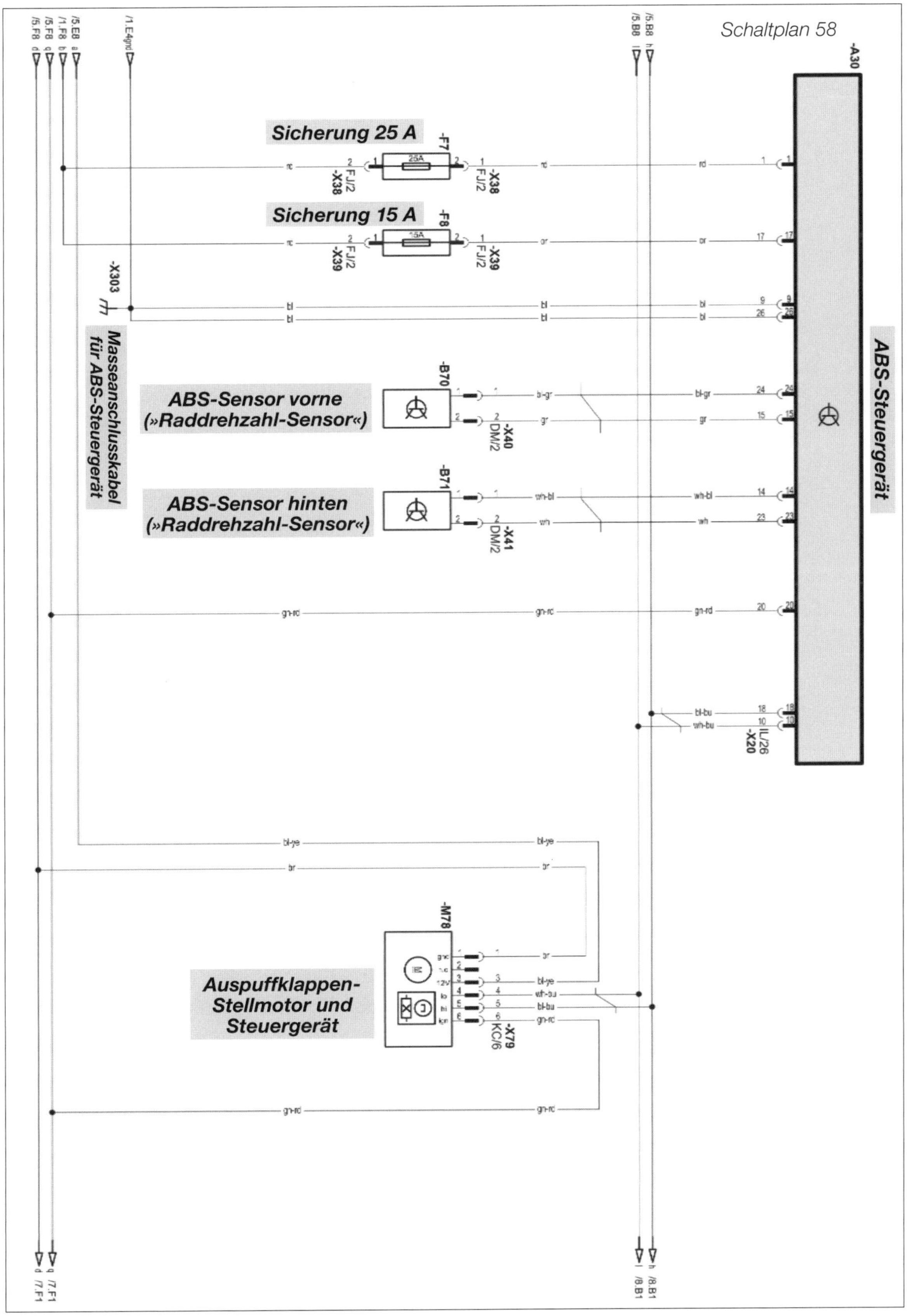

Sicherung 25 A = Nr. 7 im Sicherungskasten ist zuständig für die Rückförderpumpe des ABS-Systems.

Sicherung 15 A = Nr. 8 im Sicherungskasten ist zuständig für die Hydraulikeinheit des ABS-Systems.

Rechts unten am Motor im V der beiden Zylinder sind zwei »Massepunkte«, an denen verschiedene Massekabel verschraubt sind, unter anderem auch das Massekabel des ABS-Steuergeräts.

Die Super Duke GT hat eine Auspuffklappe, die in der Auspuffanlage zwischen Vorschalldämpfer und Auspufftopf montiert ist. In Abhängigkeit von Motordrehzahl, Fahrgeschwindigkeit und eingelegtem Gang ist die Klappe geöffnet oder geschlossen.

Schaltplan 59 = Plan 7 für Super Duke GT 2019, 2020, 2021

Am Motorgehäuse unten im V sind zwei »Massepunkte«. Zu diesen führen einige Masseverbindungen. Bitte beachten Sie, dass nicht korrekte Masseverbindungen (z. B. solche mit »Korrosion«) zu Fehlfunktionen der entsprechenden Bauteile führen.

In einem solchen Fall muss man zuerst für einen korrekten Massekontakt sorgen. Wenn Korrosion an den Anschlüssen festgestellt wird, diese blank machen; feines Schmirgel zu Hilfe nehmen.

Wichtig ist auch noch, dass die Ösen an den masseführenden Kabeln gut verschraubt werden.

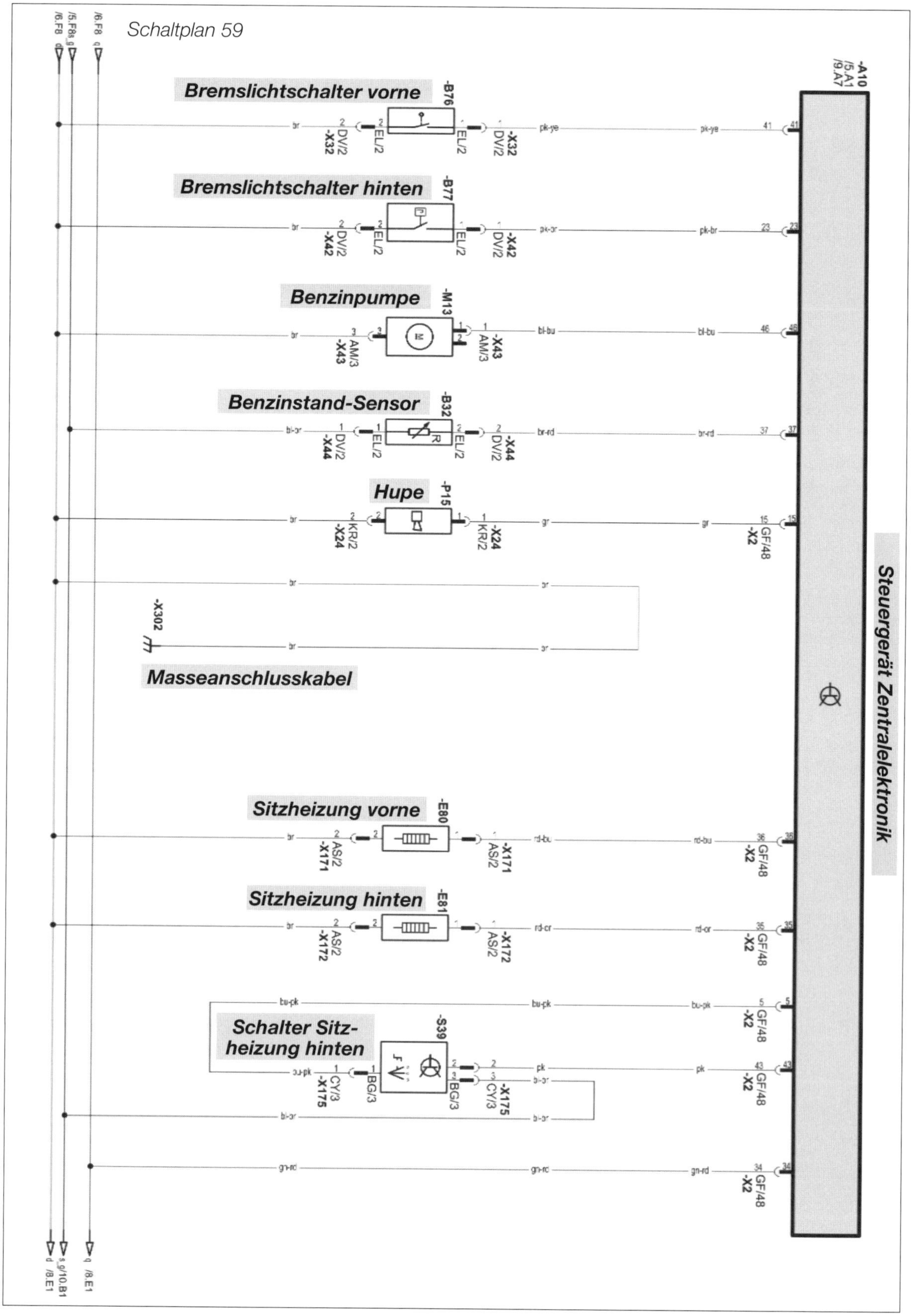

Schaltplan 60 = Plan 8 für Super Duke GT 2019, 2020, 2021

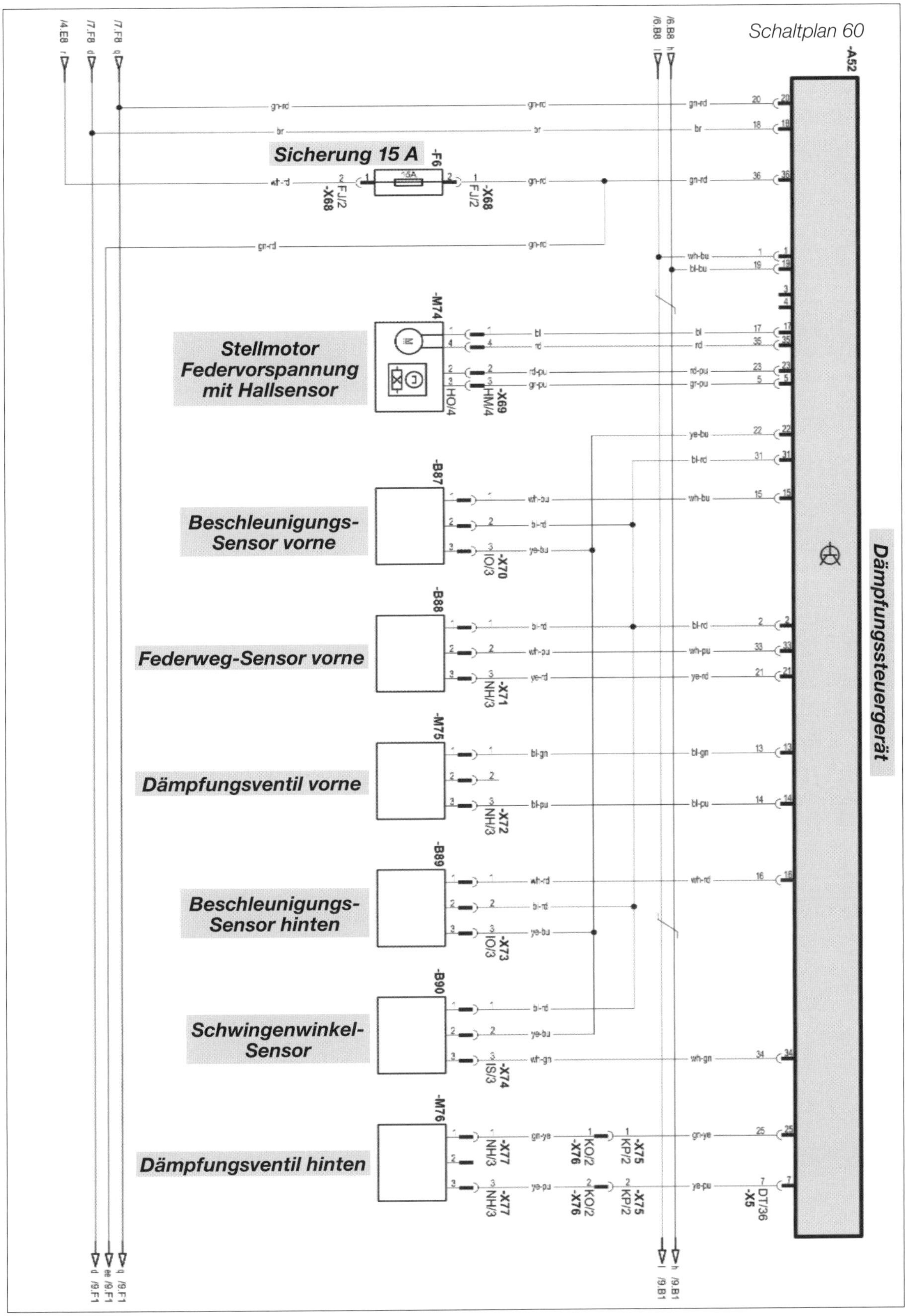

Sicherung 15 A = Nr. 6 im Sicherungskasten ist zuständig für das Semiaktive Fahrwerk und das Kurvenlicht.

Die elektronische Fahrwerkseinstellung »WP Semi-active Suspension« regelt das Dämpfungsverhalten der Super Duke GT mittels der Daten der in diesem Schaltplan gezeigten Sensoren über die Dämpfungsventile vorne und hinten und den Stellmotor Federvorspannung.

Zusätzlich kann der Fahrer das Dämpfungsverhalten über das Menü »Load« dem Beladungszustand und über das Menü »Damping« seinen persönlichen Präferenzen anpassen.
Hier stehen zur Verfügung:
- *SPORT = Straffe Abstimmung*
- *STREET = Normale Abstimmung*
- *COMFORT = Weiche Abstimmung*

Schaltplan 61 = Plan 9 für Super Duke GT 2019, 2020, 2021

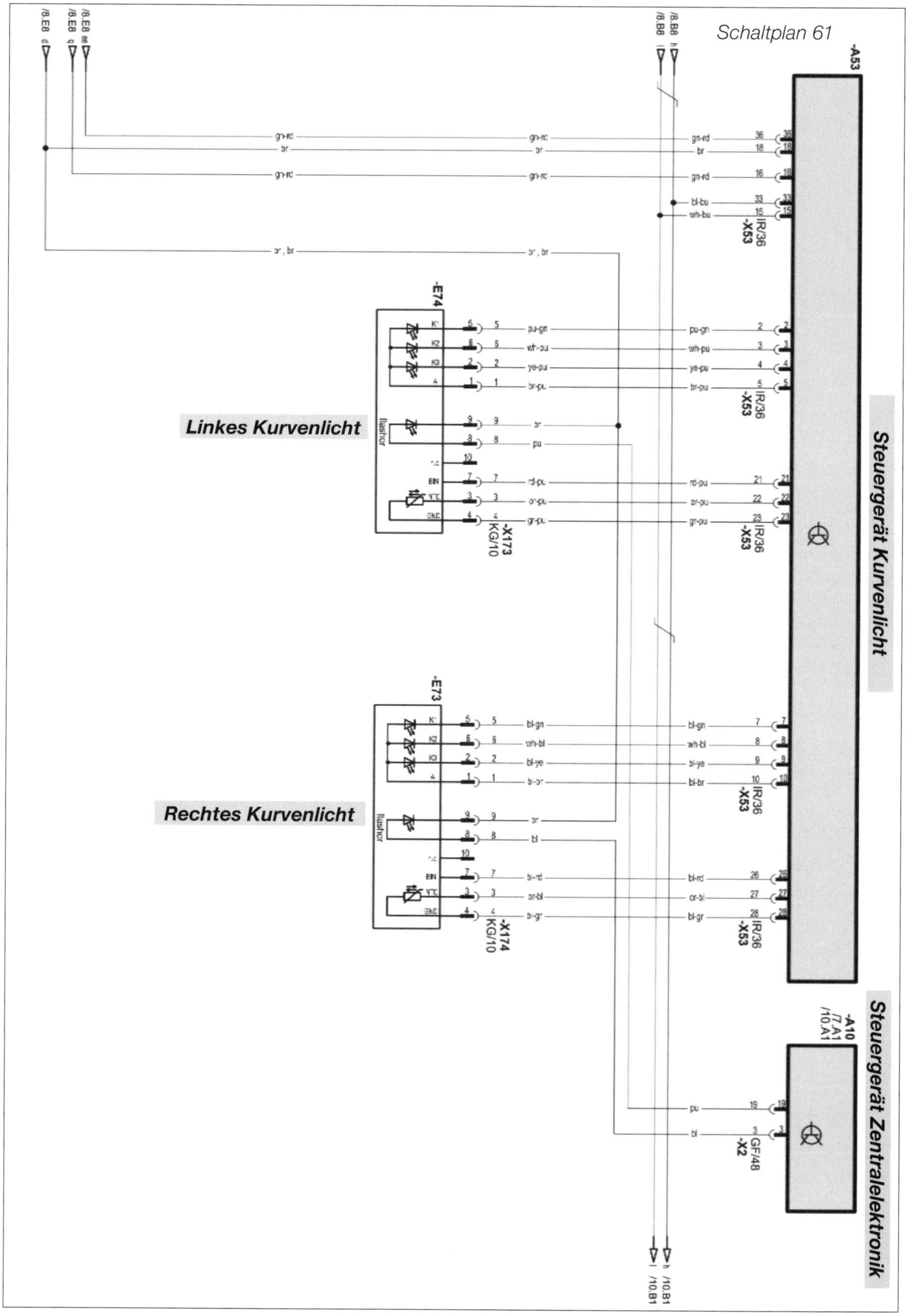

■ *Die Super Duke GT hat ab Serienbeginn Kurvenlicht. Dies wird über seitliche LED-Zusatzleuchten realisiert, die ab einem Schräglagenwinkel von 10 Grad rechts oder links zugeschaltet werden.*

Kabelfarben
bl = schwarz
br = braun
bu = blau
gn = grün
gr = grau
lbu = hellblau
or = orange
pk = rosa
pu = violett
rd = rot
wh = weiß
ye = gelb

Schaltplan 62 = Plan 10 für Super Duke 2019, 2020, 2021

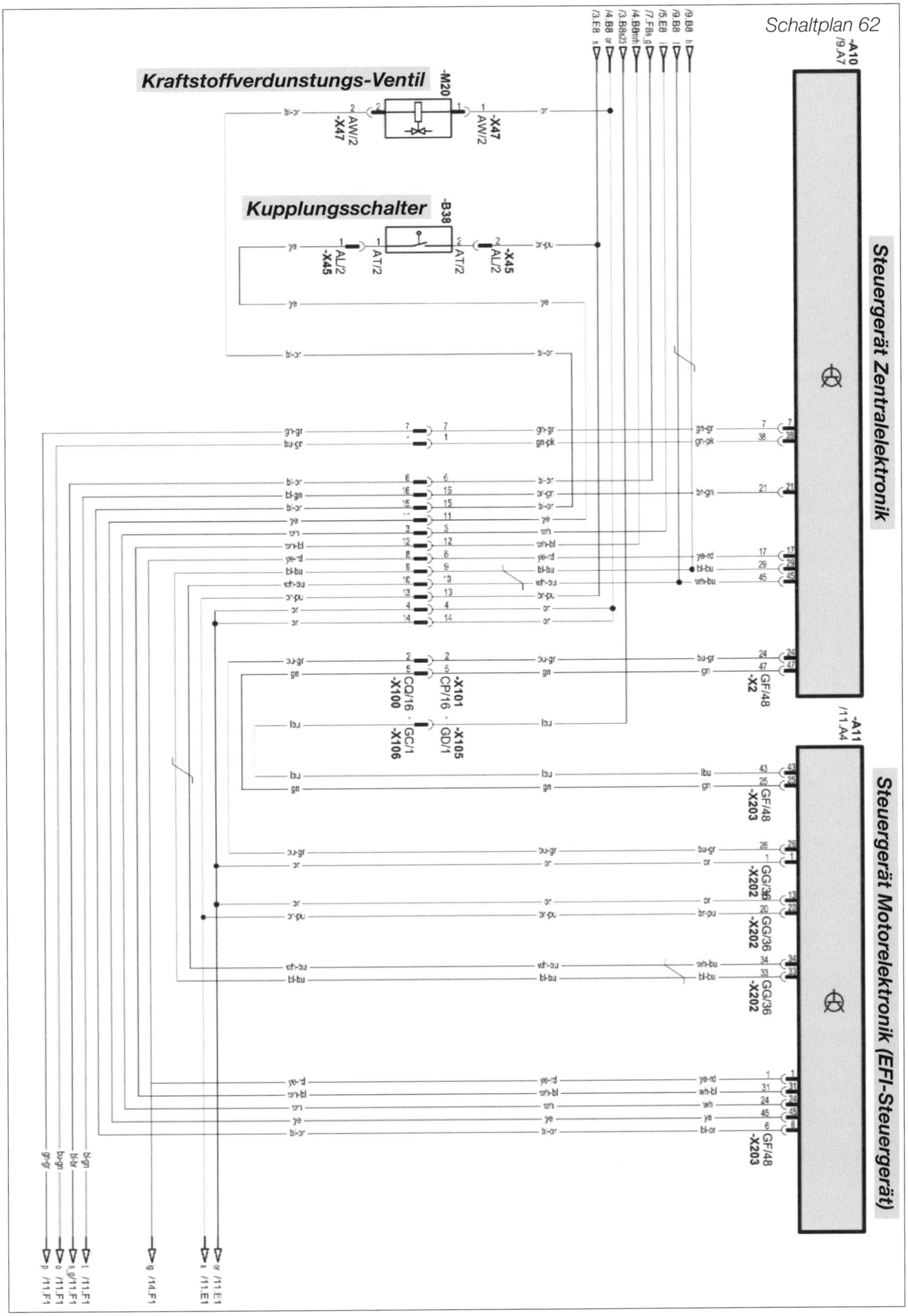

Das Ventil der Kraftstoffverdunstung ist im System der Tankentlüftung hinter dem Aktivkohlebehälter montiert. Es hat die Aufgabe, die im Aktivkohlefilter gespeicherten Kraftstoffdämpfe dem Motor zur Verbrennung zuzuführen. Weil das System Einfluss nimmt auf die Gemischzusammensetzung, wird das Kraftstoffverdunstungs-Ventil erst aktiv, wenn die Lambdaregelung arbeitet.

Der Kupplungsschalter gibt bei stehendem Motor den Startvorgang frei, wenn bei eingelegtem Gang die Kupplung gezogen wird.

Schaltplan 63 = Plan 13 für Super Duke GT 2019, 2020, 2021

■ Die Sensoren für den Ansaugluftdruck in den Saugrohren der Zylinder 1 und 2, für den Umgebungsluftdruck und auch der für die Temperatur der Kühlflüssigkeit liefern Messwerte an das Motorsteuergerät EFI. Dort werden sie für die Berechnung der Einspritzmenge herangezogen.

■ Der Gangerkennungs-Sensor meldet dem EFI-Steuergerät, welcher Gang eingelegt ist. Das ist wichtig, wenn der Motor gestartet werden soll. Auch wenn während der Fahrt das Gas plötzlich aufgerissen wird, regelt die Meldung des Sensors die Stellung der Drosselklappen; der Motor kann nicht plötzlich stehen bleiben.

Kabelfarben
bl = schwarz
br = braun
bu = blau
gn = grün
gr = grau
lbu = hellblau
or = orange
pk = rosa
pu = violett
rd = rot
wh = weiß
ye = gelb

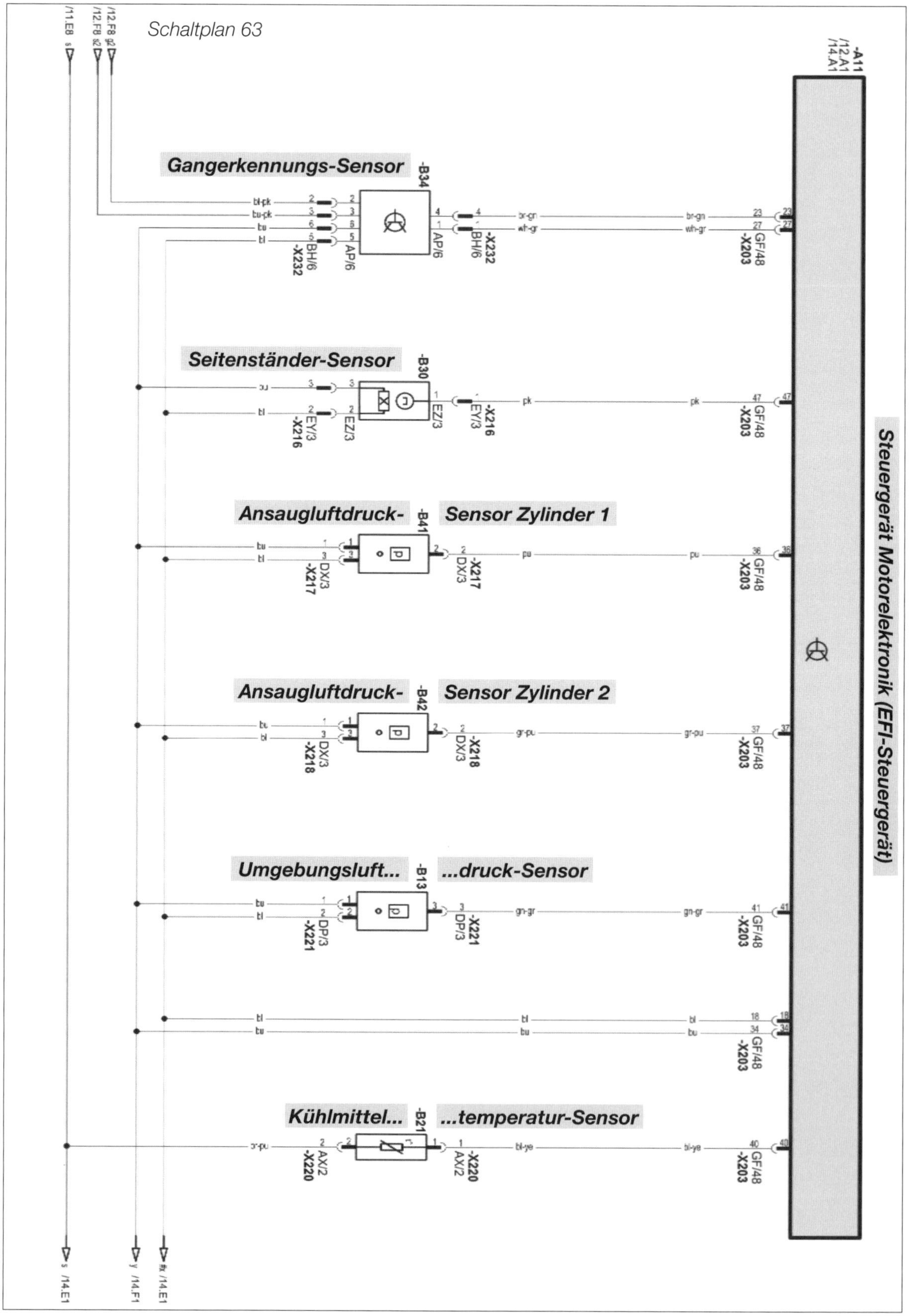

Schaltplan 64 = Plan 14 für Super Duke GT 2019, 2020, 2021

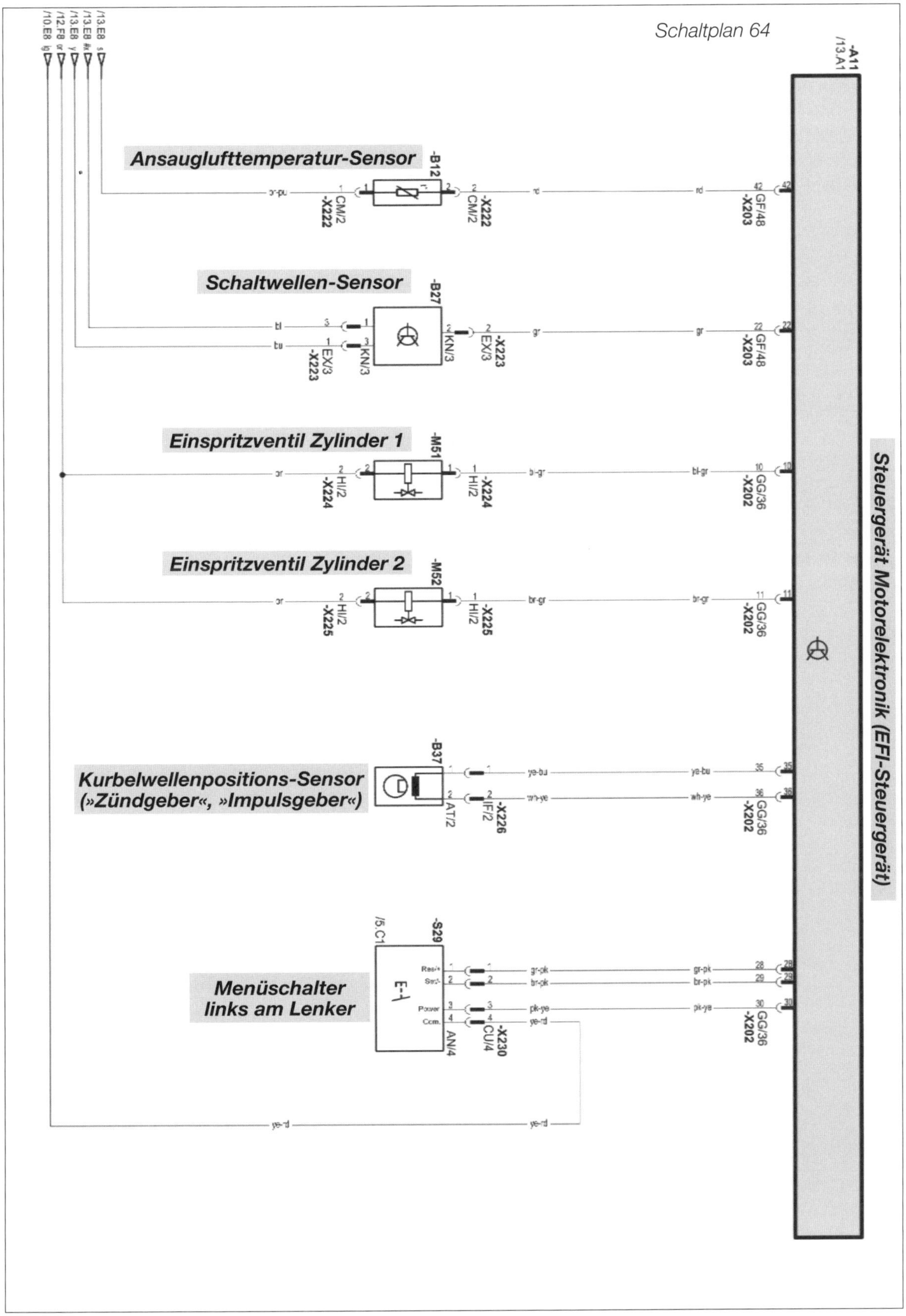

■ *Die vom Ansauglufttemperatur-Sensor gemessenen Werte werden im EFI-Steuergerät verarbeitet und gehen in die Gemischaufbereitung ein.*

■ *Einspritzventile siehe Kapitel »Einspritzung«, Impulsgeber siehe »Zündanlage«.*

■ *Der Menüschalter ist Teil des Kombischalters links am Lenker. Er hat vier Tasten: »UP«, »Down«, »Set« und »Back«, mit diesen wird das Menü durchgetastet und die entsprechenden Einstellungen im Display vorgenommen. Im Fahrzeughandbuch (»Bedienungsanleitung«) sind die Funktionen und möglichen Einstellwerte genau beschrieben.*

Sichtprüfung Messen

Fehlersuche

In diesem Kapitel: Fehlersuche in Stromkreisen · Stecker zum Messen nicht trennen · Tipps und Tricks zur Überprüfung.

Fehlersuche in Stromkreisen

Wichtig: Bitte beachten Sie die Anweisungen des Messgeräteherstellers, also immer die »Betriebsanleitung« des verwendeten Geräts vor Beginn der Messarbeiten sorgfältig lesen!

Stecker nicht trennen: Bei elektrischen Prüfungen sollen Stecker im zu prüfenden Stromkreis zusammengesteckt bleiben. weil sonst der zur Prüfung nötige Stromfluss unterbrochen ist. In den Bildern 3, 5 und 6 ist zu sehen, wo und wie man die Prüfspitzen des Multimeters anlegt.

Prüfen auf Durchgang

⚠ **Achtung:** Stellen Sie vor dem Messen sicher, dass der zu prüfende Stromkreis abgeschaltet wird und sicher abgeschaltet bleibt: Zündschlüssel abziehen, evtl. muss gar die Batterie abgeklemmt werden. Wird z. B. mit dem auf Widerstandsmessung Ohm (Ω) eingestellten digitalen Multimeter ein unter Spannung stehender Stromkreis geprüft, kann dies zu Schäden am Gerät führen. Im folgenden Beispiel wird der Massestromkreis von Batterie zum Rahmen auf Durchgang geprüft (Bild 2).

Messen der Spannung

Bild 2: Spannung des Stromkreises an der Plusklemme (+) der Glühlampe messen.

1. Den zu überprüfenden Stromkreis einschalten.

■ Multimeter auf Spannungsmessung (V) einstellen. Vergewissern Sie sich, dass das Multimeter bei Gleichspannungsstromkreisen auf **DC** (häufigster Fall) und bei Wechselspannungsstromkreisen auf **AC** eingestellt ist (das ist üblich bei der Prüfung der Lichtmaschinen-Ausgangsspannung).

2. Multimeter auf den für die Spannung des zu prüfenden Stromkreises am besten geeigneten Messbereich einstellen; das sind meistens 20 V.

3. Das schwarze Kabel (Masse) des Multimeters mit einem verlässlichen Masseanschluss verbinden, das ist normalerweise die Batterie oder eine blanke Stelle am Rahmen.

4. Lokalisieren Sie das plusseitige Ende des zu prüfenden Drahts bzw. die Plusklemme der zu prüfenden Komponente.

5. Multimeter anschließen: Rotes Kabel (Pluskabel) des Multimeters mit dem Plus-Ende (Plusklemme) verbinden. Lesen Sie die Spannung vom Messgerät ab.

Durchgangsprüfung (Widerstandsprüfung)

1. Lokalisieren Sie die beiden Enden des Drahts.

2. Multimeter auf Widerstandsmessung Ohm (Ω) einstellen.

3. Plus- und Minusklemme des Multimeters an die Enden des Drahts anklemmen:

3.1. Bei Durchgang erfolgt normalerweise ein Piepton oder die Anzeige des Kabelwiderstands; Messgerät zeigt 0 Ω an.

3.2. Hoher Widerstandswert deutet auf eine schmutzige oder korrodierte Verbindung hin.

3.3. Wenn das Kabel gebrochen ist, erfolgen weder Piepton noch Widerstandsanzeige.

Wichtig: Durch Anlegen des Multimeters an verschiedenen Stellen des Drahts kann die genaue Position eines erhöhten Widerstands oder eines Kabelbruchs im Draht Schritt für Schritt eingegrenzt und schließlich gefunden werden.

■ Bild 4a: **Leiterunterbrechung,** auch »Kabelbruch« ge-

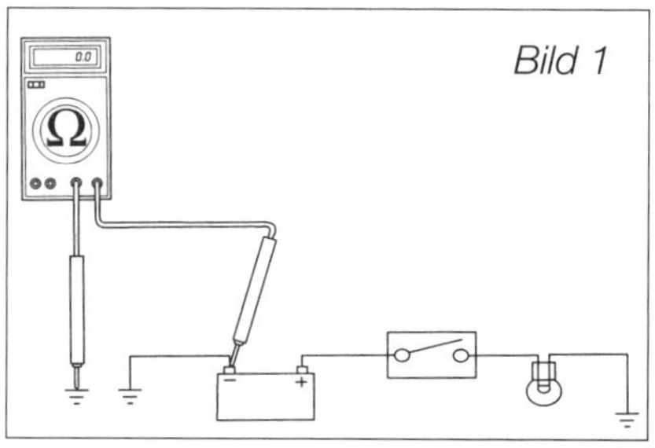

Bild 1

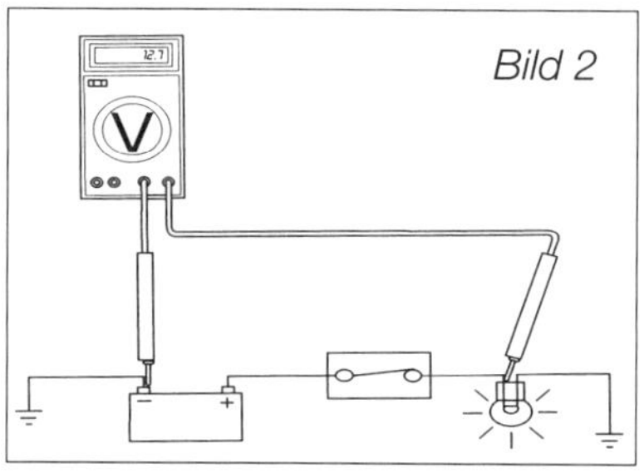

Bild 2

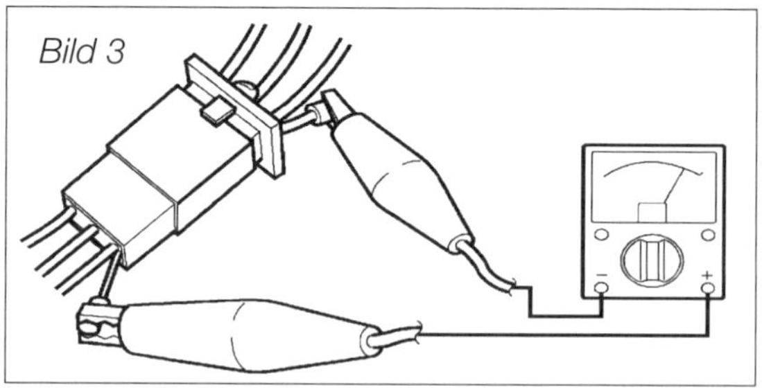

Bild 3

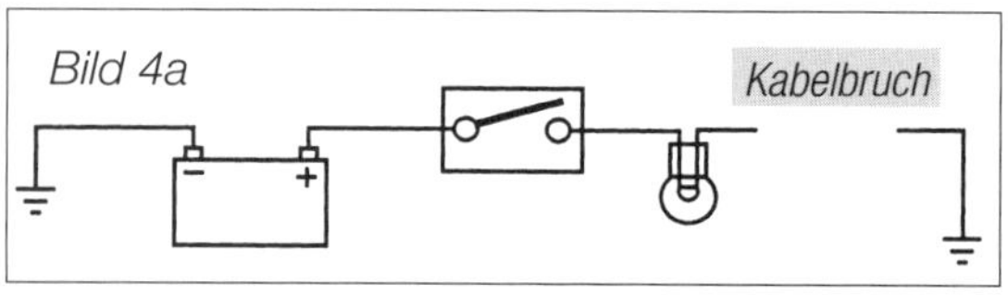

Bild 4a

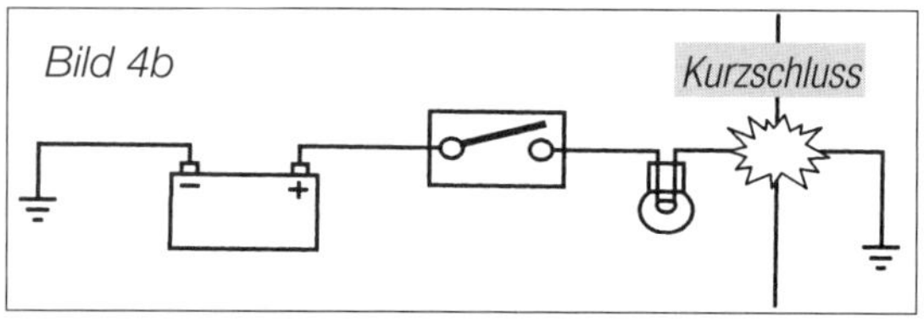

Bild 4b

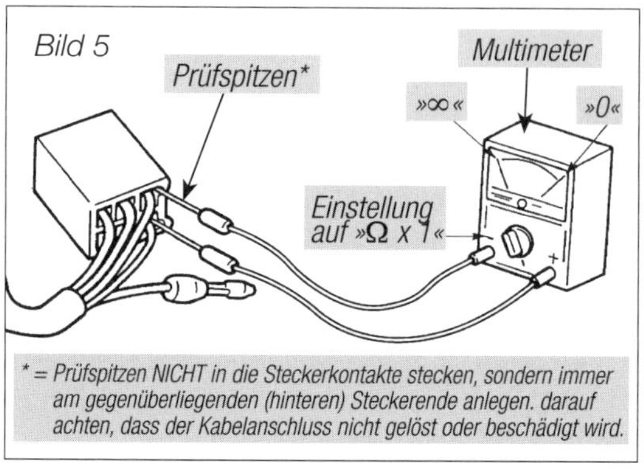

Bild 5

* = Prüfspitzen NICHT in die Steckerkontakte stecken, sondern immer am gegenüberliegenden (hinteren) Steckerende anlegen. darauf achten, dass der Kabelanschluss nicht gelöst oder beschädigt wird.

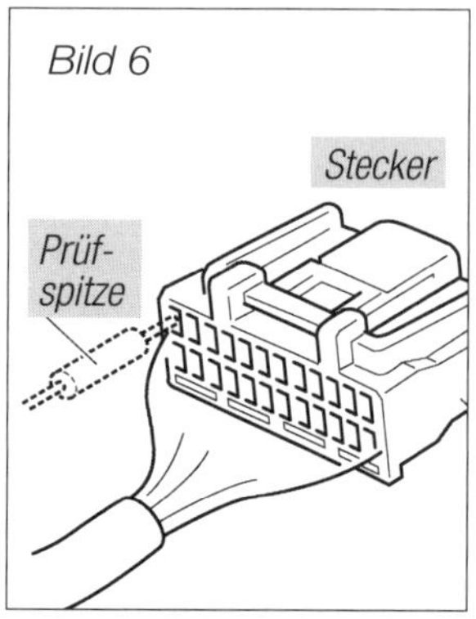

Bild 6

nannt, ist eine Unterbrechung in einem elektrischen Stromkreis, es fließt kein Strom. Mögliche Ursachen: Bruch eines Drahts, Kabels oder eine lockere Verbindung. Diese Fehler treten oft nur sporadisch auf, was die Diagnose erschwert.

■ Bild 4b: Ein **Kurzschluss** ist eine Art »Abkürzung« innerhalb eines elektrischen Stromkreises, wenn der Strom aus dem Nutzstromkreis in einen anderen Stromkreis oder gegen Masse abfließt. Ursache ist häufig eine defekte Kabelisolierung wie ein durchgescheuerter oder eingeklemmter Draht (siehe weiter vorne). Es gibt zwei verschiedene Arten von Kurzschlüssen: Kurzschluss innerhalb des Kabelbaums gegen Masse und Kurzschluss gegen Batteriespannung.

4. Kurzschluss gegen Masse: Strom fließt vor Erreichen der Komponente, die er versorgen soll, gegen Masse ab. Sicherung des betroffenen Stromkreises brennt häufig durch.

5. Kurzschluss gegen die Batteriespannung (12 V): Wird durch den Kontakt zwischen einem unter Strom stehenden Stromversorgungskabel und einem benachbarten Kabel verursacht. Beachten Sie bitte, dass auch eine 5 V-Sensor-Referenzspannung einen Kurzschluss in einem benachbarten Stromkreis hervorrufen kann, der darüber hinaus zu elektrischen Fehlfunktionen und zum Speichern von Diagnose-Fehlercodes führen kann.

Beachten: Ein Draht verzweigt sich möglicherweise an einer Kabelverbindung und versorgt weitere Stromkreise. Wenn diese Stromkreise funktionieren, überprüfen Sie ab dieser Verbindung auf Verdrahtungsfehler.

Buchtipps

Hier drei Bücher, die sich mit Elektrik an Motorrädern beschäftigen. Die Bücher von Hohmann und Fischinger behandeln reine Motorrad-Elektrik, während das Bosch-Buch Elektrik und Kraftfahrzeugtechnik bietet.

■ Hohmann: **Motorrad-Elektrik in der Praxis: Grundlagen – Pannenhilfe – Tipps.** 144 Seiten. Verlag Delius Klasing (ISBN 978-3-768-85258-6) 16,90 Euro

■ Fischinger: **Motorrad-Elektrik: Grundlagen, Funktion, Analyse, Messtechnik.** 142 Seiten. Motorbuch Verlag (ISBN 978-3-613-02405-2) 24,90 Euro

■ Robert Bosch GmbH (Hrsg.): **Kraftfahrtechnisches Taschenbuch.** 1544 Seiten. Springer Vieweg Verlag (ISBN 978-3-658-03800-7) 59,90 Euro

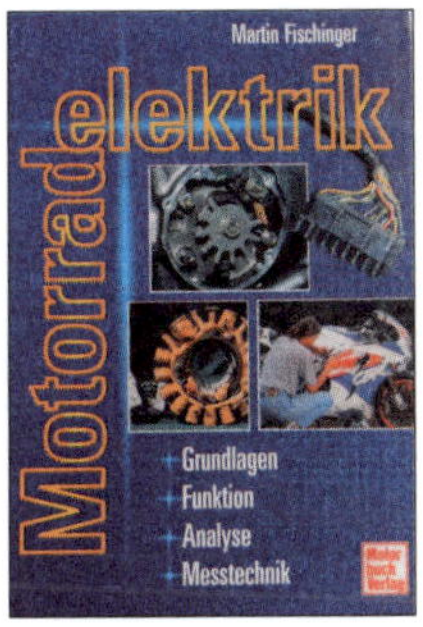

Tipps und Tricks zur Überprüfung der elektrischen Anlage

Hinweise Fehlersuche und Messungen

■ Zündung immer AUSschalten, bevor Sie Anschlüsse an der elektrischen Anlage vornehmen oder unterbrechen. Andernfalls kann dies zu Überspannungen führen, die elektronische Komponenten beschädigen können.

■ Hände und Arbeitsflächen müssen sauber und frei von Fett, Metallspänen usw. sein, da Fett Schmutz anzieht, der zu Kriechströmen oder hohen Kontaktwiderständen führen kann.

■ Berühren Sie vor Beginn eines Tests einen geeigneten Erdleiter, um die statische Elektrizität Ihres Körpers zu entladen, und wiederholen Sie diesen Schritt während des Tests in regelmäßigen Abständen. Dies ist erforderlich, da einige elektronische Komponenten anfällig auf statische Elektrizität reagieren.

■ Wenn an einem elektrischen Bauteil oder an der Einspritzung wiederholt ein Fehler auftritt und/oder eine Sicherung immer wieder durchbrennt, raten wir Ihnen ganz generell, umgehend eine KTM-Fachwerkstatt aufzusuchen. Denn sie ist in der Lage, mit dem KTM-eigenen Diagnose-System die Motor- und Bordelektrik nach Fehlern zu durchsuchen, Fehlerquellen zu finden und zu beheben.

Elektrische Prüfungen: Damit das elektrische System funktioniert, muss der elektrische Strom von der Spannungsquelle (Batterie) über die Komponenten und zurück zur Batterie durch einen geschlossenen Stromkreis fließen können. Ohne geschlossenen Stromkreis kein Stromfluss. Wenn der elektrische Strom die Batterie am Pluspol verlassen und die jeweilige Komponente passiert hat, muss er anschließend zum Minuspol der Batterie (»Masse« oder »Erde«) zurückgelangen.

Um Kabel, Stecker und Platz zu sparen, wird der Minuspol der Batterie direkt mit dem Rahmen oder Motor verbunden. Rund um den Rahmen und den Motor gibt es verschiedene weitere Erdungspunkte, an denen Anschlusskabel von Komponenten angeschlossen werden. Der Anlassermotor dagegen ist direkt mit dem Motor verschraubt, der wiederum mit dem Rahmen verschraubt ist. So bilden Rahmen und Motor ebenfalls einen Teil der Masseleitung.

Ohmsches Gesetz

Das Verhältnis zwischen Spannung, Stromstärke und Widerstand ist im »ohmschen Gesetz« festgelegt:

■ Die **Spannung (U)** einer Batterie wird in **Volt (V)** gemessen.

■ Die **Stärke** des in einem Stromkreis fließenden Stroms **(I)** wird in **Ampere** gemessen.

■ Die **Leistung (P)** eines Verbrauchers wird in **Watt (W)** angegeben.

■ Der **Widerstand (R)** eines Stromkreises wird in **Ohm** (Ω) gemessen.

Das ohmsche Gesetz lautet wie folgt:

$$\frac{\textbf{Spannung (U)}}{\textbf{Strom (I)}} = \textbf{Widerstand (R)}$$

Die Leistung errechnet sich durch Multiplikation von Spannung und Stromstärke:
Watt = Volt x Ampere (P = U x I)

Durch Umformen einer dieser Gleichungen kann der Wert jeder Größe berechnet werden, wenn die beiden anderen Werte bekannt sind. Wird zum Beispiel eine Glühlampe mit 60 W an eine Batterie mit 12 V angeschlossen, dann…

…kann der im Stromkreis fließende Strom mit folgender Gleichung berechnet werden:

$\frac{P}{U} = I$ (60 W : 12 V = 5 A)

…kann der Widerstand der Glühlampe wie folgt berechnet werden:

$\frac{U}{I} = R$ (12 V : 5 A = 2.4 Ω)

Verwendung der folgenden Dreiecke: Gesuchten Wert mit dem Finger abdecken. Die verbleibenden Werte multiplizieren, wenn sie nebeneinander liegen, oder den oberen durch den unteren Wert dividieren, wenn sie übereinander liegen.

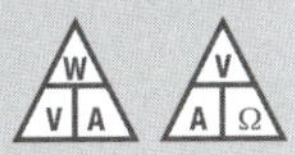

Technische Daten

In diesem Kapitel: Technische Daten und Verschleißmaße der KTM-Modelle unseres Buchs.

MODELLE, MODELLJAHRE, LEISTUNG UND DREHMOMENT

KTM 1290 Super Duke R in den Modelljahren 2014, 2015: 132 kW (180 PS) bei 8870/min und 144 Nm bei 6500/min

KTM 1290 Super Duke R im Modelljahr 2016: 127 kW (173 PS) bei 8870/min und 144 Nm bei 6500/min

KTM 1290 Super Duke R in den Modelljahren 2017, 2018, 2019: 130 kW (177 PS) bei 9750/min und 141 Nm bei 6750/min

KTM 1290 Super Duke R ab dem Modelljahr 2020*: 132 kW (180 PS) bei 9500/min und 140 Nm bei 8000/min

KTM 1290 Super Duke R Special Edition im Modelljahr 2016: 127 kW (173 PS) bei 8870/min und 144 Nm bei 6500/min
Anmerkung: Die Zusatzbezeichnung »Special Edition« kann auch abgekürzt als »SE« oder »S.E.«verwendet werden.

KTM 1290 Super Duke RR im Modelljahr 2021*: 132 kW (180 PS) bei 9500/min und 140 Nm bei 8000/min
Anmerkung: Auf 500 Stück limitierte Sonderserie.

KTM 1290 Super Duke GT in den Modelljahren 2016, 2017, 2018: 127 kW (173 PS) bei 8870/min und 144 Nm bei 6500/min

KTM Super Duke GT ab dem Modelljahr 2019*: 129 kW (175 PS) bei 9750/min und 141 Nm bei 7000/min

Modelljahre: Ein jedes »Modelljahr«, abgekürzt »Mj.«, beginnt immer nach den Werksferien im August des Vorjahres. Eine Maschine aus dem »Modelljahr 2012« kann demnach schon im September 2011 gebaut worden sein oder auch im Juli 2012. Sollten entsprechende Anmerkungen nötig sein, benutzen wir folgende Kennungen:
- **»ab dem Modelljahr«:** Dieses Modell wurde ab dem angegebenen Modelljahr gebaut.
- **»in den Modelljahren«:** Dieses Modell wurde in den angegebenen Modelljahren gebaut.

TANK, VERBRAUCH

Tank: Kunststofftank. Eingebaut sind eine elektrische Benzinpumpe, Benzinfilter auswechselbar, Benzinstandgeber. Der aktuelle Tankinhalt sowie die zur Verfügung stehende Reservemenge von 3,5 Liter wird durch eine Balkenanzeige im Kombiinstrument angezeigt.
- Ab Mj. 2020 blinkt der letzte Balken zusätzlich in Rot.

Benzinqualität: Für alle Modelle vorgeschrieben ist Benzin Super bleifrei, mindestens 95 ROZ

MOTOR UND ANBAUTEILE

Motorbauart: Viertakt-Zweizylinder-V-Motor, längs zur Fahrtrichtung eingebaut, Zylinderwinkel 75 Grad, flüssigkeitsgekühlt. Kurbelwelle quer zur Fahrtrichtung angeordnet, gleitgelagert, Pleuelfüße auf einem Hubzapfen. Eine Ausgleichswelle, gegenläufig zur Kurbelwelle über Zahnräder 1:1 angetrieben

Bohrung x Hub .... 108 x 71 mm
Hubraum .... 1301 cm³

Verdichtungsverhältnis:
Bei Super Duke R in den Modelljahren 2014 bis 2016 .... 13,2:1
Bei Super Duke R in den Modelljahren 2017 bis 2019 .... 13,6:1
Bei Super Duke R ab Modelljahr 2020 .... 13,5:1
Bei Super Duke RR im Modelljahr 2021 .... 13,5:1
Bei Super Duke R und Super Duke GT in den Modelljahren 2016 bis 2018 .... 13,1:1
Bei Super Duke GT ab Modelljahr 2019 .... 13,6:1

Gassteuerung: Vier Ventile pro Zylinder, über zwei obenliegende, kettengetriebene Nockenwellen und Schlepphebel betätigt.

Ventilspiel bei kaltem Motor (20 °C = Raumtemperatur)
Einlassventile .... 0,10 bis 0,15 mm
Auslassventile .... 0,25 bis 0,30 mm

Ventilspielkontrolle und ggf. Neueinstellung
Bei Super Duke R im Modelljahr 2014: bei km-Stand 15 000, bei 30 000, dann alle 30 000 km
Bei allen anderen Modellen unseres Buchs: bei 30 000 km, danach alle weiteren 30 000 km

Einstellung des Ventilspiels durch maßgenaue Einstellplättchen (»Shim«), welche zwischen Ventilkopf und Schlepphebel in den Ventilfedertellern sitzen. Zum Wechsel der Shims müssen die Nockenwellen ausgebaut werden.

Leerlaufdrehzahl bei betriebswarmem Motor
Bei Super Duke R in den Modelljahren 2014 bis 2016: 1300/min bis 1500/min
Bei Super Duke R ab dem Modelljahr 2017: 1400/min bis 1600/min
Bei Super Duke RR im Modelljahr 2021*: 1400/min bis 1600/min
Bei Super Duke GT in den Modelljahren 2016 bis 2018: 1250/min bis 1450/min
Bei Super Duke GT ab dem Modelljahr 2019: 1350/min bis 1550/min

Kompressionsdruck: Motor betriebswarm, Zündkerzen ausgebaut, Motor mit dem Anlasser betätigt: »Gut« bei 10 bar, »Normal« bei 8,5 bis 10 bar, »Schlecht« bei weniger als 8,5 bar

Gemischaufbereitung: Elektronisch gesteuerte und geregelte Kraftstoffeinspritzung mit Schubabschaltung in Abhängigkeit von der Motortemperatur ab mehr als 60 °C bei Drehzahlen von über 2000/min. Eine Einspritzdüse pro Zylinder, außer bei Super Duke R ab Mj. 2020 und Super Duke RR im Mj. 2021, da sind es zwei Einspritzdüsen pro Zylinder: ein Einspritzventil am Drosselklappenkörper, ein Einspritzventil auf dem Ansaugtrichter im Luftfilterkasten. Elektronischer Gasgriff. Drosselklappenstutzen (= »Saugrohrdurchmesser«) Ø 56 mm. Kraftstoffdruck 3,8 bis 4,2 bar. Trockenluftfilter.

Auspuffanlage: 2-in-1-Auspuffanlage mit geregeltem 3-Wege-Katalysator. In jedem der beiden Auspuffkrümmer ist eine Lambdasonde eingebaut. Bei Super Duke R ab Mj. 2020 und Super Duke RR im Mj. 2021 ist eine dritte Lambdasonde verbaut, sie sitzt im Vorschalldämpfer nach dem Katalysator.

Abgasnormen

Super Duke R der Modelljahre 2014, 2015, 2016 .... Euro 3
Super Duke R Special Edition im Modelljahr 2016 .... Euro 3
Super Duke R der Modelljahre 2017 bis 2019 .... Euro 4
Super Duke R ab Modelljahr 2020: .... Euro 5
Super Duke RR im Modelljahr 2021: .... Euro 5
Super Duke GT im Modelljahr 2016 .... Euro 3
Super Duke GT ab Modelljahr 2017 .... Euro 4

Auspuffklappe: Zwischen Vorschalldämpfer und Auspufftopf ist eine drehzahlabhängig gesteuerte, über einen Stellmotor und Bowdenzüge betätigte Klappe eingebaut:
Bei Superduke R ab Modelljahr 2017
Bei Superduke RR im Modelljahr 2021
Bei Super Duke GT ab Modelljahr 2016
Technischer Hinweis: Klappe ist in Abängigkeit von Motordrehzahl, Fahrgeschwindigkeit und eingelegtem Gang geöffnet oder geschlossen. Das Seilzugspiel kann mit Hilfe des KTM-Diagnosetools eingestellt werden.

SCHMIERSYSTEM

Bauart: Trockensumpfschmierung, der Öltank ist vor dem Kurbelgehäuse angebaut. Druckumlaufschmierung mit drei Rotorölpumpen:

- Eine Druckpumpe mit Ø 19 mm zieht Öl aus dem Öltank ab und versorgt damit Kurbelwelle, Ventiltrieb und Getriebe.
- Eine Saugpumpe »Mitte« mit Ø 22 mm saugt das im Motorgehäuse nach unten gelaufene Öl im »Ölsumpf« ab und fördert es zuerst durch den Ökühler und von dort zurück in den Öltank.
- Eine weitere Saugpumpe »Links« mit Ø 30 mm saugt etwas oberhalb von Saugpumpe »Mitte« Öl ab und führt es durch Schmierschlitze im Motorgehäuse dem Getriebe zu.

Folgende Elemente sind eingebaut in den Ölkreislauf:

- Ein Öldruckregelventil, das den Betriebsöldruck von 6,5 ± 1 bar (bei 80 °C) sicherstellt.
- Ein Bypassventil, das bei einem Ölüberdruck ab 8 bar öffnet und das Öl direkt zurückführt. Ölüberdruck im Schmiersystem kann entstehen durch Verstopfung durch Verschmutzung der Ölleitungen im Motor.
- Verschiedene Öldüsen, die zielgenau angebracht sind zur Innenkühlung des Kolbenbodens, zur Kühlung des Generators, zur Schmierung der Kupplung, der Nockenwellen, des Ventiltriebs und zum Druck auf die Steuerkettenspanner.
- Zwei Ölsiebe und ein Feinstölfilter: Diese Bauteile müssen beim Ölwechsel erneuert werden.

Motorölmenge bei allen Modellen: .... 3,5 Liter
- **Ausnahme:** 3,6 Liter bei Super Duke R in den Modelljahren 2014 bis 2016

Zulässiger Ölverbrauch: Bis zu 0,4 Liter auf 1000 km
Ölschauglas: Differenz zwischen MIN und MAX ...... 0,8 Liter

Öldruck-Kontrollleuchte...:

- muss aufleuchten beim Einschalten der Zündung, wenn der Motor noch nicht läuft
- leuchtet bei laufendem Motor .... bei 0,3 bis 0,5 bar
- muss ausgehen bei laufendem Motor, wenn der Öldruck folgenden Wert erreicht hat .... mehr als 0,55 bar

Vorgeschriebenes Motoröl: KTM empfiehlt Motorex Power Synt 4T, das ist vollsynthetisches Motoröl

Temperaturabhängige SAE-Klassen der Motoröle

- Bei 0 °C und höheren Temperaturen .... SAE 10W/50
- Bei 0 °C und tieferen Temperaturen .... SAE 5W/40

Vorgeschriebene Ölspezifikationen

Für die Super Duke R der Modelljahre 2014, 2015 und 2016 und Super Duke R Special Edition im Modelljahr 2016 muss das Öl der Klassifikation *JASO T903 MA* entsprechen oder höherwertiger sein

Für die Super Duke R ab Modelljahr 2017 muss das Öl der Klassifikation *JASO T903 MA2* entsprechen oder höherwertiger sein

Für die Super Duke RR im Modelljahr 2021 muss das Öl der Klassifikation *JASO T903 MA2* entsprechen oder höherwertiger sein

Für die Super Duke GT im Modelljahr 2016 muss das Öl der Klassifikation *JASO T903 MA* entsprechen oder höherwertiger sein

Für die Super Duke GT ab dem Modelljahr 2017 muss das Öl der Klassifikation *JASO T903 MA2* entsprechen oder höherwertiger sein

Anmerkungen zu diesem Kapitelabsatz:
■ Unter »höherwertigem Öl« ist zu verstehen, dass die Angaben »*JASO T903 MA2*« in späteren Jahren auch »*MA3*« oder »*MA4*« heißen können, weil die Qualitätsnorm »MA« über die Folgejahre fortgeschrieben wird. Entsprechende Angaben sind im Kleingedruckten auf der Öldose zu finden sowie im Internetauftritt der Ölmarken.

MOTORELEKTRIK

Zündung: Kontaktlose Zündanlage mit digitaler Zündverstellung. Zwei Zündkerzen pro Zylinder (»Doppelzündung«)

Zündkerzen
Bei Super Duke R der Modelljahre 2014, 2015 und 2016 und Super Duke R Special Edition im Modelljahr 2016:
- Innere Zündkerze NGK LKAR9BI9, Gewinde-Ø 12 mm, Gewindelänge 26,5 mm, Schlüsselweite 14 mm
- Äußere Zündkerze NGK LMAR7A-9, Gewinde-Ø 10 mm, Gewindelänge 26,5 mm, Schlüsselweite 14 mm
- Elektrodenabstand 0,9 mm

Bei Super Duke R ab dem Modelljahr 2017:
- Innere Zündkerze NGK LKAR9BI-10, Gewinde-Ø 12 mm, Gewindelänge 19 mm, Schlüsselweite 14 mm
- Äußere Zündkerze NGK LMAR7DI-10, Gewinde-Ø 10 mm, Gewindelänge 19 mm, Schlüsselweite 14 mm
- Elektrodenabstand 1,0 mm

Bei Super Duke RR im Modelljahr 2021:
- Innere Zündkerze NGK LKAR9BI-10, Gewinde-Ø 12 mm, Gewindelänge 19 mm, Schlüsselweite 14 mm
- Äußere Zündkerze NGK LMAR7DI-10, Gewinde-Ø 10 mm, Gewindelänge 19 mm, Schlüsselweite 14 mm
- Elektrodenabstand 1,0 mm

Bei Super Duke GT ab dem Modelljahr 2016:
- Innere Zündkerze NGK LKAR9BI-10, Gewinde-Ø 12 mm, Gewindelänge 19 mm, Schlüsselweite 14 mm
- Äußere Zündkerze NGK LMAR7DI-10, Gewinde-Ø 10 mm, Gewindelänge 19 mm, Schlüsselweite 14 mm
- Elektrodenabstand 1,0 mm

Zündspulen-Stecker: Zündspulen-Kerzenstecker (»Kerzenschachtzündspule«), gesteckt, innen und außen bei allen Modellen: Kerzenstecker Denso Nr. 129700-5440.
■ **Ausnahme:** Super Duke R ab dem Modelljahr 2020 und RR im Modelljahr 2021: Der äußere Zündspulen-Kerzenstecker ist Marke Denso Nr. 129700-5440, der innere Zündspulen-Kerzenstecker ist Marke/Typ ELDOR (Italy) und hat die Nummer 635.39.006.100. Er ist gesteckt und zusätzlich verschraubt (M6x16).
Widerstandswerte
Primärwiderstand ~1,60 Ω, Sekundärwiderstand ~8,3 k Ω

Batterien
Bei Super Duke R: 12 Volt/12 Ah, Typ YTX 14-BS, AGM wartungsfrei

Bei Super Duke R Special Edition: 12 Volt/12 Ah, Typ YTX 14-BS, AGM wartungsfrei

Bei Super Duke RR: 12 Volt/8 Ah, Typ HJTZ 14S-FPI, Litium-Ionen, wartungsfrei

Bei Super Duke GT: 12 Volt/11,2 Ah, Typ YTZ 14-S, AGM wartungsfrei

Lichtmaschine: 12 Volt/450 Watt Drehstromgenerator auf dem linken Kurbelwellenzapfen

Anlasser: Elektrostarter, Leistung 1200 Watt

KRAFTÜBERTRAGUNG

Primärantrieb: Primärantrieb über geradeverzahnte Zahnräder, Z 76:40, iprim = 1,90

Kupplung: Mehrscheibenkupplung im Ölbad, hydraulisch betätigt. Ein Kupplungspaket besteht aus:
- 10 Stück Reibscheiben (KTM bezeichnet diese als »Kupplungsbelaglamellen«)
- und 9 Stück Stahlscheiben (KTM bezeichnet diese als »Kupplungszwischenlamellen«).

Technischer Hinweis: Neue Reib- und Stahlscheiben gibt es nur gemeinsam als Paket im Satz zu kaufen. Es gibt also weder originale Reib- oder Stahlscheiben einzeln noch neue Reibscheiben (10 Stück) oder Stahlscheiben (9 Stück).

Kupplungsbetätigung: Kolben in der Handarmatur hat Ø 13 mm, Kolben im Nehmerzylinder hat Ø 24 mm

Kupplungsflüssigkeit
Bei Super Duke R der Modelljahre 2014 und 2015: Nur Hydrauliköl der Klassifizierung ISO VG (15) verwenden. KTM empfiehlt »Motorex Hydraulik Fluid 75«
■ Die Ölvorschrift »Hydrauliköl verwenden« ist kenntlich gemacht durch eine ***graue Abdeckkappe*** auf dem Entlüfterventil des Nehmerzylinders unten am Motor.

Bei allen anderen Modellen unseres Buchs:
Super Duke R ab Modelljahr 2016
Super Duke R Special Edition im Modelljahr 2016
Super Duke RR im Modelljahr 2021
Super Duke GT ab Modelljahr 2016
Nur Bremsflüssigkeit DOT 4 oder DOT 5.1 verwenden.
KTM empfiehlt: Castrol React Performance DOT 4 oder Motorex Brake Fluid DOT 5.1
■ Die Ölvorschrift »Bremsflüssigkeit verwenden« ist kenntlich

gemacht durch eine _schwarze Abdeckkappe_ auf dem Entlüfterventil des Nehmerzylinders unten am Motor.

Maße und Verschleißmaße der Kupplung

Kupplungspaket neu: Dicke des Kupplungspakets im Neuzustand (= 10 Stück neue Reibscheiben und 9 Stück neue Stahlscheiben aufeinanderlegen, leicht zusammenpressen und an drei verschiedenen Stellen messen). Das Paketmaß muss betragen .... 47,2 mm bis 48,0 mm

Kupplungspaket gebraucht: Dicke des Kupplungspakets im Gebrauchtzustand, Öl sauber abgewischt (= 10 Stück gebrauchte Reibscheiben und 9 Stück gebrauchte Stahlscheiben aufeinanderlegen, leicht zusammenpressen. Das Paketmaß muss mindestens betragen:
Bei Super Duke R der Modelljahre 2014 bis 2016...... 46,5 mm
Bei Super Duke R Special Edition im Mj. 2016........... 46,5 mm
Bei Super Duke R ab Modelljahr 2017 .... 46,0 mm
Bei Super Duke RR im Modelljahr 2021..................... 46,0 mm
Bei Super Duke GT .... 46,0 mm

Kupplungsfedern Verschleißmaße: Minimal zulässige Länge der Kupplungsfedern in ausgebautem und unbelastetem Zustand:
Bei Super Duke R der Modelljahre 2014 bis 2016...... 43,5 mm
Bei Super Duke R der Modelljahre 2017 bis 2019...... 45,8 mm
Bei Super Duke R ab Modelljahr 2020....................... 44,7 mm
Bei Super Duke RR im Modelljahr 2021..................... 44,7 mm
Bei Super Duke GT der Modelljahre 2016 bis 2018 ... 45,7 mm
Bei Super Duke GT ab Modelljahr 2019..................... 45,8 mm

Getriebe: Klauengeschaltetes 6-Gang-Getriebe. Betätigt über Fußschalthebel, einstellbares Gestänge und Schaltwalze mit Überschaltsperre

Gangabstufungen

1. Gang 2,917 (Z 35/12)	4. Gang 1,350 (Z 27/20)
2. Gang 2,133 (Z 32/15)	5. Gang 1,125 (Z 27/24)
3. Gang 1,667 (Z 30/18)	6. Gang 0,963 (Z 26/27)

Hinterradantrieb: Rollenkette 5/8 x 5/16 Zoll (525), mit X-Ringen zwischen den Laschen. Marke DID VZ, 112 Rollen. Vernietetes Kettenschloss. Kettenräder Z 38/17, isec = 2,235

Kettenräder: Vorne Kettenritzel 17 Zähne auf Vielkeilwelle mit Sicherungsblech und Sechskantmutter, festziehen mit 100 Nm. Hinten Kettenrad 38 Zähne, Befestigungs-Bundmuttern festziehen mit 36 Nm plus Loctite 243 »mittelfest«.

Kettenspannung Kontrolle: Motorrad ist unbelastet aufgebockt, Leerlauf ist eingelegt. Im oberen Kettenschleifschutz im Bereich »Sichtflucht zur Fußrastenhalterung« befinden sich zwei Quermarkierungen: Kette in diesem Bereich mit einem Schraubenzieher hochziehen und die beiden Markierungen anpeilen, das hochgezogene Kettenglied muss sich im Bereich der beiden Markierungen befinden.

Kettenschleifschutz Kontrolle: Motorrad ist aufgebockt wie zur Kontrolle der Kettenspannung. An der Vorderseite des Kettengleitschutzes im vorderen Bereich der Schwinge ist eine U-förmige Aussparung. Einen beliebigen Kettenbolzen in Deckung zu dieser Aussparung bringen: Wenn der Kettenbolzen zur Gänze sichtbar ist, dann ist der Kettengleitschutz noch ausreichend dick. Umkehrprobe: Wenn der Kettenbolzen teilweise bis ganz unter der U-Unterkante verschwindet, ist der Kettengleitschutz verschlissen und muss erneuert werden.

Kettenverschleiß Kontrolle: Motorrad ist aufgebockt wie zur Kontrolle der Kettenspannung. An der Unterseite der Kette (»unteres Kettentrum«) in der Mitte zwischen dem vorderen Kettenritzel und dem hinteren Kettenrad ein Gewicht von 15 kg anhängen und zusätzlich händisch einige Male nach unten ziehen, sodass die Kette ringsum richtig straff gespannt ist. Nun zwischen der Aufhängung des Kettengewichts und dem hinteren Kettenrad 18 Bolzen abzählen und deren Abstand von Mitte des 1. Bolzens bis zur Mitte des 18. Bolzens messen: Das Istmaß muss kleiner sein als 272 mm. Wenn es gleich 272 mm oder größer ist, dann ist die Kette verschlissen und muss zusammen mit Kettenritzel und Kettenrad erneuert werden (siehe dazu Kapitel »Kette«).

FAHRWERK

Rahmen: Stahrohrrahmen aus Chrom-Molybdän-Stahlrohren (»Brückenrohr-Gitterrahmen«). Heckteil ist angeschraubt
- Bei Super Duke R ab Mj. 2020: Heckteil gefertigt aus Alu-Kompositmaterial
- Bei Super Duke RR im Mj. 2021: Heckteil gefertigt aus Kohlefaser laminiert

Radaufhängung: Vorne Upside-Down-Telegabel, Ø 48 mm. Erlaubter Standrohrschlag kleiner als 0,2 mm. Hinten gegossene Einarmschwinge mit einem Federbein.

Telegabel Modell für Modell

Bei Super Duke R in den Modelljahren 2014 bis 2019:
Gabeltyp WP Performance Systems 4860 ROTA SPLIT
Federweg 125 mm
Zug- und Druckstufe einstellbar
Länge der Gabelbeine 776 mm
Länge der Gabelfeder inklusive Vorspannscheibe(n) 253 mm
Gabelöl SAE 4, Füllmengen:
- bei Super Duke R in den Modelljahren 2014 bis 2016 und Super Duke R Special Edition 660 cm^3 pro Gabelbein
- bei Superduke R der Modelljahre 2017, 2018 und 2019 680 cm^3 pro Gabelbein

Bei Super Duke R ab Modelljahr 2020: Gabeltyp WP Suspension APEX 5548, Federweg 125 mm

Federvorspannung, Zug- und Druckstufe einstellbar
Länge der Gabelbeine 753 mm
Länge der Gabelfeder inklusive Vorspannscheibe(n) 303 mm
Gabelöl SAE 4, Füllmengen 600 bis 630 cm^3 pro Gabelbein

Bei Super Duke RR im Modelljahr 2021: Gabeltyp WP Suspension APEX PRO 7548, Federweg 130 mm
Federvorspannung, Zug- und Druckstufe einstellbar
Länge der Gabelbeine 765 mm
Länge der Gabelfeder inklusive Vorspannscheibe(n) 264 mm
Gabelöl SAE 4, Füllmenge 550 cm^3 pro Gabelbein

Bei Super Duke GT im Modelljahr 2016: Gabeltyp WP Performance Systems Semi-active Suspension
Federweg 125 mm
Federvorspannung und Dämpfung elektronisch einstellbar
Länge der Gabelbeine 776 mm
Länge der Gabelfeder inklusive Vorspannscheibe(n) 333 mm
Gabelöl SAE 4, Füllmengen im linken Gabelbein 670 cm^3, im rechten Gabelbein 410 cm^3

Bei Super Duke GT in den Modelljahren 2017 und 2018: Gabeltyp WP Suspension Semi-active Suspension
Federweg 125 mm
Federvorspannung und Dämpfung elektronisch einstellbar
Länge der Gabelbeine 776 mm
Länge der Gabelfeder inklusive Vorspannscheibe(n) 335 mm
Gabelöl SAE 4, Füllmengen im linken Gabelbein 670 cm^3, im rechten Gabelbein 410 cm^3

Bei Super Duke GT ab Modelljahr 2019: Gabeltyp WP Suspension Semi-active Suspension, Federweg 125 mm
Federvorspannung und Dämpfung elektronisch einstellbar
Länge der Gabelbeine 776 mm
Länge der Gabelfeder inkl. Vorspannscheibe(n) 253 mm
Gabelöl SAE 4, Füllmengen im linken Gabelbein 670 cm^3, im rechten Gabelbein 410 cm^3

Hinterradfederung Modell für Modell

Bei Super Duke R der Modelljahre 2014 bis 2019 und Super Duke R Special Edition: Ein WhitePower Gasdruck-Federbein, Typ WP Performance Systems 4618 BAVP DCC. Das Federbein ist oben mit dem Rahmen und unten mit der Schwinge verschraubt
Federweg an der Hinterradachse 156 mm
Federvorspannung, Zug- und Druckstufe in High- und Lowspeed einstellbar
Feder mit Federrate 170 N/mm, Federlänge entspannt 185 mm, in eingebautem Zustand mittels der Gewinderinge vorgespannt um 8 mm auf 177 mm

Bei Super Duke R ab Modelljahr 2020: Ein WhitePower Gasdruck-Federbein, Typ WP Suspension, APEX 5746. Das Federbein ist oben mit dem Rahmen und unten an Umlenkhebeln und Zugstange verschraubt.
Federweg an der Hinterradachse 140 mm
Federvorspannung, Zug- und Druckstufe in High- und Lowspeed einstellbar
Es stehen drei Federn zur Wahl:
Feder 1 für Fahrer mit Gewicht 65 bis 75 kg hat eine Federrate von 80 N/mm
Feder 2 für Fahrer mit Gewicht 75 bis 85 kg hat eine Federrate von 85 N/mm
Feder 3 für Fahrer mit Gewicht 85 bis 95 kg hat eine Federrate von 90 N/mm
Die Federlänge ist immer gleich, entspannt 195 mm, in eingebautem Zustand mittels der Gewinderinge um 8 mm vorgespannt auf 187 mm

Bei Super Duke RR im Modelljahr 2021: Ein WhitePower Gasdruck-Federbein, Typ WP Suspension APEX PRO 7746. Das Federbein ist oben mit dem Rahmen und unten mit Umlenkhebeln und Zugstange verschraubt
Federweg an der Hinterradachse 140 mm
Federvorspannung, Zug- und Druckstufe in High- und Lowspeed einstellbar
Feder mit Federrate 85 N/mm, Federlänge entspannt 170 mm, in eingebautem Zustand mittels der Gewinderinge um 9 mm vorgespannt auf 161 mm

Bei Super Duke GT im Modelljahr 2016: Ein WhitePower Gasdruck-Federbein, Typ WP Performance Systems Semi-active Suspension. Das Federbein ist oben am Rahmen und unten mit der Schwinge verschraubt
Federweg an der Hinterradachse 156 mm
Feder mit Federrate 160 N/mm, Federlänge entspannt 200 mm, Federvorspannung und Dämpfung elektronisch einstellbar (Schwingen-Drehwinkelsensor)

Bei Super Duke GT ab Modelljahr 2017: Ein WhitePower Gasdruck-Federbein, Typ WP Suspension Semi-active Suspension. Federbein ist oben mit dem Rahmen und unten mit der Schwinge verschraubt.
Federweg an der Hinterradachse 156 mm
Federvorspannung und Dämpfung elektronisch einstellbar
Feder mit Federrate 185 N/mm, Federlänge entspannt 185 mm, Federvorspannung und Dämpfung elektronisch einstellbar (Schwingen-Drehwinkelsensor)

Anmerkungen zum Kapitelabsatz »Telegabel« und »Hinterradfederung«: Die verschiedenen Vorschläge zu Einstellungen der Federvorspannung, Dämpfer-Druckstufe und -Zugstufe in Abhängigkeit von Fahrergewicht und Streckenbeschaffenheit entnehmen Sie bitte der zum Fahrzeug gehörenden Bedienungsanleitung.

RÄDER UND REIFEN

Räder: Gegossene Leichtmetallräder
■ vorne 3,50 x 17 ■ hinten 6,00 x 17

Reifen
Bei Super Duke R der Modelljahre 2014 bis 2019 und Super Duke R Special Edition im Modelljahr 2016:
■ vorne 120/70 ZR 17 M/C 58W TL
■ hinten 190/55 ZR 17 M/C 75W TL

Bei Super Duke R ab Modelljahr 2020:
■ vorne 120/70 ZR 17 M/C 58W TL
■ hinten 200/55 ZR 17 M/C 75W TL

Bei Super Duke RR im Modelljahr 2021:
■ vorne 120/70 ZR 17 M/C 58W TL
■ hinten 200/55 ZR 17 M/C 75W TL.

Bei Super Duke GT:
■ vorne 120/70 ZR 17 M/C 58W TL
■ hinten 190/55 ZR 17 M/C 75W TL

Reifenluftdruck vorne/hinten: Bei kalten Reifen messen, die zulässige maximale Messtemperatur ist 30 °C

Bei Super Duke R der Modelljahre 2014 bis 2019 und Super Duke R Special Edition im Modelljahr 2016:
solo, mit Sozius, mit Beladung .... 2,5/2,9 bar

Bei Super Duke R ab Modelljahr 2020:
solo .... 2,5/2,5 bar
mit Sozius, mit Beladung .... 2,5/2,9 bar

Bei Super Duke RR im Modelljahr 2021:
solo .... 2,5/2,5 bar
mit Beladung .... 2,5/2,9 bar

Bei Super Duke GT ab Modelljahr 2016:
solo, mit Sozius, mit Beladung .... 2,5/2,9 bar

Mindestprofiltiefe: 1,6 mm vorne und hinten sind die vom Gesetzgeber erlaubten Mindestmaße. KTM empfiehlt 2,0 mm (siehe dazu Kapitel »Reifen«).

BREMSEN

Bremse vorne: Doppelscheiben-Bremsanlage, Durchmesser 320 mm, gelocht, Dicke 5,0 mm. Verschleißgrenze 4,5 mm. Zwei radial verschraubte Vierkolben-Festsättel, Kolben-Ø 30 mm. Handbremspumpe, Kolben-Ø 16 m, Mittenabstand Lagerbolzen zum Druckbolzen 19 mm. Abstand des ABS-Sensors zur Sensorscheibe 0,5 bis 1,8 mm

Abweichende Daten: Super Duke R Special Edition im Modelljahr 2016 hat Wave-Bremsscheiben, Dicke 5,0 mm, Verschleißgrenze 4,2 mm

Bremse hinten: Scheibenbremse, Durchmesser 240 mm, gelocht, Dicke 5 mm, Verschleißgrenze 4,5 mm. Ein Zweikolben-Festsattel.

FAHRZEUGELEKTRIK

Bordspannung
12 Volt. Elektrische Belastbarkeit der Steckdosen 10 A.

Batterien
Bei Super Duke R: 12 Volt/12 Ah, Typ YTX 14-BS, AGM wartungsfrei

Bei Super Duke RR: 12 Volt/8 Ah, Typ HJTZ 14S-FPI, Litium-Ionen, wartungsfrei

Bei Super Duke GT: 12 Volt/11,2 Ah, Typ YTZ 14-S, AGM wartungsfrei

Batterie im Race-on-Schlüssel: Bei Super Duke R ab Modelljahr 2017, Super Duke RR im Modelljahr 2021 und Super Duke GT ab Modelljahr 2019: Batterie 3 Volt, Typ CR 2032

Lampen
Bei Super Duke R der Modelljahre 2014. 2015 und 2016 und bei Super Duke R Special Edition im Modelljahr 2016: Fern- und Abblendlicht: 1 Lampe H4 12 V/60/55 W mit Sockel U37R. LED für Standlicht, Tagfahrlicht, Blinker, Rücklicht, Bremslicht, Kennzeichenbeleuchtung, Instrumentenbeleuchtung und Kontrolllampen

Bei Super Duke R ab Modelljahr 2017: LED für Fern- und Abblendlicht, Standlicht, Tagfahrlicht, Blinker, Rücklicht, Bremslicht, Kennzeichenbeleuchtung, Instrumentenbeleuchtung und Kontrolllampen

Bei Super Duke RR im Modelljahr 2021: LED für Fern- und Abblendlicht, Standlicht, Tagfahrlicht, Blinker, Rücklicht, Bremslicht, Kennzeichenbeleuchtung, Instrumentenbeleuchtung und Kontrolllampen

Bei Super Duke GT der Modelljahre 2016 bis 2018: Fern- und Abblendlicht 1 Lampe H4 12 V/60/55 W mit Sockel P43t. LED bei Kurvenlicht, Standlicht, Tagfahrlicht, Blinker, Rücklicht, Bremslicht, Kennzeichenbeleuchtung, Instrumentenbeleuchtung und Kontrolllampen

Bei Super Duke GT ab Modelljahr 2019: LED bei Fern- und Abblendlicht, Kurvenlicht, Standlicht, Tagfahrlicht, Blinker, Rücklicht, Bremslicht, Kennzeichenbeleuchtung, Instrumentenbeleuchtung und Kontrolllampen

Anziehdrehmomente

In diesem Kapitel sind die von KTM vorgeschriebenen Anziehdrehmomentwerte wichtiger Schraubverbindungen der Modelle unseres Buchs aufgelistet. Wenn für ein Bauteil bzw. eine Schraubverbindung kein eigener Wert aufgeführt ist, gelten die Anziehdrehmomente für Schrauben und Muttern entsprechender Größe, wie sie in diesem Text unter »Allgemeine Schrauben und Muttern« aufgeführt sind.

Warum ein bestimmtes Anziehdrehmoment nötig ist
Schraubverbindungen müssen mit einem für sie exakt festgelegten Drehmomentwert angezogen werden, damit die Bauteile sicher miteinander verbunden sind. Die genannten Werte müssen möglichst genau eingehalten werden, sonst besteht die Gefahr, dass sich die Schraubverbindung lockert (wenn sie zu lose angezogen ist) oder die Schrauben, ihre Gegengewinde oder die Bauteile zu stark belastet werden (wenn sie zu fest angezogen sind) und sie dann im Betrieb reißen oder brechen. Für die angegebenen Drehmomentwerte gilt eine Toleranz von ± 10%.

Zu beachtende Punkte für dieses Kapitel
■ **Sauberkeit:** Eine wichtige Voraussetzung zum korrekten Anziehen aller Schrauben und Muttern ist, dass ihre Gewinde und Anlageflächen unbeschädigt und frei von Schmutz sind.
⚠ Verschmutzte Schraubengewinde soll man NICHT mit einer Stahlbürste reinigen, weil diese die Oberflächen des Gewindes beschädigen kann. Verwenden Sie zum Reinigen eines Gewindes eine Messingbürste mit feinen Borsten, umgangssprachlich »Zündkerzenbürste« genannt.
■ **Beschädigte Gewinde:** Schrauben/Muttern mit verrosteten oder beschädigten Gewinden, defekten Schraubenköpfen bzw. Muttern durch Neuteile ersetzen.
■ **Schmieren:** Schraubverbindungen, die hohen Temperaturen ausgesetzt sind, wie z. B. an der Auspuffanlage, müssen beim Zusammenbau mit Kupferpaste oder einer anderen »Hochtemperaturpaste« geschmiert werden, um ein »Festbacken« zu vermeiden.
■ **Schrauben-Sicherungslack:** KTM schreibt vor, dass bei folgenden Muttern, die mit Sicherungsdraht (= »vorgeformter Ringsplint«) gesichert sind, dieser mit einem Sicherungslack versiegelt wird (siehe Bilder 4 und 6 und Kapitel »Räder«):
■ Mutter M35x1,5 auf der Radachse links (= Kettenseite), die mit 200 Nm angezogen wird: ein Sicherungsdraht
■ Mutter M50x1,5 auf der Radachse rechts, die mit 250 Nm angezogen wird: zwei Sicherungsdrähte
Bild 4: Diesen Sicherungslack gibt es in kleinen Gebinden bei: Lackfabrik Bäder GmbH & Co. KG, D 73734 Esslingen (www.baederlacke.eu).

■ **Flüssige Schraubensicherung, Dichtmittel:** An manchen Schraubverbindungen ist flüssige Schraubensicherung oder Flüssigdichtung vorgeschrieben.
■ Schraubensicherung Loctite 222 »niedrigfest«
■ Schraubensicherung Loctite 243 »mittelfest«
■ Schraubensicherung Loctite 2701 »hochfest«
■ Schraubensicherung Loctite 262 »mittel-/hochfest«
■ Dichtmittel Loctite 5910 »Flächendichtung«
Die am meisten benötigte Qualität ist Loctite 243 »mittelfest« (Bild 5). Sie garantiert hohe Festigkeit im Betrieb und ermöglicht ein zerstörungsfreies Lösen der Schraubverbindung.

Gewinde einfetten: Bei einigen Schraubverbindungen, wie z. B. an Vorder- und Hinterachse, ist das Einfetten der Gewinde vorgeschrieben. Hierfür gilt: Gewinde vor der Verschraubung gut reinigen, trocknen und mit einem säurefreien und salzwasserresistenten Fett dünn einschmieren. Siehe dazu auch Kapitel »Werkstatt« und dort »schweres Fett«.

Vorarbeit: Ausgedrehte Schrauben, an denen Reste von Schraubensicherung oder Dichtmittel hängen, müssen vor dem Zusammenbau – und damit dem Aufbringen von frischem Loctite oder Dichtmittel – sorgsam gereinigt und entfettet werden. Verwenden Sie dazu eine Messingbürste und zur Unterstützung noch Bremsenreiniger oder Aceton.

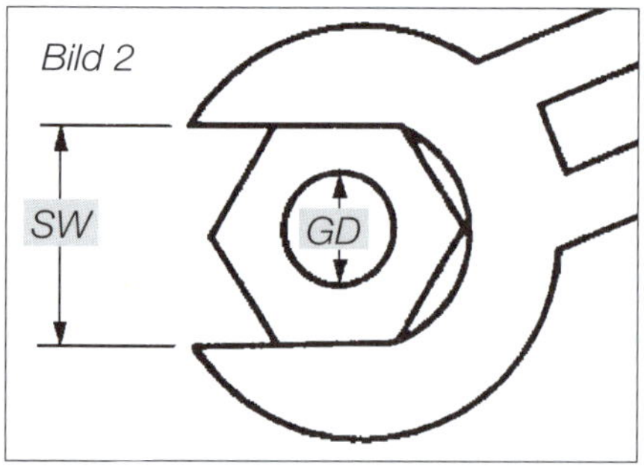

Zu Bild 2: »SW« ist die »Schlüsselweite«, »GS« der »Gewindedurchmesser«. Beides wird in Millimeter (»mm«) angegeben bzw. in M vor der Zahl: M6 ist also eine Schraube mit einem 6-mm-Gewinde.

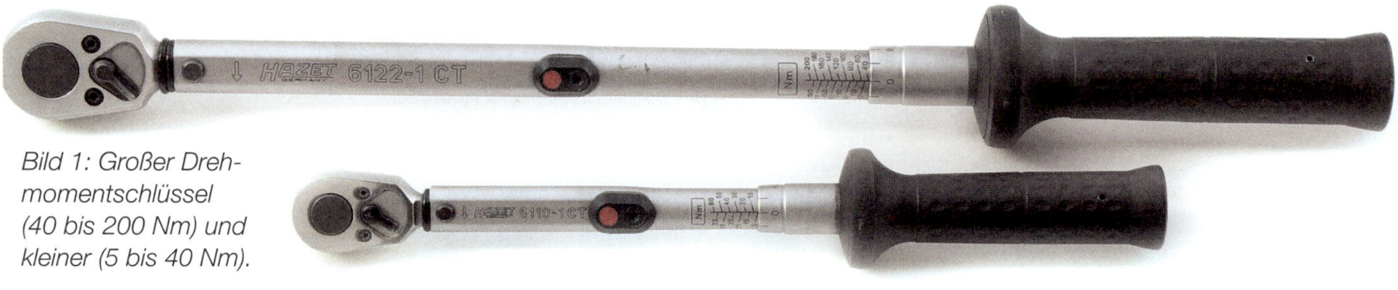

Bild 1: Großer Drehmomentschlüssel (40 bis 200 Nm) und kleiner (5 bis 40 Nm).

Andere Schrauben und Muttern als die serienmäßigen eingebaut? Bei älteren Maschinen, die durch mehrere Hände gegangen ist, können andere Schrauben und Muttern als die serienmäßigen eingebaut sein. Sofern diese Schrauben und Muttern qualitativ einwandfrei sind, der von KTM vorgeschriebenen Festigkeitsklasse entsprechen, gegen Korrosion geschützt sind und damit den Serienbauteilen entsprechen, gelten für solche Schrauben und Muttern die von KTM vorgeschriebenen und hier angegebenen Anziehdrehmomentwerte.

Allgemeine Schrauben und Muttern

Die nachstehend aufgeführten Werte gelten für Schraubverbindungen sowie Schrauben und Muttern, welche in der Auflistung nicht näher bezeichnet sind.

EJOT PT K45x12..........1 Nm	EJOT PT K50x16......... 2 Nm
EJOT PT K50x12..........1 Nm	EJOT PT K50x18......... 2 Nm
EJOT PT K50x14..........1 Nm	EJOT PT K60x30......... 3 Nm

Zu den EJOT-Schrauben siehe Bild 3.

Schraube/Mutter M5 ....5 Nm
Schraube/Mutter M6 ....10 Nm
Schraube/Mutter M8 ....25 Nm
Schraube/Mutter M10...45 Nm

Bitte beachten: Wenn einer Gewinde-Bauteilbezeichnung und Drehmomentangabe eine Anmerkung wie z.B. ■ *plus Loctite 243 »mittelfest«* folgt, gehört dazu auch die Vorarbeit *»Gewinde sorgfältig reinigen und prüfen«*. Bei Schrauben wird eine kleine Menge von ein bis zwei Tropfen Loctite vorne auf das Gewinde aufgebracht, bei Muttern wird Loctite sparsam in das Gewinde geträufelt.

Baugruppen und Anziehdrehmomente

Baugruppe Räder

Vorderrad:
Schrauben M10 Bremssattel an Halter der Gabel...........45 Nm
■ *plus Loctite 243 »mittelfest« (siehe Bild 5)*

Achsklemmschrauben M8 in den Gabelfäusten
unten rechts und links...15 Nm
Schraube M25x1,5 in der Steckachse links....................45 Nm
■ *Gewinde einfetten*

Hinterrad:
Mutter M50x1,5 auf Radachse rechts ....250 Nm
■ *Gewinde einfetten ab Modelljahr 2017 (wird auch für andere Modelljahre empfohlen)*
■ *zwei Sicherungsdrähte einsetzen und mit Sicherungslack versiegeln; siehe dazu Bilder 4, 6 und Kapitel »Räder«*

Bild 3

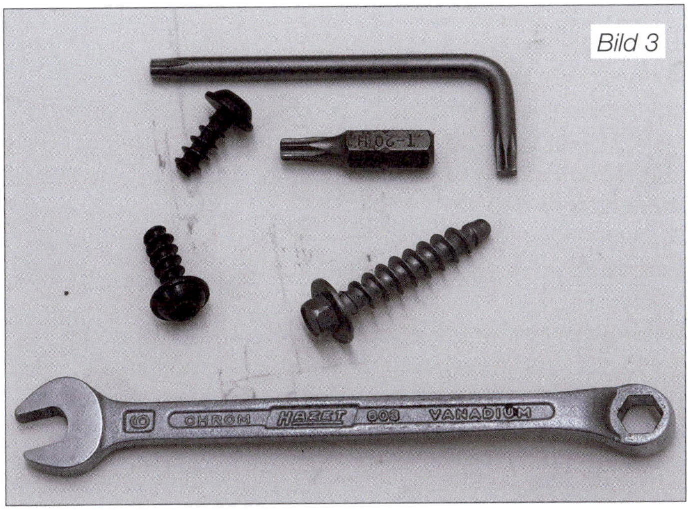

Bild 3: Die EJOT-Schrauben haben ein Gewinde ähnlich einer Holz- oder Blechschraube. Die beiden kleinen haben einen Torx-Kopf, die große hat einen Sechskantkopf.

Bild 4

Bild 5

Bild 4: Hier eine Tube Sicherungslack mit 20 ml Inhalt von der Lackfabrik Bäder GmbH & Co. KG, D-73734 Esslingen (www.baederlacke.eu).

Bild 5: Flüssige Schraubensicherung von Loctite, hier der Typ 243 »mittelfest«, gibt es in kleinen Flaschen.

Mutter M35x1,5 auf Radachse links (= Kettenseite)......200 Nm
■ *plus Loctite 262 »mittel-/hochfest«*
■ *Einen Sicherungsdraht einsetzen und mit Sicherungslack versiegeln; siehe dazu Bilder 4, 6 und Kapitel »Räder«*

Muttern M10x1,25 Ruckdämpferträger ....45 Nm
■ *plus Loctite 243 »mittelfest«*

Exzenter-Klemmschraube M16 in Schwinge ....70 Nm

Bei Vorder- und Hinterrad:
Schraube M6 Raddrehzahlgeber (= ABS-Sensor) ....4 Nm

Muttern M8 auf Winkelventil in Felge:
Bei Super Duke R der Mj. 2014 bis 2016 und SE* ....4 Nm
Bei Super Duke R ab Mj. 2017 und RR........................6 Nm
Bei Super Duke GT..6 Nm

Baugruppe Bremsen

Bremse vorne:
Schrauben M4 im Deckel Bremsflüssigkeitsbehälter ....1 Nm

Schraube M6 Raddrehzahlgeber (= ABS-Sensor) ....4 Nm

Schrauben M10 Bremssattel an Halter der Gabel..........45 Nm
■ *plus Loctite 243 »mittelfest«*

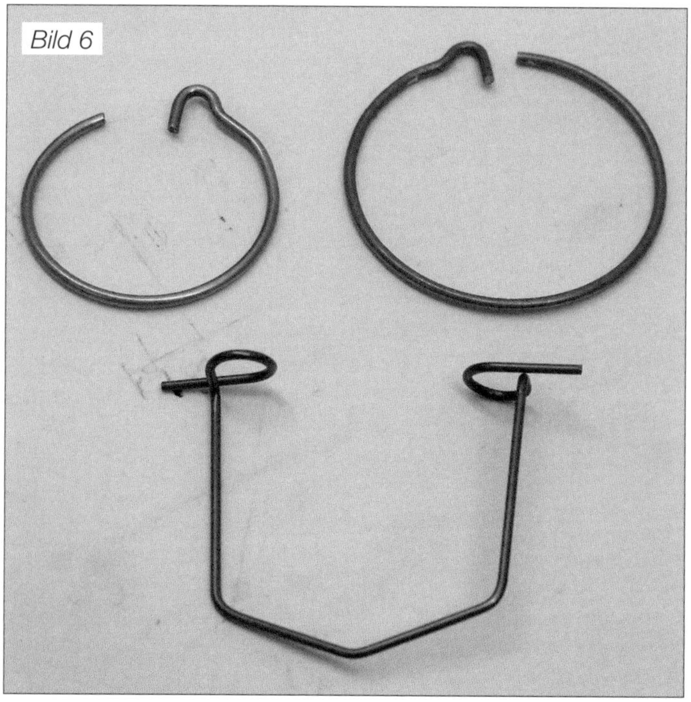

Bild 6: Diese drei Sicherungsdrähte werden an der Hinterradachse verwendet: Der oben links zur Sicherungs der linken äußeren Kronenmutter, der oben rechts für die rechte Radmutter und der Doppelsplint unten für die Radachse rechts innen.

Schrauben M8 Bremsscheibe an Radnabe:
Bei Super Duke R und GT bis Mj. 2019 und SE ....30 Nm
Bei Super Duke R und GT ab Mj. 2020 und RR ....28 Nm
■ *plus Loctite 2701 »hochfest«*
Hohlschrauben M10x1 Bremsleitungen an Bremssattel, Bremspumpe, ABS-Einheit.................................25 Nm

Bremse hinten:
Schraubdeckel auf Bremsflüssigkeitsbehälter ....3 Nm

Schraube M6 Raddrehzahlgeber (= ABS-Sensor) ....4 Nm

Schrauben M8 Bremssattel an Bremssattelabstützung ....25 Nm
■ *plus Loctite 2701 »hochfest«*

Bei Super Duke R ab Mj. 2021 und RR: Schraube M12 Bremssattelabstützung in Schwinge ....28 Nm

Schrauben M8 Bremsscheibe hinten an Achsflansch:
Bei Super Duke R und GT bis Mj. 2019 und SE ....30 Nm
■ *plus Loctite 243 »mittelfest«*

Bei Super Duke R und GT ab Mj. 2020 und RR ....28 Nm
■ *plus Loctite 243 »mittelfest«*

Schrauben M6 Fußbremszylinder an Fußrastenhalter.....10 Nm
■ *plus Loctite 243 »mittelfest«*

Schraube/Kontermutter M6 Kugelgelenk an Druckstange am Fußbremszylinder ....5 Nm
■ *plus Loctite 243 »mittelfest«*

Schraube M8 Fußbremshebel an Fußrastenhalter..........20 Nm
■ *plus Loctite 243 »mittelfest«*

Schraube M6 Trittstück an Fußbremshebel....................10 Nm
■ *plus Loctite 243 »mittelfest«*

Hohlschrauben M10x1 Bremsleitungen an Bremssattel, Bremspumpe, ABS-Einheit.................................25 Nm

Hohlschraube M10x1 Bremsleitungen an Verbindungsstück:
Bei Super Duke R und GT bis Mj. 2019 und SE ....15 Nm
Bei Super Duke R und GT ab Mj. 2020 und RR ....25 Nm

ABS-Ausstattung
Schrauben M6 Befestigung der ABS-Einheit am Rahmen:
Bei Super Duke R und GT bis Mj. 2019 und SE ....5 Nm
Bei Super Duke R und GT ab Mj. 2020 und SE ....8 Nm

Baugruppe Hinterrad-Antriebskette
Muttern M8 Kettenrad an Kettenradträger ....36 Nm
■ *plus Loctite 243 »mittelfest«*

* ■ die Super Duke R Special Edition aus dem Modelljahr 2016 wird in diesem Text als »SE« bezeichnet

Mutter M20x1,5 Kettenritzel auf Getriebe-ausgangswelle ....100 Nm
■ *plus Loctite 243 »mittelfest«*
■ *Mutter mit Sicherungsblech sichern*
Exzenter-Klemmschraube M16 in Schwinge ....70 Nm
Schrauben M5 Kettengleitschutz an Schwinge ....5 Nm

Baugruppe Lenkung

Lenker und Lenklager:
Schraube M6 Lenkungsdämpfer-Halter an Rahmen.........8 Nm
■ *plus Loctite 243 »mittelfest«*

Schrauben M8 Lenkungsdämpfer an untere Gabel-brücke und an Halter ....8 Nm
■ *plus Loctite 243 »mittelfest«*

Bei Super Duke R der Mj. 2014 bis 2016 und SE:
Schrauben M8 Lenkerklemmbrücke an Instrumententräger ....20 Nm
■ Instrumententräger ist auch die untere Lenkeraufnahme

Bei Super Duke R der Mj. 2017 bis 2019:
Schrauben M8 Lenkerklemmschalen an Lagerböcke.....20 Nm

Bei Super Duke R ab Mj. 2020, RR und GT:
Schrauben M8 Lenkerklemmbrücke an Lagerböcke......20 Nm

Bei Super Duke R der Mj. 2014 bis 2016 und SE:
Schrauben M10 Instrumententräger an obere Gabelbrücke...40 Nm
■ *plus Loctite 243 »mittelfest«*

Bei Super Duke R ab Mj. 2017, RR und GT:
Schrauben M10 Lagerböcke an obere Gabelbrücke......40 Nm
■ *plus Loctite 243 »mittelfest«*

Bei Super Duke R der Mj. 2014 bis 2016 und SE:
Lenklager-Einstellmutter M28x1,0
■ im 1. Schritt mit 10 Nm festziehen
■ im 2. Schritt um 60 Grad lösen
■ im 3. Schritt die Lenkschaft-Kopfschraube M22x1,5 festziehen mit ....50 Nm

Bei Super Duke R der Mj. 2017 bis 2019 und GT:
Lenkschaft-Kopfschraube M25x1,5 .... 18 Nm

Bei Super Duke R ab Mj. 2020 und RR: Lenkschaft-Kopfschraube M20x1,5 .... 12 Nm
■ bei Super Duke R ab Mj. 2017 und GT ist keine Lenklager-Einstellmutter vorhanden

Bei Super Duke R ab Mj. 2017, RR und GT:
Klemmschraube für Lenkschaft-Kopfschraube ....20 Nm
■ *plus Loctite 243 »mittelfest«*

Baugruppe Schalter, Gasgriff, Lenkergriff links

Bei Super Duke R der Mj. 2014 bis 2016, SE und GT der Mj. 2016 bis 2018:
Schraube M4 Kombischalter links................................2,5 Nm
Schraube M4 Kombischalter rechts.............................3,5 Nm

Bei 1290 Super Duke R der Mj. 2017 bis 2019: Schraube Kombischalter links
■ Bei Erstverschraubung ....5 Nm
■ Bei Wiederverschraubung ....»leicht handfest«

Schraube M5 Kombischalter rechts...............................5 Nm

Bei 1290 Super Duke R ab Mj. 2020, RR und GT ab Mj. 2019: Schraube M5 Kombischalter links und rechts ....5 Nm

Bei 1290 Super Duke R ab Mj. 2017 und RR:
Schraube M4 für Lenkergriff links..................................3 Nm

Schraube M6 für Kupplungsarmatur ....5 Nm
■ *plus Loctite 243 »mittelfest«*

Baugruppe Telegabel

Bei Super Duke R der Mj. 2014 bis 2016 und SE:
Schrauben M8 in Gabelbrücke oben .... 15 Nm
Schrauben M8 in Gabelbrücke unten............................ 12 Nm

Bei Super Duke R ab Mj. 2017, RR und GT:
Schrauben M8 in Gabelbrücke oben .... 18 Nm
Schrauben M8 in Gabelbrücke unten............................ 15 Nm

Achsklemmschrauben M8 in den Gabelfäusten unten rechts und links.. 15 Nm
■ *plus Loctite 243 »mittelfest«*

Bei Super Duke R ab Mj. 2017, RR und GT:
Schraube M8 für Klemmung Gabelschaftrohr ....20 Nm
■ *plus Loctite 243 »mittelfest«*

Baugruppe Federbein, Schwinge

Mutter M19x1,25 auf Schwingenbolzen......................... 130 Nm
■ *Gewinde einfetten*

Bei Super Duke R der Mj. 2014 bis 2019, SE und GT:
Schrauben M14x1,5 Federbein oben und unten.............80 Nm
Bei Super Duke R der Mj. 2014 bis 2019 und SE:
Schrauben M5 Einstellring am Federbein.........................5 Nm

Bei Super Duke R ab Mj. 2020 und RR: Schraube M12 Federbein oben und unten...80 Nm
■ *plus Loctite 243 »mittelfest«*

Bei Super Duke R ab Mj. 2020 und RR: Schrauben M12 am Umlenkhebel .... 80 Nm
■ *plus Loctite 243 »mittelfest«*

Bei 1290 Super Duke R ab Mj. 2020 und RR: Schraube M20x1,5 Federbeinaufnahme .... 10 Nm
■ *Gewinde und Fassung einfetten*

Exzenter-Klemmschraube M16x1,5 in Schwinge .... 70 Nm

Baugruppe Ölwechsel und Schmiersystem

Ölwechsel
Schrauben M5 Ölfilterdeckel .... 6 Nm
Ölablassschrauben M20 x 1,5 .... 20 Nm
■ *Neue Ölsiebe und O-Ringe verwenden*

Öldüse M6x0,75 zur Kupplungsschmierung:
Bei Super Duke R der Mj. 2014 bis 2019, SE und GT ..... 4 Nm
Bei Super Duke R ab Mj. 2020 und RR .... 2 Nm

Verschlussschraube M10x1 des Öldüsenkanals:
Bei Super Duke R bis Mj. 2019, SE und GT .... 10 Nm
Bei Super Duke R ab Mj. 2020 und RR .... 8 Nm

Schmiersystem
Schrauben M6 Ölpumpendeckel .... 10 Nm
■ *plus Loctite* »mittelfest«

Öldruckschalter M10 x 1 .... 15 Nm
■ *Neuen O-Ring verwenden*

Schrauben M6 Ölkühler und Ölförderrohr an Motor....... 10 Nm
■ *plus Loctite* »mittelfest«

Schrauben M5 Ölschauglas .... 4 Nm
■ *plus Loctite* »mittelfest«

Schraube M10 x 1 Entriegelung für Steuerkettenspanner (dann kommt Öldruck auf den Steuierkettenspanner) und Anschluss für Öldruck-Messgerät .... 10 Nm

Baugruppe Auspuffanlage

Schrauben M6 in Schelle Krümmer an Vorschalldämpfer, in Schelle Krümmer hinten an Krümmer vorne und in Schelle Vorschalldämpfer an Endschalldämpfer .... 8 Nm

Muttern M8 Krümmer an Zylinderkopf .... 25 Nm
■ *Muttern in kleinen Schritten gleichmäßig anziehen, Blech nicht verbiegen*

Schrauben M8 Schalldämpfer an Soziusrastenhalter .....25 Nm

Lambdasonde in Auspuffkrümmer M12x1,25 .... 25 Nm

Bei Super Duke R ab Mj. 2017, RR und GT: Kontermutter M6 an Bowdenzug der Auspuffklappe .... 5 Nm

Bei Super Duke R ab Mj. 2017, RR und GT: Mutter M8 der Seilscheibenbefestigung Auspuffklappe .... 7 Nm

Bei Super Duke R ab Mj. 2017, RR und GT: Mutter M6 Seilscheibe am Auspuffklappen-Steuergerät .... 14 Nm

Bei Super Duke R ab Mj. 2017, RR und GT: Schrauben EJOT SF M4x6-K der Klappenabdeckung .... 4 Nm

Baugruppe Kupplung

Bei Super Duke R im Mj. 2014: Kupplungsnabe mit Mutter M22x1,5 auf Getriebewelle .... 130 Nm
■ *plus Loctite 243 »mittelfest«*

Bei Super Duke R in den Mj. 2015 bis 2019, SE und GT: Kupplungsnabe mit Mutter M22x1,5 auf Getriebewelle .... 120 Nm
■ *plus Loctite 243 »mittelfest«*

Bei Super Duke R ab Mj. 2020 und RR: Kupplungsnabe mit Mutter M22x1,5 auf Getriebewelle .... 140 Nm

Schrauben M6 Druckplatte an Kupplungsnabe .... 12 Nm

Schrauben M6 Kupplungsdeckel an Motorgehäuse....... 10 Nm
■ *neue Dichtung verwenden*

Schrauben M6 Kupplungsaußendeckel an Kupplungsdeckel .... 10 Nm

Baugruppe Lichtmaschine

Dehnschraube M12x1,5 Lichtmaschinenrotor auf Kurbelwellenstumpf .... 115 Nm
■ *neue Schraube verwenden*

Schrauben M6 Stator an Lichtmaschinendeckel .... 10 Nm
■ *plus Loctite 243 »mittelfest«*

Verschlussschraube M24x1,5 in Lichtmaschinendeckel....8 Nm
■ *mit neuem O-Ring 24x2,5 montieren*

Schrauben M6 Lichtmaschinendeckel an Motorgehäuse .... 10 Nm
■ *neue Dichtung verwenden*

Baugruppe Zündung

Zündkerze außen M10x1 .... 11 Nm

Zündkerze innen M12x1,5 .... 18 Nm

Baugruppe Ventile einstellen

Anmerkung: Arbeitsschritte und Anziehdrehmoment-Werte für die Schraubverbindungen der Bauteile, die zum Ventileinstellen ab- und angeschraubt werden müssen, siehe in den Kapiteln »Verkleidung, Tank, Rahmen«, »Luftfilter«, Es handelt sich um die Bauteile Spoiler, Soziussitz, Fahrersitz, Tank, Luftfilterkasten-Ober- und Unterteil

Verschlussschraube M8 in Motorgehäuse zur Kurbelwellenfixierung .... 15 Nm
■ *mit Alu-Dichtring 8x14x1 montieren*

Verschlussschraube M24x1,5 im Lichtmaschinendeckel .... 8 Nm
■ *mit O-Ring 24x2,5 montieren*

Schrauben M6 Ventildeckel .... 12 Nm
■ *Dichtmittel Loctite 5910 »Flächendichtung« aufbringen an die Ecken der Halbmonde der Ventildeckeldichtungen*

Schrauben M6 (10.9) Nockenwellen-Lagerbrücke .... 10 Nm
■ *Festziehen von innen nach außen*

Schrauben M8 (10.9) Nockenwellen-Lagerbrücke:
■ im 1. Schritt von innen nach außen bis auf .... 10 Nm
■ im 2. Schritt von innen nach außen bis auf .... 18 Nm

Verschlussschraube M24x1,5 Steuerkettenspanner .... 25 Nm
■ *mit neuem O-Ring 22x2 montieren*

Schraube M10x1 Entriegelung Steuerkettenspanner .... 10 Nm
■ *mit neuem O-Ring 10x1 montieren*
Schrauben M8 Tank an Rahmen .... 25 Nm

Schrauben M5 für Spoiler hinten an Tank und vorne an Kühler .... 3 Nm

Schrauben M5 für Ansaugtrichter im Unterteil des Luftfilterkastens .... 5 Nm

Schrauben EJOT PT K60x30 Luftfilterkasten-Oberteil auf Luftfilterkasten-Unterteil .... 3 Nm

Das Ventilspiel wird geprüft zwischen Nocken und Schlepphebel.

Baugruppe Motor in Rahmen

Schrauben M10x24 Motorhalterungen an Motor .... 45 Nm
■ *plus Loctite 243 »mittelfest«*

Schrauben M10x60 Motorhalterungen an Rahmen .... 45 Nm
■ *plus Loctite 243 »mittelfest«*

Mutter M19x1,5 auf Schwingenbolzen .... 130 Nm
■ *Gewinde einfetten*

Anziehreihenfolge:
■ Schrauben Motorhalterungen an Motor
■ Schrauben Motorhalterungen an Rahmen
■ Mutter M19 x 1,5 auf Schwingenbolzen

Raum für Notizen

Stichwortverzeichnis